"十二五"水体污染控制与治理科技重大专项课题
　　"海河流域河流生态完整性影响机制与恢复途径研究"
　　（2012ZX07203—006）
"十一五"水体污染控制与治理科技重大专项课题
　　"白洋淀流域生态需水保障及水生态系统综合调控技术与集成示范"　资助
　　（2008ZX07209—009）
国家重点基础研究发展计划（973计划）项目
　　"海河流域水环境演变机制与水污染防控技术"
　　（2006CB403403）

"十二五"国家重点图书出版规划项目

海河流域水循环演变机理与水资源高效利用丛书

海河流域水环境演变机制与水污染防控技术

刘静玲 冯成洪 张璐璐 马牧源 等著

科学出版社

北 京

内容简介

本书基于流域生态系统管理和生命周期理论，系统辨识了海河流域、子流域和生态单元的水环境问题，分析了海河流域常规和典型污染物对鱼类种群、生物膜群落的生态效应，筛选出海河流域生态监测中可优先选取的生物标志物——生物膜群落，以海河流域、子流域和生态单元为案例，阐明了生物膜群落与水环境的交互作用机制，创建了包括问题诊断、生态监测和生态修复在内的流域水污染防治技术体系。

本书可供环境科学、环境工程、生态学及生态水文等相关领域的水环境管理者、科技工作者、高校师生和相关技术人员参考。

图书在版编目(CIP)数据

海河流域水环境演变机制与水污染防控技术/刘静玲等著.—北京：科学出版社，2014.10

（海河流域水循环演变机理与水资源高效利用丛书）

"十二五"国家重点图书出版规划项目

ISBN 978-7-03-041604-9

Ⅰ.①海⋯ Ⅱ.①刘⋯ Ⅲ.①海河–流域–水环境–研究 ②海河–流域–水污染防治–研究 Ⅳ.①X143 ②X522.06

中国版本图书馆CIP数据核字（2014）第183711号

责任编辑：李 敏 周 杰／责任校对：韩 杨
责任印制：钱玉芬／封面设计：王 浩

科学出版社 出版
北京东黄城根北街16号
邮政编码：100717
http://www.sciencep.com

中国科学院印刷厂 印刷
科学出版社发行 各地新华书店经销

*

2014年10月第 一 版 开本：787×1092 1/16
2014年10月第一次印刷 印张：18 1/2 插页2
字数：670 000

定价：129.00元
（如有印装质量问题，我社负责调换）

总　　序

　　流域水循环是水资源形成、演化的客观基础，也是水环境与生态系统演化的主导驱动因子。水资源问题不论其表现形式如何，都可以归结为流域水循环分项过程或其伴生过程演变导致的失衡问题；为解决水资源问题开展的各类水事活动，本质上均是针对流域"自然–社会"二元水循环分项或其伴生过程实施的基于目标导向的人工调控行为。现代环境下，受人类活动和气候变化的综合作用与影响，流域水循环朝着更加剧烈和复杂的方向演变，致使许多国家和地区面临着更加突出的水短缺、水污染和生态退化问题。揭示变化环境下的流域水循环演变机理并发现演变规律，寻找以水资源高效利用为核心的水循环多维均衡调控路径，是解决复杂水资源问题的科学基础，也是当前水文、水资源领域重大的前沿基础科学命题。

　　受人口规模、经济社会发展压力和水资源本底条件的影响，中国是世界上水循环演变最剧烈、水资源问题最突出的国家之一，其中又以海河流域最为严重和典型。海河流域人均径流性水资源居全国十大一级流域之末，流域内人口稠密、生产发达，经济社会需水模数居全国前列，流域水资源衰减问题十分突出，不同行业用水竞争激烈，环境容量与排污量矛盾尖锐，水资源短缺、水环境污染和水生态退化问题极其严重。为建立人类活动干扰下的流域水循环演化基础认知模式，揭示流域水循环及其伴生过程演变机理与规律，从而为流域治水和生态环境保护实践提供基础科技支撑，2006年科学技术部批准设立了国家重点基础研究发展计划（973计划）项目"海河流域水循环演变机理与水资源高效利用"（编号：2006CB403400）。项目下设8个课题，力图建立起人类活动密集缺水区流域二元水循环演化的基础理论，认知流域水循环及其伴生的水化学、水生态过程演化的机理，构建流域水循环及其伴生过程的综合模型系统，揭示流域水资源、水生态与水环境演变的客观规律，继而在科学评价流域资源利用效率的基础上，提出城市和农业水资源高效利用与流域水循环整体调控的标准与模式，为强人类活动严重缺水流域的水循环演变认知与调控奠定科学基础，增强中国缺水地区水安全保障的基础科学支持能力。

　　通过5年的联合攻关，项目取得了6方面的主要成果：一是揭示了强人类活动影响下的流域水循环与水资源演变机理；二是辨析了与水循环伴生的流域水化学与生态过程演化的原理和驱动机制；三是创新形成了流域"自然-社会"二元水循环及其伴生过程的综合模拟与预测技术；四是发现了变化环境下的海河流域水资源与生态环境演化规律；五是明晰了海河流域多尺度城市与农业高效用水的机理与路径；六是构建了海河流域水循环多维临界整体调控理论、阈值与模式。项目在2010年顺利通过科学技术部的验收，且在同批验收的资源环境领域973计划项目中位居前列。目前该项目的部分成果已获得了多项省部级科技进步一等奖。总体来看，在项目实施过程中和项目完成后的近一年时间内，许多成果已经在国家和地方重大治水实践中得到了很好的应用，为流域水资源管理与生态环境治理提供了基础支撑，所蕴藏的生态环境和经济社会效益开始逐步显露；同时项目的实施在促进中国水循环模拟与调控基础研究的发展以及提升中国水科学研究的国际地位等方面也发挥了重要的作用和积极的影响。

　　本项目部分研究成果已通过科技论文的形式进行了一定程度的传播，为将项目研究成果进行全面、系统和集中展示，项目专家组决定以各个课题为单元，将取得的主要成果集结成为丛书，陆续出版，以更好地实现研究成果和科学知识的社会共享，同时也期望能够得到来自各方的指正和交流。

　　最后特别要说的是，本项目从设立到实施，得到了科学技术部、水利部等有关部门以及众多不同领域专家的悉心关怀和大力支持，项目所取得的每一点进展、每一项成果与之都是密不可分的，借此机会向给予我们诸多帮助的部门和专家表达最诚挚的感谢。

　　是为序。

海河973计划项目首席科学家
流域水循环模拟与调控国家重点实验室主任
中国工程院院士
2011年10月10日

序

以系统科学理论为基础，综合考虑流域、子流域和典型生态单元水生态系统的生态特征与环境问题，探索流域尺度下水环境变化规律和优化水污染防治技术既具有重要的理论意义，更是国家流域综合管理的急需。

"十二五"期间，我国流域水环境管理正在从单纯的化学污染控制向水生态系统修复转变，从偏重水体服务功能用途的保护向人体健康和水生态系统安全转变，这就要求构建新的水环境管理理论、方法和技术体系，特别需要深入研究流域不同尺度下水环境、水动力和湿地生态系统的交互作用。

流域环境模拟与修复和流域综合管理是北京师范大学环境学院暨水环境模拟国家重点实验室的主要研究方向，已经形成了集环境科学、环境工程、环境生态学等多学科交叉的综合学科体系，通过对流域水环境、水生态和水动力过程与响应机理的系列研究，构建流域环境与生态模拟模型与修复模式，提出了水质–水量–水生态一体化监测与管理理论方法和技术体系。

近年来多次在不同场景的学术交流中了解到，刘静玲教授及其创新团队自 2002 年起一直致力于海河流域在强人为胁迫下的水环境变化和水生态响应机制方面的研究，从省部级研究项目起步，连续承担了自然科学基金项目、"863"项目、"973"项目和"十一五"国家水体污染控制与治理科技重大专项，研究成果在流域水环境及其相关研究领域产生了一定的学术影响，并为海河流域的水环境管理提供了关键的科学依据和技术支撑。特别是关注流域尺度上的生态–环境–水文一体化监测与评价，为流域水环境改善、生态修复和生态系统风险管理提供了新思路。

《海河流域水环境演变机制与水污染防控技术》一书以生态系统管理和生命周期理论为理论支撑，针对海河流域水环境问题，明晰了海河流域不同尺度下典型生态单元水环境特征污染物及其时空分异规律；在环境模拟条件下探讨以鱼类种群、底栖生物和生物膜群落为生物标志物对复合污染的生态响应；比较分析了人工、天然生物膜群落对人为干扰、复合污染的响应关系；基于人工生物膜群落对复合污染的响应机制，构建了基于生物膜群落的流域水生态快速监测技术，并在城市水系、水库/湖泊、河流以及河口等不同生态单元进行了应用，验证了该方法的灵敏性和可信度；探讨了可应用于流域不同尺度下水污染防治的生态修复技术，明晰了不同尺度下水环境时空分异规律是进行技术集成与优化的前提条件，提出了依据生态系统结构与功能完整性理论的生态系统模型是水环境问题诊断的理论基础，凝练出适用于海河流域水环境质量改善与生态修复的关键技术，包括生态系统模拟技术、生态基流保障技术、水生态调度技术和湿地生态恢复技术，并进行案例分析，建立了一整套针对流域、子流域和典型生态单元水环境与水生态交互作用的方法与技术体系，实现了模型构建−方法创新−技术优化，并成功将其应用于示范工程进行了验证，显示出创新团队独特的研究视角、新颖的研究思路和执着的系列探索。相信该书的出版将会推动我国流域环境改善与湿地生态修复技术的自主研发。

中国工程院院士 刘兴土

2013 年 12 月 11 日

前　言

海河流域具有源近流急、缺少一级干流、水系网络复杂和人为干扰强烈的特征，在流域尺度下探索水环境演变规律和优化水污染防治技术具有重要的学术价值和广泛的应用前景。

流域水环境问题的本质是人为干扰强度超出了水环境承载力，水生态系统对于环境胁迫的响应导致生态系统结构发生变化，导致水生态系统服务功能下降，进而加剧了水环境污染和生态系统退化的效应强度。流域尺度的水环境与水生态系统的交互作用机制具有复杂性、时空性和多样性的特征，是流域水污染防治技术创新的理论导引和依据。

流域水环境污染防治技术已经从单纯的点源治理转向大尺度的综合防控，关注点集中在生态工程技术和环境风险管理上，特别是生态系统健康和服务功能的定量化监测技术的研发，已成为实现流域水环境风险预测和生态安全的关键技术突破，急需进行理论模型的构建和技术创新。

基于生态系统管理和生命周期理论，本书试图探索海河流域水环境压力-生态响应关系，明晰典型水生生物与水环境交互作用机制，定量地描述和评估环境污染和人为活动等引起的水环境变化对生物标志物及其组分产生的暴露风险和时空分异规律。本书明确了流域、子流域和生态单元的水环境问题，对海河流域重金属、持久性有机污染物等典型污染物对鱼类、生物膜的生态效应进行了分析，确定了在海河流域生物膜群落可以作为优先选取的生物标志物，最终创建包括问题诊断、生态监测和生态修复在内的流域水污染防治技术体系，建立了典型生态单元生态系统风险评价模型，并在海河流域典型生态单元进行了模型验证以及不确定性和敏感性分析，并通过在流域、子流域和生态单元不同尺度上研究案例和示范工程进行技术应用和示范。

本书中流域生态系统水环境变化及水污染防治技术的研究基于以下科学假设：
1) 不同尺度下水环境变化规律的定量化表征具有差异性；
2) 河流生态单元在受人为干扰较少的水系应遵循自然水循环下水环境变化规律；
3) 在流域尺度下，城市和湖泊均作为强人为干扰下的典型生态单元；
4) 水库作为水环境安全和优先保护的重要生态单元；

5）流域生态系统中的消费者鱼和附着生物群落可以作为反映水生态系统健康的生物标志物；

6）流域尺度下水污染防治技术是基于点源污染得到控制，面向流域生态系统管理的水生态监测技术、生态基流保障技术和生态调度技术。

本书理论框架及结构如下图所示。

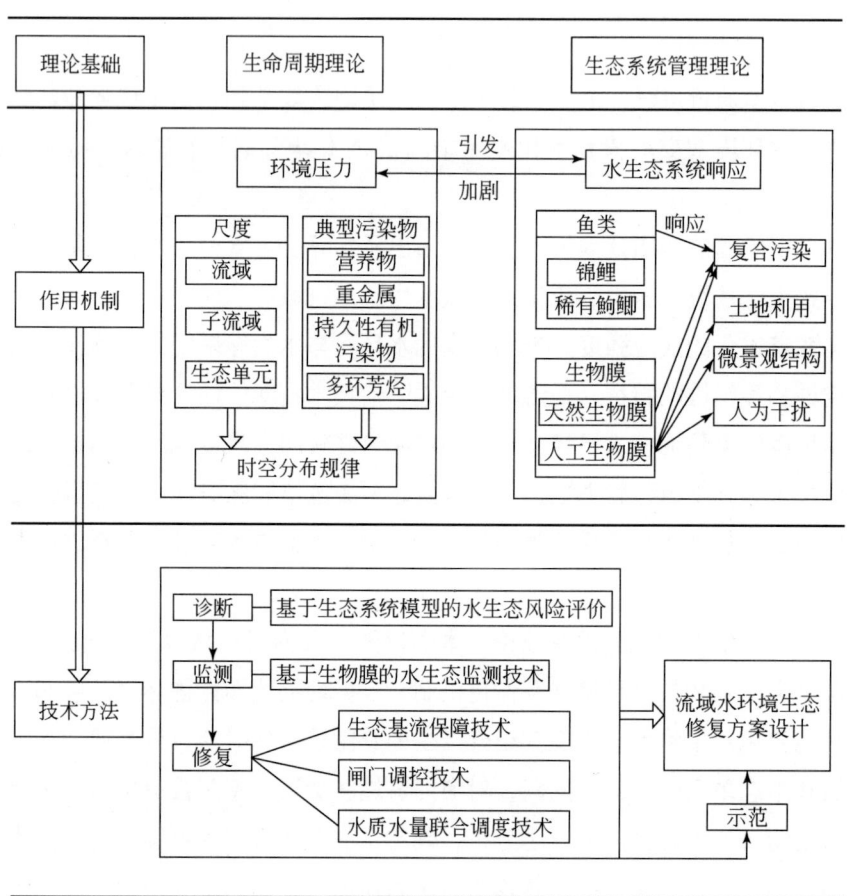

本书理论框架及结构图

全书共分为8章，第1章辨识了海河流域的水环境问题，阐明了海河流域水环境常规污染物时空分异规律；第2章针对海河流域水环境问题，明晰了海河流域不同尺度下典型生态单元水环境特征污染物及其时空分异规律；第3章以鱼类种群为目标探讨了环境模拟条件下生物对复合污染物的生态效应，建立了鱼类酶活指标对复合污染的响应关系，创建了鱼类酶活性生物指数；第4章通过筛选流域典型生物标志物——人工生物膜群落，建立了人工生物膜群落对人为干扰的响应关系，构建了基于人工生物膜群落的生物完整性指数,为水生态监测技术提供理论支撑;第5章通过对典型生态单元天然生物膜群落时空分布规律的研究,以水文条件变化剧烈的河口生态单元为案例,初步建立了天然生物膜群落对复合污染的生态响应关系,构建了基于天然生物膜群落的生物完整性指数;第6章基于海河流域内人工生物膜与天然生物膜群落的研究成果,构建了基于生物膜群落的流域水生态监测技术,并在城市水系、水库/湖泊和河流等不同生态单元进行了应用,验证了该方法的灵敏性和可信度;第7章根据前6章的基础研究和技术应用,探讨了可应用于流域不同尺度下水污染防治的生态修复技术,明晰了不同尺度下水环境时空分异规律是进行技术集成与优化的前提条件,提出了依据生态系统结构与功能完整性理论的生态系统模型是水环境问题诊断的理论基础,凝练出适用于海河流域水环境质量改善与生态修复的关键技术,包括生态系统模拟技术、生态基流保障技术、水生态调度技术和湿地生态恢复技术,并进行案例分析;第8章总结了科学结论与创新成果,并对未来"十三五"期间流域水污染防控的热点问题及学科发展趋势进行了展望。

本专著写作分工如下:

前言,刘静玲;第1章,冯成洪、张仙娥;第2章,刘静玲、刘丰、杨懿、张璐璐;第3章,刘静玲、张婧、杨懿、张璐璐;第4章,马牧源、刘静玲、张璐璐;第5章,刘静玲、刘丰、张璐璐;第6章,刘静玲、王雪梅、张璐璐;第7章,张璐璐、杨涛、尤晓光、李毅;第8章,刘静玲、张璐璐;统稿,刘静玲、张璐璐;校对,刘静玲、张璐璐、史璇。

本书成果由以下项目资助:"十二五"水体污染控制与治理科技重大专项课题"海河流域河流生态完整性影响机制与恢复途径研究"(2012ZX07203-006)、"十一五"水体污染控制与治理科技重大专项课题"白洋淀流域生态需水保障及水生态系统综合调控技术与集成示范"(2008ZX07209-009)和国家重点基础研究发展计划(973计划)项目"海河流域水环境演变机制与水污染防控技术"(2006CB403403)。应用基础理论研究完成了理论框架的构建和方法的创新,在此基础上开展了技术的集成与优化。

感谢首席科学家王浩院士、杨志峰教授和单保庆研究员在研究过程中给予的指导和支持。我们积极听取和吸收了其他课题组及各级评审专家的建议和创新思想,并得到水利部海河流域水资源委员会总工程师曹寅白先生、水资源保护局副局长林超先生和保定市环境保护局的大力支持和真诚帮助!

回顾过去,在流域水环境研究领域,经常会看到重工程轻科学、重技术轻管理、重水质轻生态的现象,导致许多技术和工程项目的应用缺乏针对性、实效性和可持续性。而现在无论是管理决策者还是专家学者都已经清醒地认识到应用基础研究的理论创新是先进技术的孵化器,技术的集成与优化更需要实践的检验和修正。未来需要更多有创新意识的多学科人才为之共同努力和付出！

在象牙塔内完成的理论模型，最终要经过实践的检验，才能够真正实现其服务社会的目标，本书是我们团队立志实现科研成果转化应用于水环境技术与管理创新的新尝试，衷心希望我们的阶段性研究成果能够启发和推动流域水环境理论、方法与技术的系统研究和创新，并引发对流域水环境管理方法和技术创新的关注与探索。

刘静玲
2013 年秋于北京师范大学

目　　录

总序
序
前言

第1章　海河流域常规污染特征及演变趋势分析 ·· 1
 1.1　流域水体污染特征 ··· 1
  1.1.1　不同水质类型河长年度分布 ··· 1
  1.1.2　河系主要超标污染物类型 ··· 3
  1.1.3　不同水期河系污染分析 ·· 3
 1.2　分水系、河系水体污染特征 ··· 5
  1.2.1　分水系水体污染特征 ·· 5
  1.2.2　分河系水体污染特征 ·· 6
 1.3　分省河系水质变化趋势 ·· 15
 1.4　主要水库水质变化趋势 ·· 17
  1.4.1　海河流域主要水库简介 ··· 17
  1.4.2　主要水库水质变化趋势分析 ··· 19
  1.4.3　主要水库营养程度分析 ··· 19
 1.5　流域供排水量变化特征 ·· 21
  1.5.1　总供、用水量概念 ·· 21
  1.5.2　总供用水、排水统计 ·· 22
 1.6　流域重点水功能区水质变化趋势分析 ································ 24
  1.6.1　水功能区及海河水功能区 ·· 24
  1.6.2　重点水功能区水质变化趋势分析 ······································ 24
 1.7　小结 ·· 25

第2章　海河流域特征污染物及其时空分布规律 ··· 27
 2.1　海河流域特征 ·· 27
 2.2　海河流域特征污染物筛选及提出 ······································· 29
  2.2.1　重金属 ·· 29
  2.2.2　持久性有机污染物（POPs） ·· 31

2.3 海河流域特征污染物的时空变化规律 ……………………………………… 31
  2.3.1 海河流域典型生态单元重金属环境质量等级 ………………………… 31
  2.3.2 海河流域典型 POPs 时空分布 …………………………………………… 33
2.4 海河流域河口营养水平及特征污染物的时空分布规律 ……………………… 34
  2.4.1 营养物质时空变化 ……………………………………………………… 35
  2.4.2 重金属污染时空变化规律 ……………………………………………… 39
  2.4.3 多环芳烃污染的时空变化规律 ………………………………………… 48
2.5 典型水系污染物的时空变化规律 ……………………………………………… 55
  2.5.1 滦河重金属污染时空变化规律 ………………………………………… 55
  2.5.2 滦河多环芳烃污染的时空变化规律 …………………………………… 57
2.6 典型河段污染物的空间分异规律 ……………………………………………… 58
  2.6.1 滏阳河常规污染物 ……………………………………………………… 59
  2.6.2 滏阳河水系重金属污染空间分布规律 ………………………………… 61
  2.6.3 滏阳河多环芳烃与农药类污染空间分布规律 ………………………… 64
  2.6.4 滏阳河水系环境激素类污染物空间分布规律 ………………………… 67
2.7 小结 …………………………………………………………………………… 69

第3章 鱼类种群对复合污染的生态效应 …………………………………………… 70
3.1 环境模拟设计 …………………………………………………………………… 70
  3.1.1 方案设计 ………………………………………………………………… 71
  3.1.2 实验装置 ………………………………………………………………… 72
  3.1.3 样品采集 ………………………………………………………………… 73
  3.1.4 鱼类及暴露浓度筛选 …………………………………………………… 73
3.2 指标测定方法 …………………………………………………………………… 74
  3.2.1 水体污染指标测定方法 ………………………………………………… 74
  3.2.2 鱼类暴露指标测定方法 ………………………………………………… 75
3.3 污染物测试结果 ………………………………………………………………… 78
3.4 锦鲤对复合污染的响应 ………………………………………………………… 79
  3.4.1 体长与体重变化 ………………………………………………………… 79
  3.4.2 抗氧化系统对污染的响应 ……………………………………………… 80
  3.4.3 神经系统对污染的响应 ………………………………………………… 82
  3.4.4 污染代谢指标对污染的响应 …………………………………………… 82
3.5 稀有鮈鲫对复合污染的响应 …………………………………………………… 84
  3.5.1 抗氧化系统对污染物的响应 …………………………………………… 84
  3.5.2 神经系统对污染物的响应 ……………………………………………… 95

  3.5.3 代谢指标对污染物的响应 ·· 97
  3.5.4 对污染物的生态响应 ·· 103
 3.6 稀有鮈鲫酶活性指标对水质状况的响应机制 ·· 104
  3.6.1 酶活性指标对不同污染因子的响应 ··· 104
  3.6.2 酶活性生物指标指数的建立 ·· 105
  3.6.3 基于酶活性生物指数的评价 ·· 108
 3.7 小结 ·· 108

第 4 章 人工生物膜群落对人为干扰的响应 ·· 110
 4.1 子流域生物膜群落年内变化 ··· 110
 4.2 人工生物膜群落特征空间变化 ··· 114
  4.2.1 流域上下游的变化 ·· 115
  4.2.2 不同生态单元间的变化 ·· 117
 4.3 人工生物膜群落对于复合污染的响应 ··· 120
  4.3.1 白洋淀流域水质参数 ·· 120
  4.3.2 对复合污染的响应 ·· 121
 4.4 生物膜群落对流域土地利用与景观格局的响应 ··· 143
  4.4.1 对白洋淀湿地土地利用的响应 ·· 147
  4.4.2 对景观格局的响应 ·· 155
 4.5 人工生物膜群落对人为干扰的响应机制 ··· 165
  4.5.1 干扰强度的量化 ·· 165
  4.5.2 人工生物膜群落对人为干扰的响应 ·· 168
  4.5.3 基于人工生物膜的生物完整性指数计算 ·································· 174
 4.6 小结 ·· 176

第 5 章 天然生物膜群落对复合污染的响应 ·· 177
 5.1 天然生物膜群落时空变化 ··· 177
 5.2 天然生物膜群落对环境因子的响应 ·· 182
 5.3 天然生物膜群落对复合污染的响应 ·· 185
  5.3.1 细砂基质生物膜对污染物的响应 ··· 185
  5.3.2 粉砂基质生物膜对污染物的响应 ··· 187
 5.4 天然生物膜完整性指数的建立 ··· 189
  5.4.1 各采样点综合污染评价 ·· 189
  5.4.2 生物膜完整性指数的建立 ·· 191
 5.5 基于天然生物膜完整性指数的健康评价 ··· 192
 5.6 小结 ·· 193

第6章 水生态快速监测技术 194

6.1 生物膜培养基质的筛选 194
6.1.1 采样与实验方法 194
6.1.2 不同基质的比较筛选结果 196

6.2 不同生态单元生物膜基质应用的原位验证 201
6.2.1 验证性原位实验采样方案 201
6.2.2 不同生态单元原位验证结果 201

6.3 生物膜快速水生态监测方法的建立 213
6.3.1 以活性碳纤维为基质的生物膜法的体系优化 213
6.3.2 生物膜法技术体系建立及应用 219

6.4 生物膜法应用的灵敏性和可信度验证 221
6.4.1 实验方法 221
6.4.2 不同生态单元两种方法的比较 225

6.5 小结 232

第7章 海河流域水生态调控技术 233

7.1 基于生态系统模型的水生态风险评价 233
7.1.1 AQUATOX 模型 233
7.1.2 CASM 模型 234
7.1.3 归趋与效应整合模型 234
7.1.4 运用 AQUATOX 模型评价白洋淀生态系统风险 234

7.2 生态基流保障技术 252
7.2.1 技术简介 252
7.2.2 关键技术参数计算 253
7.2.3 技术应用 255

7.3 闸门调控技术 256
7.3.1 技术简介 257
7.3.2 关键技术参数确定 258
7.3.3 技术应用 261

7.4 联合调度技术 261
7.4.1 技术简介 261
7.4.2 关键技术参数 262
7.4.3 技术应用 265

7.5 小结 265

第 8 章　结论与展望	266
8.1　主要结论	266
8.2　展望	268
参考文献	270

第1章 海河流域常规污染特征及演变趋势分析

海河流域包括海河北系、海河南系、滦河和徒骇马颊河四大水系，并可继续划分为七大河系、十条骨干河流。海河水系（海河北系、海河南系）是主要水系，由北部的北三河（蓟运河、潮白河、北运河）、永定河和南部的大清河、子牙河、漳卫河组成；滦河水系包括滦河及冀东沿海诸河；徒骇马颊河水系位于流域最南部，为单独入海的平原河道。

海河流域地表水的污染主要来源于工业废水和生活污水。凡流经城镇和工矿企业集中地区的河流，均受到不同程度的污染，主要原因是本流域污水排放量大，河流的径流量小，水体自净能力差。在本研究中，海河流域各水系水体的常规污染特征评价标准主要采用《地面水环境质量标准》（GB3838—2002）和《地下水质量标准》（GB/T14848—93）进行。2002年以后主要依据《地面水环境质量标准》（GB3838—2002），此前则主要按照《地面水环境质量标准》（GB3838—88）和《生活饮用水卫生标准》。水体水质评价指标主要包括水温、pH、溶解氧（DO）、高锰酸盐指数（COD_{Mn}）、化学需氧量（COD）、五日生化需氧量（BOD_5）、氨氮、总磷（TP）、总氮（TN）、铜（Cu）、锌（Zn）、氟化物（F）、砷（As）、汞（Hg）、镉（Cd）、铬（Cr^{6+}）、铅（Pb）、氰化物、挥发酚、石油类、硫化物和大肠菌群22个项目。集中式生活用水、地表水源地补充评价硫酸盐、氯化物、硝酸盐、Fe、Mn 5项。评价方法主要采用单因子评价法。

本章主要基于海河流域水资源保护局发布的《海河流域水资源公报》、《海河流域水资源质量年报》、《海河流域重点水功能区水质状况通报》、《海河流域省界水体水环境质量状况通报》以及水利部发布的《中国水资源质量公报》等相关数据、报告，探讨海河流域1998~2012年各水系、河系、水库水体的常规污染特征及演变趋势。

1.1 流域水体污染特征

海河流域水体主要由河流、湖泊和水库组成，其中以河流占据主导地位。通常，湖泊水库整体上水质相对较好，而流经城市的河流以城市污水或污水处理厂出水为主要水源，污染相对严重。为此，本节主要以海河流域众多河流为研究对象，探讨其污染特征，进而分析海河流域水体的逐年污染特征以及演变趋势。

1.1.1 不同水质类型河长年度分布

为综合评估海河流域不同河系的水质污染程度，本节计算了河海流域七大河系中不同水质类型河长，分析了不同类型水质河长的分布特征及年度演变特征，见表1-1。

表1-1 海河流域各水质类型河长比例的年度分布特征

年份	评价河长/km	Ⅰ、Ⅱ类比例/%	Ⅲ比例/%	Ⅳ比例/%	Ⅴ类比例/%	劣Ⅴ类比例/%
1998	9 951	11	14	10	65	
1999	7 151	21	22	10		47
2000	11 278	13.7	19.8	8.9		57.6
2001	10 076	16	23	15		46
2002	7 151	21	22	10		47
2003	7 918	15	24	7		54
2004	11 670.3	18.9	21.7	7.7		51.7
2005	11 808.1	22.6	17.6	6.1		53.7
2006	11 640.6	14.6	16.3	14.9		54.6
2007	11 819.3	15.8	11.8	15.3		57.1
2008	12 996.2	22	13.2	12.9		51.9
2009	12 789.9	35.3		13.2		51.5
2010	12 679.8	37.2		14.6		48.2
2011	14 088.6	36.2		12.8		51

由表1-1可知，1998～2011年，评价河长呈增加趋势，这可能与社会对污染的重视以及经济、监测水平的提高有关。以《地面水环境质量标准》（GB3838—88）以及《地面水环境质量标准》（GB3838—2002）Ⅲ类水为划分依据，水质劣于Ⅲ类水为受污染河水。由表1-1可以看出，1998～2011年，受污染河长所占总河长的比例分别为75%、57%、66.5%、61%、57%、61%、59.4%、59.8%、69.5%、72.4%、74.4%、64.7%、62.8%、63.8%。海河流域近60%以上的河段已经污染，形势十分严峻。

图1-1给出了不同水质类型河长的逐年分布特征。由图可知，1998～2011年海河流域劣Ⅴ类水一直占据主导地位，其次为Ⅰ类、Ⅱ类、Ⅲ类水，最小为Ⅳ类水、Ⅴ类水，仅10%～20%的河长水质属于Ⅳ类水、Ⅴ类水。图1-1中也给出了1998～2011年不同水质类型河长的演变趋势。由图可知，尽管全流域水体水质状况具有一定的波动性，但整体上Ⅳ类水、Ⅴ类水比例呈现轻微上升趋势，而劣Ⅴ类水以及Ⅰ类水、Ⅱ类水、Ⅲ类水河长总数则呈现轻微下降趋势。随流域内经济社会的快速发展，污染物排放总量水平势必显著增加，而整体上的重污染河长轻微减少则说明海河流域内相关污染防治措施的实施在河系水污染防治上具有一定的成效。当然，未污染河长的微下降趋势也在一定程度上说明海河流域污染防治工作任重道远，未来海河流域污染防治仍需投入较大的人力、物力。

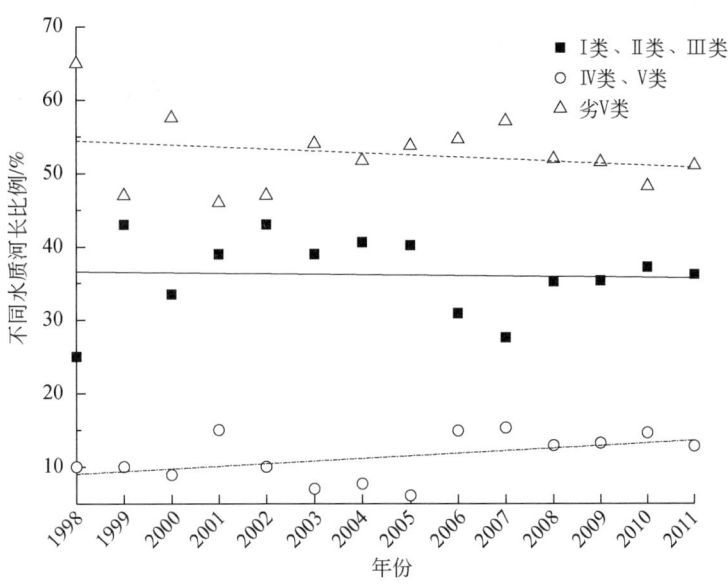

图 1-1 海河流域全年期各类水质河长占总河长的比例

1.1.2 河系主要超标污染物类型

研究中对检测项目的超标特征进行了分析，结果见表 1-2。除 DO、BOD_5 和挥发酚在个别年份（2006 年、2011 年、2012 年）达标外，其他项目年年超标。整体而言，海河流域污染物主要是有机污染物，有机污染严重。2011~2012 年，海河流域污染超标项目均是 5 项，水质状况略有好转。

表 1-2 海河流域河系水体污染物超标项目

年份	DO	氨氮	COD_{Mn}	COD	氟化物	挥发酚	BOD_5
2006	√	√	√	√	√	√	
2007	√	√	√	√	√	√	√
2008	√	√	√	√	√	√	√
2009	√	√	√	√	√	√	√
2010	√	√	√	√	√	√	√
2011		√	√	√	√		√
2012	√	√	√	√	√		√

1.1.3 不同水期河系污染分析

整体而言，海河流域具有河川径流的际变化大、年内分配集中两个特征。海河流域属大陆性季风气候区，平均年降水量为548mm。降水量年内分配不均匀，多年平均汛期降水量（6~9月）占全年的75%~85%。海河流域多年平均径流量为264亿 m³（按1956~1984年资料统计）。1956年最大为542亿 m³，1981年最小为112亿 m³，最大值与最小值之比约为4.83。

降水量年际变化很大，1964年降水量为798mm，而1965年仅358mm。径流年内分配一般是6~9月径流量占全年的70%~80%，个别河流达到90%。部分有春汛、泉水补给，调节性能好的河流，6~9月径流则仅占全年径流的50%~60%。海河流域的暴雨特点是时间短、强度大且集中在7月下旬至8月上旬。洪水与暴雨相应，最大30d洪量一般占汛期（6~9月）洪量的50%~90%，而5~7d洪量可占30d洪量的60%~90%，洪峰多是尖瘦形。如1963年8月2~8日，河北省内丘县獐獏降雨量达2050mm，滏阳河支流泜河西台峪站集水面积124km²，1963年实例洪峰流量3900cm³/s，洪峰模数达31.4m³/(s·km²)。

2002年是我国环境法律以及监测标准健全的一个节点，2002年以后（含2002年）的监测范围与2001年以前有所不同。本节对比分析了2002年新地表水评价标准公布后的不同时期各类型水质河长比例的分布特征。从图1-2可以看出，海河流域河系在不同水期有不同的污染特征。整体上，不同类型水质的分布特征与图1-1中年均变化特征保持一致，均是劣V类为主体。因流域内人口密度大，工农业发达，水资源开发利用量逐年增加，再加上流域降水量不足，废污水排放量大，仍有60%以上的评价河长污染（劣于Ⅲ类）。2007年度海河流域水资源质量在全国10个水资源一级区中最差。

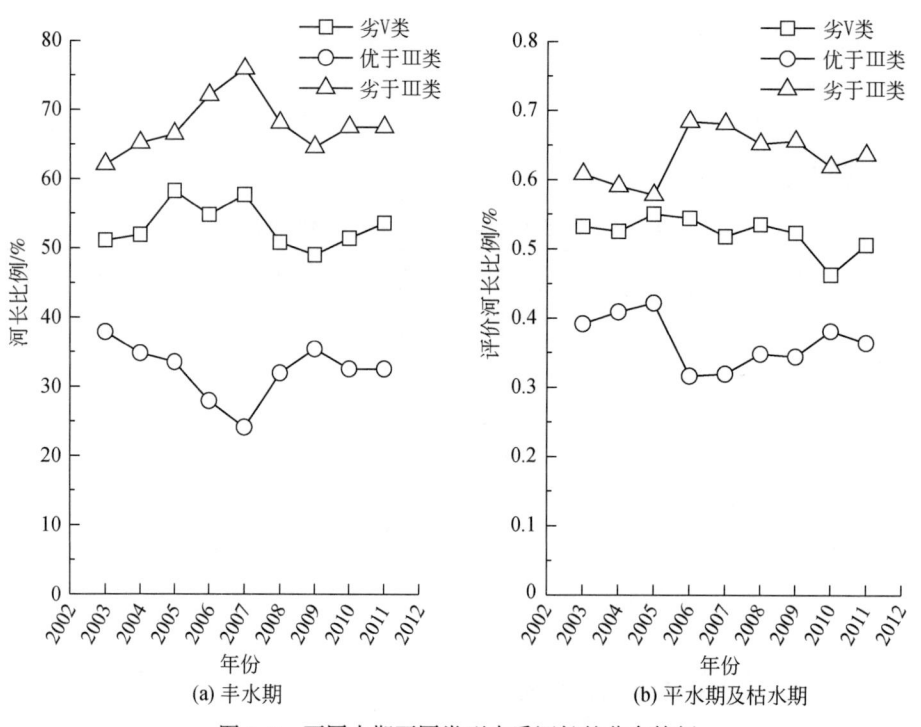

图1-2 不同水期不同类型水质河长的分布特征

对比汛期（丰水期）与非汛期（平水期及枯水期）不同类型水质河长比例年度分布可知，流域内降雨稀释冲刷不能改变整个流域不同类型水质河长分布特征。但是，降雨的作用也不容忽视。如图1-2所示，丰水期劣Ⅲ类水质河长比例整体上高于平水期和枯水期，而优于Ⅲ类（Ⅰ类水、Ⅱ类水、Ⅲ类）水河长在丰水期整体上也低于非汛期。当然，降雨也影响了Ⅳ类水、Ⅴ类水河长比例（劣于Ⅲ类与劣Ⅴ类的差值），丰水期这两类水的河长比例低于非汛期，主要原因是该类水体污染加重为劣Ⅴ类水质。这在一定程度上说明，海河流域降水年度分布不均，降雨冲刷增加了流域内非点源污染物入河量，致使Ⅴ类水质河长比例增加显著。为此，海河流域非点源污染的影响也较为显著，在点源污染需加大控制力度基础上，非点源污染防治也应重视起来。

1.2 分水系、河系水体污染特征

1.2.1 分水系水体污染特征

如前所述，海河流域包括海河北系、海河南系、滦河和徒骇马颊河四大水系，各水系之间的污染特征存在显著差异（图1-3）。由北向南水系水质逐渐变差，在徒骇马颊河水系中，评价年份中几近100%河段处于劣Ⅲ类。流域北部水质相对较好。海河北系及滦河和冀东沿海诸河水质相对较好，有约40%~60%评价河长水质达到、优于地面水Ⅲ类。

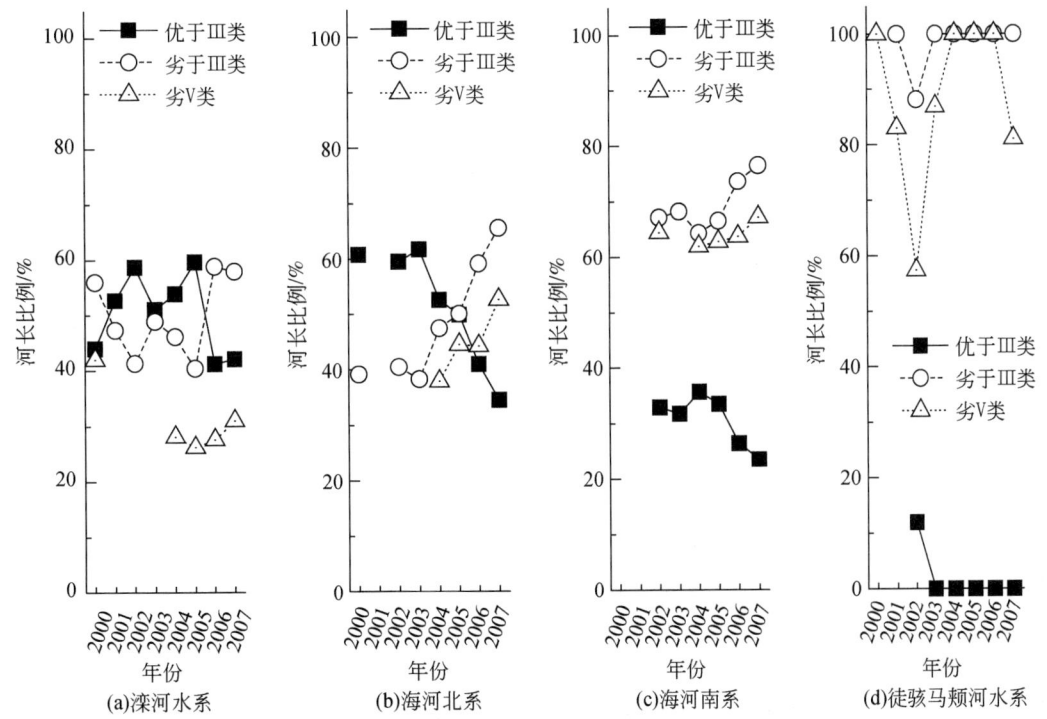

图1-3 海河流域分水系不同类型水质河长分布特征

在年度变化上，徒骇马颊河水系、滦河水系水质尽管有一定波动，但整体上变化基本保持在同一水平。海河北系、海河南系水质在2004年以后呈现明显的污染加重趋势，劣Ⅲ类和劣Ⅴ类水质河段长度显著增加，而优于Ⅲ类（Ⅰ类水、Ⅱ类水、Ⅲ类）水河长则有较为显著的减少趋势。

以2007年为例，滦河水系全年评价河长2686.7km，Ⅰ~Ⅲ类水河长1129.8km，约占评价河长的42.1%；Ⅳ~Ⅴ类水河长723.2km，约占26.9%；劣Ⅴ类水河长833.7km，约占31.0%。海河北系主要河流中蓟运河、潮白河、北运河和永定河，全年评价河长2782.2km，Ⅰ~Ⅲ类水河长960.0km，约占评价河长的34.5%；Ⅳ~Ⅴ类水河长357.6km，约占12.9%；劣Ⅴ类水河长1464.6km，约占52.6%。海河南系主要河流中大清河、子牙河、漳卫南运河及海河干流等全年评价河长5045.1km，Ⅰ~Ⅲ类水河长1183.0km，约占评价河长的23.4%；Ⅳ~Ⅴ类水河长475.0km，约占9.4%；劣Ⅴ类水河长3387.1km，约占67.1%。徒骇马颊河河系全年评价河长1342.0km，水质均劣于Ⅲ类；Ⅳ~Ⅴ类水河长255.5km，约占19.0%；劣Ⅴ类水河长1086.5km，约占81.0%。

1.2.2　分河系水体污染特征

（1）滦河河系污染趋势分析

滦河河系呈羽状，两岸支流都比较发育，集水面积大于1000km²，自上到下有小滦河、兴州河、伊逊河、蚂蚁吐河、武烈河、老牛河、柳河、瀑河、漱河、青龙河10条支流。滦河河槽上窄下宽，糙率上大下小，加之支流在平原区的流程较短，径流、泥沙入海出路都较通顺。但是，由于干流上修建的潘家口、大黑汀两座大型水库，以及其下游的引滦入津、引滦入唐工程，青龙河上修建的桃林口水库拦截，中、小水年大部分水沙已不经原滦河干流下游入海，致使大黑汀水库以下的河道及河口情况发生了很大变化。

滦河下游干流两侧有若干条单独入海的河流，统称为冀东沿海诸河。滦河干流以东有17条，其中洋河、石河较大。这些河大都发源于山区，流经浅山丘陵之间，平原区很窄，源短流急，具有山溪性河道的特性。滦河干流以西有15条，其中陡河、沙河、沂河、小青河较大，这些河大部发源于丘陵区，流经平原的距离相对较长。由于这个区域平原本身的坡度也相对较陡，这些小河具有山溪性河流向平原河流过渡的特点。陡河上建有陡河水库，洋河上建有洋河水库。在本节中将冀东沿海诸河归为滦河河系一并研究。

滦河河系2006~2011年各监测点位各类水质比例年际变化特征如图1-4所示。从图中可以看出，优于Ⅲ类水（未污染水）比例均高于50%，且呈现逐年增加趋势。Ⅳ类水和Ⅴ类水以及劣Ⅴ类水则呈现逐年下降趋势。总体来说，滦河河系水体污染程度相对较低，水体水质相对较好，并且污染程度有逐年减轻趋势。

2006~2011年，滦河河系只在2009年1个监测断面监测到Ⅰ类水，其他年份均没有监测到Ⅰ类水。Ⅱ类水除2011年外其他年份均在不同监测断面出现，2006~2011年监测断面检出比例依次为26.67%、36.84%、26.32%、40.00%、35.00%，呈现波动上升趋势。Ⅲ类水当年监测断面检出比例分别为26.67%、21.05%、47.37%、25.00%、

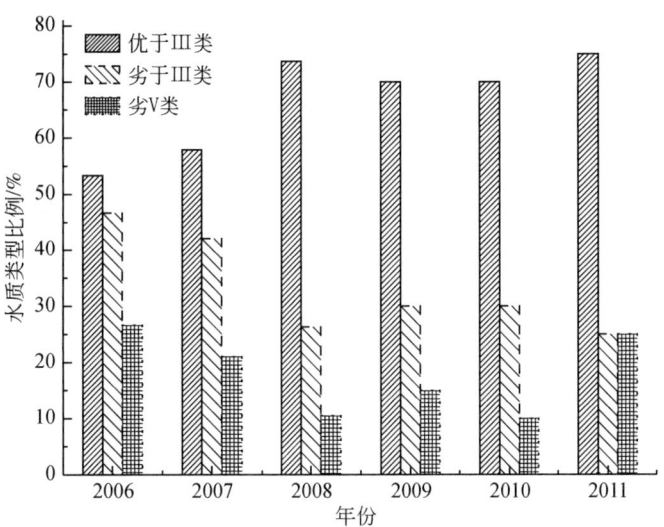

图 1-4 滦河河系水质类型的逐年变化特征

35.00%、75.00%,也呈现出波动上升的趋势。Ⅳ类水当年监测断面检出比例分别为 13.33%、15.79%、5.26%、15.00%、15.00%、0,保持相对稳定。Ⅴ类水当年监测断面检出比例分别为 6.67%、5.26%、10.53%、0、5.00%、0,呈现下降趋势。劣Ⅴ类水当年监测断面检出比例分别为 26.67%、21.05%、10.53%、15.00%、10.00%、25.00%,也呈现下降的趋势。

从表 1-3 中可以看出,2006～2011 年滦河河系污染水体的主要超标项目的数量依次为 9、5、6、3、4、1 项,呈现减小趋势。整体上,滦河河系污染物种类由复杂逐渐变得单一,以有机污染和氨氮为主,其他污染并存。

表 1-3 滦河河系水体主要污染物超标项目

年份	COD	氨氮	COD_{Mn}	硫化物	氟化物	挥发酚	总汞	Cr	Pb	Cs
2006	√	√	√	√	√	√	√	√	√	
2007	√	√	√	√				√		
2008	√	√	√	√		√				√
2009		√	√				√			
2010	√	√	√				√			
2011		√								

(2) 北三河河系污染趋势分析

北三河河系主要包括蓟运河、潮白河和北运河三条河流。蓟运河位于滦河以西,潮白河以东,主要支流有洵河、州河、还乡河,均发源于燕山南麓河北兴隆县境。洵、州两河至九王庄汇合后称蓟运河。潮白河位于蓟运河以西,北运河以东。上游有白河、潮河两支，均发源于河北沽源县境，在北京密云县附近汇合后称潮白河，至怀柔纳怀河后入平原，下游河道经苏庄至河北香河。1950年在吴村闸下开挖了潮白新河，沿途纳城北减河、运潮减河、青龙湾减河分泄北运河洪水，并纳引沟入潮减河分泄沟河洪水，穿黄庄洼、七里海等分滞洪区，在天津宁车沽入永定新河入海。流域建有云州、密云、怀柔3座大型水库。北运河位于潮白河与永定河之间，为一窄长的平原河流。上源温榆河发源于军都山南麓北京昌平区以北，至通州区北关闸始称北运河。北关闸上辟运潮减河分泄部分洪水，以下沿途纳通惠河、凉水河、凤港减河等平原河道，至土门楼闸上又辟青龙湾减河入潮白新河，并以大黄堡洼为滞洪区。

北三河河系2006~2011年各类水质比例逐年变化如图1-5所示。从图中可以出，除2011年外，优于Ⅲ类水（未被污染水）所占比例每年均超过60%，但整体上呈下降趋势。同时，劣于Ⅲ类水（污染水）所占比例则呈现逐年快速增加趋势。这说明，从2006~2011年，北三河河系污染逐年加剧，可能是由于流经的北京、天津等大城市急剧扩张致使污染物量排放增加引起。

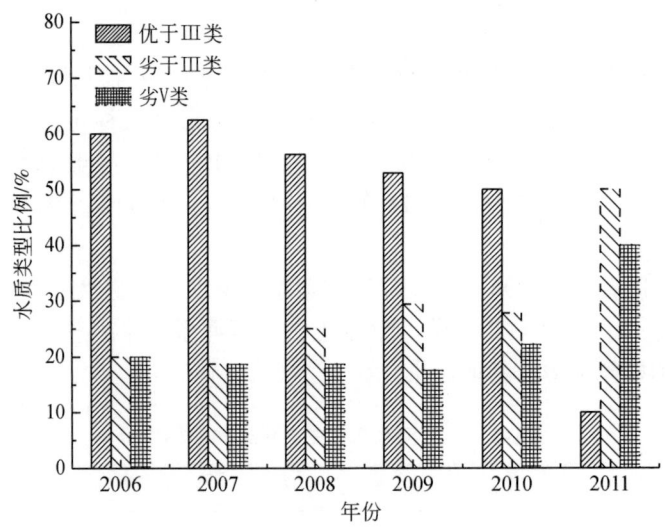

图1-5 北三河河系不同类型水质的分布特征

对于单一水质类型的逐年变化特征，2006~2011年，各断面均未监测到Ⅰ类水。Ⅱ类水当年监测断面检出率依次为33.33%、61.54%、46.15%、50.00%、50.00%、0，呈现出波动上升的趋势。Ⅲ类水2006年检出相对较多，此后五年监测断面检出率相对稳定，依次为41.67%、15.38%、23.08%、14.29%、14.29%、16.67%。Ⅳ类水当年监测断面检出率分别为0、0、7.69%、14.29%、7.14%、16.67%，呈现出由无到有、波动上升的趋势；Ⅴ类水各断面均未监测到；劣Ⅴ类水当年监测断面检出率为25.00%、23.08%、23.08%、21.43%、28.57%、66.67%，前5年相对稳定，2011年则突增。

从表1-4可以看出，北三河河系污染项目均较多，呈现污染超标项目逐年递减趋势。整体上，北三河河系以氨氮、有机污染为主，其他污染并存。

表 1-4　北三河河系水体主要污染物超标项目

年份	COD	氨氮	COD$_{Mn}$	硫化物	氟化物	挥发酚	总汞	Cr	Pb	Cs
2006	√	√	√				√	√	√	
2007		√	√							
2008		√	√			√	√			√
2009		√	√	√	√	√				
2010		√	√		√			√		
2011		√	√		√					

（3）永定河河系水质变化趋势分析

永定河位于北运河、潮白河西南，大清河以北。上游有两大支流，一支为源于内蒙古高原的洋河，另一支为源于山西高原的桑干河，两河于河北怀来县朱官屯汇合后称永定河；在官厅附近纳妫水河，经官厅山峡于三家店入平原。由三家店起两岸靠堤防约束，卢沟桥以下有小清河分洪道。梁各庄以下进入永定河泛区，汇天堂河、龙河，泛区下口屈家店以下为永定新河，在大张庄以下纳北京排污河、金钟河、潮白新河、蓟运河于北塘入海。永定河上游修建了册田、友谊、官厅 3 座大型水库。

从图 1-6 可以看出，永定河河系优于Ⅲ类水与劣于Ⅲ类比例呈完全相反的变化趋势。优于Ⅲ类水比例在 2009 年前表现为持续增加趋势，而在此后则急剧降低，有关原因有待进一步探讨。然而，劣于Ⅲ类百分比则整体上处于 50% 以上，劣Ⅴ类水占 25% 以上，该河系污染不容忽视。

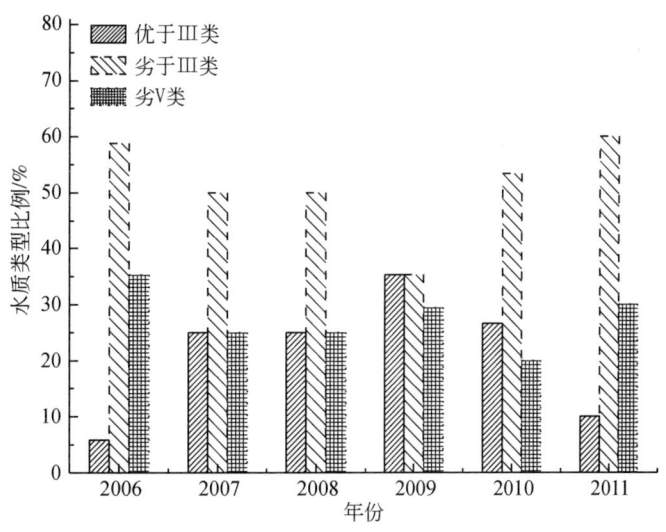

图 1-6　永定河河系各类水质比例逐年变化特征

对于各类水质类型逐年变化，永定河河系 2006~2011 年均未监测到Ⅰ类水。Ⅱ类水当年监测点位检出率依次为 0、0、16.67%、8.33%、0、0，仅两年检出。Ⅲ类水当年监测点位检出率依次为 9.09%、33.33%、16.67%、41.67%、33.33%、14.29%；Ⅳ类水当年监测点位检出率依次为 27.27%、8.33%、16.67%、8.33%、41.67%、42.86%；Ⅴ类水当年监测断面检出率依次为 9.09%、25.00%、16.67%、0、0、0；劣Ⅴ类水当年监测点位检出率依次为 54.55%、33.33%、33.33%、41.67%、25.00%、42.86%。整体上，Ⅱ类水、Ⅲ类水以及劣Ⅴ类水每年均有检出，并构成永定河河系水质的主要类型。

从表 1-5 可以看出，除 2011 年外，永定河河系污染水体主要超标项目项数均较多，基本上都高于上述两条河系。永定河河系污染是无污染与有机污染并存的复合型污染。

表 1-5　永定河河系水体主要污染物超标项目

年份	COD	氨氮	COD$_{Mn}$	硫化物	氟化物	挥发酚	总汞	COD$_{Cr}$	BOD$_5$	Cs	Cr	氯化物
2006	√	√	√					√		√		
2007	√	√	√					√				
2008	√	√									√	
2009		√	√	√	√	√	√					√
2010	√	√										
2011		√			√		√					

（4）大清河河系水质变化趋势分析

大清河位于永定河以南，子牙河以北，海河水系的中部。源于太行山东侧，分南北两支。北支主要支流拒马河在张坊镇分为南北两河，北拒马河至东茨村附近纳大石河、小清河后称白沟河；南拒马河纳中易水、北易水后在白沟镇与白沟河汇合后称大清河，以兰沟洼为分洪区。新盖房处建有水利枢纽，将大清河北支分成三支：一支经白沟引河进水闸引部分洪水入白洋淀；一支经大清河灌溉闸引少量灌溉用水入大清河（洪水期间灌溉闸一般不用）；另一支经分洪闸及分洪堰引大部分洪水经新盖房分洪道入东淀。全部汇入白洋淀的支流统称大清河南支，主要有瀑河、漕河、府河、唐河（于清苑以东汇界份）、沙河、磁河（沙河与磁河于北郭村汇合后称潴龙河）等，各河均入白洋淀，再经枣林庄枢纽通过赵王河入大清河、东淀。大清河、东淀并汇有清南平原、清北平原若干条排沥河道，同时纳子牙河、南运河的部分来水。大部分洪水经独流减河进洪闸入独流减河入海，少部分洪水经西河闸、西河入海河干流入海。在海河及独流减河入海口处分别建有海河闸及独流减河防潮闸以防止潮水倒灌。河系内建有横山岭、口头、王快、西大洋、龙门、安各庄 6 座大型水库以调节上游洪水。大清河山区（京广铁路以西）流域是一条典型的扇形河流。长度大于 20km 的一级支流有 14 条，各河均为发源于太行山东麓的中、小河流，源短流急。

从图 1-7 可以看出，大清河河系相对其他河系来说整体上水质较好，除 2011 年外，优于Ⅲ类水所占比例均超过 60%。但是，劣于Ⅲ类水及劣Ⅴ类水比率则呈现逐年快速增加趋势，尤其是劣Ⅴ类水自 2008 年出现后快速增加。整体上，大清河河系水质呈现出恶化趋势，且速度较快。

2006~2011 年，大清河河系监测点位只有在 2009 年监测到了Ⅰ类水，占 2009 年监测

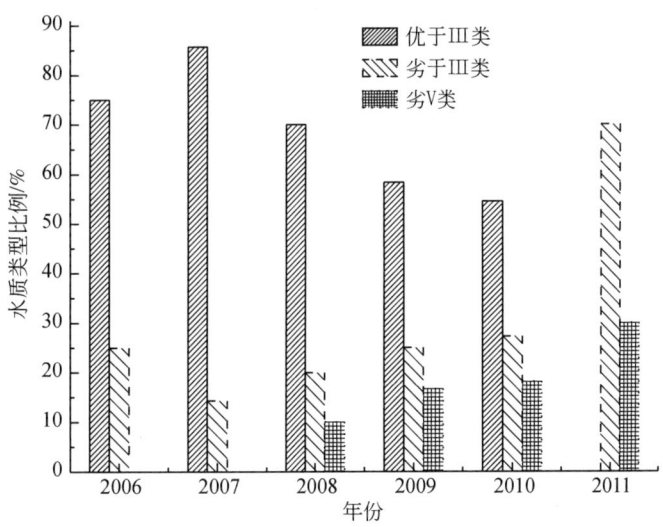

图1-7 大清河河系各类水质类型比例逐年变化特征

点位的百分数为20.00%，其他年份均没有监测到Ⅰ类水；Ⅱ类水当年监测点位检出率依次为37.50%、71.43%、66.67%、50.00%、44.44%、0；Ⅲ类水当年监测点位检出率分别为37.50%、14.29%、11.11%、0、22.22%、0；Ⅳ类水当年监测点位检出率分别为12.5%、0、11.11%、10.00%、0、42.86%；Ⅴ类水当年监测点位检出率依次为12.50%、14.29%、0、0、11.11%、14.29%；劣Ⅴ类当年监测点位检出率为0、0、11.11%、20.00%、22.22%、42.86%。整体上Ⅱ类水比例相对稳定，而其他类型水质变化则波动显著。

从表1-6可知，2006~2011年，大清河河系主要超标项目项数依次为4、2、3、5、3、5项，项目项数相对稳定，主要以无机物污染为主，但同时也存在有机物污染。

表1-6 永定河河系水体主要污染物超标项目

年份	COD	氨氮	COD$_{Mn}$	硫化物	氟化物	挥发酚	总汞	COD$_{Cr}$	BOD$_5$	Pb	Cr
2006			√	√			√			√	
2007			√	√							
2008			√	√		√					
2009		√	√			√			√		
2010				√					√		
2011		√	√		√	√				√	

(5) 子牙河河系水质变化趋势分析

子牙河位于大清河以南，漳卫南运河以北，有滹沱河、滏阳河两支。滹沱河发源于五台山北麓，沿途纳清水、冶河等河流入平原。河系内建有岗南、黄壁庄两座大型水库。滏阳河发源于太行山南段东麓，支流众多，主要有洺河、沙河、泜河、槐河等10余条，至艾辛庄与滏阳河汇合，为扇形水系。滏阳河河系内建有临城、东武仕、朱庄 3 座大型水库。

从图 1-8 可以看出，与大清河类似，子牙河河系优于Ⅲ类水比率逐年减少，而劣于Ⅲ类水及劣Ⅴ类水比率则呈现逐年增加趋势。在不同类型水质分布比例上，优于Ⅲ类水和劣于Ⅲ类水比率几近均等。2008 年起，污染水比率超过未污染水。子牙河整体表现出污染特征，并存在进一步恶化趋势。

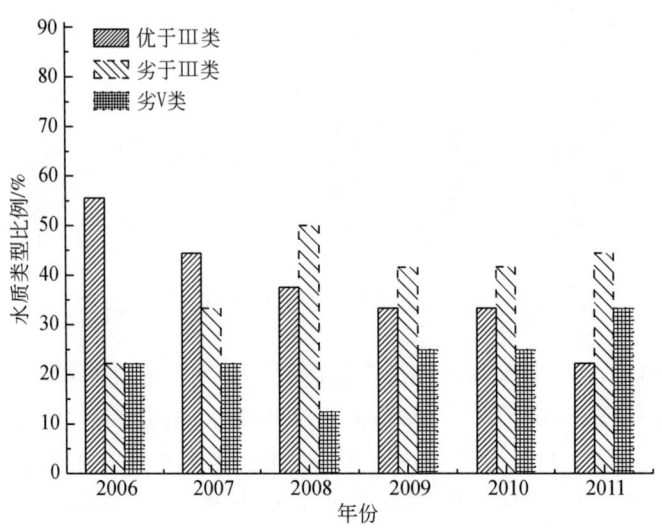

图 1-8　子牙河河系各类水质类型比例逐年变化特征

2006～2011 年，子牙河河系只有在 2010 年监测到 1 个点位为Ⅰ类水，占当年监测点位个数比例为 11.11%；Ⅱ类水当年监测点位检出率依次为 42.86%、42.86%、0、33.33%、22.22%、33.33%；Ⅲ类水当年监测点位检出率依次为 28.57%、14.29%、42.86%、11.11%、11.11%、0；Ⅳ类水当年监测点位检出率为 0、14.29%、42.86%、22.22%、11.11%、0；Ⅴ类水当年监测点位检出率依次为 0、0、0、0、11.11%、16.67%；劣Ⅴ类水当年监测点位检出率为 28.57%、28.57%、14.29%、33.33%、33.33%、50.00%。整体而言，子牙河河系Ⅱ类水所占比例最多，其次为Ⅲ类和劣Ⅴ类水。

从表 1-7 可以看出，2006～2011 年，子牙河河系污染水体的主要超标项目项数逐渐减少；子牙河河系的污染仍然是有机污染与无机污染并存的复合型污染为主，但是存在无机污染减轻，并逐渐演变为有机污染为主的趋势。

表 1-7　永定河水系水体主要污染物超标项目

年份	COD	氨氮	COD$_{Mn}$	硫化物	氟化物	挥发酚	总汞	COD$_{Cr}$	BOD$_5$	Pb	Cs
2006	√	√	√	√	√	√	√			√	√
2007		√		√		√		√			

续表

年份	COD	氨氮	COD$_{Mn}$	硫化物	氟化物	挥发酚	总汞	COD$_{Cr}$	BOD$_5$	Pb	Cs
2008	√	√		√		√		√		√	√
2009	√	√	√	√					√		
2010				√	√						√
2011		√	√		√						

（6）漳卫南河河系水质变化趋势分析

漳卫南运河位于子牙河以南，有漳河、卫河两大支流。漳河上游有清漳河与浊漳河，均发源于太行山的背风山区。两河于合漳村汇合后称漳河。河系内建有关河、后湾、漳泽、岳城、小南海 5 座大型水库。卫河源于太行山南麓，由 10 余条支流汇成，较大的有淇河、汤河、安阳河等，主要支流集中在左岸，为梳状河流。漳、卫两河于称钩湾汇合后称卫运河，至四女寺枢纽又分两支：一支经南运河入海河；另一支经漳卫新河在埕口附近入海，河口建有辛集挡潮蓄水闸。

由图 1-9 可以得出，漳卫南河河系不同类型水质的逐年变化趋势不同于流域内其他河流，无显著的逐年变化趋势。优于Ⅲ类水、劣于Ⅲ类水及劣Ⅴ类水分别保持在 50%、30%、20% 的比例。整体上，漳卫南河河系污染水及未污染水的比例基本持平，并在 2006~2010 年分别相对稳定，且总体来说水质有转好趋势。

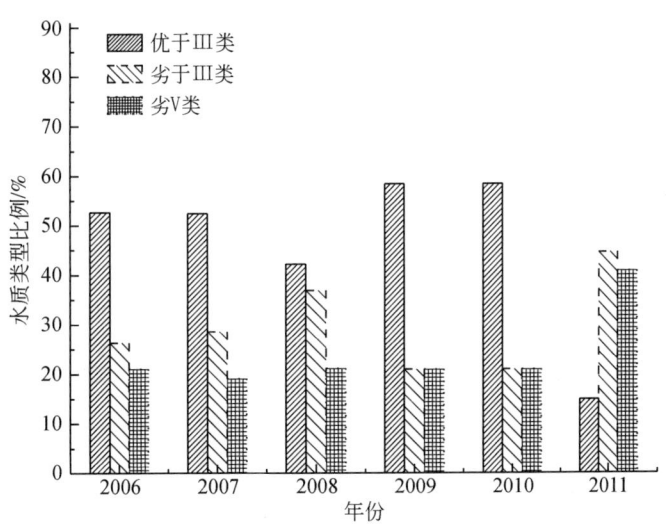

图 1-9　漳卫南河河系各类水质类型逐年变化特征

2006~2011 年，漳卫南河河系监测到的Ⅰ类水分别占当年监测点位个数的比例依次为 0、0、0、5.26%、5.26%、0；Ⅱ类水当年监测点位检出率依次为 53.33%、29.41%、20.00%、52.63%、47.37%、18.75%；Ⅲ类水当年监测点位检出率依次为 13.33%、35.29%、33.33%、15.79%、21.05%、6.25%；Ⅳ类水当年监测点位检出率依次为 6.67%、5.88%、13.33%、0、0、0；Ⅴ类水当年监测点位检出率依次为 0、5.88%、

6.67%、0、0、6.25%；劣Ⅴ类水当年监测点位检出率依次为26.67%、23.53%、26.67%、26.32%、26.32%、68.75%。整体上，Ⅱ类水所占比例最多，其次为劣Ⅴ类水。与子牙河一样，Ⅲ类水比例也相对较高。这三类型水占据了漳卫南河河系主导地位。

由表1-8可知，2006~2011年，漳卫南河河系污染主要超标项目项数依次减小；有机污染与无机污染并存，且无机污染有减轻趋势。

表1-8 漳卫南河河系水体主要污染物超标项目

年份	COD	氨氮	COD_{Mn}	氟化物	挥发酚	总汞	BOD_5	Pb	Cs
2006	√	√	√	√	√	√	√	√	√
2007	√	√	√	√	√	√			
2008	√	√	√	√	√				
2009		√	√	√	√				√
2010		√	√				√		
2011		√	√	√			√		

（7）徒骇马颊河河系水质变化趋势分析

徒骇马颊河水系位于漳卫南运河以南，黄河以北，海河流域的东南端，由徒骇河、马颊河、德惠新河组成。徒骇河发源于豫鲁两省交界处的文明寨，于山东沾化县入渤海。马颊河发源于河南濮阳市金堤闸，于山东无棣县入渤海。德惠新河西起山东平原县王凤楼村，东至无棣县下泊头与马颊河汇流后入海。此外，沿海一带还有若干条独流入海的小河。各河全部位于平原区，是当地的排沥河流。近年由于气候干旱，各河拦河建闸很多，河道排沥蓄水兼用。

从图1-10可以看出，2006~2011年徒骇马颊河河系没有监测到优于Ⅲ类水（未污染水），劣于Ⅲ类水（污染水）比例几近100%，其中劣Ⅴ类水大多在70%以上，属于有河皆污现状。虽然劣Ⅴ类水比例有逐年降低趋势，但目前水质状况依然极差。

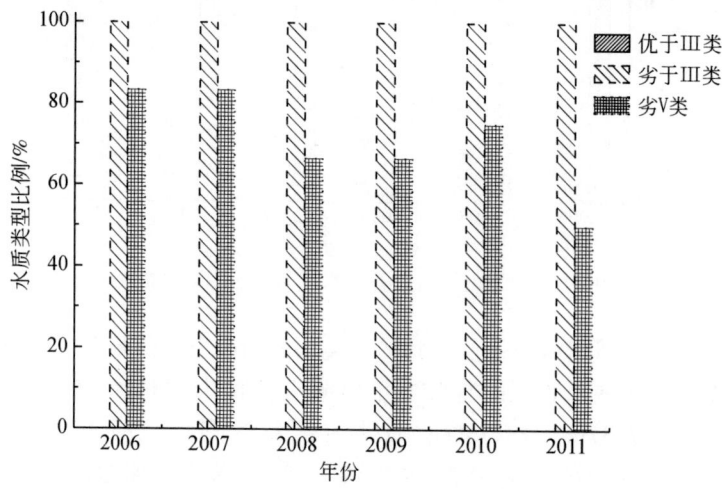

图1-10 徒骇马颊河河系各类水质类型逐年变化特征

2006~2011年，徒骇马颊河河系各监测断面均没有监测到Ⅰ类水、Ⅱ类水和Ⅲ类水；Ⅳ类水只有在2011年的1个监测断面监测到，占当年监测断面个数的百分数为25.00%；Ⅴ类水分别占当年监测断面个数的百分数分别为16.67%、16.67%、33.33%、33.33%、25.00%、25.00%；劣Ⅴ类水分别占当年监测断面个数的百分数依次为83.33%、83.33%、66.67%、66.67%、75.00%、50.00%。

从表1-9可以看出，徒骇马颊河河系2006~2011年污染水体的主要超标项目项数依次为8、7、6、6、6、2项，呈逐年减少趋势；从超标项目上看，徒骇马颊河河系的污染是有机污染与无机污染并存的污染类型，同时又有向以有机污染为主转变的趋势。

表1-9 徒骇马颊河河系水体主要污染物超标项目

年份	COD	氨氮	COD$_{Mn}$	硫化物	氟化物	挥发酚	总汞	BOD$_5$	Pb	SO$_4^{2-}$	氯化物
2006	√	√	√		√	√	√	√	√		
2007	√	√	√	√		√	√				
2008	√	√	√			√	√				
2009	√	√	√			√	√				√
2010		√	√		√		√			√	√
2011		√									

(8) 海河干流水质变化趋势分析

海河干流自西向东横贯天津市区，西起金钢桥，东到海河闸，全长72km，为大清河和永定河部分洪水的入海尾闾（兼泄北运河、永定河、子牙河、南运河的少量洪水），并泄天津市沥水。原为潮汐河道，自1958年建海河闸后变为泄洪、防潮、蓄淡、排沥多功能河道。

海河干流只有一个监测点位，这个监测点位2006~2010年监测到的水质类别依次为Ⅴ类水、Ⅴ类水、Ⅴ类水、劣Ⅴ水、Ⅴ类水。可以看出，2006~2010年，海河干流除2009年以外其他4年均为Ⅴ类水，而2009年更是劣Ⅴ类水。因此，海河干流水质一直保持在较严重污染状态。

海河干流2006年污染超标项目为氨氮、COD、氟化物，共计3项；2007年污染超标项目为COD、BOD$_5$，共计2项；2008年污染超标项目为氨氮、COD，共计2项；2009年污染超标项目为氨氮、COD、硫化物，共计3项；2010年污染超标项目为COD，共计1项。整体上，海河干流污染以有机物污染为主，同时也存在无机物污染。

1.3 分省河系水质变化趋势

海河流域地跨8省（自治区、直辖市），包括北京市、天津市全部，河北省大部，山西省东部，河南省、山东省北部以及内蒙古自治区和辽宁省一小部分地区（辽宁省没有参加评价）。同一条河流常流经不同省份，而不同断面常表现出不同的污染特征。如在2001年，海河流域监控的32个省界断面中，优于Ⅲ类水质标准的占28.0%，劣于Ⅲ类水质标准的占72%，其中劣于Ⅴ类水质断面达到了53%。这些断面分布于滦河（河北—引滦交界断面）、潮白河（北京—河北交界断面）；永定河（河北—北京交界断面）；漳卫新河、卫运河、南运河（山东—河北交界断面）；卫河（河南—河北交界断面）。省界断面中，水体主要以耗氧有污染为主，污染项目主要是氨氮、COD_{Mn}、挥发酚、DO、COD 等。弄清不同省份河流的污染特征对海河流域整体污染防治至关重要。

海河流域河系污染的分省分布特征见图1-11。由图可以看出，海河流域不同省份河流中不同类型水质的分布差距较大。整体而言，北京水质最好，2002~2006年优于Ⅲ类水比例在80%以上。山东水质最差，几乎没有优于Ⅲ类水，主要以劣于Ⅲ类水存在，而劣于Ⅲ类水主要由劣Ⅴ类水组成。河北省河系不同水质组成接近于全流域平均。其他省份如山西、河南、天津主要是以污染为主，但有约低于20%河段以优于Ⅲ类水存在。

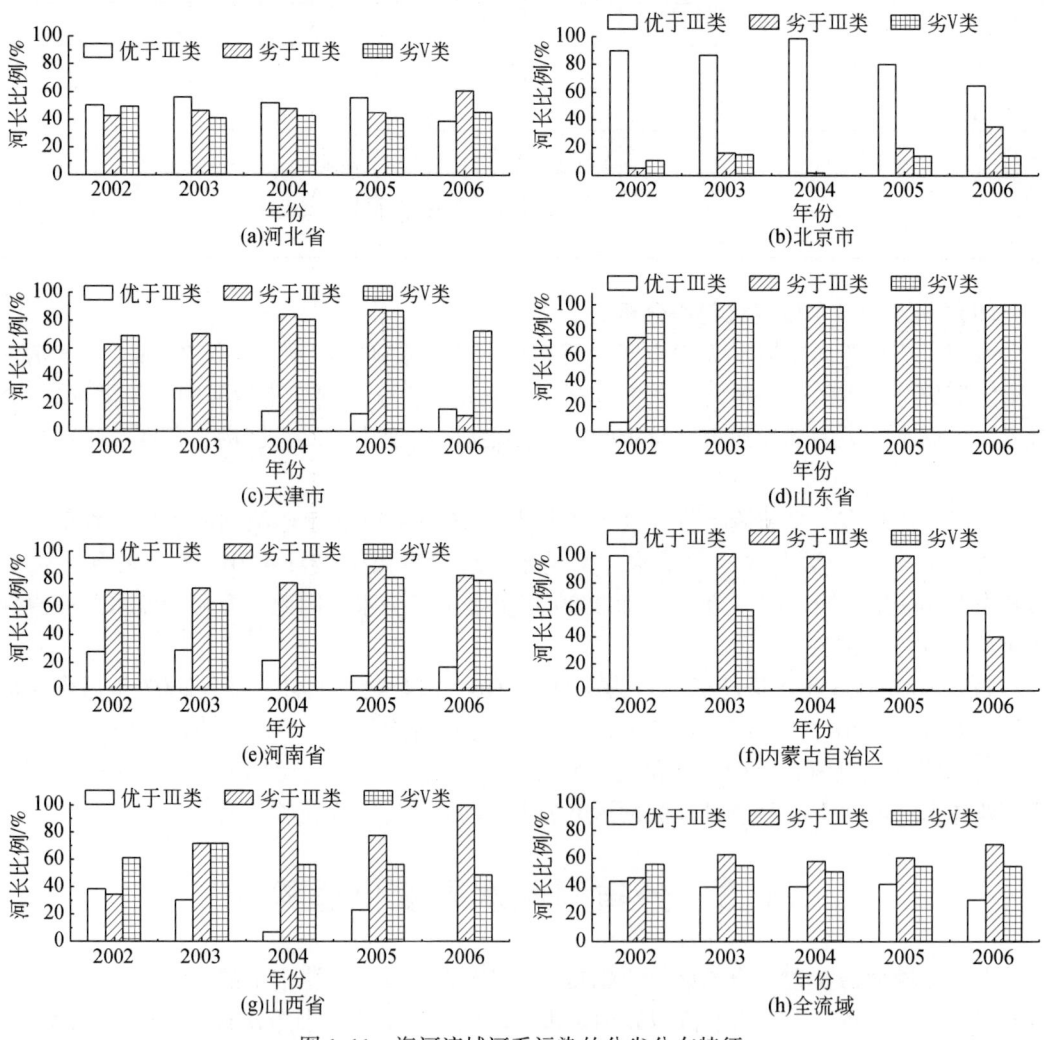

图1-11　海河流域河系污染的分省分布特征

从年度分布上看，2002 年，海河流域各省市中，以内蒙古自治区山区的水质状况最好，全部优于或达到Ⅲ类水质标准。北京市也有 90.5% 的评价河长优于或达到Ⅲ类水质标准，水质状况良好。河北省和山西省河流水质状况接近于流域平均水平，都有 50% 左右的评价河长优于或达到Ⅲ类水质标准。河南省和天津市水质状况较差，劣于Ⅲ类水质标准的评价河长所占比例分别为 72.2% 和 70.1%，而且河南省超标河段全为劣Ⅴ类。山东省海河流域境内水质状况最差，有 92.8% 的评价河长劣于Ⅲ类水质标准，其中 74.2% 的评价河长劣于Ⅴ类水质标准，仅有 7.2% 的评价河长达到了Ⅲ类水质标准。

然而，各年份海河流域河系污染的分省分布特征差异明显。如 2003 年，海河流域各省市中，北京市和河北省水质状况最好，分别有 85.5% 和 55.1% 河长优于或达到Ⅲ类水质标准。其次是天津市、山西省和河南省，优于或达到Ⅲ类水质标准的河长比例分别为 30.3%、29.5% 和 27.8%。内蒙古自治区虽然全部劣于Ⅲ类水质标准，但其超标物只有 COD，且超标倍数不大，所以水质状况还算良好。山东省也全部劣于Ⅲ类水质标准，而且劣于Ⅴ类水质标准的河长比例高达 90.1%，水质状况恶劣。

2004 年，北京市水质状况最好，有 99.2% 的评价河长优于和达到Ⅲ类水质标准。河北省河流水质状况次之，有 51.8% 左右的评价河长优于和达到Ⅲ类水质标准。山东省水质状况最差，全部劣于Ⅴ类水质标准。内蒙古自治区内参评河流水质全部为Ⅳ、Ⅴ类水质标准。河南省、山西省、天津市劣于Ⅴ类水质河长均超过评价河长的 50%。

2006 年，海河流域共有省界监测断面 52 个，有 15 个断面因为河干或未测没有参加评价。参加评价的 37 个断面中，达到Ⅱ类水质标准的断面 7 个，占评价断面的 18.9%；达到Ⅲ类水质标准的断面 6 个，占评价断面的 16.2%；其中，未受污染的水质监测断面有 13 个，所占比例为 35.1%；达到Ⅳ类水质标准的断面 2 个，占评价断面的 5.4%；劣Ⅴ类水质标准的断面 22 个，占评价断面的 59.5%。达标断面 12 个，不达标断面 25 个，达标率 32.4%。流入河北省的断面 18 个，达标断面 5 个，达标率 27.8%；流入山东的断面 6 个，全部不达标；流入北京市的断面 4 个，达标 3 个，达标率 75.0%；流入天津市的断面 3 个，全部不达标；流入引滦专线的断面 3 个，达标 2 个；流入河南省的断面 2 个，全部达标；流入山西省的断面 1 个，不达标。

尽管海河流域河系中不同类型水质的分布特征在近 10 年变化不大，或者劣Ⅴ类水有轻微减少的趋势，但是每个省在年度变化上应该有所差异。本节基于 2002～2006 年数据对海河流域分省的河系污染特征进行了初步探讨，尽管可基本反映海河流域各省河系的污染特征，但是 2007 年以后的年度变化特征仍需收集资料进行分析。

1.4 主要水库水质变化趋势

1.4.1 海河流域主要水库简介

海河流域已建成水库 1878 座，其中大、中、小型水库分别为 34 座（含北大港、大浪淀、团泊洼 3 座平原水库），137 座和 1707 座；总库容约 321 亿 m³，其中大型水库 265 亿

m³、中型水库 40 亿 m³、小型水库 16 亿 m³。

本节根据《海河流域水资源公报》、《海河流域水资源质量年报》等公开资料，重点讨论海河流域 21 个主要水库，其中大型水库 18 座，中型水库 3 座。基本情况见表 1-10。

表 1-10　海河流域主要水库基本情况

序号	水库名称	所在河系	所在河流	所在地区	水质目标	服务城市
1	潘家口水库	滦河河系	滦河	河北迁西县	II	天津、唐山
2	大黑汀水库	滦河河系	滦河	河北迁西县	II	天津、唐山
3	陡河水库	滦河河系	陡河	河北唐山市	II	唐山
4	洋河水库	滦河河系	洋河	河北抚宁县	II	秦皇岛
5	桃林口水库	滦河河系	青龙河	河北青龙县	II	秦皇岛
6	邱庄水库	北三河河系	还乡河	河北丰润县	II	唐山
7	密云水库	北三河河系	潮白河	北京密云县	II	北京
8	于桥水库	北三河河系	州河	天津蓟县	II	天津
9	尔王庄水库	北三河河系	引滦入津渠	天津宝坻区	II	天津
10	官厅水库	永定河河系	永定河	北京延庆县 河北怀来县	II	北京（曾经）
11	册田水库	永定河河系	桑干河	山西大同市	III	大同
12	安各庄水库	大清河河系	中易水河	河北易县	II	
13	西大洋水库	大清河河系	唐河	河北唐县	II	保定、北京
14	王快水库	大清河河系	沙河	河北曲阳县	II	
15	岗南水库	子牙河河系	滹沱河	河北平山县	II	石家庄
16	黄壁庄水库	子牙河河系	滹沱河	河北鹿泉市	II	石家庄
17	东武仕水库	子牙河河系	滏阳河	河北磁县	III	邯郸市
18	大浪淀水库	漳卫南河河系	大浪淀水库	河北沧州市	II	沧州市
19	岳城水库	漳卫南河河系	漳河	河北磁县	II	邯郸、安阳
20	南海水库	漳卫南河河系	安阳河	河南安阳县	II	安阳
21	彰武水库	漳卫南河河系	安阳河	河南安阳县	II	安阳

其中滦河河系有 5 个，分别是位于滦河上的潘家口水库和大黑汀水库、位于陡河上的陡河水库、位于洋河上的洋河水库以及位于青龙河上的桃林口水库；

北三河河系有 4 个，分别是位于还乡河的邱庄水库、位于潮白河的密云水库、位于州河的于桥水库及位于引滦入津渠的尔王庄水库；

永定河河系有 2 个，分别是位于永定河的官厅水库及位于桑干河的册田水库；

大清河河系有 3 个，分别是位于中易水河的安各庄水库、位于唐河的西大洋水库及位于沙河的王快水库；

子牙河河系有 3 个，分别是位于滹沱河的岗南水库和黄壁庄水库、位于滏阳河的东武仕水库；

漳卫南河河系有 4 个，分别是大浪淀水库、位于漳河的岳城水库、位于安阳河的南海水库和彰武水库。

1.4.2 主要水库水质变化趋势分析

通过对海河流域主要水库 2006～2012 年监测数据的统计分析，可以得到各类水质类型比例的逐年变化特征，如表 1-11 所示。

表 1-11 海河流域主要水库各水质类型分布特征 （单位:%）

年份	Ⅰ类	Ⅱ类	Ⅲ类	Ⅳ类	Ⅴ类	劣Ⅴ类
2006	0	42.9	42.8	9.5	0	4.8
2007	0	61.9	23.8	4.7	4.8	4.8
2008	0	42.9	38.1	14.3	0	4.7
2009	4.8	71.4	14.3	4.6	0	4.9
2010	5.0	75.0	10.0	5.0	0	5.0
2011	0	57.1	28.6	9.5	0	4.8
2012	0	57.1	23.8	9.5	4.8	4.8

由表 1-11 可知，2006～2012 年，海河流域主要水库水质以Ⅱ类和Ⅲ类水为主，优于Ⅲ类水的比例分别达到 85.7%、85.7%、81%、90.5%、90%、85.7%、80.9%，整体水质远优于海河流域不同河系，符合水库作为城镇饮用水水源地的相关要求。但是，部分监测点位也存在劣Ⅴ类水状况，且每年均检出，成为影响水库水质使用功能的一大隐患。

水质为Ⅰ类水的主要水库无论个数还是所占的比例都很低，不超过 5%；水质为Ⅱ类水的水库个数、比例相对较多，最低年份也超过 40%，最高年份达到 75%；水质为Ⅲ类水的水库的个数依次为 9 个、5 个、8 个、3 个、2 个、6 个、5 个，当年监测点位的检出率依次为 42.9%、23.8%、38.1%、14.3%、10.0%、28.6%、23.8%，Ⅲ类水水库所占比例也相对较大；Ⅳ类水水库个数依次为 2 个、1 个、3 个、1 个、1 个、2 个、2 个，其所占当年监测水库个数的百分数依次为 9.5%、4.8%、14.3%、4.8%、5.0%、9.5%、9.5%，所占比例均不大；水质为Ⅴ类水水库只在 2007 年和 2012 年各监测到一个；水质为劣Ⅴ类水水库每年均检测到一个。

1.4.3 主要水库营养程度分析

目前湖泊、水库富营养化评价采用较多的有营养物浓度评价、生物指标评价和综合评价三种方法。前两种方法侧重某一方面进行富营养化评价，得出的结论比较片面，而综合评价是采用多个指标进行评价，能够比较全面地反映出水体的营养程度。为此，本节拟采用综合营养状态指数法对海河流域 21 个主要水库营养状态进行评价。

为使评价结果与以往已有的评价相衔接，同时考虑水库资料的易得性，选择与富营养化过程关系密切的因子：叶绿素 a（Chla）、透明度（SD）、TP、TN、COD_{Mn}等 5 项指标作为评价参数。

水库富营养化评价所采用的综合营养状态指数法 [TLI($\sum$)] 来自于《湖泊（水库）富营养化评价方法及分级技术规定》（中国环境监测总站，总站生字 [2001] 090 号），综合营养状态指数计算公式为

$$TLI(\sum) = \sum W_j \cdot TLI(j)$$

式中，TLI($\sum$) 为综合营养状态指数；W_j 为第 j 种参数的营养状态指数的相关权重；TLI(j) 为代表第 j 种参数的营养状态指数。

以 Chla 作为基准参数，则第 j 种参数的归一化的相关权重计算公式为

$$w_j = \frac{r_{ij}^2}{\sum_{j=1}^{m} r_{ij}^2}$$

式中，r_{ij} 为第 j 种参数与基准参数 Chla 的相关系数；m 为评价参数的个数。

中国湖泊（水库）的 Chla 与其他参数之间的相关关系 r_{ij} 及 r_{ij}^2 见表 1-12。

表 1-12 中国湖泊（水库）部分参数与 Chla 的相关关系 r_{ij} 及 r_{ij}^2 值

参数	Chla	TP	TN	SD	COD_{Mn}
r_{ij}	1	0.84	0.82	−0.83	0.83
r_{ij}^2	1	0.7056	0.6724	0.6889	0.6889

注：引自金相灿等著《中国湖泊环境》，表中 r_{ij} 来源于中国 26 个主要湖泊调查数据计算结果。

营养状态指数计算公式为

$$TLI(Chla) = 10(2.5 + 1.086\ln Chla)$$
$$TLI(TP) = 10(9.436 + 1.624\ln TP)$$
$$TLI(TN) = 10(5.453 + 1.694\ln TN)$$
$$TLI(SD) = 10(5.118 - 1.94\ln SD)$$
$$TLI(COD_{Mn}) = 10(0.109 + 2.661\ln COD)$$

式中，Chla 单位为 mg/m^3，透明度 SD 单位为 m；其他指标单位均为 mg/L。计算结果采用 0~100 的一系列连续数字对湖泊（水库）营养状态进行分级：

TLI($\sum$) <30，贫营养（oligotropher）；

30≤TLI($\sum$)≤50，中营养（mesotropher）；

TLI($\sum$) >50，富营养（eutropher）；

50<TLI($\sum$)≤60，轻度富营养（light eutropher）；

60<TLI($\sum$)≤70，中度富营养（middle eutropher）；

TLI（$\sum$）>70，重度富营养（hyper eutropher）。

在同一营养状态下，指数值越高，其营养程度越重。

海河流域 21 个主要监测水库营养化程度评价和分类结果见表 1-13。

表 1-13　海河流域主要水库富营养化程度变化统计表

年份	贫营养	中营养	富营养		
			轻度富营养	中度富营养	重度富营养
2008	0	7	11	2	1
2009	0	1	12	8	0
2010	0	6	9	5	0
2011	0	5	12	4	0
2012	0	5	12	4	0

从表 1-13 可以看出，海河流域主要监测水库的营养状态主要集中在中营养、轻度富营养和中度富营养三个级别。重度富营养的水库只有在 2008 年监测到一个，2008 年后均没有出现。在监测的 21 个水库中，没有一个水库属于贫营养。2008～2012 年，富营养水库所占比例依次为 66.7%、95.2%、70.0%、76.2%、76.2%。整体上，海河流域富营养化水库所占比例在增加。但是，从富营养化程度的进一步细分结果来看，海河流域水库富营养以轻度富营养为主，并且轻度富营养水库所占的比例在逐年增加。轻度富营养的水库的个数分别占当年监测水库的百分数为 52.4%、57.1%、45.0%、57.1%、57.1%。若不采取措施控制和加以治理，海河流域的水库富营养化程度会进一步加深，影响水库的正常使用。

1.5　流域供排水量变化特征

1.5.1　总供、用水量概念

供水量是指各种水源工程为用户提供的包括输水损失在内的毛供水量。海河流域总供水量按地表水、地下水、引黄河水及其他 4 种水源进行统计。跨流域调水计入地表引水工程类。

用水量是指分配给用户的包括输水损失在内的毛用水量。在海河流域用水量统计中主要按农业、工业、生活和生态环境 4 类用户统计。农业用水包括农田灌溉和林牧渔用水；工业用水为取用的新水量，不包括企业内部的重复利用水量；生活用水包括城镇居民、城镇公共用水和农村居民、牲畜用水；生态环境用水包括城市环境和部分河湖、湿地的人工补水。

耗水量是指在输水、用水过程中，通过蒸腾蒸发、土壤吸收、产品吸附、居民和牲畜饮水等形式消耗掉，而不能回归到地表水体或地下水含水层的水量。

污废水排放量是指工业污水、建筑业污水及城镇居民生活废水等水量总和。

1.5.2 总供用水、排水统计

由图 1-12 可知，海河流域水资源总量基本维持在 250 亿 m³ 上下，近年来有逐渐增加趋势。相对而言，地下水资源总量显著高于地表水资源总量，而地表水资源总量中仅有约 50% 属于蓄水量。本节还列出了海河流域近年来的逐年降水情况。对比可知，降水量逐年变化趋势与流域内的地下水、地表水以及蓄水量的逐年变化趋势基本保持一致，这在一定程度上说明海河流域水源以降水为主或者说受降水影响较大，外来水源较少（引黄河水量约占海河流域总水资源量的 10%~15%）。

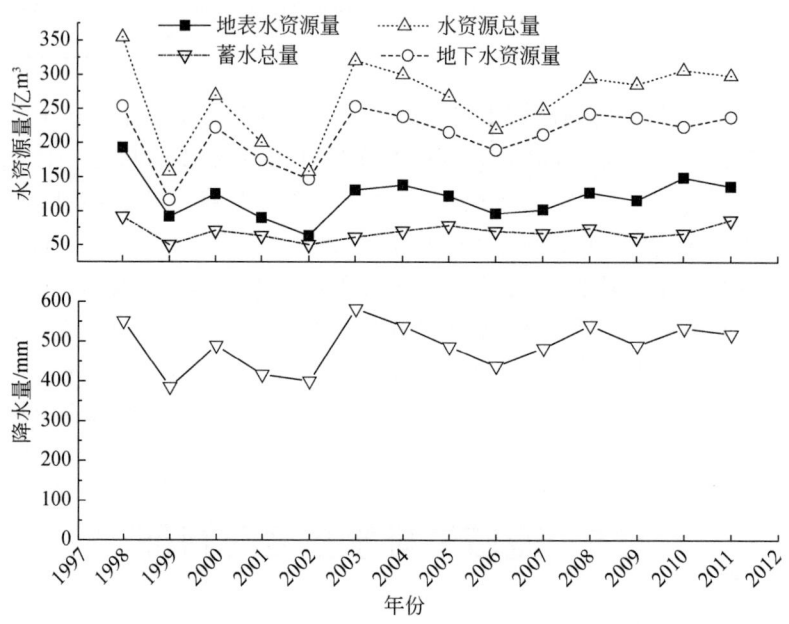

图 1-12 海河流域水资源量、降水量逐年分布

如图 1-13 所示，海河流域的总用水量与供水量逐年变化过程一样平稳。农业用水量呈逐年减少趋势，但降低幅度不大。工业用水量与生活用水量逐年演变趋势相反，工业用水量呈现逐渐轻微降低趋势，而生活用水则呈现出逐年平稳增加趋势。林业和生态用水整体上也是逐年平稳增加，但其总量基本控制在总水资源量的 3% 以下。不同方式用水水量逐年变化趋势说明，海河流域农业发展缓慢，工业发展平稳，城镇居民的生活水平在提高，环境污染的防治在逐年得到重视。

在对不同方式用水量分析基础上，本节进一步探讨了海河流域不同行业污废水排放特征，重点探讨了工业/建筑排放、生活污水排放、第三产业排放等三个途径，见图 1-14。

由图 1-14 可以看出，工业、建筑行业排放废水逐年显著减少，而生活废水、第三产

第 1 章 | 海河流域常规污染特征及演变趋势分析

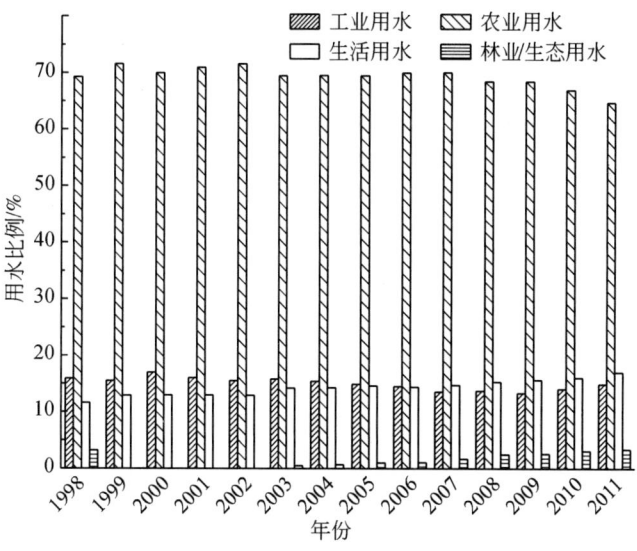

图 1-13　海河流域不同方式用水量分布

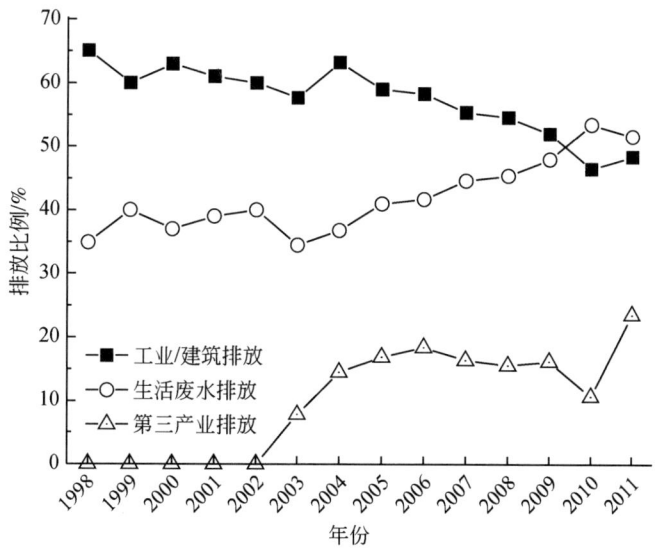

图 1-14　流域内行业污水排放特征

业排放量则显著增加。尤其是第三产业，自 2003 年起急剧增加。这说明海河流域城镇居民生活水平快速提高，第三产业发展势头较好。各行业用水量的变化特征与海河流域经济、社会的发展相一致。与图 1-1 对比可知，不同行业污染排放特征尤其是工业/建筑排放量逐年变化特征与流域内劣 V 类水的整体变化趋势一致，这可在一定程度上说明海河流域水系污染受这个行业影响相对较大。

1.6 流域重点水功能区水质变化趋势分析

1.6.1 水功能区及海河水功能区

根据《水功能区划分标准》(GB/T50594)，水功能区划为两级体系，即一级区划和二级区划。

一级水功能区分4类，即保护区、保留区、开发利用区、缓冲区。二级水功能区将一级水功能区中的开发利用区具体划分为饮用水源区、工业用水区、农业用水区、渔业用水区、景观娱乐用水区、过渡区、排污控制区7类。

一级区划在宏观上调整水资源开发利用与保护的关系，协调地区间关系，同时考虑持续发展的需求；二级区划主要确定水域功能类型及功能排序，协调不同用水行业间的关系。

海河水功能区纳入全国重要江河湖泊水功能区划的一级水功能区共168个（其中开发利用区85个），区划河长9542km，区划湖库面积1415km^2；二级水功能区147个，区划河长5917km，区划湖库面积292km^2。按照水体使用功能的要求，在一、二级水功能区中，共有117个水功能区水质目标确定为Ⅲ类或优于Ⅲ类，占总数的37.1%。

1.6.2 重点水功能区水质变化趋势分析

从表1-14可以看出，4个水功能区监测点位不同，最多的在缓冲区（30~39个），保护区和饮用水源区点位数量相差不大（19~25个），最少的是保留区（6~7个）。然而，整体达标率均不高，绝大多数年份不同水功能区达标情况在60%以下，形势依然严峻。

表1-14 海河流域重点水功能区达标情况统计表

年份	保护区 实测/个	保护区 达标/%	保留区 实测/个	保留区 达标/%	缓冲区 实测/个	缓冲区 达标/%	饮用水源区 实测/个	饮用水源区 达标/%
2006	21	42.86	6	50.00	30	40.00	23	21.74
2007	21	66.67	7	71.43	31	29.03	25	28.00
2008	19	36.84	7	42.86	31	38.71	25	32.00
2009	23	60.87	7	71.43	33	42.42	25	56.00
2010	23	60.87	7	57.14	33	39.39	23	56.52
2011	22	45.45	6	33.33	32	25.00	23	39.13
2012	21	28.57	6	83.33	39	25.64	21	61.90

2006~2012年，海河流域饮用水源区的达标率呈现出波动性增加趋势，说明海河流域

饮用水源区的水质有明显的变好趋势。缓冲区呈现波动性下降趋势，而其他两个区（保护区及保留区）则呈现波动变化趋势，无显著变化趋势（图 1-15）。

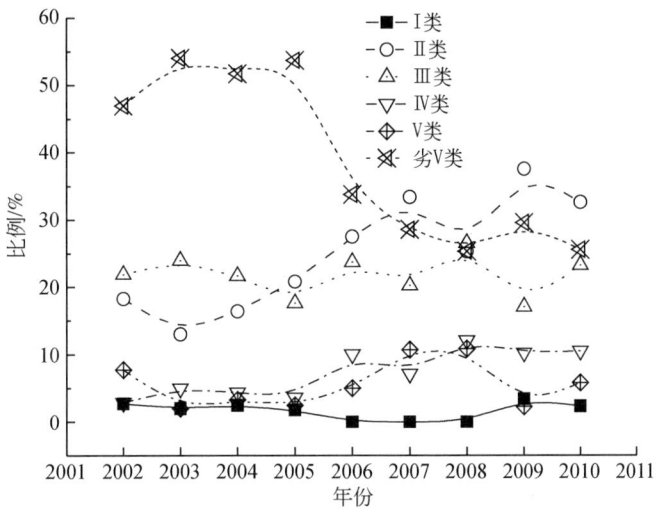

图 1-15　海河流域重点水功能区水质逐年变化过程

为进一步详细论述重点水功能区水质变化趋势，本节综合分析了不同年度重点水功能区各类型水质的逐年变化特征，如图 1-15 所示，不同类型水质逐年变化趋势明显。2002～2010 年，重点水功能区劣Ⅴ类水比例急剧下降，而其他各种类型水尤其是Ⅱ类及Ⅲ类水呈现逐步增加趋势。Ⅳ类及Ⅴ类水也有轻微增加，但整体保持稳定。整体上，海河流域水质功能区水质逐年恢复，说明相关污染防治工作有一定成效。

1.7　小　　结

海河流域有机污染严重，绝大多数年份不同河系污染比例维持在 50% 以上，劣Ⅴ类水主导河系的污染水平。Ⅳ类水、Ⅴ类水比例呈现轻微上升趋势，而劣Ⅴ类水以及Ⅰ类水、Ⅱ类水、Ⅲ类水河长总数则呈现轻微下降趋势。受非点源污染影响，降水将恶化海河流域水质。丰水期劣于Ⅲ类水质河长比例整体上高于平水期和枯水期，而优于Ⅲ类（Ⅰ类、Ⅱ类、Ⅲ类）水河长在丰水期整体上也低于非汛期。各水系之间的污染特征存在显著差异。由北向南水系水质逐渐变差。在徒骇马颊河水系中几近 100% 处于劣Ⅲ类。流域北部水质相对较好，海河北系及滦河和冀东沿海诸河约有 40%～60% 的评价河长水质达到、优于地面水Ⅲ类。海河流域不同省份河流不同类型水质的分布差距较大。北京水质最好，山东水质最差，主要以劣于Ⅲ类水存在，而劣于Ⅲ类水主要由劣Ⅴ类水组成。山西、河南、天津河系主要是以劣于Ⅲ类水存在。海河流域主要水库水质以Ⅱ类和Ⅲ类水为主，优于Ⅲ类水的比例高于 80%，整体水质远优于海河流域不同河系。主要监测水库的营养状态主要集中在中营养、轻度富营养和中度富营养三个级别，富营养化有进一步加剧的趋势。海河流域的水资源总量与降水量逐年变化趋势一致，受降水影响较大。农业用水消耗了海河流域近

70%水资源量。各行业污水排放量与流域经济社会发展相一致。工业、建筑行业排放废水逐年减少，而生活废水、第三产业排放量显著增加。尤其是第三产业，自 2003 年起急剧增加。海河流域饮用水源区的水质有明显变好趋势，但各功能区达标率较低，水污染防治压力依然较大。

第2章 海河流域特征污染物及其时空分布规律

根据《中国环境状况公报》，海河流域常规污染居七大流域之首，但对于流域内持久性难降解有机污染物（persistent organic pollutants，POPs）、重金属及新型污染物的时空分布规律仍不清楚。常规水质监测项目并不能完全揭示出海河流域实际污染状况，而 POPs、重金属以及新型污染物等毒性大、危害强，更应引起广泛的关注。本章主要研究了海河流域尺度下不同生态单元水环境特征污染物及其时空分异规律。

2.1 海河流域特征

（1）复合污染加剧，潜在水环境风险加大

进入 20 世纪 80 年代中期，随着我国经济体制改革的深入发展和工业体系的进一步完善，海河流域工业得到了迅速的发展并由此带来了非常大的环境压力，特别是效益低、污染重、分布广的乡镇企业更是对环境造成了极大的危害。海河流域的废污水排放量逐年增加，给生态环境造成了极大的危害。随着人们环保意识的提高，以及政府污水治理力度的加大，20 世纪 90 年代后水污染状况有所好转，但污染形势仍不容乐观。

从 1980 年起，海河流域的废污水排放量逐年增加，呈直线上升趋势。1980 年总排放量为 27.7 亿 m^3，到 2000 年增加至 56.3 亿 m^3，2001 年以后由于工业废水排放量的减少而降低，2005 年为 44.85 亿 m^3，2006 年有所增长，为 48.28 亿 m^3。其中，工业废水排放量从 1980 年的 20.4 亿 m^3 增加到 1995 年的 40.2 亿 m^3，之后由于企业环保意识的增强和治理措施的加强，2006 年排放量下降到 28.1 亿 m^3。生活污水排放量随着流域人口的增加而不断增加，1980~2003 年从 7.3 亿 m^3 增加至 21.6 亿 m^3，几乎增长了 2 倍。进入 20 世纪 90 年代后，流域人口增长趋势减缓，再加上人们节水意识的增强，2004 年以后生活污水排放量开始有下降趋势，但 2006 年又上升至约 20.2 亿 m^3。

海河流域重污染行业主要为造纸业、医药制造业、化工制造业和电力业。如表 2-1 所示，4 个重污染行业对海河流域的化学需氧量贡献率为 71.7%，氨氮贡献率为 61.6%，经济贡献率为 21.6%。与 2005 年相比，电力业化学需氧量贡献率由 3.4% 增至 5.7%。工业废水排放达标率为 95.1%，重污染行业废水排放达标率为 95.4%（2003 年环境统计年报）。2003 年海河流域废水排放量 36.7 亿 t，其中工业 16.0 亿 t，生活 20.7 亿 t；COD 总量 113.4 万 t，其中工业 50.2 万 t，生活 63.2 万 t；氨氮 10.8 万 t，其中工业 4.4 万 t，生活 6.4 万 t。海河流域接纳废水中，工业废水化学需氧量浓度高于生活污水，因此流域污染治理重心应继续放在对工业企业的治理和监控上。海河投资比重相对高一些,这与国家对重点流域的治理力度较大有一定关系。

表 2-1 海河流域重污染行业经济和污染贡献率 （单位:%）

行业	经济贡献率	COD 贡献率	氨氮污染贡献率
造纸业	1.8	34.3	19.6
医药制造业	3.4	19.6	2.5
化工制造业	9.5	12.1	38.6
电力业	6.9	5.7	0.9
合计	21.6	71.7	61.6

海河流域 2000 年非点源污染物产生量为 COD 737.75 万 t,氨氮 76.07 万 t,TN 216.65 万 t,TP 68.66 万 t。COD 和氨氮主要来自畜禽养殖污水。TN、TP 是湖泊富营养化的重要因子,主要来自畜禽养殖和化肥使用。

(2) 流域水资源压力增大

水资源压力是指一个国家或地区生活、生产需要消耗的地表或地下水资源量（在此等于区域总生产水足迹与绿水足迹的差值）占该地区可更新水资源总量的比重。中国水资源压力因地区而异,但是总体情况不容乐观。2009 年中国水资源压力处于重度压力（>100%）的省份主要集中在大型城市和以农业经济为主的北方地区。中国水资源高度至重度压力地区主要集中在华北、华中等黄河和长江的下游地区,且大多地区水资源压力逐步加重,有从北方向南方延伸的趋势。海河流域水资源压力>100%,处于重度压力状态。

20 世纪 80 年代以后,随着工农业迅速发展,工矿企业废水和城镇生活污水大量增加。二十多年来,海河流域水污染已由局部发展到全流域,由下游蔓延到上游,由城市扩散到农村,由地表延伸到地下。在全流域全年评价的河长中,1980~1998 年,受污染河长比例从 28.0% 升高至 75.0%,1998~2006 年,受污染河长比例有所降低,但都保持在 60% 以上,呈现"有河皆污"的恶劣局面,其中永定河、漳卫南运河、徒骇马颊河水系几乎全水系都受到污染。相对来说,滦河、北三河、大清河水系水质较好,还各有约 40% 的河流未受污染,主要是位于上游山区的河流。各水系平原河道均污染严重,海河干流也受到严重污染,需要定期引入引滦河水维持水环境健康。

2006 年滦河及冀东沿海诸河、北三河和大清河水质状况较好,未受污染的河长比例超过 40%,其中以大清河水系水质状况最好,有 49.7% 的河长未受污染。子牙河、漳卫南运河和徒骇马颊河严重污染的河长均超过 60%,其中徒骇马颊河全年处于严重污染状态（图 2-1）。

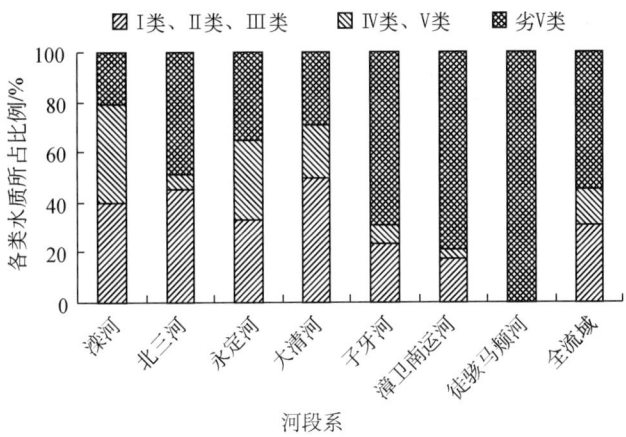

图 2-1 2006 年海河流域各河系水质状况比例

2.2 海河流域特征污染物筛选及提出

2.2.1 重金属

(1) 海河流域典型水库、湖泊表层沉积物中的重金属

西大洋水库 2009 年表层沉积物中 6 种重金属浓度分布见图 2-2。为了便于图中比较，Cd 的浓度为测定含量的 100 倍。由图可知，除 Pb 浓度（38.05 mg/kg）略超出 I 类土壤标准限值外，西大洋沉积物中其他金属浓度均符合 I 类标准。西大洋水库表层沉积物并不存在明显重金属污染。

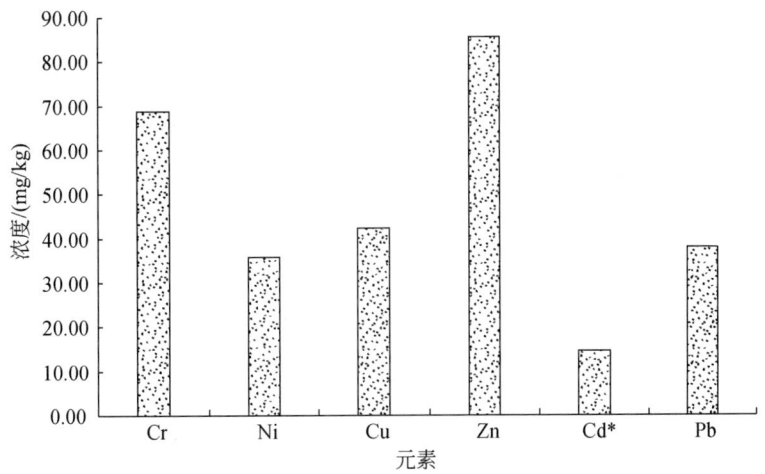

图 2-2 2009 年西大洋水库表层沉积物重金属浓度

注：Cd* =Cd 含量×100，下同。

2007年与2009年白洋淀表层沉积物中重金属含量见图2-3。为了便于图中比较，Cd的浓度为测定含量的100倍。由图2-3可知，白洋淀表层沉积物2009年的重金属浓度测定结果高于2007年，Zn和Cd浓度增加明显，2009年部分采样点Cd的含量高达2.20 mg/kg。对比《土壤环境质量标准》（GB15618—1995）可知，2007年白洋淀沉积物中除Cd含量（0.23 mg/kg）略超出Ⅰ类土壤标准限值外，其他元素均符合Ⅰ类标准。而2009年的测定结果表明，存在不同程度的Zn和Cd污染，特别是沉积物中Cd的平均含量已达到0.80 mg/kg，说明白洋淀表层沉积物中的特征重金属污染物为Zn和Cd。

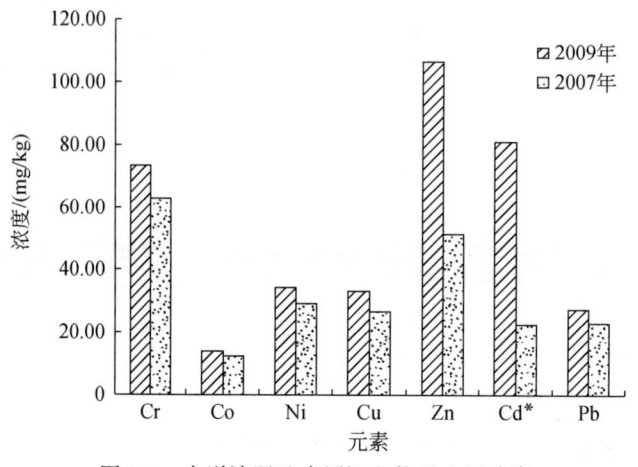

图2-3　白洋淀湿地表层沉积物重金属浓度

（2）海河流域典型河流表层沉积物中的重金属

滦河和漳卫南运河表层沉积物中的重金属浓度见图2-4。为了便于图中比较，Cd的浓度为实际测定含量的100倍。由图2-4可知，总体上讲，滦河和漳卫南运河表层沉积物并不存在明显的重金属污染。除Cd外，滦河沉积物中的重金属含量均高于漳卫南运河。对比《土壤环境质量标准》（GB15618—1995）可知，滦河沉积物中Cd、Cu、Zn超出Ⅰ类

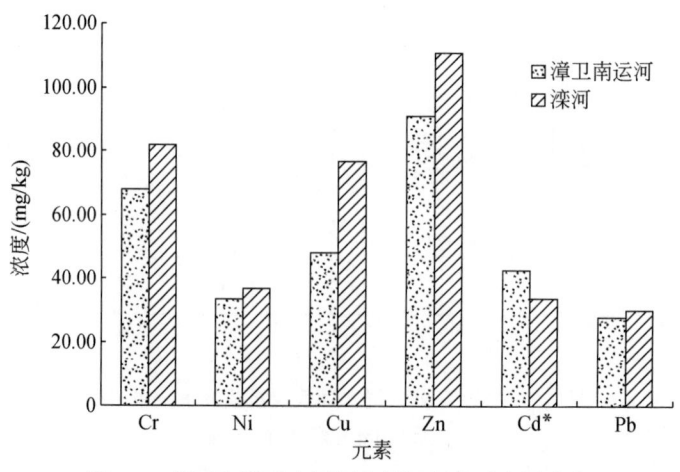

图2-4　滦河和漳卫南运河表层沉积物重金属浓度

土壤标准限值，Cr、Ni、Pb 低于 I 类土壤标准限值。对于漳卫南运河沉积物，除 Cd 和 Cu 外，其他元素符合 I 类土壤标准限值。

2.2.2 持久性有机污染物（POPs）

对海河流域 4 个水库（王快水库、岳王庙水库、西大洋水库和大黑汀水库）、1 个湖泊（白洋淀）、14 条河流（子牙新河、南排河、漳卫新河、马颊河、徒骇河、南运河、独流减河、子牙河、北京排污河、永定新河、潮白新河、蓟运河、滦河和大清河）表层沉积物（0~5 cm）样品中的滴滴涕（DDTs）、六氯环己烷（HCHs）、多环芳烃（PAHs）、多溴联苯（PBBs）、多溴联苯醚（PBDEs）和多氯联苯（PCBs）进行分析，发现 PAHs 是优势污染物（图 2-5）；DDTs 在研究的水库、湖泊表层沉积物中基本无污染，而在北京排污河、徒骇河、马颊河等河流表层沉积物中存在一定程度的污染（p, p′-DDE＞PEL[①] = 1.42ng/g，DW[②]）；在所研究的 4 个水库以及滦河、大清河的表层沉积物中，存在以 α-HCH 和 γ-HCH 为主的 HCHs 污染（γ-HCH＞PEL = 0.94ng/g，DW）；而 PBBs、PBDEs 和 PCBs 的检测浓度处于低污染水平。

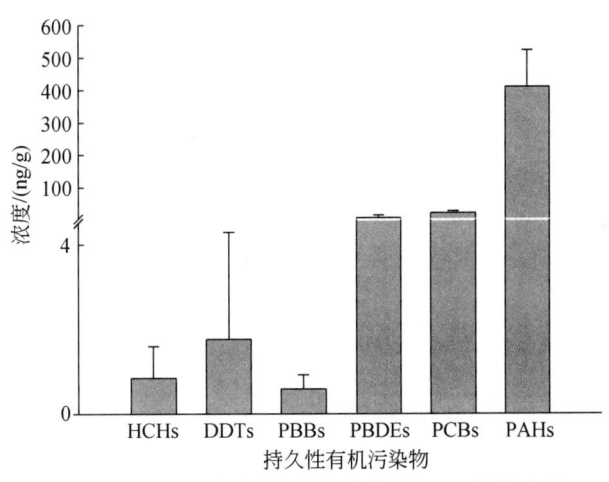

图 2-5 海河流域表层沉积物中典型 POPs 污染水平

2.3 海河流域特征污染物的时空变化规律

2.3.1 海河流域典型生态单元重金属环境质量等级

针对不同的沉积物环境质量基准间存在的差异，以及各基准在应用范围上的局限性，

---

① PEL：可能效应浓度。
② DW，即干重，下同。

一些研究者尝试对现有基准进行收集和整理，以建立能得到基于多方的沉积物质量基准（consensus-based SQGs，CBSQGs），尽可能地克服使用单一标准给沉积物评价带来的不确定性。在对美国各地347个沉积物样品的毒性识别评估中，CBSQGs对金属污染沉积物具有毒性的识别正确率为76.9%~100%，其中Hg达到100%；对金属不具有毒性的识别正确率除Hg（34.3%）外为72.3%~82.3%。因此，CBSQGs在金属污染沉积物的环境质量评价中具有较高的可靠性。

MacDonald提出了基于多方基准的CBSQGs阈值效应含量，即包括一个基准高值和一个基准低值。基准低值为阈值效应含量（threshold effect concentration，TEC），若沉积物某金属含量低于TEC，则沉积物中该金属不会对底栖生物产生毒性。基准高值为可能效应含量（probable effect concentration，PEC），若沉积物某金属含量高于PEC，则沉积物中该金属会产生毒性；为了区分金属含量在TEC和PEC之间的情况，增加了中点效应浓度（midpoint effect concentration，MEC）。CBSQGs设定沉积物污染程度分为四级，即无污染（Ⅰ类）、无至中度污染（Ⅱ类）、中至重污染（Ⅲ类）和重度污染（Ⅳ类）。不同的等级反映了金属污染物产生生物毒性的概率。若沉积物某金属含量低于TEC，则沉积物中该金属不会对底栖生物产生毒性；若沉积物某金属含量高于PEC，则沉积物中该金属会产生毒性。沉积物中各种金属的TEC、MEC和PEC值见表2-2。

表2-2 基于多方基准的阈值效应含量和可能效应含量　　（单位：mg/kg）

元素	TEC	MEC	PEC
Cr	43	76.5	110
Ni	23	36	49
Cu	32	91	150
Zn	120	290	460
Cd	0.99	3.0	5.0
Pb	36	83	130

海河沉积物中表层沉积物重金属环境质量等级评价结果见表2-3。结果表明，海河流域沉积物中的重金属质量标准在Ⅰ类~Ⅲ类，其中Zn和Cd属于Ⅰ类，说明它们不会对水环境产生毒性。除西大洋水库外，Pb均属Ⅰ类。Cu的污染程度在Ⅰ类~Ⅱ类，即为无污染至中度污染。

表2-3 海河沉积物环境质量等级评价结果

元素	白洋淀 2007年	白洋淀 2009年	漳卫南河 2009年	滦河 2009年	西大洋水库 2009年
Cr	Ⅱ	Ⅱ	Ⅱ	Ⅲ	Ⅱ
Ni	Ⅱ	Ⅱ	Ⅱ	Ⅲ	Ⅱ

续表

元素	白洋淀		漳卫南河	滦河	西大洋水库
	2007 年	2009 年	2009 年	2009 年	2009 年
Cu	I	II	II	II	II
Zn	I	I	I	I	I
Cd	I	I	I	I	I
Pb	I	I	I	I	II

2.3.2 海河流域典型 POPs 时空分布

由图 2-6 可以看出，漳卫南运河、大清河和滦河三大河流表层沉积物中 PAHs 总含量均值由高到低顺序依次为 796.3 ng/g、653.4 ng/g 和 555.9 ng/g。工业废水和生活污水的直接排放，是水体、沉积物污染的主要来源。2005 年海河流域各水资源区废水排放情况统计数据显示，三个河流工业废水排放量由高到低依次为，漳卫南运河 52 774 万 t，大清河 49 724 万 t，滦河 41 585 万 t，这与三大河流沉积物中 PAHs 总含量高低趋势相一致。

此外，由图 2-6 也可以看出，即便在同一河流内，表层沉积物中 PAHs 含量也存在一定的差异。以大清河尤为明显，表层沉积物 PAHs 的浓度最大值（3206.0ng/g）是最小值（81.0ng/g）的近 40 倍，相差两个数量级（图 2-6）。人口密集，工业和交通发达的区域，环境污染问题就相对严重。大清河水系西部（阜平、涞源、唐县）地处多山地带，人口稀少，交通不便，经济发展相对滞后；而中部低平原区的定州、保定和廊坊部分地区人口相对较密集，农业、工业和交通等人为活动对环境影响较大；水系东部的滨海平原区主要包含天津南部的静海县和大港区，是水系经济最发达的区域，人类活动对环境影响更大，沉积物 PAHs 浓度较高在情理之中。同时，2005 年大清河水系废水排放统计数据表明，大清河山区、大清河淀西平原及大清河淀东平原废水排放总量依次增大，分别为 13 239 万 t、16 814 万 t 和 63 682 万 t，这在一定程度上影响着大清河水系沉积物中 PAHs 含量的空间分布趋势。

按照不同水体单元分类，进行不同水体单元沉积物 PAHs 含量的比较。如图 2-7 所示，受到人类活动的强烈干扰，城市河流沉积物表现出具有较高 PAHs 含量（1390.9ng/g），且各样点间差异显著。而作为流域汇水系统的水库和湿地沉积物中 PAHs 含量（前者平均值 1048.9ng/g，后者 592.5ng/g）高于河流，表现为区域多环芳烃迁移转化的重要富集"归宿"。

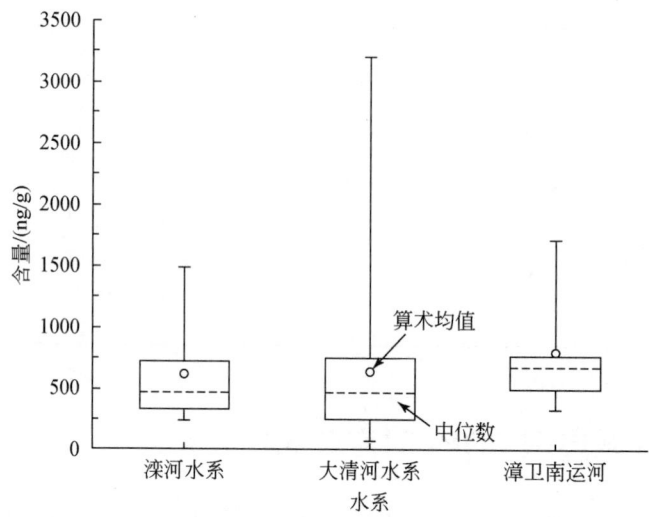

图 2-6　海河流域不同水系表层沉积物 PAHs 的含量

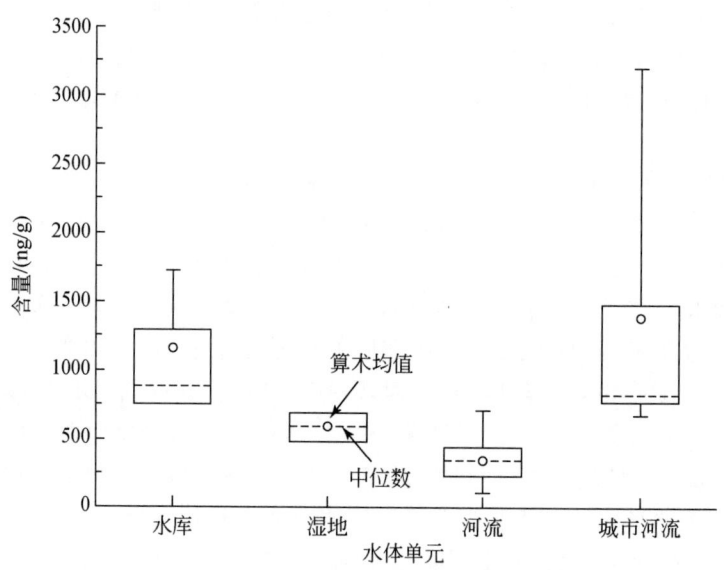

图 2-7　海河流域不同水体单元表层沉积物 PAHs 的含量

2.4　海河流域河口营养水平及特征污染物的时空分布规律

海河流域自北向南包括滦河河口、冀东沿海诸河河口、永定新河河口、海河河口、独流减河河口、子牙新河河口、漳卫新河河口、徒骇马颊河河口等 12 个河口。海河流域诸多水系中，滦河水系相对受人类活动干扰较小，是北京、天津乃至整个华北地区的生态屏障，同时也是天津与唐山的主要水源地。滦河于唐山市乐亭县入海，人为干扰较小，由于上游河流带来的泥沙不断在河口淤积，形成面积达 69km² 的河口湿地，其主要特点是地势平坦，无岩礁，以砂和泥沙为主。海河于天津市入海，此区域人口密度较大，工业污染严重，且建有防潮闸，使得海河干流在大多数时间起着河道式水库的作用，常年无基流，水资源短缺问题也非常严重。漳卫新河是海河南系重要的入海尾闾河道，负责漳河、卫河的行洪排涝，于山东省无棣县大口河入海，由于海水的潮汐作用，形成了一座贝壳堤岛，并且在 2006 年成为国家湿地系统自然保护区。但是根据海河流域 2010 年水资源质量公报，漳卫新河各监测点多为 V 类或劣 V 类水质，对其河口也有一定的影响。Chen 等（2012）利用相对风险评价模型对海河流域河口生态系统进行了评价，认为滦河口位于低风险区，漳卫新河口位于中等生态风险区，海河口位于高风险区。因此，本书以滦河河口、海河河口、漳卫新河河口为海河流域典型河口进行研究，数据采集时间为 2011 年，具体采样点见图 2-8。

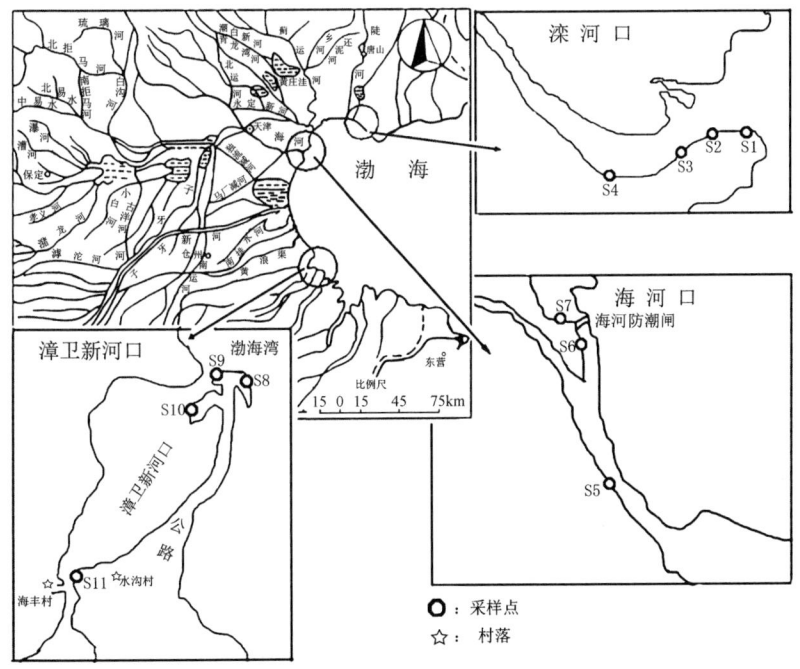

图 2-8　研究区采样点分布

2.4.1　营养物质时空变化

2.4.1.1　物理指标

各采样点沉积物和水体的主要物理指标平均值见表 2-4。沉积物和水体 pH 变化分别为 7.91~8.43 和 8.13~8.55，均为碱性，且各采样点沉积物 pH 均小于水体。从沉积物粒径组成来看，采样点大部分颗粒粒径小于 100μm，主要由粉砂和细砂组成。水体盐度（Sal）

的变化范围为 15.59‰~33.26‰,而海水的平均盐度为 35‰,各采样点可视为淡水与海水的混合区。S7 水体盐度最低,可能因为海河闸的截断作用,使闸上(S7)水体盐度明显低于闸下(S6);最高点为 S3,可能因为滦河河口基本无入海水量,S3 与下游河段已被隔断,涨潮时海水倒灌,然后水分被蒸发,盐度比较高。由于盐度会影响到水体中溶解氧的饱和度,为了让各采样点间具有可比性,溶解氧含量用饱和度来表示。溶解氧的变化范围为 82.57%~114.20%,除了 S5、S10 和 S11,其他各采样点都达到 I 类水标准,说明河口各采样点均具有较高的含氧量。

表 2-4　各采样点沉积物及水体主要物理指标的平均值

采样点	沉积物 pH	<50μm /%	50~100μm /%	>100μm /%	水体 pH	Sal /‰	DO /%
S1	8.42	19.64	36.135	44.225	8.55	32.57	95.17
S2	8.40	10.08	55.88	34.04	8.54	32.40	100.03
S3	8.43	24.135	52.295	23.57	8.50	33.26	109.15
S4	8.42	26.745	46.065	26.88	8.43	31.78	114.20
S5	8.02	69.515	20.395	8.385	8.13	31.23	86.50
S6	7.91	82.04	15.2	2.76	8.16	29.64	91.45
S7	8.38	62.095	26.76	11.145	8.49	15.59	112.37
S8	8.29	20.615	33.055	46.33	8.43	28.28	100.53
S9	8.11	50.71	32.335	16.955	8.27	32.33	100.90
S10	8.19	68.62	30.32	1.06	8.35	33.11	87.73
S11	8.07	73.025	19.335	7.64	8.37	23.88	82.57

2.4.1.2　营养物质时空变化规律

各营养物质指标中,水体中 TN 的浓度变化范围为 1.60~6.99mg/L,符合国家地表水质量 V 类或劣 V 类标准;TP 的浓度变化范围为 0.027~0.228mg/L,符合 II 类到 IV 类水标准;氨氮变化范围为 0.10~0.29mg/L,均符合 I 类或 II 类标准,可见水体中氮的污染情况比磷严重。沉积物中 TN_x 含量为 94.20~1916.35mg/kg,高于珠江口表层沉积物中 TP 含量(340~581mg/kg);TN 含量范围为 395.53~1134.10mg/kg,磷酸盐含量范围为 1.12~24.69mg/kg,远低于珠江口表层沉积物中磷酸盐的含量(4.99~148.67mg/kg)(岳维忠等,2007),可见沉积物中氮的污染情况更严重。

水体有机污染物中,COD_{Mn} 的变化范围为 3.86~13.59mg/L,大部分采样点均劣于国家海水质量 IV 类水标准;石油类浓度的变化范围为 0.08~0.26mg/L,均符合国家海洋 III 类水标准,但是远高于胶州湾的石油类浓度(0.030~0.114mg/L)(钟美明,2010)。沉积物中石油类的含量为6.12~4396.67mg/kg，大部分采样点均符合国家海洋沉积物质量Ⅰ类标准。可见水体中有机污染和石油类污染比较严重，沉积物并未受到石油类的严重污染（表2-5）。

表2-5 各采样点营养物质浓度

采样点	水体/(mg/人)					沉积物/(mg/kg)				
	TN	氨氮	TP	COD$_{Mn}$	石油	TP	磷酸盐	TN	硝酸盐	石油
S1	2.07	0.25	0.027	4.52	0.18	95.15	4.64	395.53	9.70	17.09
S2	2.08	0.26	0.028	3.86	0.15	154.92	3.93	407.85	7.97	6.12
S3	1.60	0.22	0.037	3.91	0.13	133.28	3.35	406.36	10.72	10.99
S4	1.73	0.25	0.079	4.04	0.22	173.24	2.61	544.02	17.50	39.12
S5	6.37	0.10	0.201	13.59	0.26	596.01	6.19	606.75	71.63	130.27
S6	6.27	0.22	0.228	6.29	0.25	1916.35	1.12	913.45	181.03	4396.67
S7	6.99	0.14	0.223	6.92	0.17	1328.70	24.69	1134.10	123.90	445.00
S8	1.99	0.29	0.044	5.64	0.14	94.20	6.91	317.94	15.22	33.49
S9	2.00	0.22	0.039	8.64	0.08	315.75	2.31	571.06	36.58	40.14
S10	5.06	0.22	0.039	6.49	0.14	186.26	3.99	475.80	18.16	11.86
S11	4.73	0.16	0.060	19.79	0.14	313.21	5.39	606.55	38.47	80.63

2.4.1.3 营养物质综合污染评价

营养物质综合污染评价指标及其标准见表2-6，各采样点营养盐及有机物综合污染指数评价结果见图2-9。各季节所有采样点污染指数的变化范围为3.96~31.89，平均值为14.07。超标污染物，即单项污染指数的平均值大于1的指标分别为水体中TN、COD$_{Mn}$和石油类，其污染指数变化范围分别为0.11~11.10、0.99~5.70和1.01~10.40，其平均值分别为3.73、3.23和3.58。从污染等级来看，春季的S6，夏季的S5、S6、S7、S11，秋季的S6受到高水平污染；春季的S1、S2、S3、S4、S8、S9、S10与夏季的S1受到低水平污染，其他各时段的采样点均受到中等程度的污染。

表2-6 营养物质综合污染评价指标及标准

评价指标	标准值	引用标准	评价指标	标准值	引用标准
水体COD$_{Mn}$	2mg/L	国家海洋水质Ⅰ类标准	沉积物石油类	500mg/kg	加拿大安大略省沉积物质量指南
水体石油类	0.05mg/L		沉积物TP	600mg/kg	
水体TN	1.0mg/L	国家地表水质量Ⅲ标准	沉积物TN	550mg/kg	
水体氨氮	1.0mg/L		水体TP	0.2mg/L	国家地表水质量Ⅲ标准

从空间分布来看，S6的污染指数最高，5月、8月、11月分别为23.34、22.25和

21.91，S6为海河防潮闸下的码头，常年有船只作业、停泊，人为干扰严重，所以污染指数较高。S2污染指数最低，3个月污染指数分别为4.15、9.35和12.24，S2与下游海洋联通，附近人口少，人为干扰小，受海洋稀释作用强烈，所以污染指数较低。从3个河口来看，3个季节各河口的污染程度均是海河河口高于漳卫新河河口与滦河河口。从3个河口位置来看，春季和夏季漳卫新河河口表现出明显的自河口向上污染程度加重的趋势，秋季则无此规律，可能是春季和夏季水量比较丰富，海洋的稀释作用比较强烈，且其作用强度自下向上减弱，导致漳卫新河河口各采样点污染指数自下而上增大。同时，滦河口在夏季也表现出这样的规律，也说明滦河河口比漳卫新河河口缺水，仅在夏季表现出此变化趋势（图2-9）。

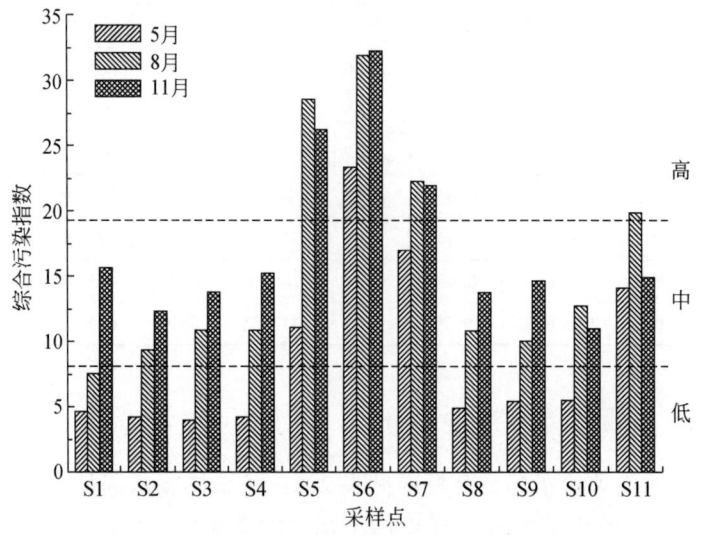

图2-9 各采样点综合污染指数比较（2011年）

从时间分布来看，S1、S2、S3、S4、S6、S8和S9的污染指数均表现出春季<夏季<秋季的规律，与胶州湾水体和沉积中营养盐与油类污染状况的评价结果是一致的。S5、S7、S10和S11表现为春季<秋季<夏季。其中S5与S7位于天津市区，出现这种结果可能受夏季排污的影响。秋季枯水期S10与S11可能受上游来水影响大于海洋作用，夏季上游水量多，同时漳卫新河上游营养盐与有机污染严重，导致来水带来更多的污染物。

通过分析各采样点沉积物粒径组成、水体盐度、pH、溶解氧等因素，发现各采样点沉积物主要由粉砂和细砂组成，水体与沉积物均呈碱性，且含氧丰富。对水体与沉积物中营养盐与石油类等有机污染物的浓度进行分析后，发现水体中主要的营养元素为氮，沉积物中则为磷；水体受石油类等有机污染严重，沉积物则未受到严重污染。

利用综合污染指数法对各采样点营养盐及有机污染物的污染水平进行评价，并分析其时空分布特征。海河河口各采样点在各季节均处于高污染水平，滦河口与漳卫新河河口在春季处于低污染水平。空间分布上人为干扰较小的河口在丰水期呈现出自下而上污染程度加重的趋势。时间分布上受人为干扰较小的河口其污染指数表现为春季<夏季<秋季，受

人为干扰和上游河流影响较大的采样点表现为春季<秋季<夏季。

2.4.2 重金属污染时空变化规律

2.4.2.1 水体中重金属污染时空变化规律

(1) 水体中重金属浓度变化规律

由于 Cd、Cr、Hg 在所有采样时间、所有采样点均未检出，表 2-7 列出了 As、Co、Cu、Mn、Ni、Pb、Zn 等 7 种金属在水体中浓度的分布情况。As 在 2011 年 5 月、8 月、11 月所有采样点的浓度变化范围为 ND～9.20μg/L，远低于国家海水水质 I 类标准（20μg/L），浓度最高点在 S6，春、夏两季其浓度分别为 8.00μg/L 和 9.20μg/L，浓度最低点为 S9，3 个月采样均未检出。Co 的浓度变化范围为 ND～1.27μg/L，夏季在各采样点均未检出，最高浓度在 11 月 S1 检出，但浓度均较低。Cu 的浓度变化范围为 ND～3.74μg/L，5 月、8 月在大部分采样点均未检出，最高浓度在 11 月 S2 检出，但其浓度均低于国家海水水质 I 类标准（5μg/L）。Mn 的浓度变化范围为 ND～229.40μg/L，浓度最低点为 S10，5 月未检出，8 月、11 月浓度分别为 2.05μg/L 和 4.06μg/L，浓度最高点在 S4，5 月、8 月、11 月其浓度分别为 99.67μg/L、95.65μg/L 和 229.4μg/L。Ni 的浓度变化范围为 ND～5.44μg/L，滦河河口各采样点在 5 月、8 月、11 月均未检出，所有采样点在 8 月均未检出，浓度最高检出点为 S7，5 月、11 月其浓度分别为 4.63μg/L 和 5.44μg/L，但是大部分采样点的浓度均低于国家海水水质 I 类标准（5μg/L），仅 S7 在 11 月的检出浓度高于 I 类标准。Pb 在各采样点 8 月、11 月均未检出，其 5 月的浓度变化范围为 ND～8.14μg/L，浓度最低点为 S2 和 S10，均未检出，最高点为 S9，且所有检出点均高于国家海水水质 I 类标准（1μg/L），说明各河口在 5 月份受 Pb 污染严重。Zn 的浓度变化范围为 ND～40.50μg/L，平均浓度最低点为 S2，5 月、8 月均未检出，11 月浓度为 1.36μg/L，平均浓度最高点位于 S7，5 月、8 月、11 月其浓度分别为 11.33μg/L、25.13μg/L 和 7.62μg/L，大部分采样点均符合国家海水水质 I 类标准（20μg/L），仅 S5、S6、S7 在 8 月份超标，说明海河河口在夏季受 Zn 污染严重。

经过单因子方差检验，5 月各河口水体中仅 Zn 的浓度在海河河口显著高于滦河河口和漳卫新河河口（$P<0.05$），As、Co、Cu、Mn、Ni、Pb 在各河口均无显著性差异。8 月各种重金属在各河口均无显著性差异。11 月重金属 Ni 的浓度在滦河河口显著低于海河河口（$P<0.05$），漳卫新河河口与海河河口、滦河河口均无显著性差异；Zn 的浓度在海河河口显著高于滦河河口和漳卫新河河口；As、Co、Cu、Mn、Pb 在各河口均无显著性差异。

水体中 Cd、Cr 和 Hg 在各季节均未检出，各季节间无差异，未列入表 2-8 中。从季节差异来看，重金属 Mn 和 Zn 在各季节浓度平均值变化范围分别为 19.12～37.85μg/L 与 2.62～10.70 μg/L，Mn 浓度在秋季最高，夏季最低，但季节间均无显著差异，Zn 的浓度则 8 月份显著高于 5 月和 11 月。As 在秋季未检出，其浓度在夏季高于春季，但无显著

表 2-7 水体中各种重金属的浓度 （单位：μg/L）

采样点	As 5月	As 8月	As 11月	Co 5月	Co 8月	Co 11月	Cu 5月	Cu 8月	Cu 11月	Mn 5月	Mn 8月	Mn 11月	Ni 5月	Ni 8月	Ni 11月	Pb 5月	Pb 8月	Pb 11月	Zn 5月	Zn 8月	Zn 11月
S1	7.98	5.6	ND	0.39	ND	1.27	ND	ND	3.52	28.95	71.93	11.83	ND	ND	ND	7.22	ND	ND	ND	11.75	3.95
S2	ND	7.95	ND	ND	ND	1.16	ND	ND	3.74	23.84	2.08	15.36	ND	ND	ND	ND	ND	ND	ND	ND	1.36
S3	ND	5.58	ND	0.57	ND	1.15	ND	ND	ND	26.86	1.56	19.48	ND	ND	ND	4.7	ND	ND	ND	2.37	ND
S4	ND	6.36	ND	0.6	ND	1.02	ND	ND	2.85	99.67	95.65	229.4	ND	ND	2.86	3.35	ND	ND	2.53	8.51	2.35
S5	ND	8.43	ND	ND	ND	1.05	ND	ND	1.29	19.9	4.86	59.5	0.86	ND	ND	6.84	ND	ND	5.81	21.71	2.13
S6	8.00	9.20	ND	0.64	ND	ND	ND	ND	2.67	33	1.05	19.21	1.44	ND	1.96	4.96	ND	ND	11.33	20.29	7.02
S7	ND	3.55	ND	0.98	ND	ND	2.21	ND	5.00	35.93	2.24	8.92	4.63	ND	5.44	7.16	ND	ND	ND	25.13	7.62
S8	7.07	ND	ND	ND	ND	ND	ND	ND	1.97	ND	1.71	7.26	1.02	ND	1.93	5.15	ND	ND	ND	7.11	1.26
S9	ND	ND	ND	0.65	ND	ND	ND	ND	3.66	ND	1.88	11.92	1.01	ND	1.97	8.14	ND	ND	1.51	40.50	2.05
S10	7.4	7.81	ND	0.71	ND	ND	ND	ND	2.72	ND	2.05	4.16	0.83	ND	ND	ND	ND	ND	ND	3.28	1.46
S11	6.01	3.99	ND	0.42	ND	1.15	2.52	ND	3.5	ND	8.1	10.91	1.94	ND	3.5	6.07	ND	ND	ND	5.8	1.65

注：ND 表示未检出，下同。

表 2-8 水体中不同时间各种重金属浓度的平均值 （单位：μg/L）

时间	As	Co	Cu	Mn	Ni	Pb	Zn
2011-5	4.78 (2.45)[a]	0.50 (0.25)[a]	0.90 (0.73)[a]	26.56 (26.88)[a]	1.17 (1.26)[a]	5.16 (2.23)[a]	2.62 (3.22)[a]
2011-8	6.12 (2.22)[a]	ND[b]	ND[b]	19.12 (34.60)[a]	ND[a]	ND[b]	10.70 (8.70)[b]
2011-11	ND[b]	0.66 (0.50)[a]	3.09 (1.03)[b]	37.85 (69.12)[a]	1.88 (1.71)[b]	ND[b]	3.09 (2.36)[a]

注：括号内的数字表示标准差，上标相同表示无显著性差异，上标不同表示存在显著性差异（$P<0.05$）。

差异。Co、Cu 和 Ni 在均在夏季未检出，与春季和秋季有显著差异，其中 Co 在春季和秋季间并无显著差异，Cu 和 Ni 的浓度在春季显著低于秋季（$P<0.05$）。Pb 仅在春季有检出，显著高于夏季和秋季。

（2）水体中重金属生态风险评价

应用综合污染指数法对水体中重金属的生态风险做出评价。评价标准主要依据《海水水质标准》（GB3097—1997）中的 I 类标准，但是标准中只有 Hg、Cd、Pb、Cr、As、Cu、Zn、Ni 等 8 种重金属的标准，徐争启等（2008）根据 Hakanson 的计算原则计算得出 Mn 的毒性系数为 1，Co 的毒性系数为 5。本书根据各种重金属毒性系数间的关系推测出 Co 的评价标准为 0.005 mg/L，Mn 的评价标准为 0.05 mg/L，具体评价标准见表 2-9。

表 2-9　水体重金属污染评价指标及标准　　　　　　　　（单位：mg/L）

元素	As	Co	Cu	Mn	Ni	Pb	Cd	Cr	Hg	Zn
国家海水水质 I 类标准	0.02	0.005	0.005	0.05	0.005	0.001	0.001	0.05	0.000 05	0.02

由于 Cd、Cr、Hg 在所有采样点均未检出，本书认为其对生态系统的影响可以忽略不计，不参加评价，故参加评价的重金属为 As、Co、Cu、Mn、Ni、Pb、Zn 等 7 种重金属。综合污染指数小于 7 为低生态风险水平，7~14 为中生态风险水平，大于 14 为高生态风险水平。

各采样点 5 月、8 月、11 月水体中重金属的综合污染指数见图 2-10。8 月和 11 月各采样点水体均处于重金属低风险水平；5 月 S1、S5、S7、S9、S11 处于中等风险水平，S2、S3、S4、S6、S8、S10 处于低风险水平，可见各采样点水体的重金属污染春季最为严重。为了明确春季各采样点的污染特征，分析了 5 月各采样点综合污染指数的组成（图 2-11）。可见各采样点的主要污染物是 Pb，其单项污染因子变化范围为 0~8.14。根据单项污染因子的风险等级划分，仅 S2 和 S10 处于低风险水平，S1、S3、S4、S5、S6、S7、S8、S9、S11 均处于高风险水平，可见各河口 Pb 的重金属污染需要引起重视。8 月份 Zn 在 S5、S6、S7 的污染指数分别为 1.01、1.08、1.26，处于中等风险水平。其他重金属均未出现超标的情况。可见各河口在春季 Pb 污染严重，海河河口在夏季 Zn 污染严重，此外，S4 的 Mn 污染也需要引起重视。

从空间分布来看，5 月、8 月、11 月各重金属综合污染指数在滦河河口、海河河口、漳卫新河河口间均无显著性差异（$P>0.05$），在河口相对上下游的空间分布上也并没有明显的规律，这可能是由河口水体重金属污染水平低，在很多位点低于检出水平，且河口同时受河流和海洋的影响，水体情况复杂等原因造成的。从时间分布来看，5 月份各采样点的综合污染指数均显著高于 8 月和 10 月（$P<0.01$），这主要是因为重金属 Pb 仅在 5 月份有检出，且其单项污染指数高。可见水体重金属的分布并无明显的空间差异。

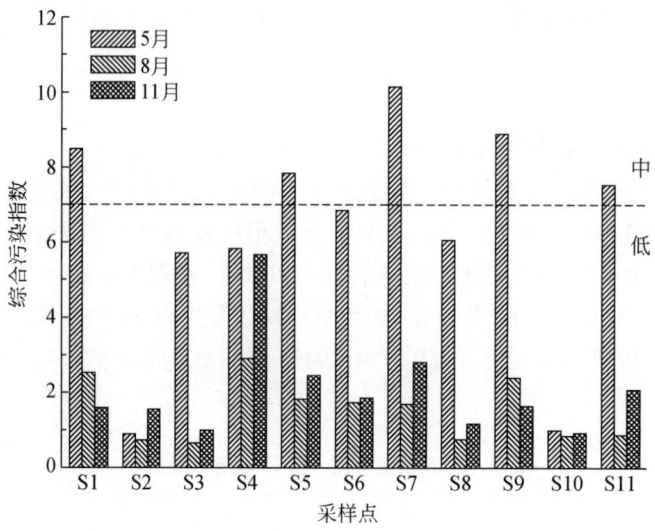

图 2-10 各采样点水体重金属综合污染指数

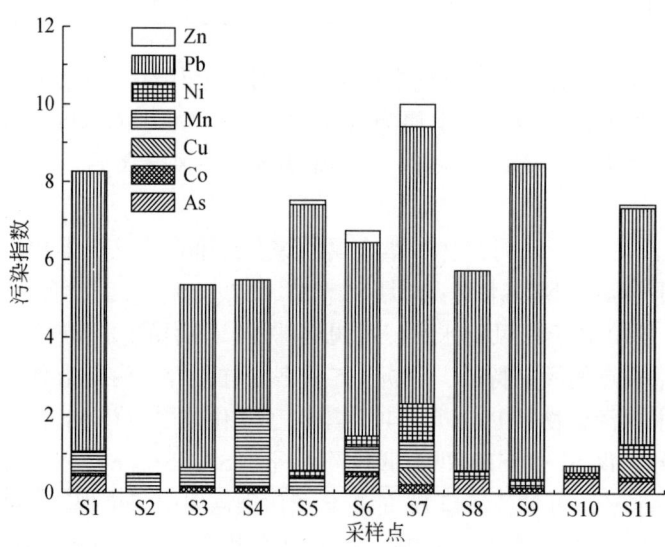

图 2-11 5 月各采样点水体重金属综合污染指数组成

2.4.2.2 沉积物中重金属污染时空变化规律

(1) 沉积物中重金属浓度变化规律

各河口 5 月和 8 月表层沉积物中 As、Cd、Co、Cr、Cu、Hg、Mn、Ni、Pb、Zn 等 10 种重金属测定结果表明，各种重金属在所有采样点均有检出，具体浓度见表 2-10。As 的浓度变化范围为 2.57~15.90μg/g，最高浓度出现在 8 月份的 S6，最低浓度出现在 5 月份的 S1。Cd 的浓度范围为 0.03~0.45μg/g，最高浓度见出点在 11 月份的 S6，最低浓度检出点在5月份的S3。Co的浓度变化范围为5.03~18.21μg/g，最高浓度出现在11月份的S6，最低浓度出现在11月份的S1。Cr的浓度变化范围为11.20~103.40μg/g，最高浓度在11月份S6检出，最低浓度在11月份的S8检出。Cu的浓度变化范围为5.28~73.47μg/g，最高浓度出现在11月份的S6，最低浓度出现在11月份的S8。Hg的浓度为7.44~308.34ng/g，最高浓度在11月份S6检出，最低浓度在8月份S1检出。Mn的浓度变化范围为254.26~1023.44μg/g，最高浓度出现在8月份的S9，最低浓度出现在5月份的S8。Ni的浓度变化范围为6.67~47.04μg/g，最高浓度出现在11月份的S6，最低浓度出现在11月份的S8。Pb的浓度变化范围为12.53~135.02μg/g，最高浓度出现在5月份的S6，最低浓度出现在11月份的S3。Zn的浓度变化范围为15.46~306.75μg/g，最高浓度出现在11月份的S6，最低浓度出现在11月份的S8（表2-10）。

可见重金属As、Co、Hg的最低浓度均出现在S1，Cd、Pb的最低浓度均出现在S3，Pb的最低浓度出现在S4，Cr、Cu、Mn、Ni、Zn的最低浓度均出现在S8；重金属As、Cd、Co、Cr、Ni、Pb、Zn的最高浓度均出现在S6，Cu和Hg的最高浓度均出现在S6，Mn的最高浓度出现在S9。最高浓度多出现在海河河口的S6，可能与海河河口强烈的人为干扰有关；最低浓度多出现在漳卫新河河口的S8。

与国内外其他河口沉积物中重金属的浓度进行比较（表2-11），珠江口Cu、Mn、Pb、Cr、Zn的浓度远高于滦河河口与漳卫新河河口，与海河口相近；Ni、Cd的浓度则显著高于滦河河口、海河河口、漳卫新河河口。长江口Cu、Zn高于滦河河口和漳卫新河河口，低于海河河口，Mn、Cr的含量均低于三个河口，Pb的含量高于滦河河口，与漳卫新河口相近，低于海河河口。海河流域各河口采样点Co、Ni、Pb、Zn远高于安达曼群岛近海岸沉积物中的含量，Cu含量与安达曼群岛相近，Mn、Cd、Cr的含量低于安达曼群岛。与巴西桑托斯河口相比，Co、Mn、Cd含量与其相近，Cu、Ni、Pb、Cr、Hg、Zn含量较高。总体来讲，海河流域各河口重金属污染水平稍低于珠江口，高于长江口。

从三个河口各种重金属浓度的空间分布来看，As在5月、8月、11月均是滦河河口显著低于海河河口与漳卫新河河口（$P<0.05$）；Cd、Co、Cr、Cu、Hg、Ni、Pb、Zn在5月和8月均是滦河河口显著高于滦河河口与漳卫新河河口（$P<0.05$），在11月仅Hg和Pb是海河河口显著高于滦河河口和漳卫新河河口（$P<0.05$），其他重金属在3个河口间则无显著性差异；Mn在5月份是滦河河口显著低于海河河口（$P<0.05$），漳卫新河河口则与两者无显著性差异，在8月份则是滦河河口显著低于海河河口与漳卫新河河口，11月份则无显著性差异。从三个河口相对的上下游关系来看，在滦河河口，As、Co、Cu、Hg、Ni、Pb、Zn均出现自河口向上浓度升高的趋势；Cr、Cd、Mn的浓度则出现两端高中间低的趋势。在海河河口，10种重金属浓度最低点均出现在S5，As、Cd、Cr、Co、Mn、Ni、Pb、Zn浓度的最高点均出现在S6，可能这8种重金属受港口船只的影响比较大；Cu和Hg浓度的最高点出现在S7，这两种重金属可能受上游排水的影响比较大。在漳卫新河河口，10种重金属浓度的最低点均出现在河口最下点S8，As、Cd、Hg、Mn浓度最高点出现在S9；Co、Cr、Cu、Ni、Pb、Zn浓度最高点均出现在河口最上点S11。

从10种重金属5月、8月、11月的平均值来看，As在5月浓度最低，11月浓度最高；

表 2-10　沉积物中 10 种重金属的浓度

采样点	时间	As/(μg/g)	Cd/(μg/g)	Co/(μg/g)	Cr/(μg/g)	Cu/(μg/g)	Hg/(ng/g)	Mn/(μg/g)	Ni/(μg/g)	Pb/(μg/g)	Zn/(μg/g)
S1	5月	2.57	0.06	5.48	35.72	7.00	7.75	337.51	12.81	14.10	28.01
S1	8月	2.93	0.07	5.51	49.10	11.65	7.44	761.53	14.00	13.86	28.36
S1	11月	2.83	0.09	5.03	38.07	8.34	9.34	323.60	9.58	14.76	30.40
S2	5月	2.91	0.05	6.28	29.34	8.21	8.75	440.36	14.47	14.72	30.05
S2	8月	3.14	0.07	5.86	33.67	11.09	8.27	520.40	13.68	15.19	31.36
S2	11月	3.22	0.06	6.56	34.23	10.69	11.94	456.10	13.23	17.58	40.17
S3	5月	2.81	0.03	5.72	28.23	6.97	7.50	296.94	11.98	13.52	29.90
S3	8月	3.27	0.10	6.96	45.46	14.40	12.40	635.25	15.56	16.25	39.14
S3	11月	3.58	0.05	5.93	36.57	9.19	13.02	307.63	12.18	12.53	37.61
S4	5月	3.29	0.07	8.64	50.91	12.74	10.50	333.10	18.20	16.68	42.07
S4	8月	3.44	0.10	7.71	54.17	12.54	10.47	719.29	15.55	15.70	39.11
S4	11月	3.92	0.07	6.98	42.93	11.33	14.02	353.80	13.59	17.08	40.21
S5	5月	9.19	0.18	12.35	64.37	25.59	69.50	578.49	28.12	26.52	79.88
S5	8月	12.52	0.17	12.99	69.55	32.83	75.52	744.59	28.92	24.51	78.73
S5	11月	8.78	0.10	6.20	34.63	12.88	48.86	379.10	13.31	21.57	47.74
S6	5月	13.47	0.42	17.87	100.22	70.65	186.00	751.86	46.78	135.02	285.10
S6	8月	15.90	0.40	16.17	95.80	64.73	220.50	1014.1	40.79	75.78	295.65
S6	11月	15.27	0.45	18.21	103.40	73.47	308.34	749.60	47.04	80.65	306.75
S7	5月	8.82	0.34	13.37	76.47	73.44	213.75	620.97	36.70	72.39	109.31
S7	8月	11.42	0.32	12.30	71.12	66.42	235.38	799.26	35.69	60.32	218.61
S7	11月	11.77	0.21	12.66	65.69	31.87	115.42	655.90	30.42	64.06	116.63
S8	5月	9.48	0.05	4.43	11.70	6.59	8.75	254.26	10.74	17.32	20.52
S8	8月	11.55	0.05	5.57	29.98	8.70	9.92	887.04	13.07	15.41	19.94
S8	11月	10.12	0.04	3.20	11.20	5.28	12.98	259.80	6.67	13.02	15.46

续表

采样点	时间	As/(μg/g)	Cd/(μg/g)	Co/(μg/g)	Cr/(μg/g)	Cu/(μg/g)	Hg/(ng/g)	Mn/(μg/g)	Ni/(μg/g)	Pb/(μg/g)	Zn/(μg/g)
S9	5月	10.76	0.14	12.12	64.22	24.05	40.33	607.53	28.72	23.29	67.08
	8月	13.22	0.13	8.57	44.48	15.78	19.29	1023.44	19.19	16.65	39.90
	11月	9.38	0.10	10.09	53.08	15.53	17.66	526.70	22.35	18.08	54.98
S10	5月	9.61	0.09	8.49	43.82	13.08	17.50	499.85	20.97	19.29	42.84
	8月	12.52	0.06	6.70	36.70	11.01	12.68	926.31	15.71	15.39	27.75
	11月	10.37	0.07	5.32	23.86	7.41	12.98	330.70	11.21	16.41	27.95
S11	5月	9.19	0.12	11.12	61.04	20.58	27.00	579.96	28.03	38.81	65.53
	8月	11.28	0.10	10.95	63.77	23.84	26.46	969.21	27.25	21.11	56.06
	11月	12.42	0.14	11.86	61.72	29.14	24.94	643.10	27.51	24.82	74.18

表 2-11 各河口沉积物中重金属浓度比较

(单位：μg/g)

资料来源	Co	Cu	Mn	Ni	Pb	Cd	Cr	Hg	Zn
长江口（毕春娟，2004）	—	27.7	680	—	22.1	—	33.6	—	112
珠江口（杨永强，2007）	—	39.9~106.0	395.2~1164.1	36.4~67.7	63.7~106.2	0.2~2.8	69.9~122.3	—	240.3~97.9
安达曼群岛，印第安 (Nobi et al., 2010)	0.44~2.43	5.48~87.93	23.18~1180.4	2.16~26.64	ND~6.64	0.69~3.88	5.76~138.2	—	10.4~48.72
桑托斯河口，巴西 (Isabella et al., 2011)	1.07~20.14	2.88~38.39	78.18~889.5	1.05~23.61	1.37~37.78	0.05~0.34	6.48~42.5	0.03~1.33	20.36~180.27

Cd、Cr、Cu、Hg、Mn、Zn 均在 8 月份浓度最高，11 月浓度最低；Co 和 Ni 则在 5 月份浓度最高，11 月浓度最低；Pb 则在 5 月份浓度最高，8 月份浓度最低。但是仅 Mn 表现为 8 月份的浓度显著高于 5 月和 11 月（$P<0.05$），其他各种重金属在季节间均无显著性差异。

（2）沉积物中重金属生态风险

应用综合污染指数法对各采样点沉积物中 As、Co、Cu、Mn、Ni、Pb、Cd、Cr、Hg、Zn 等 10 种重金属进行评价。沉积物重金属综合污染指数评价中的评价标准有多种，应用较多的是各种重金属在不同地区土壤背景值作为评价标准（战玉柱等，2011；罗先香等，2010）。由于本书的研究区位于河口，且涉及沉积物重金属对生物膜的影响，因此选用河口地区与生物效应相关的标准进行评价。Long 等（1995）在对河口生态系统沉积物中重金属和生物效应浓度之间的关系进行广泛总结研究的基础上确定了 9 种重金属的低效应阈值浓度（effects rang low，ERL）和中等效应阈值浓度（effects range media，ERM），低于 ERL 表示重金属对生物的产生负面效应的概率小于 10%，低于 ERM 则表示重金属对生物产生负面效应的概率小于 50%。本书选择低效应浓度值作为评价标准，并根据各种重金属对生物的毒性效应系数推断出 Co 和 Mn 的 ERL 值，具体见表 2-12。沉积物中参加评价的重金属的评价因子为 10，因此，综合污染指数小于 10 表示低生态风险水平，10~20 表示中等风险水平，大于 20 表示高风险水平。

表 2-12　河口沉积物中重金属污的低效应浓度　　　（单位：μg/g）

评价标准	As	Cd	Co	Cr	Cu	Hg	Mn	Ni	Pb	Zn
ERL	8.2	1.2	33.9	81.0	34.0	0.15	81.0	20.9	46.7	150.0

沉积物中重金属的综合污染指数见图 2-12。从综合污染指数来看，5 月份 S1、S2、S3、S4、S8 处于低风险水平，S5、S7、S9、S10、S11 均处于中等风险水平，仅 S6 处于高风险水平；8 月份仅 S2 处于低风险水平，S1、S3、S4、S5、S8、S9、S10、S11 均处于中等风险水平，S6 和 S7 处于高风险水平；11 月 S1、S2、S3、S4、S5、S8、S10 均处于低风险水平，S7、S9、S11 处于中等风险水平，仅 S6 处于高风险水平。从空间分布来看，三个河口各采样点的综合污染指数表现为 5 月份海河河口显著高于滦河河口与漳卫新河河口（$P<0.05$），滦河河口与漳卫新河河口无显著差异；8 月份则表现为滦河河口显著低于海河河口与漳卫新河河口（$P<0.05$），后两者之间则无显著差异；11 月份则三个河口之间并无显著性差异（$P=0.062$）。从时间分布来看，滦河河口与漳卫新河河口的综合污染指数均表现为 8 月份显著高于 5 月和 11 月（$P<0.05$），海河河口则在 3 个季节间无显著差异。人为干扰较少的河口其污染指数表现出夏季污染最为严重的趋势。

从表 2-10 可以看出，各采样点在各个月份沉积物中各种重金属比例变化不大，变化趋势比较一致，因此可以从 5 月、8 月、11 月各采样点重金属的平均值来分析其污染指数的组成及比例。由图 2-13 可以看出各采样点中单项污染指数所占比例最大的是 Mn，其单项污染指数的变化范围为 3.21~12.52，均为高风险水平。S5~S11 沉积物中的 As 的污

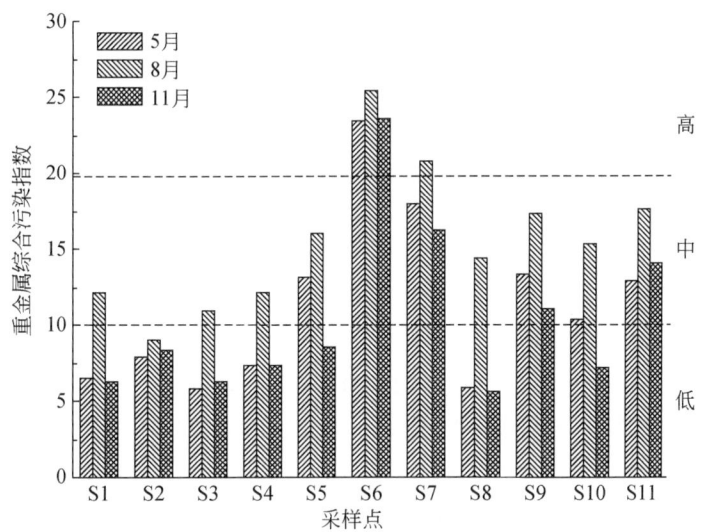

图 2-12 各采样点沉积物重金属综合污染指数

指数较高，其污染指数变化范围分别为 1.07~1.94 和 1.00~2.24，为中等风险水平。由此可见各采样点普遍受到 Mn 污染，S5~S11 还普遍受到 As 污染，S6 和 S7 则同时受到多种重金属中等水平污染（图 2-13）。

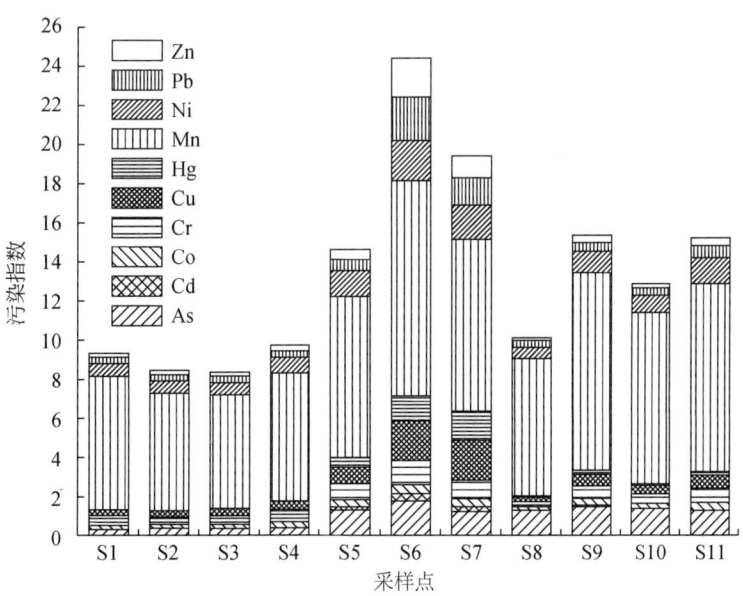

图 2-13 各采样点沉积物重金属综合污染指数组成

2.4.3 多环芳烃污染的时空变化规律

2.4.3.1 水体中PAHs的时空变化规律

(1) 水体中PAHs的浓度和组成特征

16种多环芳烃中DbA在各采样点均未检出，Ace仅在S9有检出，InP和BghiP仅在S1、S4、S7和S9有检出，BkF和BaP在S8、S10和S11未检出，Chr在S6和S8未检出，BaA在S8未检出，其他各PAHs在各采样点均有检出。各采样点PAHs的浓度如表2-13所示，5月份PAHs的浓度范围为418.55~3796.97ng/L，最高浓度检出点为S7，最低浓度检出点为S8；8月份其浓度变化范围为332.81~4879.60ng/L，最高浓度出现在S8，最低浓度出现在S7；11月各采样点浓度变化范围为582.13~7596.56ng/L，最高浓度位于S9，最低浓度位于S11。经过单因素方差分析，5月、8月、11月其浓度在各河口之间并没有显著性差异。仅滦河河口在5月、8月、11月之间有显著性差异（$P<0.05$），8月>11月>5月，漳卫新河河口在5月份显著低于8月和11月（$P<0.05$）；海河河口则季节间无显著性差异。从河口相对上下游的关系来看，5月份滦河河口表现为中间低两端高的趋势，可能是因为最下端的码头与最上端的居民对河口环境产生了一定的影响；漳卫新河河口则表现出自下而上递增的趋势；8月份滦河河口与漳卫新河河口表现出明显的自下而上浓度递减的趋势，可能是海洋污染造成的。11月份则无明显的规律。

表2-13 各采样点水体中$\sum$PAHs浓度 （单位：ng/L）

时间	S1	S2	S3	S4	S5	S6	S7	S8	S9	S10	S11
5月	1309.48	511.51	542.26	1215.35	1297.83	1364.79	3796.97	418.55	670.10	1703.99	1766.75
8月	3225.28	1028.92	1008.92	951.23	1574.21	627.47	332.81	4879.60	4070.82	802.11	933.37
11月	1436.23	3663.53	2298.67	2226.81	2187.59	666.08	975.27	1593.92	7596.56	1754.22	582.13

由于各河口在5月、8月、11月均无明显的时间和空间差异，利用各采样点三个季节浓度的平均数来看各采样点$\sum$PAHs的组成情况，结果见图2-14。可见各采样点水体中$\sum$PAHs的浓度可以排序为：S9>S8>S1>S2>S7>S5>S4>S10>S11>S6>S3，$\sum$PAHs浓度最高点出现在S9，其次为S8和S1，浓度最低点出现在S3和S6。S9位于大口河保护区外围，无重大污染源，且S9水体中的PAHs以中、低环多环芳烃（2~4环，包括Nap、Acp、Fl、Phe、An、Flu、Pyr、BaA、Chr）为主，说明其污染源可能主要是石油污染，因此水体中$\sum$PAHs浓度在S9最高，可能是由突发性的石油泄漏造成的。水体中$\sum$PAHs浓度仅次于S9，分别是漳卫新河河口和滦河河口与海洋连接的采样点，可能受到海洋石油泄漏事故的影响。从$\sum$PAHs浓度在各采样点的分布可以看出，各河口均呈现出河口中上部分采样点$\sum$PAHs浓度低于河口末端的采样点，并且从浓度组成来看，2环、3环PAHs占$\sum$PAHs的比例的平均值分别为21.67%和60.47%，可见各采样点的主要污染物均是低环PAHs，说明河口$\sum$PAHs的主要污染源是石油泄漏。S7的多环芳烃组成与其他采样点并不相似，

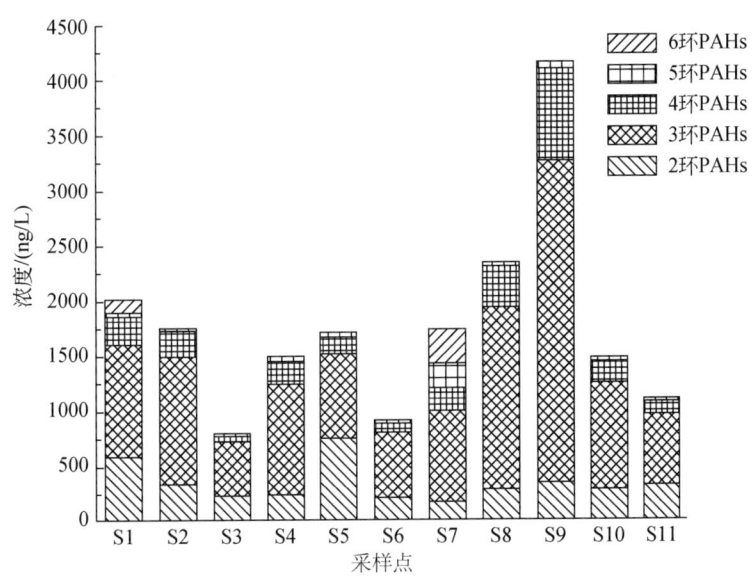

图 2-14 水体中 PAHs 在各采样点的浓度组成结构

5 月份 S7 水体中多环芳烃 40.24% 是由高环多环芳烃组成的。

曹志国等（2010a，b）在 2008 年采集并检测了滦河流域和漳卫新河河口以上干、支流 15 个和 7 个采样点的表层水，并检测其中 16 种 PAHs 的浓度，滦河与漳卫新运河水体中总多环芳烃的浓度变化范围分别为 9.8~310ng/L、31.7~99.0ng/L，平均浓度分别为 80ng/L 和 67.7ng/L，并认为滦河与漳卫新河水体多环芳烃处于低污染水平。本书中滦河河口与漳卫新河河口水体 16 种多环芳烃总浓度平均值分别为 1618.05ng/L 和 2230.86ng/L，远高于河口上游的浓度，且其组成上以低环多环芳烃为主，可以推断，滦河河口与漳卫新河河口有重大的低环多环芳烃污染源，可能与中海油渤海湾油田漏油事故有关（吴晓蕾，2011）。由于海河河口位于渤海湾最靠近东边的海湾内部分，受到的影响较小，其多环芳烃浓度反而最低。漳卫新河河口虽然位于保护区内，但是距离石油泄漏事故地点最近，受到的影响最大，多环芳烃浓度最高。S7 的高环多环芳烃浓度显著高于滦河河口与漳卫新河河口也可以说明这一点。各河口与国内外其他河口水体中 ∑PAHs 浓度比较见表 2-14，可见滦河河口、海河河口、漳卫新河河口多环芳烃浓度均普遍高于国内外河口水体，仅低于大亚湾的污染水平。

表 2-14　国内外河口水体中 ∑PAHs 浓度　　　　　　　　（单位：ng/L）

研究区	样品	检测项目	范围	平均值	参考文献
滦河河口	表层水	16 种 PAHs	511.51~3663.52	1618.05	本书
海河河口	表层水	16 种 PAHs	332.81~3796.97	1424.67	本书
漳卫新河河口	表层水	16 种 PAHs	418.55~7596.56	2230.86	本书
滦河	表层水	16 种 PAHs	9.8~310	80	曹志国等，2010a

续表

研究区	样品	检测项目	范围	平均值	参考文献
漳卫新运河	表层水	16种PAHs	31.7~99.0	67.7	曹志国等，2010b
黄河口	表层水	16种PAHs	118.27~979.15	—	张娇，2008
大亚湾	表层水	16种PAHs	4 228~29 325	10 984	邱耀文等，2004
长江口	上覆水	16种PAHs	478~6 273	1 988	欧冬妮等，2009
珠江三角洲	表层水	16种PAHs	944.0~6 654.6	—	Luo et al.，2004
塞纳河及河口（法国）	表层水	16种PAHs	2~687	—	Fernandes et al.，1997

（2）水体中PAHs生态风险评价

根据综合污染指数法，采用Kalf提出的水体中10种PAHs的最低效应浓度C_{NCs}（the negligible concentrations）以及曹志国等（2010b）根据毒性系数推断出的其他6种PAHs的最低效应浓度作为标准评价水体中PAHs的污染情况，具体标准见表2-15。根据曹志国等（2010b）的研究，单体PAHs的C_{NCs}小于1.0ng/L表示这种单体PAHs对环境的负面效应可以忽略；1.0~100ng/L表示具有中等水平的生态风险，大于100ng/L则表示处于高风险水平；综合指数小于16ng/L则表示低风险水平，16~800ng/L表示中等风险，大于800ng/L则表示具有较高的生态风险。

表2-15 水体中PAHs的最低效应浓度　　　　　　　　（单位：ng/L）

PAHs	Nap	Ace	Acp	Fl	Phe	An	Flu	Pyr
C_{NCs}	12.0	0.7	0.7	0.7	3.0	0.7	3.0	0.7
PAHs	BaA	Chr	BbF	BkF	BaP	DbA	InP	BghiP
C_{NCs}	0.1	3.4	0.1	0.4	0.5	0.5	0.4	0.3

各采样点水体中PAHs综合污染指数评价结果见图2-15。所有采样点综合污染指数均大于16，具有中等高水平的生态风险。其中5月份S2、S3、S4、S8、S9处于中等风险水平，8月份S5、S6、S7、S10、S11处于中等风险水平，11月份S6和S11处于中等风险水平，其他各采样点均为高风险水平。滦河河口与漳卫新河河口均在5月份污染指数最低，这可能与6月份的石油污染事故有关；海河河口在5月份污染指数最高，8月份污染指数最低，可能与8月份水量较充沛，稀释作用较强有关。

从各采样点综合污染指数的平均数来看，全年污染程度最严重的是S9（3347.00），其次是S7（2876.12）和S1（2094.69），污染程度最小的是S6（839.68），其次为S11（907.58）、S3（972.58）和S5（1094.56）。从组成来看，主要起污染作用的3环多环芳烃，其次是4环多环芳烃，6环多环芳烃在S7也占有一定的比例，2环多环芳烃所占比例非常小，这与各种多环芳烃在浓度中的组成是不完全一致，可能是因为2环多环芳烃毒性较小，最低效应浓度较高的缘故造成的。因为S7位于闸上，且提闸次数非常少，并不与下游河口海洋直接相连，而是与上游河流关系更为密切，这点也可以从S7总污染指数中6环多环芳烃占有很大比例（30.79%）看出（图2-15）。

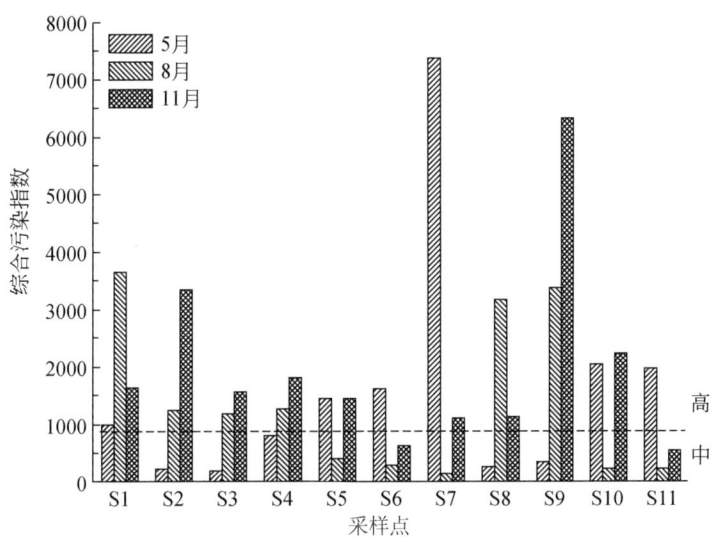

图 2-15 水体中 ∑PAHs 在各采样点的污染指数变化

2.4.3.2 沉积物中 PAHs 的时空变化规律

(1) 沉积物中 PAHs 浓度和组成特征

16 种多环芳烃在各采样点均有检出，但 BaA 在 S3 未检出，DbA 在 S1~S4 均未检出，BghiP 在 S3 未检出，16 种多环芳烃的总浓度见表 2-16。各采样点 ∑PAHs 的检出浓度范围为 23.35~15 901.00ng/g，平均值为 2330.53ng/g。5 月份其浓度变化范围为 69.55~14 181.39ng/g，平均值为 1693.22ng/g，最高值出现在 S6，最低值出现在 S3；8 月份其浓度变化范围为 23.35~1548.03ng/g，平均值为 2595.06ng/g，其浓度最高值在 S7 检出，最低值在 S10 检出；11 月其浓度变化范围为 52.73~15 901.00ng/g，平均值为 2703.30，最高值出现在 S6，最低值出现在 S8。通过单因子方差检验，5 月、8 月、11 月 3 个河口在各季节间并无显著性差异（$P>0.05$），可以推测出中石油渤海湾的石油泄漏还并未影响到沉积物中多环芳烃的浓度。

表 2-16 不同季节沉积物中 ∑PAHs 浓度 （单位：ng/g）

时间	S1	S2	S3	S4	S5	S6	S7	S8	S9	S10	S11
5 月	153.81	127.44	69.55	120.33	2 067.28	14 181.39	183.32	136.28	154.98	111.19	1 319.83
8 月	54.69	274.39	247.56	353.10	692.39	7 842.54	15 480.34	56.97	161.43	23.35	3 358.88
11 月	59.73	231.50	199.17	167.84	1 382.19	15 901.00	1 251.47	52.73	193.62	82.63	4 214.48

从空间分布特征来看，5 月、8 月、11 月三个河口各采样点 ∑PAHs 浓度均呈现出滦河河口最低，其次为漳卫新河河口，海河河口最高的特点。三个月采样数据综合来看（图 2-16），∑PAHs 浓度最高值出现在 S6，为海河闸下，也就是海河码头。这里不仅水上作业频繁，还有附近车辆等的影响，且海河闸常年关闭，上游来水少，未与开阔海洋相连，稀

释扩散作用有限，这些可能是造成海河闸下∑PAHs浓度最高的原因。∑PAHs浓度较低点为S10、S8和S1，其中S10为滦河河口中游，其与下游断流，基本无水上航运，并且由于水的盐度过高，附近无聚集的村落，人为干扰小，PAHs污染源少；S8位于自然保护区内，禁止开发，只有少量游客，相对人为干扰和污染小；S1为滦河码头，仅有少量船只，与开阔海面相连，稀释扩散作用强，可能导致∑PAHs浓度较低。整体来看，∑PAHs浓度呈现出最下游采样点浓度较低而上游浓度相对较高的趋势，这可能是因为最下游与海洋相连，更有利于污染物的扩散，而上游有较强的人为干扰或污染源。

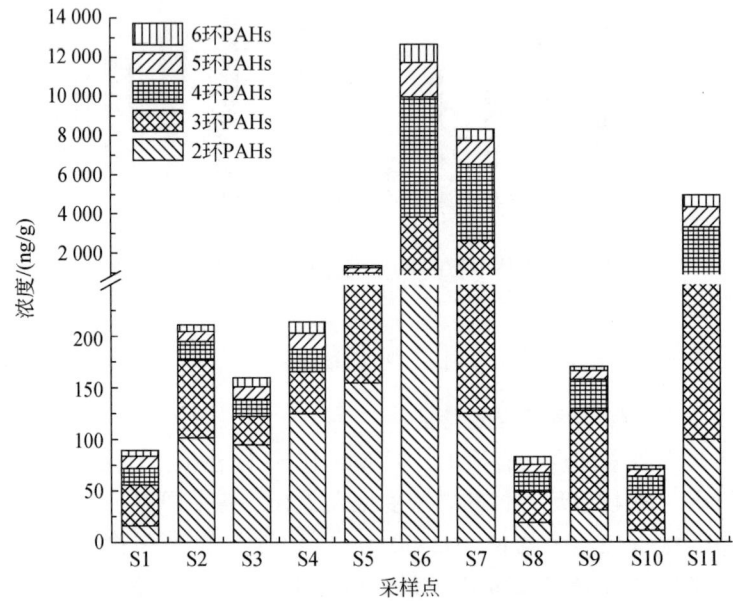

图2-16 沉积物中PAHs在各采样点的浓度组成结构

从图2-16还可以看出，各采样点沉积物中PAHs的结构组成是不同的。其中S1、S9和S10主要由3环PAHs组成，占∑PAHs的比例分别为43.92%、56.71%和49.52%；S3和S4主要是由2环PAHs即Nap组成，占∑PAHs的比例分别为59.84%和58.52%；S5、S6、S7和S11主要是由4环PAHs组成，占∑PAHs的比例分别为44.17%、48.85%、47.05%和48.31%。S2主要由2环、3环PAHs组成，其比例分别为47.99%和35.71%；S8主要由2环、3环、4环PAHs组成，所占比例分别为22.26%和36.78%和22.38%。可见各采样点沉积物中PAHs主要是由中（4环）、低环（2环、3环）PAHs组成，高环（5环、6环）PAHs所占∑PAHs的比例仅为7.30%~33.43%。可见沉积物中PAHs的主要污染源是石油产品的污染。这与程远梅等（2009）对海河及渤海表层沉积物中多环芳烃的来源分析结果是一致的。

比较河口沉积物中多环芳烃的浓度与其上游河流的浓度（表2-17），发现滦河河口沉积物中∑PAHs的浓度与其上游河流比较相近，而海河河口则明显高于其上游河流，说明海河河口其港口船舶等的影响十分严重。滦河河口与国内外其他河口及海湾相比，沉积物中多环芳烃浓度均处于较低水平。漳卫新河河口沉积物多环芳烃浓度则高于黄河口和大亚湾，与长江口相近，低于珠江三角洲、智利的 Lenga 河口与日本的东京湾。海河河口沉积物多环芳烃的污染程度则普遍高于国内外的河口，但是低于日本的东京湾和美国的旧金山湾。

表 2-17 国内外河口沉积物中 $\sum$PAHs 的浓度 （单位：ng/g）

研究区	样品	检测项目	范围	平均值	参考文献
滦河河口	表层沉积物	16 种 PAHs	54.69~353.10	171.59	本书
海河河口	表层沉积物	16 种 PAHs	183.32~15 901.00	6553.55	本书
漳卫新河河口	表层沉积物	16 种 PAHs	23.35~4214.48	822.20	本书
滦河	表层沉积物	16 种 PAHs	ND~478	—	曹志国等，2010a，b
海河	表层沉积物	16 种 PAHs	445~2185	964	程远梅等，2009
黄河口	表层沉积物	16 种 PAHs	47.40~202.63	101.60	刘宗峰，2008
大亚湾	表层沉积物	16 种 PAHs	115~1134	481	邱耀文等，2004
长江口	表层沉积物	16 种 PAHs	355.72~2480.85	1040.29	周俊丽等，2009
珠江三角洲	表层沉积物	25 种	138~6793	—	罗孝俊等，2006
Mersey Estuary（英国）	表层沉积物	16 种 PAHs	626~3766	—	Vane et al.，2007
Lenga Eustuary（智利）	表层沉积物	16 种 PAHs	290~6118	2025	Karla et al.，2011
旧金山湾（美国）	表层沉积物	21 种	2653~27 680	7457	Wilfred et al.，1996

(2) 沉积物中 PAHs 生态风险评价

应用综合污染指数法对各采样点沉积物中 16 种多环芳烃进行评价。前人在对河口生态系统沉积物中多环芳烃和生物效应浓度之间的关系进行广泛总数研究的基础上确定了 12 种多环芳烃的低效应阈值浓度和中等效应阈值浓度，本书根据各种多环芳烃的毒性系数，推断出 BbF、BkF、InP、BghiP 的低效应阈值浓度，并以此作为沉积物中多环芳烃的评价标准，具体见表 2-18。沉积物中多环芳烃的评价因子有 16 个，因此综合污染指数小于 16 表示低生态风险水平，16~32 表示中等风险水平，高于 34 表示高生态风险水平（表 2-18）。

表 2-18 沉积物种 16 种多环芳烃的低效应阈值浓度 （单位：ng/g）

PAHs	Nap	Ace	Acp	Fl	Phe	An	Flu	Pyr
ERL	160	44	16	19	240	85.3	600	665
PAHs	BaA	Chr	BbF	BkF	BaP	DbA	InP	BghiP
ERL	261	384	261	261	430	63.4	261	24

沉积物中多环芳烃的综合评价结果见图 2-17，5 月仅 S6 处于高风险水平（综合污染指数>34），其他各采样点均处于低风险水平（综合污染指数<16）；8 月仅 S7、S6 处于高风险水平，S11 处于中等风险水平，其他各采样点均处于低风险水平；11 月仅 S6、S11 处于极高风险水平，其他各采样点均处于低风险水平。从各河口来看，生态风险最低的是滦

河河口，在 3 个季节均处于低风险水平；最高的是海河河口，仅 S5 处于低风险水平；生态风险居中的是漳卫新河河口，仅 S11 处于中等风险水平。

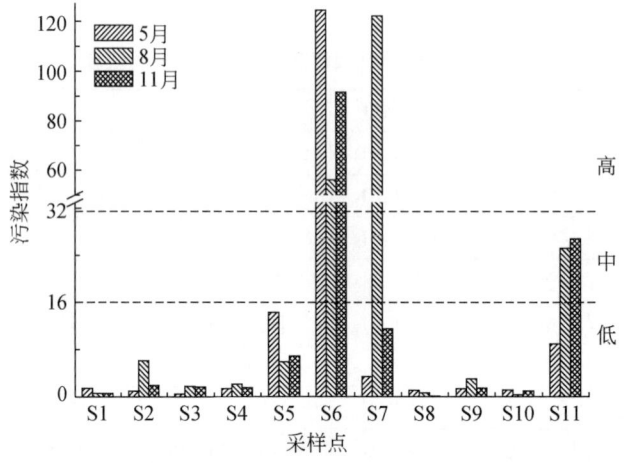

图 2-17　沉积物中 ∑PAHs 在各采样点的污染指数变化

各采样点水体中多环芳烃浓度的变化范围为 332.81～7596.56ng/L，平均浓度为 1788.15ng/L，远高于黄河口水体中的浓度，与珠江口相近，低于大亚湾水体中多环芳烃的浓度。从结构组成来看大部分采样点主要由 2 环和 3 环多环芳烃组成，说明其主要污染源是石油类产品的泄露而非高温燃烧；采样点海河闸上高环多环芳烃也占一定的比例，说明其污染源可能是石油类产品的泄漏以及燃烧造成的。从时间变化来看，滦河河口与漳卫新河河口均是 5 月份显著低于 8 月和 11 月；海河河口则在 5 月份浓度最高，8 月份浓度最低，并未受到严重污染。从空间变化来看，各河口间并无显著性差异（$P>0.05$），海河河口由于人为干扰严重，无明显规律。但是 5 月份漳卫新河河口由于河口的稀释作用呈现自下而上多环芳烃浓度升高的趋势，滦河河口则因为最下采样点渔人码头的人为干扰而呈现两端高中间低的分布特征；8 月份滦河河口与漳卫新河河口均呈现自下而上浓度降低的趋势；11 月份则无明显分布规律。从生态风险水平来看，各采样点均处于中等或高等生态风险水平，需要引起注意。

各采样点沉积物中 ∑PAHs 的检出浓度范围为 23.35～15 901.00ng/g，平均值为 2330.53ng/g。滦河河口沉积物中 ∑PAHs 的浓度普遍低于国内外其他的河口、海湾；漳卫新河河口的污染程度低于黄河口和大亚湾，与长江口和珠江三角洲的污染水平相当；海河河口的污染水平普遍高于国内外河口、海湾污染水平，但是低于日本东京湾和美国旧金山湾污染水平。从结构组成来看，研究区沉积物中 PAHs 主要由中、低环多环芳烃组成。从时间变化来看，各河口采样点在 5 月、8 月、11 月之间均无显著性差异，差异较小。从空间变化来看，海河河口 ∑PAHs 浓度高于滦河河口与漳卫新河河口，且在人为干扰较少的河口（滦河河口与漳卫新河河口）出现下游采样点浓度低，上游采样点浓度较高的趋势。从生态风险评价结果来看，滦河河口处于低风险水平，海河河口中 S6 和 S7 处于高或极高风险水平，漳卫新河河口仅 S11 处于中等风险水平，其他采样点均处于低风险水平。

2.5 典型水系污染物的时空变化规律

2.5.1 滦河重金属污染时空变化规律

2008年4月对滦河流域水体和沉积物中的As、Cd、Pb、Hg和Cu的分布及其健康风险进行了调查研究，采样点布设见图2-18。滦河水系干流和支流水样中As、Cd、Pb、Hg和Cu 5种重金属浓度及其分布结果如表2-19所示。从表2-19可以看出，5种重金属的浓度范围分别是As：0.340~2.753μg/L，Cd：1.120~4.474μg/L，Pb：11.610~19.088μg/L，Hg：0.036~0.239μg/L 和 Cu：1.058~5.807μg/L。根据《地表水环境质量标准》（GB3838—2002），As、Cu和Cd均达到Ⅰ类或Ⅱ类水质标准，符合滦河流域水功能区划目标水质要求；Hg在三道河子、滦县、姜各庄、小滦河沟台子和洒河桥达到Ⅳ类水质标准（浓度范围0.0001~0.001mg/L），在郭家屯、张百湾、上板城、乌龙矶、瀑河口、大黑

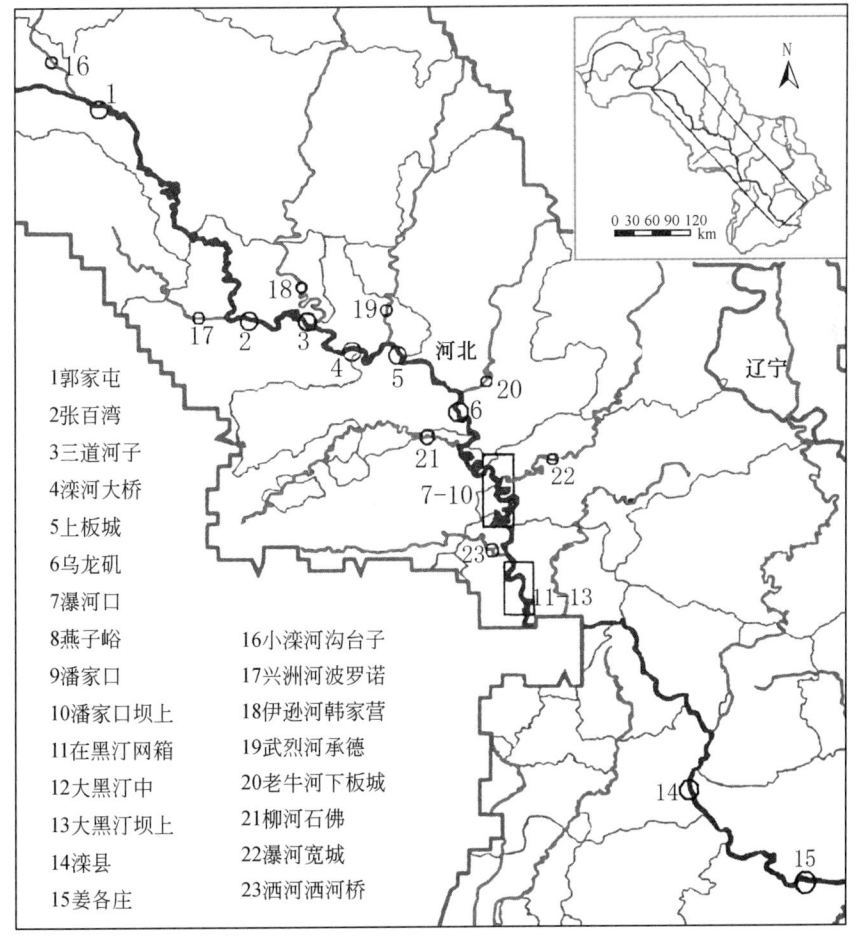

图2-18 滦河流域采样点位分布

汀坝上、兴州河波罗诺、伊逊河韩家营、柳河石佛符合Ⅲ类水质标准（浓度范围0.00005～0.0001mg/L），Hg在潘家口水库的瀑河口和大黑汀水库的坝上均超过了应执行的Ⅱ类水质标准；Pb在乌龙矶、潘家口、潘家口坝上、姜各庄、小滦河沟台子、武烈河承德、柳河石佛、老牛河下板城符合Ⅲ类水质标准，其他达到Ⅱ类水质标准。结果表明，Hg是滦河水系主要污染物质，Pb是潘家口水库库区的主要污染物质，应作为优先控制目标。

表2-19 滦河干流和各支流水体中As、Cd、Pb、Hg和Cu的平均浓度 （单位：μg/L）

	采样点	As	Cd	Hg	Cu	Pb
干流	郭家屯	2.249	ND	0.080	ND	ND
	张百湾	1.704	ND	0.069	ND	ND
	三道河子	2.753	ND	0.101	ND	ND
	滦河大桥	1.591	ND	0.041	3.383	ND
	上板城	1.652	ND	0.076	1.924	ND
	乌龙矶	2.118	ND	0.097	2.404	19.088
	瀑河口	1.385	1.592	0.070	2.804	ND
	燕子峪	1.481	ND	0.043	1.637	ND
	潘家口	1.220	1.289	0.049	1.756	15.852
	潘家口坝上	1.306	ND	0.043	ND	17.606
	大黑汀网箱	1.186	1.193	0.036	1.716	ND
	大黑汀中	0.878	ND	0.039	ND	ND
	大黑汀坝上	0.340	ND	0.059	ND	ND
	滦县	1.429	ND	0.239	ND	ND
	姜各庄	1.173	4.474	0.220	5.807	17.955
支流	小滦河沟台子	2.633	1.215	0.115	2.389	11.610
	兴州河波罗诺	0.855	ND	0.058	ND	ND
	伊逊河韩家营	1.029	ND	0.093	2.265	ND
	武烈河承德	1.328	1.120	0.039	1.058	18.754
	老牛河下板城	0.875	ND	0.041	1.217	ND
	柳河石佛	1.193	ND	0.079	ND	17.510
	瀑河宽城	0.527	ND	0.041	1.217	ND
	洒河洒河桥	0.527	ND	0.113	ND	ND

滦河流域表层沉积物样品中的重金属含量见表2-20，流域内沉积物的空间分布大体分为三个区段：①上游相对清洁区，如沟台子和郭家屯采样点；②中上游的张百湾至韩家营，属于污染开始加重区域，分布着滦平、隆化等县镇，其间有兴州河、蚁蚂吐河和伊逊河汇入，支流上很多小工矿业的废水直接排入水体，进而汇入干流；③中下游严重污染区，武烈河流经承德市，承载着承德市的生活污水和工业废数，污染相当严重；④库区，潘家口水库是天津和唐山的重要水源地，瀑河口处于库区的上游，有瀑河汇入，瀑河流经宽城县城。

表 2-20　滦河表层沉积物重金属含量　　　　　　　（单位：mg/kg）

采样点	As	Hg	Cr	Cd	Pb	Cu	Zn
沟台子	2.608	0.010	38.090	0.030	16.290	7.150	25.660
郭家屯	2.075	0.009	31.280	0.032	17.610	6.470	21.090
波罗诺	7.888	0.201	70.900	0.286	38.290	34.750	91.570
张百湾	2.790	0.013	28.700	0.043	16.540	9.600	27.220
三道河子	2.250	0.021	152.730	0.133	8.940	74.440	103.990
下河南	3.935	0.011	35.890	0.077	18.350	11.580	43.110
韩家营	2.428	0.019	62.040	0.146	8.650	178.610	111.030
武烈河上	6.942	0.070	99.780	0.225	32.780	45.780	101.080
武烈河下	7.648	1.387	107.530	0.374	37.420	56.890	161.320
瀑河口	12.904	0.053	87.780	0.115	26.190	34.570	69.140

2.5.2　滦河多环芳烃污染的时空变化规律

利用 GC-MS 技术分析了滦河水体、沉积物中 PAHs 分布情况，冬季采样点布设如图 2-19。滦河地表水中 PAHs 的浓度范围为 9.8~310ng/L，沉积物中 PAHs 的浓度为 ND~478ng/L。农村地区采样点（5 个）PAHs 的平均浓度低于城市地区采样点（6 个）PAHs 的平均浓度，可以把农村地区 PAHs 含量当作背景值，把城市地区 PAHs 的含量当作该地区污染的最高值（图 2-20）。

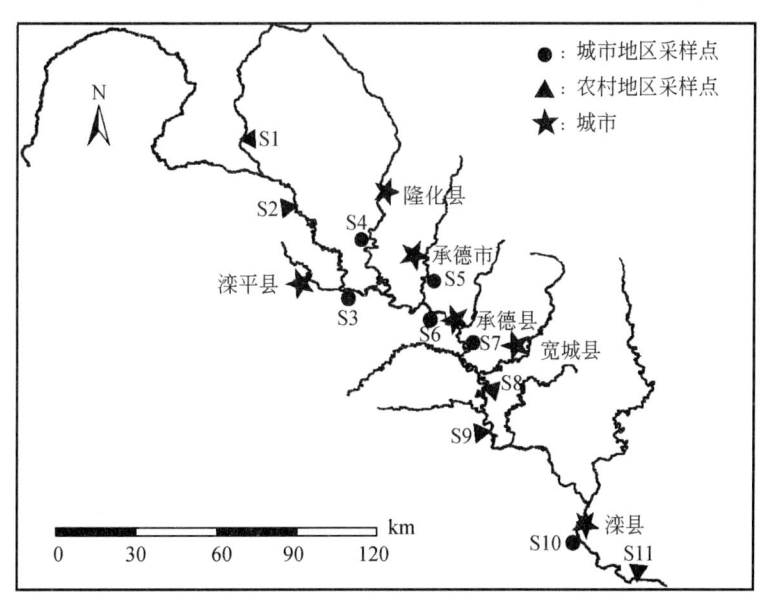

图 2-19　冬季滦河流域采样点分布

注：S1：沟台子；S2：郭家屯；S3：三道河子；S4：韩家营；S5：武烈河；S6：上板城；
　　S7：乌龙矾；S8：瀑河口；S9：大黑汀；S10：滦县；S11：姜各庄。

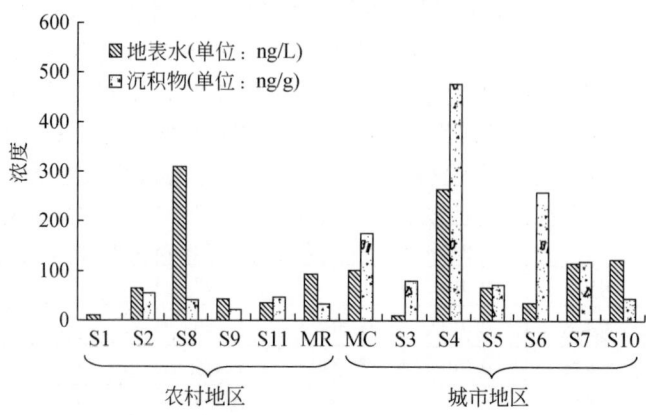

图 2-20 枯水期城市地区和农村地区 PAHs 浓度对比

在丰水期，滦河地表水、沉积物、岸边土壤中 PAHs 的含量分别是：37.3～234ng/L，20.9～287ng/g，36.9～378ng/g，沉积物中 PAHs 的含量略高于岸边土壤（图2-21）。空间分布特征上看，污染比较严重的样点主要集中在中下游地区，这个分布特征与滦河流域城市的分布特征一致。农村地区和河口地区 PAHs 的污染相对比较轻，这种河口污染较轻的现象，与国内其他河流如长江、珠江、海河河口地区污染严重的特点完全不同。干流、支流的污染程度并没有大的差别。

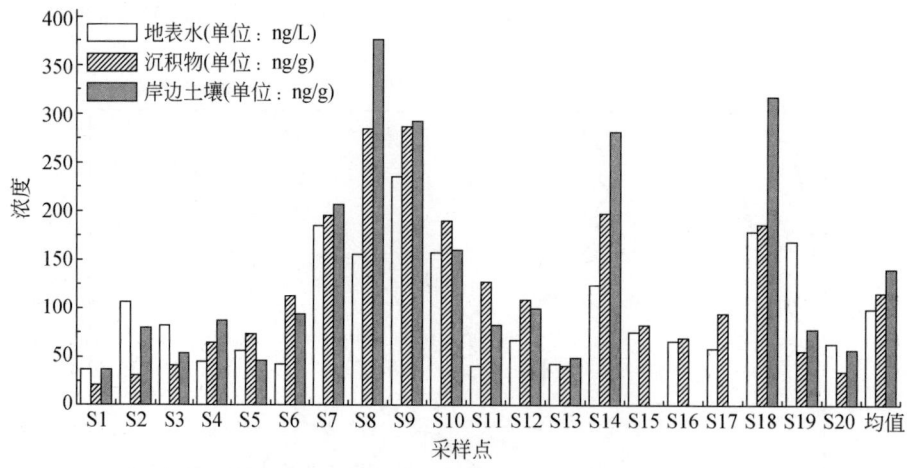

图 2-21 丰水期滦河流域 PAHs 的分布特征

2.6 典型河段污染物的空间分异规律

滏阳河位于河北省南部，属于海河水系子牙河支流。滏阳河发源于邯郸峰峰矿区滏山南麓，流经邯郸、邢台、衡水、沧州城市。滏阳河干流、支流上游建有东武仕、朱庄等大型水库，于献县枢纽与滹沱河汇流而成子牙河，流经天津最终并入海河入海。1960年起为分泄子牙河上游滏阳河与滹沱河洪水，开挖子牙新河，引子牙河水东流独立入海。子牙河水系水资源匮乏，流域降水稀少，同时沿岸污染问题越来越突出，河流自净能力差，水环境问题突出。据报道，滏阳河与子牙河水系属劣Ⅴ类的河段占到总河段55%（王军锋等，2011），河流接纳沿岸城市工业废水与生活污水，同时受污河水直接用于农业灌溉，再次影响流域土壤与水环境。据了解，滏阳河与子牙河污染主要来源于沿岸排污口，排出包括工厂废水与居民生活污水在内的污废水，沿岸农田、蔬菜大棚以及养鱼池所带入的污水，造成面源污染。另外，市政排水官网的雨污合流也是造成水质恶化的重要原因（赵永志和刘玲，2009）。

研究区域根据子牙河水系的构成，采样点包括滏阳河上游山区水库至下游平原河段牙新河下游，以及子牙河入海河口、海河河口。研究区域采样点设置见表2-21。

表 2-21 研究区水体与沉积物采样点

水体			沉积物		
编号	点位	坐标	编号	点位	坐标
W1	东武仕水库	36.39°N, 114.29°E	S1	东武仕水库	36.39°N, 114.29°E
W2	东武仕水库下游	36.40°N, 114.40°E	S2	东武仕水库下游	36.40°N, 114.40°E
W3	张庄桥上	36.56°N, 114.47°E	S3	张庄桥上	36.56°N, 114.47°E
W4	张庄桥下	36.56°N, 114.48°E	S4	莲花口上	36.67°N, 114.74°E
W5	莲花口上	36.67°N, 114.74°E	S5	莲花口下	36.67°N, 114.74°E
W6	莲花口下	36.67°N, 114.74°E	S6	朱庄	36.67°N, 114.74°E
W7	朱庄水库	36.67°N, 114.74°E	S7	艾辛庄下	37.50°N, 115.05°E
W8	朱庄下游	37.50°N, 115.05°E	S8	衡水下游1	37.74°N, 115.72°E
W9	艾辛庄	37.50°N, 115.05°E	S9	衡水下游2	37.74°N, 115.72°E
W10	衡水市	37.74°N, 115.70°E	S10	献县	38.20°N, 116.08°E
W11	衡水下游	37.74°N, 115.72°E	S11	子牙新河上	38.22°N, 116.08°E
W12	献县（滏阳河）	38.20°N, 116.08°E	S12	周官屯上	38.50°N, 116.87°E
W13	子牙新河	38.22°N, 116.08°E	S13	周官屯下	38.50°N, 116.87°E
W14	周官屯上	38.50°N, 116.87°E	S14	海河河口	38.98°N, 117.71°E
W15	周官屯下	38.50°N, 116.87°E			
W16	海河河口	38.98°N, 117.71°E			

2.6.1 滏阳河常规污染物

各采样点常规水质状况见表2-22。水体pH变化范围为6.51~8.51。水体溶解氧（DO）变化范围为0.44~17.41mg/L。溶解氧最低的点发生在艾辛庄，最高的点为朱庄水库下游。根据国家地表水标准（表2-23），不满足Ⅴ类DO水质标准的样点为5个，满足Ⅰ类DO水质标准的样点为7个，主要分布在上游河段以及水库。氨氮变化范围为0.002~1.12mg/L，最高点与最低点分别为 W13 与 W2，此外朱庄水库下游氨氮含量也较高。符合国家Ⅰ类氨氮标准的样点有 5 个，主要分布于城市区域与居民生活区域，离农田区域较远。TP 变化范围为 0.01~2.70mg/L，其中最高点出现在 W9，同时 W11 点 TP 含量也较高，16 个采样点中不符合国家Ⅴ类 TP 水质标准的有 4 个。另外对水体中氯离子（Cl^-）、总含盐量（TDS）、与叶绿素 a（Chla）进行了检测，变化范围分别为 4.84~642.10mg/L，0.36~5.28g/L 以及 1.60~46.7mg/m^2。氯离子与总含盐量的最高值均发生在 W12 点，为滏阳河与滹沱河交汇处。Chla 的最高值出现在 W5 与 S6，同时该两点 TP 含量也较高，均超过了国家地表水Ⅴ类 TP 水质标准，表现为一定的富营养化状态。

表 2-22　水体常规指标分布规律

采样点	DO/(mg/L)	pH	氨氮/(mg/L)	TP/(mg/L)	Cl^-/(mg/L)	TDS/(g/L)	Chla/(mg/m^2)
W1	12.99	8.51	0.21	0.01	23.39	0.51	10.5
W2	1.21	7.33	0.00	0.39	44.53	0.57	1.80
W3	13.80	8.29	0.07	0.24	27.38	0.58	10.6
W4	14.77	7.94	0.28	0.23	64.68	0.94	6.10
W5	5.90	7.59	0.18	0.47	92.87	1.12	43.8
W6	7.76	7.62	0.18	0.53	90.32	1.13	46.7
W7	13.79	8.22	0.07	0.01	4.84	0.36	1.80
W8	17.41	7.99	1.01	0.01	6.19	0.36	1.60
W9	0.44	7.36	0.32	2.70	172.40	1.55	23.5
W10	8.46	8.58	0.31	0.05	291.60	2.22	29.3
W11	3.46	6.51	0.04	1.53	689.40	3.44	22.8
W12	1.81	7.83	0.21	0.32	842.10	5.28	16.10
W13	0.48	6.51	1.12	0.23	314.60	4.77	8.10
W14	2.49	7.24	0.24	0.06	403.10	3.62	9.10
W15	1.94	7.18	0.21	0.08	364.00	2.32	11.30
W16	7.21	8.13	0.10	0.03	0.23	—	—

表 2-23　国家《地表水环境质量标准》（GB3838—2002）水质项目标准限值

（单位：mg/L）

项目	Ⅰ类	Ⅱ类	Ⅲ类	Ⅳ类	Ⅴ类
DO	7.5	6	5	3	2
NH_3	0.15	0.5	1.0	1.5	2.0
TP	0.02	0.1	0.2	0.3	0.4
COD	15	15	20	30	40

2.6.2 滏阳河水系重金属污染空间分布规律

对所有采样点水体中 10 种重金属进行了检测，其中 As 与 Hg 在所有采样点水体中均未检出。其他 8 种重金属的检测浓度见表 2-24。Cd 仅在 W1、W2、W4、W8、W10、W11、W13 7 个采样点有检出，但检出浓度均高于国家地表水 V 类标准限值。东武仕水库及其下游（W1、W2），朱庄水库下游（W8）中均有检出，前者可能是由水库及其周边地区水产养殖饲料带入的。同时，衡水市区内及衡水市下游（W10、W11）也有 Cd 检出，可能与城市电镀企业排污有关。Co 在 W9、W12~16 的 6 个采样点中有检出，且均远高于标准限值。其中在献县汇流处上下（W12、W13）检出浓度最高，同时在海河河口也有检出。Cr 的检出较为普遍，仅在 W3、W5~W7 与 W16 样点没有检出。检出的 Cr 浓度仅 W8（朱庄水库）低于国家地表水 V 类标准限值，其他均高于该标准值。Cr 的检出浓度最高点为 W13，是献县汇流处子牙新河段，其远高于汇流前滏阳河段（W12），因此猜测是滹沱河汇流带入了大量 Cr 进入水体中，这可能与滹沱河上游石家庄市的皮革生产有关。同时东武仕水库及其下游（W1、W2）Cr 浓度也较高，这可能与水产养殖有关，也可能是受到上游峰峰矿区影响。Cu 仅在 W9 点没有检出，在其他各点均有检出。Cu 在海河河口（W16）检出浓度低于国家地表水 V 类标准限值，最高浓度采样点为衡水市区（W10），高于标准限值 838 倍，在其他采样点均高出标准限值 1~10 倍。Cu 在衡水市区的高浓度应是由其市上游金属加工所引起的。Mn 在所有采样点均有检出，且均高于国家地表水 V 类标准限值（表 2-25）。其中浓度最低点为 W8，为朱庄水库下游，浓度最高点为周官屯采样点（W14、W15）。Mn 污染来源较为广泛，染料、橡胶、农药等生产均需要 Mn 作为原料，同时水体中的 Mn 含量较高可能是由沉积物搅动使得 Mn 再次进入水体所造成的。Ni 在 W2~W4、W7~W8 的 5 个采样点中没有检出，在其他各点检出浓度均高于标准限值。浓度最高点为 W9，最低点为 W16。环境中 Ni 污染的一种重要来源是钢铁冶炼，因此艾辛庄（W9）Ni 的高浓度可能来源于上游邢台市的钢铁产业废水。Pb 在 W3、W5~W10、W14~W15 采样点中均没有检出。其最高浓度出现在衡水市下游（W11），这可能与衡水市的金属制造业有关。同时，汽油燃烧产生大量的 Pb 可能随合流制雨污管网排放进入水体环境中。其他各点浓度高出国家地表水 V 类标准限值 4~17 倍。Zn 在所有采样点均有检出，其最高浓度出现在献县汇流处子牙新河段（W13），其值远高于献县汇流前滏阳河段（W12），这可能是由滹沱河汇入所带入。艾辛庄、朱庄水库及其下游以及海河河口（W9、W7、W8、W16）Zn 检出浓度最低。

表 2-24 水体中 8 种重金属的检测浓度　　　　（单位：mg/L）

采样点	Cd	Co	Cr	Cu	Mn	Ni	Pb	Zn
W1	0.69	ND	11.45	1.35	89.55	4.82	5.69	424.58
W2	0.25	ND	12.75	3.18	146.08	ND	7.43	27.49
W3	ND	ND	ND	4.28	43.09	ND	ND	22.62

续表

采样点	Cd	Co	Cr	Cu	Mn	Ni	Pb	Zn
W4	0.13	ND	1.22	4.01	76.87	ND	4.43	189.33
W5	ND	ND	ND	7.86	177.71	4.10	ND	307.29
W6	ND	ND	ND	3.2	157.54	3.56	ND	27.22
W7	ND	ND	ND	1.41	30.66	ND	ND	2.85
W8	0.10	ND	0.57	1.47	3.91	ND	ND	2.95
W9	ND	3.23	4.8	ND	60.56	32.79	ND	2.00
W10	0.16	ND	1.61	838.96	223.04	7.09	ND	17.36
W11	0.10	ND	6.61	1.14	274.75	4.41	61.58	86.65
W12	ND	4.76	10.44	6.86	246.01	14.12	7.77	322.44
W13	0.11	6.24	21.83	10.70	466.90	18.59	16.99	2404.67
W14	ND	4.07	6.82	1.85	530.38	12.69	ND	31.18
W15	ND	3.86	1.73	2.50	521.85	14.94	ND	32.79
W16	ND	0.20	ND	0.57	19.90	0.86	6.84	2.53

表 2-25 国家《地表水环境质量标准》（GB3838—2002）重金属项目 V 类标准限值

（单位：mg/L）

重金属	Cd	Co	Cr	Cu	Mn	Ni	Pb	Zn
标准值	0.11	0.005	1.0	1.0	0.1	0.02	1.0	2.0

注：Co 与 Ni 参照欧盟水质检测标准。

综上所述，在水体 16 个采样点中，W10 受 Cu 污染最为严重，W14、W15 受 Mn 影响最为严重，W11 受 Pb 污染最为严重，W9 受 Ni 污染最为严重，W13 受 Zn 污染最为严重。

沉积物样品中 10 种重金属只有 Hg 在所有采样点均未检出，其他 9 种重金属检测浓度见表 2-26。9 种重金属在所有采样点均有检出。As 的浓度变化范围为 5.48～25.65μg/g，对比采样点分布的土壤背景值，有 S4～S7、S9～S11、S13 中 8 个采样点超出背景值。其中艾辛庄（S7）检出浓度最高，为背景值的 3.62 倍。其中衡水市下游两点（S8、S9）检出浓度相差 2.7 倍，这可能是由于闸坝拦截所造成的沉积作用。Cd 的浓度变化范围为 0.16～4.01μg/g，全部超出了所对应的土壤背景值。其中艾辛庄（S7）检出浓度最高，为背景值的 40 倍，并且远高于其他采样点。其他各采样点检出浓度为背景值的 1.5～7.8 倍，海河口（S14）检出浓度接近河口背景值。Co 的浓度变化范围为 11.37～24.54μg/g，略高出土壤背景值。其中最高浓度发生在艾辛庄（S7），约为背景值的 2.2 倍，其他各点接近于背景值，约为背景值的 1.01～1.78 倍，最低浓度采样点为 S10 与 S2。Cr 检出浓度分布范围为 36.00～635.69μg/g，与相应背景值比较各采样点除 S7 与 S14 以外均低于背景值。其中海河河口（S14）检出浓度为 64.37μg/g，略高于河口背景值（60μg/g）。艾辛庄（S7）为 Cr 检出浓度最高点，其浓度约为背景值的 9 倍，并远高于其他各点。Cu 浓度变化范围为 13.46~126.30μg/g，对比其土壤背景值，只有 S1、S8、S12、S13 低于背景值。其中最高浓度出现在莲花口（S4）与衡水市下游（S9），分别约为背景值的 6.3 倍与 5.7 倍。值得注意的是，其中衡水市下游两点（S8、S9）检出浓度相差 6.1 倍，这可能是由于闸坝拦截作用所造成沉积作用。Mn 的检出浓度变化范围为 269.39~594.06μg/g，超出背景值的采样点有 S6、S7 与 S14。其中浓度最高的采样点为朱庄水库（S6），海河河口 Mn 检出浓度也较高。Ni 的浓度变化范围为 16.74~78.36μg/g，对比相应背景值，只有 S4、S6、S7 和 S14 高于土壤背景值。其中艾辛庄（S7）Ni 浓度最高，约为背景值的 3 倍，其他三个采样点 Ni 浓度略高于背景值。Pb 浓度变化范围为 9.00~123.91μg/g，其中 S4、S7、S9 与 S14 点超出对应的土壤背景值。最高浓度采样点为艾辛庄（S7），约为背景值的 5 倍，同时衡水市下游（S9）Pb 浓度也较高，约为背景值的 4 倍。衡水市下游两点（S8、S9）检出浓度相差 8.4 倍，这也可能是由于闸坝拦截所造成的沉积作用。Zn 的浓度变化范围为 48.33~1325.73μg/g。各采样点中低于对应背景值的点为 S3、S6、S8、S12。其中朱庄水库（S6）与张庄桥（S3）属于上游较清洁河段，浓度最高采样点为艾辛庄（S7），约为背景值的 20 倍，其他采样点浓度为背景值的 1~14 倍。

表 2-26　沉积物中 9 种重金属检测浓度　　　（单位：μg/g）

采样点	As	Cd	Co	Cr	Cu	Mn	Ni	Pb	Zn
S1	6.83	0.29	11.47	40.25	17.36	269.39	16.74	17.49	76.51
S2	5.48	0.36	11.40	41.09	45.51	338.26	19.43	20.54	93.98
S3	6.11	0.23	11.80	36.00	26.18	340.47	15.14	11.40	57.71
S4	10.95	0.78	16.34	82.20	126.30	452.51	29.67	40.45	923.37
S5	9.70	0.47	14.47	61.39	52.76	366.52	24.49	23.25	350.84
S6	7.48	0.15	19.88	52.91	23.36	594.06	31.04	14.68	59.60
S7	25.65	4.01	24.54	635.69	69.00	490.03	78.36	123.91	1325.73
S8	5.89	0.17	11.81	38.94	18.79	365.11	17.51	10.40	52.59
S9	16.55	0.57	12.47	65.75	114.15	317.80	20.87	98.40	538.73
S10	5.94	0.25	11.37	40.98	44.89	376.24	18.43	24.40	148.10
S11	8.23	0.19	14.51	56.70	31.00	466.49	19.59	15.30	136.08
S12	6.95	0.16	12.04	38.85	13.46	362.54	18.90	9.00	48.33
S13	8.32	0.25	13.17	51.71	19.68	449.24	21.57	13.27	103.73
S14	9.19	0.18	12.35	64.37	25.59	578.49	28.12	26.52	79.88

综上所述，14 个沉积物采样点中艾辛庄（S7）重金属污染状况最为严重，其 As、Cd、Co、Cr、Ni、Pb、Zn 的检出浓度均为最高，并且高于土壤背景值数十倍。Cd 的污染状况较为普遍，在各采样点的浓度均高于土壤背景值。Cu、Mn、Ni、Pb、Zn 污染状况较

轻，只有个别采样点检出浓度高于土壤背景值（表2-27）。

表2-27 重金属元素的背景参考值　　　　　（单位：μg/g）

重金属	As	Cd	Co	Cr	Cu	Mn	Ni	Pb	Zn
山区与平原河流	7.09	—	11.2	—	—	482	26.8	—	—
湖泊/水库	—	0.1	—	70	20	—	—	25	66
河口	15	0.136	—	60	17.54	—	20	11.29	55.3

2.6.3　滏阳河多环芳烃与农药类污染空间分布规律

水体16个采样点中，4种滴滴涕与4种六六六农药全部没有检出，不同种类的多环芳烃全部有不同程度检出。由于水体样品中茚[1,2,3-cd]并芘与苯并[g,h,i]苝未检出，因此选取蒽/菲、荧蒽/芘系列作为多环芳烃源解析的指标。多环芳烃源解析方法：多环芳烃的来源可通过环境中母体多环芳烃不同种类的浓度比值来判断。为了避免不同种类多环芳烃的挥发性、溶解性和吸附性等物理化学方面的差异而造成的变化，因此通常选择分子量相同并且稳定性较高的多环芳烃母体作为源解析的分子标志物（Yunker et al.，2002）。常见的多环芳烃源解析方法由异构体蒽/菲系列、荧蒽/芘和茚[1,2,3-cd]并芘/苯并[g,h,i]苝系列。其中前者通常用于油类排放源以及燃烧源的断定，后两者用于石油燃烧源、木柴与煤燃烧源的断定，这是由于稳定性范围大的荧蒽/芘和茚[1,2,3-cd]并芘/苯并[g,h,i]苝系列能够更好地保存母体的原始信息（Budzinski et al.，1997；Luo et al.，2008）。

16个采样点中，3环（苊、芴、菲、蒽）与4环多环芳烃（荧蒽、芘、苯并[a]蒽）检出最为普遍，5环及以上没有检出。其中检出ΣPAHs浓度最高的是W11，其次为W2点，浓度也较高，海河河口（W16）ΣPAHs浓度最低。

对多环芳烃进行源解析发现，所有采样点均为菲/蒽<10，说明燃烧是造成多环芳烃污染的主要原因。海河河口（W16）荧蒽/(芘+荧蒽)<0.4，且菲/蒽<10，说明海河河口多环芳烃的主要来源是石油燃烧。海河河口临近天津港，内有船舶停靠，水上交通石油制品的燃烧应为河口多环芳烃存在的主要原因。东武仕水库（W1）与衡水市下游（W11）荧蒽/(芘+荧蒽)处在临界值0.5，且菲/蒽<10，表明其多环芳烃主要来源为石油以及煤、木材燃烧。东武仕水库上游为峰峰矿区，其煤矿开采及燃烧可能是东武仕水库多环芳烃存在的主要原因。而衡水市下游的高浓度多环芳烃可能来源于市内交通石油制品汽油的燃烧，随城市地表径流作为面源污染进入水体环境中，这与W11重金属的污染原因相一致。说明衡水市区的交通排放是其下游水体污染的重要原因。其他采样点均处在荧蒽/(芘+荧蒽)>0.4，且菲/蒽<10范围中，其多环芳烃的主要来源为煤炭与木材燃烧（表2-28）。

表 2-28　水体中多环芳烃的浓度分布　　　　　　　　　　（单位：μg/L）

采样点	萘	二氢苊	苊	芴	菲	蒽	荧蒽	芘	苯并[a]蒽	屈	∑PAHs
W1	1.16	0.14	0.14	0.36	1.33	0.14	0.24	0.24	0.011	ND	3.761
W2	1.42	ND	0.19	0.58	1.9	0.29	0.34	0.24	0.025	0.036	5.021
W3	1.04	ND	0.13	0.18	0.74	0.11	0.14	0.087	0.012	ND	2.439
W4	1.95	ND	0.14	0.32	0.96	0.13	0.23	0.14	0.015	ND	3.885
W5	2.19	ND	0.19	0.31	1.44	0.18	0.24	0.23	0.024	ND	4.804
W6	1.06	ND	0.11	ND	0.83	0.11	0.19	0.14	0.014	ND	2.454
W7	1.78	0.033	0.27	0.63	1.11	0.16	0.18	0.12	ND	ND	4.283
W8	1.65	ND	0.14	ND	0.94	0.13	0.21	0.17	0.011	ND	3.251
W9	1.32	ND	ND	0.29	0.92	0.12	0.19	0.14	ND	ND	2.980
W10	2.00	ND	0.12	0.23	0.84	0.11	0.15	0.093	0.013	ND	3.556
W11	4.47	ND	0.19	0.57	1.18	0.15	0.19	0.19	0.034	0.047	7.021
W12	1.7	ND	0.14	0.21	0.9	0.19	0.19	0.12	ND	ND	3.450
W13	1.17	ND	1.14	0.29	1.01	0.19	0.24	0.12	0.018	0.03	4.208
W14	1.6	ND	0.19	0.35	1.1	0.16	0.21	0.16	0.014	ND	3.784
W15	2.11	ND	0.18	0.16	0.78	0.16	0.19	0.095	0.01	ND	3.595
W16	0.10	ND	0.76	0.09	0.23	0.03	0.03	0.06	ND	ND	1.298

14 个沉积物采样点中，多环芳烃全部有不同程度的检出。其中 2 环多环芳烃有 6 个采样点未检出，其他各环所有采样点均有检出。其中 3 环与 4 环多环芳烃检出浓度最高。∑PAHs 最高浓度采样点为 S9，其次为 S7，海河河口（S14）沉积物中多环芳烃浓度也较高。沉积物中多环芳烃浓度要低于水体。

对沉积物中多环芳烃的来源进行解析。采用苯并[a]蒽/(苯并[a]蒽+屈) 与荧蒽（芘+荧蒽）两个系列作为源解析指数。一般情况下，当苯并[a]蒽/(苯并[a]蒽+屈)<0.35 时，认为多环芳烃污染由石油及其制品泄漏所导致，当苯并[a]蒽/(苯并[a]蒽+屈)>0.35 时，认为多环芳烃污染由石油燃烧、煤及木柴燃烧所导致。当荧蒽/(芘+荧蒽)<0.4 时，认为污染由石油及其制品泄漏所导致，当荧蒽/(芘+荧蒽)>0.5 时，认为污染由煤及木柴生物质燃烧等原因所导致（表2-29）。

表 2-29　沉积物中多环芳烃的浓度分布　　　　　　　　　　（单位：μg/L）

采样点	2 环	3 环	4 环	5 环	6 环	∑PAHs
S1	ND	1.055	0.707	0.233	0.071	1.856
S2	0.021	0.320	0.318	0.159	0.053	0.803
S3	ND	0.407	0.256	0.127	0.046	0.710
S4	0.069	0.744	0.877	0.506	0.190	2.289
S5	0.103	0.272	0.409	0.222	0.084	1.063

续表

采样点	2环	3环	4环	5环	6环	∑PAHs
S6	ND	0.120	0.027	0.016	0.006	0.142
S7	0.189	0.952	1.563	0.622	0.173	3.476
S8	0.055	0.278	0.214	0.109	0.037	0.628
S9	1.125	1.440	1.087	0.246	0.067	3.935
S10	0.022	0.088	0.069	0.027	0.008	0.212
S11	ND	0.664	0.023	0.020	0.005	0.455
S12	ND	0.212	0.009	0.013	0.004	0.153
S13	ND	0.216	0.075	0.057	0.018	0.305
S14	0.023	0.406	1.040	0.403	0.202	2.062

以此两个系列对沉积物中多环芳烃的来源解析结果表明，所有采样点荧蒽/(芘+荧蒽)均>0.5，此时只有S10点苯并[a]蒽/(苯并[a]蒽+䓛)<0.35，因此引起其多环芳烃污染的原因应为石油燃烧。其他所有采样点均处于荧蒽/(芘+荧蒽)均>0.5，苯并[a]蒽/(苯并[a]蒽+䓛)>0.35的范围内，因此其他各点多环芳烃的来源主要为煤及木质等生物质的燃烧。

对采样点沉积物样品进行了4种滴滴涕与4种六六六异构体农药类污染物的检测。结果为所有六六六类农药在所有采样点均未检出，三种滴滴涕类农药（PP′-DDE、PP′-DDD、PP′-DDT）在S2、S4、S8与S9采样点中有检出。其中东武仕水库下游（S2）与莲花口（S4）均属于农业区域，可能有滴滴涕类农药施用残留。衡水市下游两个采样点（S8、S9）沉积物中也有滴滴涕类农药残留（表2-30）。

表2-30 沉积物中滴滴涕的浓度分布 （单位：μg/L）

采样点	PP′-DDE	PP′-DDD	OP′-DDT	PP′-DDT
S1	ND	ND	ND	ND
S2	0.034	0.1	ND	0.018
S3	ND	ND	ND	ND
S4	0.019	0.015	ND	0.014
S5	ND	ND	ND	ND
S6	ND	ND	ND	ND
S7	ND	ND	ND	ND
S8	0.002	0.006	ND	0.008
S9	0.012	0.041	ND	0.035
S10	ND	ND	ND	ND
S11	ND	ND	ND	ND
S12	ND	ND	ND	ND
S13	ND	ND	ND	ND
S14	ND	ND	ND	ND

2.6.4 滏阳河水系环境激素类污染物空间分布规律

研究选取了雌激素活性较高与环境中检出浓度较高的 4 种天然及人工合成雌激素与 2 种化学品作为目标污染物进行了检测。结果表明，6 种环境激素类污染物在 16 个水体样品中均有不同程度的检出。其中以壬基酚（NP）与双酚 A（BPA）的检出浓度较高，雌酮（E1）与雌二醇（E2）的检出浓度较低，乙烯雌酚（DES）的检出频率最低，这与其他相关研究的结果较为一致。NP 检出浓度最高的采样点为衡水市下游（W11），其次东武仕水库下游（W2）浓度也较高。壬基酚被广泛应用于表面活性剂、洗涤剂、乳化剂、造纸助剂及纺织印染等领域。对于 W11 与 W10 两点，NP 在衡水市区内未检出，而且衡水市区下游有较高浓度的检出，说明衡水市区居民生活与化工工业对 NP 造成的影响较大。另外东武仕水库下游 NP 检出浓度较高可能是由附近工业废水排放所造成的。BPA 的浓度范围为 ND～57.18ng/L，其中浓度最高点为献县汇流处滏阳河段（W12），同时衡水市下游（W11）、艾辛庄（W9）与周官屯（W15）的 BPA 检出浓度也较高。双酚 A 是一种重要的有机化工原料，主要用于各种树脂材料的生产，同时也用于增塑剂、阻燃剂、农药与涂料等化工产品的生产。己烯雌酚（DES）是人工合成的非甾体雌激素物质，能产生与天然雌二醇相同的所有药理与治疗作用，其在环境中的来源主要为服用药物的人代谢后随生活污水的排放。研究区域中 DES 检出频率很低，只有在衡水市下游（W11）有检出。由于 W11 采样点紧靠近市区，因此可认为是衡水市区生活污水所带入。EE2 的检出浓度要高于另外两种天然雌激素，浓度最高点为周官屯（W15），E1 与 E2 的检出浓度低于 1ng/L。EE2、E2、E1 在东武仕水库均有检出，这可能是东武仕水库内水产养殖饲料及用药所致。另外艾辛庄、衡水市下游、东武仕水库下游、献县汇流处上下、周官屯采样点环境激素类污染物的检出频率也较高（表 2-31）。

表 2-31 水体中环境激素类污染物的浓度分布 （单位：ng/L）

采样点	NP	BPA	DES	EE2	E2	E1
W1	7.25	5.15	ND	1.02	0.11	0.16
W2	11.27	4.50	ND	5.11	ND	0.10
W3	5.99	ND	ND	ND	0.31	ND
W4	6.90	6.50	ND	ND	0.13	0.29
W5	ND	8.40	ND	9.26	0.28	0.36
W6	ND	5.46	ND	1.81	ND	ND
W7	1.23	ND	ND	ND	0.01	ND
W8	2.26	ND	ND	1.54	0.40	0.53
W9	4.30	30.79	ND	14.33	0.44	0.02
W10	ND	0.45	ND	1.12	0.20	0.35

续表

采样点	NP	BPA	DES	EE2	E2	E1
W11	16.87	43.93	5.00	ND	0.09	ND
W12	ND	57.18	ND	ND	0.13	0.15
W13	3.16	7.17	ND	7.49	0.16	0.28
W14	0.88	ND	ND	4.43	0.13	0.03
W15	6.60	25.85	ND	44.90	ND	0.39
W16	5.42	8.28	ND	6.77	ND	ND

6种环境激素类污染物在14个沉积物样品中均有不同程度的检出。检出浓度同样以NP与BPA最，E1与E2的检出浓度较低，乙烯雌酚（DES）的检出频率最低。NP检出浓度为ND~105.24ng/L，其中浓度最高的采样点为衡水市下游（S9，S8），其次为海河河口（S4）。NP在沉积物中的检出规律与水体较为相符，不同的是海河河口的高浓度检出。BPA的浓度范围为ND~103.77ng/L，浓度最高的点为献县汇流处滏阳河段（S10），其次在衡水市下游（S9，S8）与海河河口（S14）BPA的检出浓度也较高。DES只在东武仕电站桥（S2）、献县汇流处（滏阳河段）（S10）与周官屯（S13）有检出，且浓度较低。EE2的检出浓度范围为ND~90.22ng/L，浓度最高点为周官屯（S13）。E2与E1的浓度范围分别为ND~15.44ng/L与ND~10.22ng/L，最高浓度采样点分别为献县汇流处子牙新河段（S10）与东武仕水库下游（S2）。14个沉积物采样点中，朱庄水库（S6）6中环境激素类污染物均未检出，这与其水体中环境激素的浓度有所差异，这可能是由于其沉积物的砂质特性所造成的，其对有机物的吸附性较差（表2-32）。

表2-32 沉积物中环境激素类污染物的空间分布　　　（单位：ng/L）

采样点	NP	BPA	DES	EE2	E2	E1
S1	12.58	8.15	ND	ND	1.01	5.16
S2	21.45	10.45	6.91	7.67	9.72	10.22
S3	13.41	2.24	ND	1.11	3.54	2.57
S4	4.29	5.99	ND	1.02	0.87	2.34
S5	12.41	2.49	ND	1.61	0.92	2.90
S6	ND	ND	ND	ND	ND	ND
S7	9.72	70.90	ND	0.94	1.03	1.97
S8	94.57	62.31	ND	2.9	3.31	1.59
S9	105.24	88.53	ND	5.09	5.28	9.89
S10	5.16	103.77	3.83	ND	1.43	2.95
S11	39.5	8.11	ND	ND	15.44	7.7
S12	3.16	5.54	ND	7.61	1.44	1.06
S13	15.59	60.23	5.68	90.22	1.28	2.11
S14	52.36	46.05	ND	0.93	0.71	1.03

2.7 小　　结

本章分别从流域、典型生态单元、水系-河段的尺度介绍了不同尺度下污染物的时空变化规律。在流域尺度上，PAHs是优势特征污染物；无机污染物以重金属为典型污染物。在海河流域中重金属的平均含量符合地表水环境质量标准Ⅰ类~Ⅲ类，其中Zn和Cd属于Ⅰ类；Pb除西大洋水库外，均属Ⅰ类；Cu的平均含量在Ⅰ类~Ⅱ类，即为无污染到中度污染。对于PAHs含量在不同生态单元存在显著差异；作为流域汇水系统的水库（平均值1048.9ng/g）和湿地沉积物中PAHs含量高于河流。

在典型生态单元——河口中，重金属并无明显的空间差异，海河流域各河口沉积物中重金属污染水平稍低于珠江口，高于长江口；PAHs的含量漳卫新河河口>滦河河口>海河河口，与国内其他河口相比，滦河河口、海河河口、漳卫新河河口均普遍高于国内外河口水体中多环芳烃的浓度，仅低于大亚湾的污染水平。

在典型水系中，Hg是滦河水系主要污染物质，Pb是潘家口水库库区的主要污染物质，应作为优先控制目标。沉积物中PAHs的含量略高于岸边土壤，污染比较严重的样点主要集中在中下游地区，这个分布特征与滦河流域城市的分布特征一致。

典型河段中，Cd的污染状况较为普遍，在各采样点的浓度均高于土壤背景值，Cu、Mn、Ni、Pb、Zn污染状况较轻，只有个别采样点检出浓度高于土壤背景值；六六六类农药在所有采样点均未检出，三种滴滴涕类农药（PP′-DDE、PP′-DDD、PP′-DDT）在少数采样点中有检出；6种环境激素类污染物在14个沉积物样品中均有不同程度的检出，检出浓度同样以NP与BPA为最。

第 3 章 鱼类种群对复合污染的生态效应

依据流域特征污染物的时空分布规律，仅根据常规污染物和典型污染物浓度无法反映对生态系统的影响，基于生物毒性测试的水生态毒理方法在定量评估生态系统对复合污染及人为干扰的响应中具有明显的优势。鱼类种群处于水生态系统中的食物网顶端，其对污染物的生物放大效应和富集效应更为明显，因此本章选取了鱼类作为评估生态效应的目标种群，分别从抗氧化系统、神经系统和污染代谢系统的酶活性指标，分析了鱼类种群对于复合污染的生态效应。

3.1 环境模拟设计

近些年来，鱼类急性、毒性实验已经涉及了多种鱼类及多种有毒物质。对鱼类的生物毒性研究也可以从不同组织水平来实现，从分子水平上面的检测指示生物 DNA 损伤、各种酶活性变化；细胞水平上监测各种细胞器的变化；组织水平上的各种生理变化、身体发育畸形等；指示生物个体水平上，包括个体生长、繁殖、存活率的变化以及行为变化的监测；种群水平上来说，主要监测种群结构、种群多样性以及群落的稳定性和各结构的变化。目前以鱼类为指示生物对其不同生命指标开展毒性研究进展如表 3-1 中所列。鱼类常用的生物指示物包括：I 相代谢酶，如细胞色素 P450 与 EROD 活性；生殖过程相关参数，如血浆 VTG 浓度以及基因毒性表达等，这些分子水平指标会在污染物为浓度为 μg/L 级别下发生响应（表 3-1）。

表 3-1 鱼类指示生物及生物指示物

污染物	指示生物	生物指示物	毒理数据
甲草胺、阿特拉津	鲫鱼（Carassius auratus）	肝脏和精巢生长；GSH、GST、UDPGT 活性；血清性激素、卵黄蛋白原；血液总 DNA；淋巴细胞生长活性	甲草胺处理组 VTG 在 250μg/L 处理组达到最大值 1843.23ng/ml；阿特拉津对 VTG 诱导能力较小（伊雄海，2008）
NP	鲫鱼（Carassius auratus）	CAT、SOD、GST	壬基酚对鲤鱼的致死阈值浓度为 0.63mg/L；1/6 LC_{50} 开始抑制酶活性（Costa et al.，2011）
E1、E2、EE2、OP、NP、BPA	金鱼（Carassius auratus auratus）	血清 VTG、GST、GSH、EROD	暴露 28d 时 VTG 含量约为对照组的 3.625 倍；GSH 含量约为对照组的 71.43%；EROD 活性约为对照组的 1.4 倍；GST 活性约为对照组的 3.2 倍

续表

污染物	指示生物	生物指示物	毒理数据
E2、EE2、OP、BPA	鲫鱼 (*Carassius auratus*)	雄鱼血浆 VTG（不同污染物配比）	E2、EE2 在 0.01～0.03μg/L 时即可引起 VTG 的显著变化；OP 为 20μg/L；BPA 为 100μg/L

对比鱼类不同水平下的生物指示物的响应灵敏性，以酶活性为代表的分子水平指标的灵敏性最高。结合其他新型污染物，多环芳烃与多氯联苯的生物标志物主要包括：①混合功能氧化酶（MFO）——与细胞色素 P450（CYP1A1）相关的混合功能氧化酶活性，如 7-羟乙基试卤灵正脱乙基酶（EROD）；②谷肽甘肽转移酶（GSTs）；③超氧化物歧化酶（SOD）和谷胱甘肽过氧化酶（GPx）；④DNA 加合物；⑤代谢产物（陈琪，2007）。在上述各类指示生物中，由于生物体内的抗氧化酶体系对污染物胁迫十分敏感，其活性变化可以为污染物胁迫下的机体氧化应激提供敏感信息，因此抗氧化酶常被用作指示环境污染的早期预警，从而成为分子生态毒理学生物标志物的研究热点之一（李江玲，2010；刘海芳和王凡，2009）。

3.1.1 方案设计

1）暴露浓度：每个采样点水样设置两个浓度组，高浓度组使用未经稀释的水样，低浓度组依据污染物浓度分析结果进行稀释。

2）流量梯度：设置试验流量梯度为 12L/min（A）、24L/min（B）、36L/min（C）、48L/min（D）（即 $0.0002m^3/s$、$0.0004m^3/s$、$0.0006m^3/s$、$0.0008m^3/s$）。过水断面面积为 $0.001m^2$，因此流速梯度分别为 $0.01m^3/s$、$0.02m^3/s$、$0.03m^3/s$、$0.04m^3/s$。

3）对照实验：对照试验包括流量对照和浓度对照两组。浓度对照组采用事先准备的自来水（无污染，阳光下放置 48h 以达到除氯的效果）于 12L/min、24L/min、36L/min、48L/min 流量下进行暴露；流速对照组即静水实验（0L/min）（对应编号 O）。

4）鱼类暴露：所有鱼类在实验室环境下驯养一周，选择正常生活的作为试验样品。

将各缸依据暴露浓度加入水样至水深 10cm，打开水泵调节流量。为保持鱼缸中全过程使用小型氧气泵进行暴氧，将缸内溶解氧控制在 5.00～7.00ppm[①]。每组 10 条鱼类样品，于暴露前测定每条鱼的体长和体重。暴露过程中每日 9 点从缸内抽出 1/3 水样，加入新鲜水样至 20L，并于 14 点测定水温及溶解氧水平，观察记录鱼类游动情况。暴露 7d 结束时统计全部样品体长和体重，随机捞取 4 条制备脑组织和内脏组织匀浆待测，剩余样品继续暴露。暴露 14d 完成后，统计剩余体长和体重，制备脑和内脏组织匀浆，测定组织蛋白含量、过氧化氢酶（CAT）、超氧化物歧化酶（SOD）、乙酰胆碱酯酶（AChE）、谷胱甘肽-S-转移酶（GSTs）和细胞色素（EROD）活力水平。

---

① $1ppm = 1×10^{-6} mg/L$。

3.1.2 实验装置

研究区内水资源较为缺乏，空间和时间分布不均匀，河道断流、干涸现象较为普遍，流量流速小，因此在设计装置过程中选择小流量流速。

为实现试验设计目标，设计制作流量控制装置如图 3-1 和图 3-2 所示。

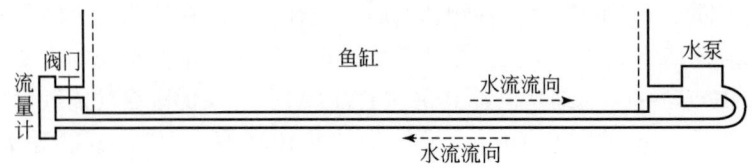

图 3-1　装置示意图

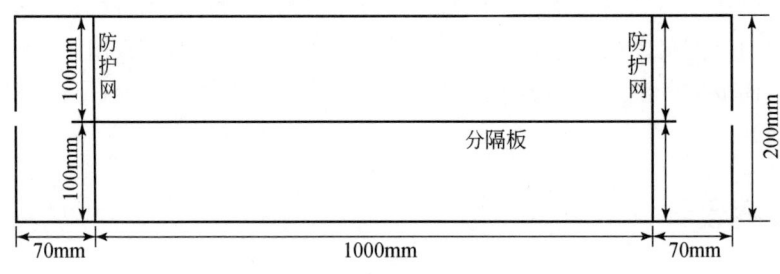

图 3-2　鱼缸俯视图

装置由三部分构成：鱼缸部分、流量控制装置和流量观测装置，主要参数见表 3-2。

表 3-2　装置主要参数

组别	流速/(m/s)	设计流量/(L/min)	水泵功率/W	流量计量程/(L/min)
a	0	0	无	无
b	0.01	12	2400	18
c	0.02	24	3600	36
d	0.03	36	3600	72
e	0.04	48	3600	72

鱼缸部分采用有机玻璃（7mm）为材料，大小为 114cm×20cm×20cm（均指内径尺寸）。两端 7cm 处放置塑料材质的安全网，一方面实现布水作用，另一方面保护实验中鱼不会进入管道。鱼缸正中间沿纵向添加有机玻璃隔板，将缸内隔成两个水槽部分，以进行平行试验。

流量控制通过可调速微型水泵实现，包括水泵，变压器和开关。设计流量≤24L/min 组采用单泵控制，大于 24L/min 组采用双泵并联控制。

流量观测依靠不同量程的 LZB 转子流量计实现，可以实时读取流量。搭配阀门控制水流大小。

用水管将三部分连接，实现流速控制和用水的循环。实际装置如图 3-3 所示。

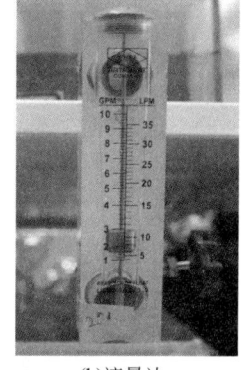

(a)装置整体　　　　　　　　　(b)流量计

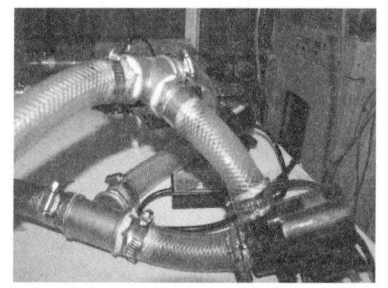

(c)并联双泵　　　　　　　　　(d)单泵及电源

图 3-3　实验装置（张婧摄于 2012 年 11 月）

3.1.3　样品采集

采样分两次进行，分别为 2012 年 11 月牛尾河采样和 2012 年 12 月海河河口采样。水样采集后当天运回实验室冷冻储存备用。污染物化学分析指标见表 3-3。

表 3-3　采样点水体污染化学分析指标

常规污染指标	多环芳烃（16 类）	重金属（8 类）
盐度、DO、pH、浊度、Chla、TP、TN	萘（Nap）、苊（Acy）、二氢苊（Ace）、芴（Fl）、菲（Phe）、蒽（Ant）、荧蒽（Fla）、芘（Pyr）、苯并［a］蒽（BaA）、䓛（Chr）、苯并［b］荧蒽（BbF）、苯并［k］荧蒽（BkF）、苯并［a］芘（BaP）、二苯并［a,h］蒽（DabA）、茚并［1, 2, 3-cd］芘（InP）、苯并［g,h,i］苝（BghiP）	Cd、Mn、Cr、Cu、Co、Zn、Pb、Ni

3.1.4　鱼类及暴露浓度筛选

（1）鱼类筛选

依据刘修业等（1981）的调查，海河流域共有鱼类 18 科 45 种，以鲤形目鲤科为主。

而由于流域生态恶化，野生鱼类种群退化严重，目前以人工放养为主。因此选择标准方法中稀有鮈鲫和水系内广泛用于人工放养的锦鲤两类作为备选鱼类。

稀有鮈鲫（rare gudgeon），拉丁学名为 *Gobiocypris rarus*，辐鳍鱼纲鲤形目鲤科鮈鲫属，俗称金白娘、墨线鱼。体型小，多栖于微流水环境，能在较为浑浊的水体中生活。饲养较为容易，广泛用于生物、毒理学实验研究。

锦鲤（cryprinus carpiod），拉丁学名为 *Cyprinus carpio*，辐鳍鱼纲鲤形目鲤科鲤属。性温和，易饲养，对环境的适应性强，较为常见。本实验中所有锦鲤购自中蔬大森林花卉市场，一月龄，体长6.0~7.5cm，体重3.00~4.50g。

预实验采样自来水暴露，每个流速组放入分别20条稀有鮈鲫和20条锦鲤观察。稀有鮈鲫各组自暴露开始后30min开始出现死亡，暴露2h，48L/min组全部死亡，暴露4h，12L/min组全部死亡。锦鲤各组暴露48h未见死亡发生。因此，选择锦鲤作为实验用鱼类。

（2）暴露浓度选择

暴露浓度经预实验选择，水样采集回实验室后将驯养一周的鱼放入静水中饲养一周，观察死亡情况。

牛尾河采样点水样饲养组锦鲤均正常存活，因此选择用原浓度样品作为高浓度污染物组进行试验。设置两组浓度，高浓度组（NH）采用未经稀释的水样进行暴露；低浓度组（NL）将水样稀释至30%（TP含量达到地表水Ⅲ类标准）进行暴露。水样解冻后放至室温使用。

由于海河闸采样点位于河口附近，盐度较高，原浓度饲养组在放入后4h之内全部死亡，因此将水样逐步稀释，至32%时锦鲤没有死亡情况发生，故选择此浓度作为试验浓度。高浓度组（HH）将水样稀释至32%，低浓度组（HL）将水样稀释至8%（TN含量达到地表水Ⅲ类标准）进行试验。水样解冻后放至室温使用。

3.2　指标测定方法

3.2.1　水体污染指标测定方法

盐度、DO、pH、浊度和Chla使用多参数水质监测仪（YSI6600V2）于原位监测。

TP、TN：采样水器采集表层水样，加浓硫酸酸化至pH≤2，使用1L玻璃瓶保存，放入装有冰块的保温箱中运回，实验室4℃保存，在24h内测定。

多环芳烃：每个采样点采集4L水样，0.45μm玻璃纤维滤膜现场过滤，使用棕色玻璃瓶保存，入装有冰块的保温箱中运回实验室，并于4℃保存。根据美国环境保护署（USEPA）方法525进行质量控制和保证（SW-846，USEPA，1986），萃取和浓缩后用气象色谱-质谱联用仪（GC/MS）16种多环芳烃进行定量分析。

重金属：有机玻璃采水器采集水样，现场使用0.45μm玻璃纤维滤膜过滤，然后使用浓硝酸酸化，将pH调至2以下，用1L聚四氟乙烯塑料瓶密封保存，运回实验室后4℃保存，用等离子质谱仪（ICP-MS）测定。

3.2.2 鱼类暴露指标测定方法

(1) 组织匀浆制备

取样品脑组织块和内脏组织块（0.2~1.0g）在冰冷的生理盐水中漂洗，除去血液，滤纸拭干后称重，放入小烧杯。按质量（g）：体积（ml）=1:9的比例，取9倍体积的生理盐水作为匀浆介质。将2/3的匀浆介质倒入小烧杯，用小剪刀将组织块快速剪碎，转移至玻璃匀浆管。再将剩余1/3的匀浆介质倒入玻璃匀浆管，与组织块一起进行手工匀浆。上下研磨数十次（6~8min），充分研碎使组织匀浆化。全过程在冰浴条件下进行。制备好的10%匀浆用普通离心机在2500r/min下离心10min，取上清液（-20℃）储存备用。

(2) 组织蛋白测定

各类酶活性的表达均以组织匀浆内蛋白含量为单位，因此在进行酶活性测定时需要先测定组织蛋白浓度。本研究采用北京天恩泽基因科技有限公司生产的 Bradford 法蛋白定量试剂盒（Bradford protein assay kit）测定。

Bradford 法测定蛋白质浓度是最为常用的蛋白检测方法之一，在酸性条件下，考马斯亮蓝（Coomassie G-250）染料能与蛋白质结合形成复合物，其最大吸光值也由465nm转移到595nm，通过颜色的强弱测定蛋白质浓度的高低。

使用试剂盒提供的蛋白样品绘制标准曲线，如下

$$y = 0.5813e^{0.0006x} \quad (R^2 = 0.9927) \qquad (3-1)$$

式中，y 为蛋白质浓度（μg/ml）；x 为吸光度。

(3) 过氧化氢酶

过氧化氢酶（hydrogen peroxidase），又称酶触（catalase，CAT），广泛存在于动植物和微生物体内，是一种末端氧化酶。它以氧化氢为底物，通过催化对一对电子的转移而最终将其分解为水和氧气（张坤生，2007）。该酶是生物演化过程中建立起来的生物防御系统的关键酶之一，其生物学功能是参与活性氧代谢过程，催化细胞内过氧化氢的分解，防止过氧化，在清除超氧自由基、H_2O_2 和过氧化物以及组织或减少羟基自由基形成等方面发挥重要作用（刘灵芝，2009）。研究表明，动物肝脏、红细胞内都含有大量的 CAT。

研究中采用南京建成生物工程研究所研制生产的过氧化氢酶测定试剂盒（A007-2 可见光法）测定。测定原理为过 CAT 分解 H_2O_2 的反应可通过加入钼酸铵而迅速终止，剩余的 H_2O_2 与钼酸铵作用产生一种淡黄色的络合物，在405nm处测定其生成量，可以计算出 CAT 的活性。

将制备好的组织匀浆样本按照试剂盒说明书操作后，使用紫外分光光度计0.5cm 光径，405nm下测定吸光度。

CAT 活性单位的定义为每毫克组织蛋白每秒钟分解 $1\mu mol\ H_2O_2$ 的量，称为一个活力单位。组织样品中 CAT 活性的计算公式如下

$$\text{组织中 CAT 活性}(U/mgprot) = (\text{对照 OD} - \text{测定 OD}) \times 271 \\ \times \frac{1}{60 \times \text{取样量}} \div \text{待测样本蛋白浓度}(mgprot/ml) \qquad (3-2)$$

式中，271 为斜率的倒数；OD 表示吸光值，下同。

(4) 超氧化物歧化酶

超氧化物歧化酶（superoxide dismutase，SOD）是一种新型酶制剂，作用底物为超氧阴离子自由基 O_2^-，可将其催化歧化为氧气和过氧化氢，在保护生物细胞免受超氧自由基和由其形成的活性氧类的毒害方面起重要作用（刘灵芝，2009），与 CAT 和过氧化物酶（POD）共同组成了生物体内活性氧防御系统。SOD 主要存在于生物体内的胞液和线粒体基质中。

研究中采用南京建成生物工程研究所研制生产的超氧化物歧化酶（SOD）测定试剂盒（A004 GST）测定。

将制备好的组织匀浆样本按照试剂盒说明书操作，将样品及试剂加入 96 孔透明微板孔中，使用多功能酶标仪（infinite M400）在 450nm 波长下读数。

超氧化物歧化酶活力单位定义为在反应体系中 SOD 抑制率达 50% 时所对应的酶量，称为一个 SOD 活力单位（U）。

组织样本 SOD 抑制率计算公式如下

$$SOD\ 抑制率(\%) = \frac{(A_{对照} - A_{对照空白}) - (A_{测定} - A_{测定空白})}{(A_{对照} - A_{对照空白})} \times 100\% \quad (3-3)$$

式中，$A_{对照}$ 为对照组中 SOD 活力；$A_{对照空白}$ 为对照空白组中 SOD 活力；$A_{测定}$ 为测定组 SOD 活力；$A_{测定空白}$ 为测定空白组中 SOD 活力。

SOD 活性计算公式如下

$$SOD\ 活性(U/mgprot) = SOD\ 抑制率 \div 50\% \times 反应体系稀释倍数(12)$$
$$\div 待测样本蛋白浓度(mgprot/ml) \quad (3-4)$$

(5) 乙酰胆碱酯酶（AChE）

乙酰胆碱酯酶是胆碱能神经递质乙酰胆碱的水解酶，直接参与植物神经功能调节、肌肉运动、大脑思维、记忆等重要功能。乙酰胆碱酯酶活性改变时，以上各种组织器官功能也会改变，是一个经典的毒理学指标（卢斌等，2012）。另外，有机磷农药是乙酰胆碱酯酶的特异性抑制物，它通过各种途径进入机体后可抑制乙酰胆碱酯酶活性（王晶等，2007）。

研究中采用南京建成生物工程研究所研制生产的乙酰胆碱酯酶（AChE）测定试剂盒（A024 50T/24 样）测定。测定原理为乙酰胆碱酯酶（true choline esterase）水解乙酰胆碱生成胆碱及乙酸，胆碱可以与巯基显色剂反应生成 TNB（对称三硝基甲苯，sym-trinitrobenzene）黄色化合物，根据颜色深浅进行比色定量，水解产物胆碱的数量可反映胆碱酯酶的活力。

将制备好的组织匀浆样本按照试剂盒说明书操作后，使用紫外分光光度计 0.5cm 光径，412nm 下测定吸光度。

AChE 活性单位定义为每毫克组织蛋白在 37℃ 保温 6min，水解反应体系中 1μmol 基质为 1 个活力单位。计算公式如下

$$AChE\ 活性(U/mgprot) = \frac{测定\ OD\ 值 - 对照\ OD\ 值}{标准\ OD\ 值 - 空白\ OD\ 值} \times 标准品浓度(1\mu mol/ml)$$
$$\div 待测样本蛋白浓度(mgprot/ml) \quad (3-5)$$

（6）谷胱甘肽 S-转移酶

谷胱甘肽 S-转移酶（glutathione S-transferase，GST）是一类与肝脏解毒有关的酶，在干细胞中存在量很大，所以当肝细胞受损害时，GSH-ST 常常很早释放到血中，血中 GSH-ST 的升高常常早于谷丙转氨酶（SGPT）和谷草转氨酶（SGOT），因而 GSH-ST 的升高可作为肝脏损伤的敏感指标（聂立红等，2000）。谷胱甘肽 S-转移酶广泛存在于哺乳动物各组织中，催化谷胱甘肽（GSH）与化学物质的亲电子集团结合，最终形成硫醚氨酸排出体外，在体内解毒功能上起重要作用（杨海灵等，2006）。GSH-ST 具有消除体内过氧化物及解毒双重功能。

研究中采用南京建成生物工程研究所研制生产的谷胱甘肽 S-转移酶测定试剂盒（A004 GST）测定。测定原理如下

$$\text{谷胱甘肽} + 1\text{-氯-}2,4\text{-二硝基苯} \xrightarrow{\text{GST}} \text{谷胱甘肽二硝基苯复合物} + \text{盐酸}$$
$$[GSH + C_6H_3(NO_2)_2Cl] \quad C_6H_3(NO_2)_2GS + H^+ + Cl^-$$

GST 具有催化还原型谷胱甘肽（GSH）与 1-氯-2,4-二硝基苯（CDNB 底物）结合的能力，在一定反应时间内，其活性高低与反应前后底物浓度的变化呈线性关系。通过检测 GSH 浓度的高低来反映 GST 活性的大小，GSH（底物）浓度降低越多则 GST 活性越大。

将制备好的组织匀浆样本按照试剂盒说明书操作后，使用紫外分光光度计 1cm 光径，412nm 下测定吸光度。

谷胱甘肽 S-转移酶活力单位定义为每毫克组织蛋白，在 37℃ 反应 1min 扣除非酶促反应，使反应体系中 GSH 浓度降低 1μmol/L 为一个酶活力单位。计算公式如下

$$\text{GST 活力}(U/\text{mgprot}) = \frac{\text{对照 OD 值} - \text{测定 OD 值}}{\text{标准 OD 值} - \text{空白 OD 值}} \times \text{标准品浓度}(20\mu\text{mol/ml})$$
$$\times \text{反应体系稀释倍数}(6) \div \text{反应时间}(10\text{min})$$
$$\div [\text{样本取样量}(0.1\text{ml} \times \text{匀浆液蛋白浓度}(\text{mgprot/ml})]$$

(3-6)

式中，OD 表示吸光值。

（7）细胞色素

乙氧基异吩噁唑脱乙基酶（EROD）属细胞色素 P450 亚酶 1A1 的一族。细胞色素 P450 亚酶 1A1，简称 CYP1A1，又称芳香族碳氢化合物加烃基酶（aryl hydrocarbon hydroylase，AHH）是肝细胞微粒体混合功能氧化酶系统的组成之一。作用是参与体内外源化合物，包括药物、致癌剂、化学污染物的氧化代谢，即单加氧化作用和羟化作用。污染物对 EROD 酶的诱导可以作为评价环境污染状况最灵敏的生物学指标（吴伟等，2006）。

研究中采用上海杰美因医药科技有限公司生产的 GENMED 细胞色素 P450 亚酶 1A1 活性荧光定量检测试剂盒（A004 glutathione S-transferase）测定。乙氧基异吩噁唑脱乙基酶（7-ethoxyresorufin O-deacylase，EROD）的活性是细胞色素 P450 亚酶 1A1 的诊断标记，其基于 EROD 选择性催化细胞色素 P450 亚酶 1A1 的活性。乙氧基异吩噁唑（7-ethoxyresorufin）在乙氧基异吩噁唑脱乙基酶的催化下，转化为烃基吩噁唑酮（resorufin）后荧光峰值的变化（激发波长 530nm，散发波长 590nm），来测定定量细胞色素 P450 亚酶

1A1 的活性。乙氧基异吩噁唑脱乙基酶反应系统为

$$\text{乙氧基异吩噁唑酮} \xrightarrow{\text{乙基酶}} \text{羟基异吩噁唑酮} + \text{NADP}^+$$

使用试剂盒提供的标准羟基异吩噁唑酮配制并绘制标准曲线为

$$y = 0.0903x + 1.0741 \quad (R^2 = 0.9999) \tag{3-7}$$

将制备好的组织匀浆样本再次在 8000r/min 条件下离心，小心吸取上清液待测。按照试剂盒说明书操作，使用荧光分光光度计（日立 F-4600）（37℃，激发波长 530nm，散发波长 590nm）测定读数。计算公式为

$$\frac{[\text{根据标准曲线获得样品对于羟基异恶唑酮浓度}(\text{nmol/L}) \times \text{样品稀释倍数}]}{\div 10(\min) \div \text{样品蛋白浓度}[\text{mg/ml} = \text{pmol}/(\text{mg} \cdot \min)]} \tag{3-8}$$

3.3 污染物测试结果

暴露实验过程中溶解氧（DO）水平控制在 5.00~7.00ppm，温度不控制，每日测量记录。溶解氧和温度记录结果见表 3-4。

表 3-4 暴露实验中 DO 和温度记录

项目		O	A	B	C	D
DO/ppm	对照组	5.62±0.57	6.62±0.46	6.58±0.25	6.03±0.70	6.03±0.15
	牛尾河高	5.05±0.41	6.91±0.63	6.97±0.71	6.52±1.64	6.82±0.98
	牛尾河低	5.29±0.66	5.65±0.61	6.98±0.88	5.75±1.40	6.95±0.73
	海河闸高	6.88±0.67	5.99±0.36	6.79±0.48	5.98±0.45	6.68±1.04
	海河闸低	6.77±0.77	6.29±0.32	5.32±0.65	6.23±0.56	5.85±0.58
温度/℃	对照组	24.7±1.04	20.5±1.78	20.9±1.31	21.3±1.63	22.6±2.98
	牛尾河高	20.9±0.78	19.4±1.31	20.4±1.35	22.4±2.01	23.7±1.77
	牛尾河低	21.2±1.08	20.9±1.75	20.6±1.54	23.8±1.72	24.9±2.77
	海河闸高	19.2±0.89	21.8±2.10	21.7±1.48	24.4±2.41	23.3±1.62
	海河闸低	18.8±1.01	23.0±2.28	23.2±1.94	26.2±1.62	26.2±2.48

两个采样点污染物测试结果见表 3-5，依据地表水环境质量标准，两点均为劣 V 类水质。牛尾河主要超标项目为 TN 和 TP，海河闸主要超标项目为 TN。牛尾河采样点的浊度、TN、TP、Chla、重金属总量（ΣHM）及总 PAHs 含量（ΣPAHs）均高于海河闸。由于海河闸采样点处于海河河口处，靠近入海口，因此盐度明显高于牛尾河采样点。对比两个采样点，牛尾河处于乡村河段，河道靠近农田及民居，人为干扰程度较大。海河闸采样点虽然处于城市段且下游是天津港，但由于海河闸的阻隔和水量较大，污染物浓度较牛尾河低。

表 3-5 采样点污染物测定结果

采样点	盐度	pH	DO	浊度	TN	TP	Chla	ΣHM	ΣPAHs
牛尾河	0.54	7.59	7.11	30.80	18.00	0.53	7.87	191.52	2.45
海河闸	16.17	7.42	6.72	17.40	6.56	0.06	6.35	30.90	1.30

3.4 锦鲤对复合污染的响应

3.4.1 体长与体重变化

(1) 体长变化

各污染浓度对照组锦鲤体长变化如图 3-4 所示。各组体长具有增长,且暴露后 7d 增长速度大于前 7d。从不同暴露水样来看,增长长度从大到小依次为牛尾河高=海河闸高>牛尾河低>海河闸低>对照组,但不存在显著差异。

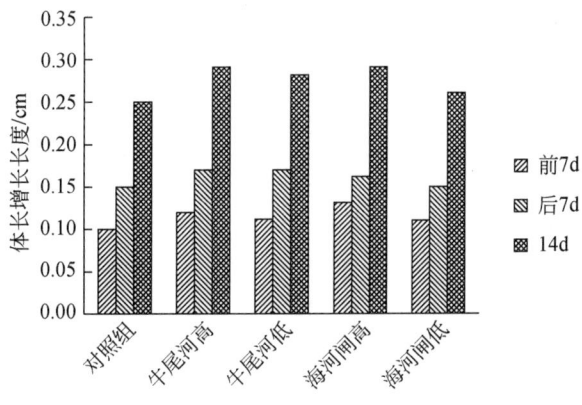

图 3-4　各污染组体长增长长度

(2) 体重变化

图 3-5 给出了各污染组锦鲤体重变化情况。由于不同流速组体重有增有降,因此将两类分别讨论。对于全部体重上升组,增长程度从大到小依次为牛尾河高>海河闸高>海河闸低>对照组>牛尾河低,且暴露后 7d 增长大于前 7d。对于全部体重下降组,下降程度从大到小依次为对照组>海河闸低>牛尾河高>牛尾河低>海河闸高,且后 7d 下降程度均小于前 7d。

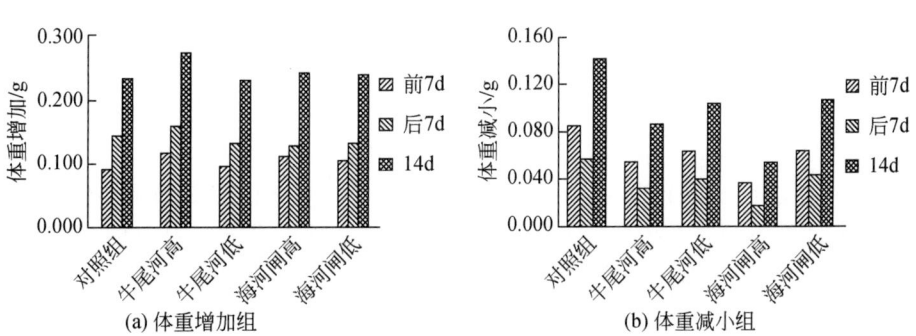

图 3-5　各污染组体重变化

3.4.2 抗氧化系统对污染的响应

(1) 过氧化氢酶

CAT是生物体内抗氧化防御系统的关键酶之一，在保护生物细胞不受活性氧破坏过程中起到重要作用。对照组两次测定脑组织CAT平均活性为1.08U/mgprot和1.10U/mgprot，14d暴露较7d暴露上升不明显。其他暴露组7d测定CAT平均活性较对照组有所升高，表现出一定的诱导作用。其中上升最多的是海河闸低浓度暴露组，升高了26.8%（$P<0.05$）；升高最低的是牛尾河高浓度组，上升了6.5%。14d暴露结束后，各组CAT平均活性下降较为明显，其中牛尾河高浓度组比7d暴露下降了67.8%，比对照组低66.4%；下降最少的海河闸低浓度组较7d测定结果下降37.2%，比对照组低0.24个活力单位。各浓度暴露组CAT活性均显著低于对照组（表3-6）。

表3-6 脑组织及内脏中CAT活性 （单位：U/mgprot）

组别	脑组织 7d	脑组织 14d	内脏 7d	内脏 14d
对照组	1.08[a]	1.10[a]	37.56[a]	39.97[a]
牛尾河高浓度组	1.15[ab]	0.37[b]	43.95[ab]	30.19[b]
牛尾河低浓度组	1.22[ab]	0.51[b]	48.20[b]	31.88[b]
海河闸高浓度组	1.26[ab]	0.69[c]	49.55[b]	32.52[b]
海河闸低浓度组	1.37[b]	0.86[d]	51.82[b]	35.78[ab]

注：每列中上标一致表示无显著性差异，不一致表示存在显著性差异（$P<0.05$）。

内脏组织CAT活性与脑组织表现出相似的变化趋势。对照组两次测定分别37.56U/mgprot和39.97U/mgprot。牛尾河低浓度组和海河闸两组7d测定CAT平均活性较对照组显著升高，表现出一定的诱导作用。牛尾河高浓度组也低于对照组，但并不显著。其中上升最多的是海河闸低浓度暴露组，升高了64.2%（$P<0.05$）；升高最低的是牛尾河高浓度组，上升了17.0%。14d暴露结束后各组CAT平均活性下降比较明显，平均下降了32.6%。其中海河闸高浓度组比7d暴露下降了34.4%，比对照组低7.45个活力单位（U/mgprot）；下降最少的海河闸低浓度组较7d测定结果下降31.0%，比对照组低10.5%。

总体而言，在7d暴露结束后，各污染暴露组对锦鲤脑组织和内脏中CAT活性水平出现不同程度诱导，而14d后都出现下降，呈现出抑制作用。

国内外对生物体内CAT活性在污染物影响下的变化规律已多有报道，但由于污染物类别和暴露时间的不同并无统一。如水体盐度的增高会使点篮子鱼肝脏内CAT活性略有增高（王好等，2011）。苯并芘会使罗非鱼肝脏CAT活性在24h内出现明显的升高，但随着时间的推移逐步下降，暴露7d后低于对照水平（黄长江，2006）。重金属镉Cd在24h内会造成金头鲷体内CAT活性的上升（Souid et al.，2013）。而根据刘伟成等的实验结果，低浓度Cd使得大弹涂鱼体内CAT活性在12h内显著下降，然后上升至正常水平，高浓度

Cd 则使得这一时间延长至 7d（刘伟成等，2006）。在除此之外，PCDPSs，1，2，4-三氯苯等持久性有机污染物在 7d 内会造成鱼类体内 CAT 活性的上升，暴露 14d 后显著下降（Li et al.，2012）。

（2）超氧化物歧化酶

对照组两次测定脑组织 SOD 平均活性为 136.78U/mgprot 和 136.37U/mgprot，两次测定间基本没有变化。牛尾河低浓度组海河闸高低浓度组测定 SOD 平均活性比对照组高，表现出一定的诱导作用。其中 SOD 平均活性上升最多的是牛尾河低浓度暴露组，升高了 13.1%。14d 暴露结束后各组 SOD 平均活性下降比较明显，平均下降了 36.1%，且低于对照组。牛尾河高浓度组则在前 7d 就表现出抑制作用，SOD 平均活性为 124.19U/mgprot，比对照组低 9.2%。14d 暴露结束后 SOD 平均活性继续下降，较 7d 时下降 44.58U/mgprot。

内脏 SOD 平均活性与脑组织相比前 7d 的抑制或诱导作用不明显。对照组两次测定分别为 274.49U/mgprot 和 275.25U/mgprot。其他暴露组 7d 测定 SOD 平均活性最高值比牛尾河低浓度组高出 13.1%，表现出一定的诱导作用。而其他组与对照组活性水平相当。14d 暴露结束后，各组 SOD 平均活性均有下降，其中牛尾河高浓度组比 7d 暴露下降了 20.5%；海河闸高浓度组下降 19.4%；海河闸低浓度组下降 16.2%；下降最少的牛尾河低浓度组较 7d 测定结果下降 14.7%（表 3-7）。

表 3-7 脑组织及内脏中 SOD 活性　　　　　　　　（单位：U/mgprot）

组别	脑组织 7d	脑组织 14d	内脏 7d	内脏 14d
对照组	136.78[a]	136.37[a]	274.49[a]	275.25[a]
牛尾河高浓度组	124.19[a]	79.61[b]	269.99[a]	214.53[c]
牛尾河低浓度组	154.72[a]	89.04[b]	310.35[b]	264.79[ab]
海河闸高浓度组	139.71[a]	81.87[b]	276.12[a]	222.61[c]
海河闸低浓度组	148.96[a]	86.19[b]	284.63[c]	238.56[bc]

注：每列中上标一致表示无显著性差异，不一致表示存在显著性差异（$P<0.05$）。

总体而言，在 7d 暴露结束后，牛尾河低流量组和海河闸两组对脑组织 SOD 平均活性存在诱导作用，污染物浓度相对较高的牛尾河高浓度组则表现为抑制作用，但都不显著。牛尾河低浓度和海河闸低浓度组锦鲤内脏中 SOD 平均活性则表现出一定的升高，其他各组变化均不显著。14d 后各组对 SOD 平均活性均表现出抑制作用，且对大脑中 SOD 平均活性的作用更为显著。SOD 平均活性作为生物体内抗氧化系统内重要的组成部分，可以作为污染的生物标志物。

点篮子鱼体内 SOD 平均活性会随着盐度的上升而下降（王妤等，2011）。苯并芘则会造成罗非鱼体内 SOD 平均活性在暴露 7d 时显著上升，然后下降，这种特征在污染物浓度较高时更为明显（黄长江，2006）。短时间内 7μg/L 的铜（Cu）则会使克林雷氏鲶体内 SOD 活性发生明显的下降（Mela et al.，2012）。而无论高浓度或是低浓度的 Cd 则会使大弹涂鱼体内 SOD 平均活性显著上升，在 10d 时达到最大值（刘伟成等，2006）。

3.4.3 神经系统对污染的响应

乙酰胆碱酯酶是生物神经传导过程中的关键酶，它能高效水解神经传递物质乙酰胆碱，从而保证神经冲动在突触间正常传导。同时，有机磷农药可以和乙酰胆碱酯酶结合，使该酶不能再参与水解乙酰胆碱，阻断神经传导（丁运华等，2012）。因此，选择乙酰胆碱酯酶作为生理学指标来指示鱼类神经系统对污染的响应（表3-8）。

表3-8 脑组织及内脏中 AChE 活性 （单位：U/mgprot）

组别	脑组织 7d	脑组织 14d	内脏 7d	内脏 14d
对照组	3.94^a	3.85^a	2.20^a	2.17^a
牛尾河高浓度组	2.73^b	2.43^b	1.56^b	1.25^b
牛尾河低浓度组	3.17^{bc}	2.86^{bc}	1.64^b	1.43^b
海河闸高浓度组	3.44^{ac}	3.06^c	1.70^b	1.55^b
海河闸低浓度组	3.54^{ac}	3.30^c	1.92^{ab}	1.62^b

注：每列中上标一致表示无显著性差异，不一致表示存在显著性差异（$P<0.05$）。

对照组两次测定脑组织 AChE 平均活性为 3.94U/mgprot 和 3.85U/mgprot，14d 暴露较 7d 相比略有下降。其他暴露组 7d 测定 AChE 平均活性比对照组低，表现出一定的抑制作用。其中抑制最为明显的是牛尾河高浓度暴露组，下降了 30.7%；牛尾河高浓度组和海河组下降分别为 19.5%、12.7% 和 10.2%。14d 暴露结束后，各组 AChE 平均活性均有下降，分别下降了 0.30 个、0.31 个、0.38 个和 0.24 个酶活力单位（U/mgprot）。

内脏组织 AChE 活性与脑组织表现出相似变化趋势。对照组两次测定分别 2.20U/mgprot 和 2.17U/mgprot。其他暴露组 7d 测定 AChE 平均活性较对照组低，表现出一定的抑制作用。与脑组织相似，抑制最为明显的是牛尾河高浓度暴露组，下降了 29.1%；牛尾河高浓度组和海河组下降分别为 25.4%、22.7% 和 12.7%。14d 暴露结束后，各组 AChE 平均活性均有下降，分别下降了 0.31 个、0.21 个、0.15 个和 0.30 个酶活力单位（U/mgprot）。

总体而言，在 7d 暴露结束后，各污染暴露组对锦鲤脑组织和内脏中 AChE 活性水平出现不同程度抑制，抑制程度随污染物浓度的上升而增强。在 14d 暴露结束后 AChE 活性较 7d 暴露均有下降，污染物的抑制程度进一步增强。

研究表明，农药等含磷有机化合物对生物大脑、肌肉中 AChE 有明显的抑制作用（Liu et al.，2013；何东海等，2011；丁运华等，2011），这与实验的结果一致。但在 0.1μg/L 暴露水平下，三唑磷可以诱导麦穗鱼脑组织中乙酰胆碱酯酶的合成（李少南等，2005）。

3.4.4 污染代谢指标对污染的响应

（1）谷胱甘肽 S-转移酶

对照组两次测定脑组织 GST 平均活性为 26.36U/mgprot 和 26.58U/mgprot，变化不大。

其他暴露组 7d 测定 GST 平均活性较对照组有所升高，表现出一定的诱导作用。其中上升最多的是牛尾河低浓度暴露组，升高了 79.9%；牛尾河高浓度组和海河低浓度组上升较少，分别为 36.9% 和 40.0%。14d 暴露结束后，各组 GST 平均活性均有下降，分别下降了 7.71 个、8.07 个、6.57 个和 2.64 个酶活力单位（U/mgprot）。但各组 14d 暴露结束后 GST 活性水平仍高于对照组。

内脏组织 GST 活性与脑组织表现出相似变化趋势。对照组两次测定分别 30.48U/mgprot 和 30.33U/mgprot。其他暴露组 7d 测定 GST 平均活性比对照组高，表现出一定的诱导作用。牛尾河低浓度组、海河闸组两组比对照组高出 65.1%；升高较少的牛尾河高浓度组也上升了 30.3%。14d 暴露结束后各组 GST 平均活性较 7d 暴露结果均有下降，内脏组织 GST 活性分别下降了 3.62U/mgprot，6.17U/mgprot，6.87U/mgprot 和 3.09U/mgprot。但各组 14d 暴露结束后 GST 活性水平仍高于对照组（表 3-9）。

表 3-9 脑组织及内脏中 GST 活性　　（单位：U/mgprot）

组别	脑组织 7d	脑组织 14d	内脏 7d	内脏 14d
对照组	26.36^a	26.58^a	30.48^a	30.33^a
牛尾河高浓度组	36.09^{ab}	28.38^{ab}	39.73^{ab}	36.11^a
牛尾河低浓度组	47.42^b	39.35^b	50.22^{ab}	44.05^a
海河闸高浓度组	41.81^b	35.24^b	50.33^{ab}	43.46^a
海河闸低浓度组	36.90^{ab}	34.26^b	50.88^b	47.79^a

注：每列中上标一致表示无显著性差异，不一致表示存在显著性差异（$P<0.05$）。

总体而言，在 7d 暴露结束后，各污染暴露组对锦鲤脑组织中 GST 活性水平出现不同程度诱导，牛尾河低浓度组诱导作用最显著。而在内脏中，牛尾河低浓度组和海河闸但两组的诱导作用均强于牛尾河高浓度组。在 14d 暴露结束后 GST 活性较 7d 暴露均有下降。但无论暴露时间长短，与对照组相比，污染都造成了 GST 活性的上升。

有研究表明，Pb、Cr、Cu、Zn 4 种重金属污染物在低浓度条件下会对鲫鱼体内 GST 活性产生诱导，而高浓度则产生抑制作用（陈荣等，2006）。而 PAHs 类化合物对鱼类肝脏内 GST 活性的抑制或诱导作用都有报道（Sun et al.，2006；Mdegela et al.，2006；Xu et al.，2001）。不同营养水平的水体中饲养的奥尼罗非鱼体内 GST 活性也有不同，富营养水平下 GST 活性显著高于中营养和贫营养水体。

（2）细胞色素（EROD）

对照组两次测定脑组织 EROD 平均活性为 5.81U/mgprot 和 5.37U/mgprot，14d 暴露较 7d 暴露略有下降。其余各浓度组 EROD 活性均高于对照组，表现出一定的诱导作用。其中活力最高的是海河闸低浓度组，升高了 8.11 个酶活力单位（U/mgprot）；而最低的牛尾河高浓度组比对照组高出 5.71 个酶活力单位（U/mgprot）。14d 暴露结束后各组 EROD 平均活性均有下降，4 组污染暴露组分别下降了 7.3%、5.9%、5.4% 和 4.2%。

内脏 EROD 活性变化与脑组织相似。对照组两次测定分别为 16.67U/mgprot 和 16.34U/mgprot。其他暴露组 7d 测定 EROD 平均活性最高的海河低浓度组高出对照组

76.0%，表现出一定的诱导作用。4组较对照组平均高出63.3%。14d暴露结束后，各组EROD平均活性均有下降，其中牛尾河高浓度组比7d暴露下降了2.8%；海河闸高浓度组下降2.2%；牛尾河低浓度组较7d测定结果下降1.9%；下降最少的海河闸低浓度组下降1.6%（表3-10）。

表3-10 脑组织及内脏中EROD活性　　　　　　（单位：U/mgprot）

组别	脑组织		内脏	
	7d	14d	7d	14d
对照组	5.81^a	5.37^a	16.67^a	16.34^a
牛尾河高浓度组	11.52^b	10.69^b	24.38^b	23.85^b
牛尾河低浓度组	12.73^b	11.98^b	26.49^b	25.97^b
海河闸高浓度组	12.82^b	12.12^b	28.68^b	28.21^b
海河闸低浓度组	13.92^b	13.33^b	29.34^b	28.53^b

注：每列中上标一致表示无显著性差异，不一致表示存在显著性差异（$P<0.05$）。

总体而言，在7d暴露结束后，各污染暴露组对锦鲤脑组织和内脏中EROD活性水平的诱导显著，且随着污染物浓度的增加而上升。14d后各组EROD活性均出现下降，但仍然显著高于对照组。因此，污染物对锦鲤脑组织和内脏中EROD活性存在显著的诱导作用。

苯并芘和萘在较低浓度条件下对黑鲈鱼肝脏EROD有显著诱导作用（Gravato et al.，2002）。低浓度的石油污染也可以诱导海洋鱼类肝脏EROD活性（郑榕辉等，2010）。鲫鱼肝脏内EROD活性在短时间内也会显著被PCBs诱导，这些与实验结果表现出的规律一致。

3.5 稀有鮈鲫对复合污染的响应

3.5.1 抗氧化系统对污染物的响应

（1）超氧化物歧化酶

1）稀有鮈鲫头部SOD活性的变化。超氧化物歧化酶是一种分布于胞浆和线粒体的基质中的金属酶，其主要作用是超氧阴离子自由基歧化反应的催化作用。当污染物进入生物机体或生物机体受到其他不利因子的胁迫时，生物转化过程中会产生大量自由基，SOD的作用是清除生物机体内产生的过高浓度的自由基，从而达到对系统过氧化损害的防御作用。研究中稀有鮈鲫在水样暴露下头部SOD活性的变化如图3-6所示。在衡水21d暴露实验中，与对照组（H1）相比，稀有鮈鲫头部组织SOD活性变化趋势为轻微下降后升高，而后再次降低。其中在水样为15%浓度（H2）下SOD活性与对照组有显著性差异，此时SOD活性表现为被抑制。在22.5%浓度（H3）下SOD活性开始表现出诱导作用，并且随浓度增加而加强。当水样浓度升高到50.6%时（H5），SOD活性开始降低，并在100%浓度（H7）水样中表现出抑制性。SOD活性的诱导作用最强发生在50.6%浓度（H5）下，活性诱导率为47%；SOD活性的抑制作用最强发生在100%浓度（H7）下，抑制率为20%。实验中未出现鱼类死亡现象。在衡水28d暴露实验中，与对照组（H1）相比，稀有鮈鲫头部组织变化趋势也为先表现轻微降低后升高，而后再次降低。其中在水样为15%浓度下（H2）表现出抑制性，抑制率为9.8%，与对照组有显著性差异。在50.6%浓度（H5）下SOD活性开始被诱导，且诱导作用有加强趋势，并存在显著性差异。当水样浓度升高到50.6%（H5）时，SOD活性开始降低，但并未表现出抑制作用。衡水28d暴露实验中SOD活性的诱导作用最强发生在50.6%浓度（H5）下，活性诱导率为41%，实验中未出现鱼类死亡现象。

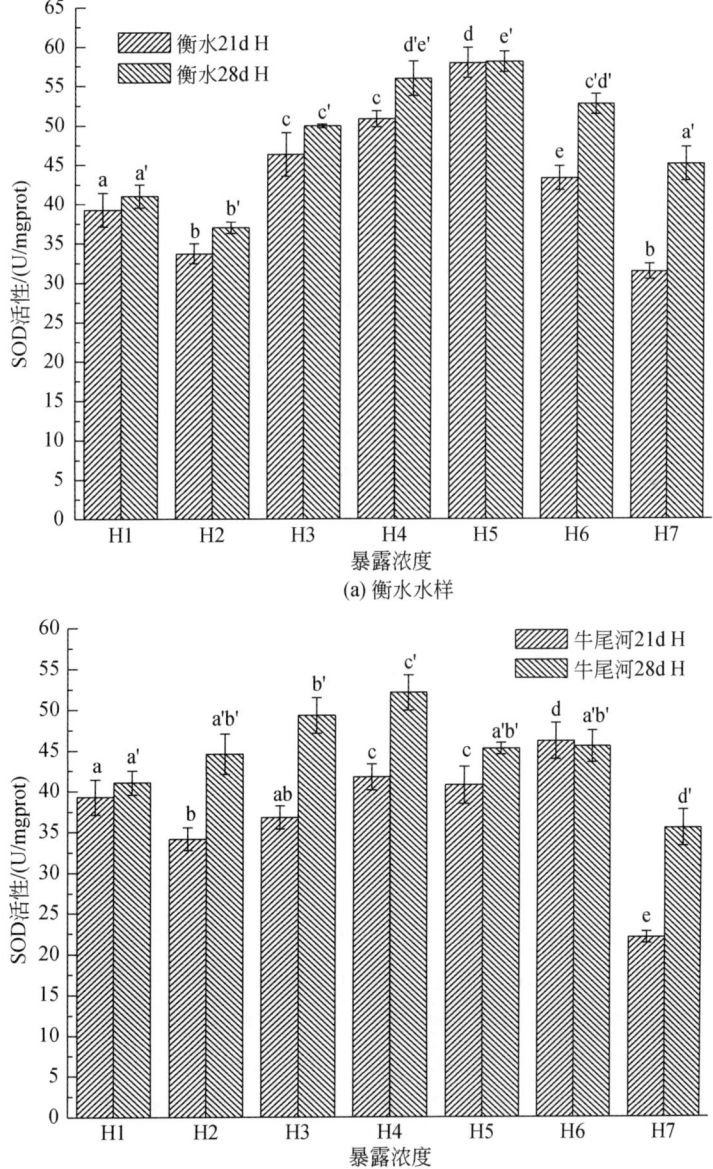

(a) 衡水水样

(b) 牛尾河水样

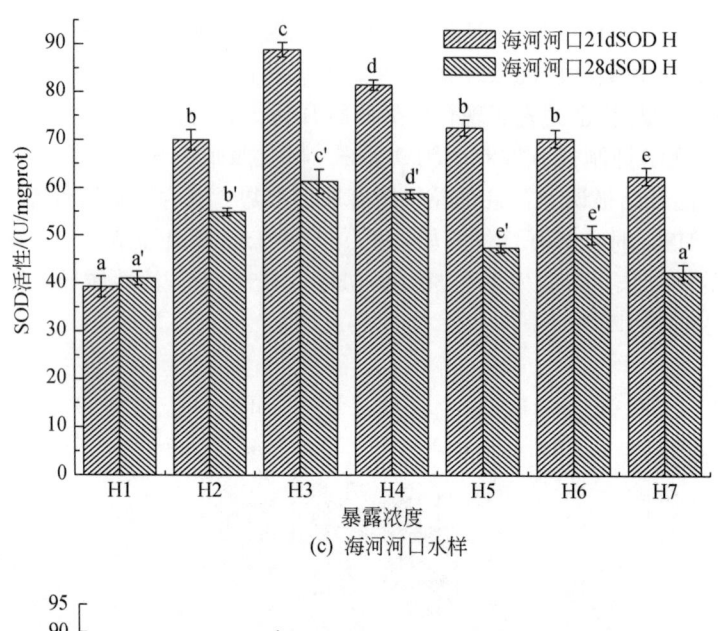

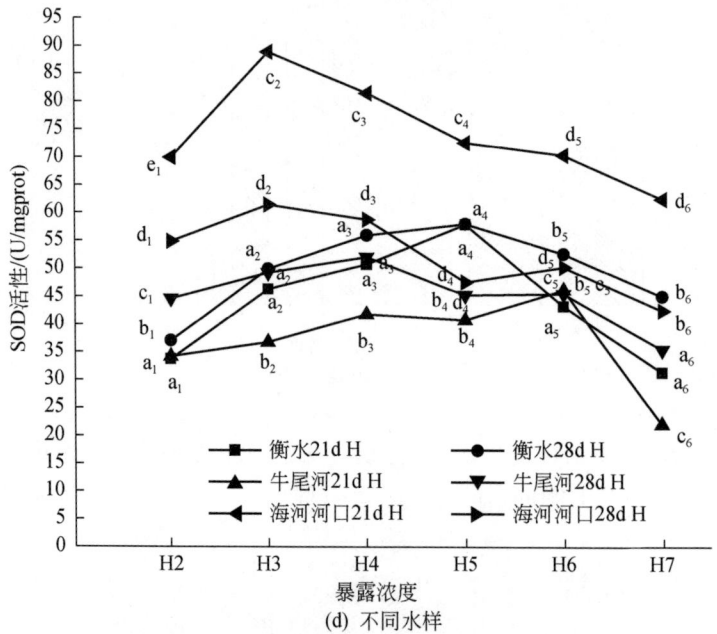

图 3-6 稀有鮈鲫头部 SOD 活性变化趋势

在牛尾河 21d 暴露实验中,与对照组(H1)相比,稀有鮈鲫内脏组织变化趋势同样表现出轻微降低后升高,而后再次降低。其中在水样为 15% 与 22.5% 浓度(H2 与 H3)下 SOD 活性被抑制,抑制率分别为 13% 和 6.4%。其后 SOD 活性开始被诱导,且随浓度增加而加强。当水样浓度升高到 50.6%(H5)时,SOD 活性开始降低,并在 100% 浓度(H7)下最终表现出抑制作用,抑制率为 43%。SOD 活性的诱导作用最强发生在 76% 浓度(H6)下,活性诱导率为 17%。实验中未出现鱼类死亡现象。在牛尾河 28d 暴露实验中，与对照组（H1）相比，稀有鮈鲫头部组织变化趋势为先升高后降低，其中在水样为22.5%浓度（H3）下与对照组有显著性差异，在低浓度（15%~50%）下 SOD 活性的诱导作用有加强趋势，且存在显著性差异。当水样浓度升高到 50.6%（H5）时，SOD 活性开始降低，并在 100% 浓度（H7）下表现为抑制作用，抑制率为 17%。牛尾河 28d 暴露实验中 GST 活性的诱导作用最强发生在 33.7% 浓度（H4）下，活性诱导率为 27%，实验中未出现鱼类死亡现象。

在海河河口 21d 暴露实验中，与对照组（H1）相比，稀有鮈鲫头部组织 SOD 活性变化趋势表现为先升高后降低，其中在水样为 15% 浓度（H2）下开始与对照组发生显著性差异。在 15%~33.7% 浓度下 SOD 活性的诱导作用有加强趋势，且存在显著性差异。当水样浓度升高到 33.7% 时（H4），SOD 活性开始降低，但并未表现出抑制作用。SOD 活性的诱导作用最强发生在 22.5% 浓度（S3）下，活性诱导率为 107%；诱导作用最低发生在 15% 浓度（H2）下，诱导率为 78%。实验中未出现鱼类死亡现象。在海河河口 28d 暴露实验中，与对照组（H1）相比，稀有鮈鲫头部组织 SOD 活性变化趋势也为先升高后降低，其中在水样为 15% 浓度（H2）下与对照组有显著性差异，在 76% 浓度（H6）下 SOD 活性有所降低，但并未出现 SOD 活性抑制作用。诱导率最低发生在 100% 浓度（H7）下，为 3.5%，此时 SOD 活性与对照组无差异。牛尾河 28d 暴露实验中 SOD 活性的诱导作用最强发生在 33.7% 浓度（H3）下，活性诱导率为 49%，诱导作用最低发生在 100% 浓度（H7）下。实验中未出现鱼类死亡现象（图 3-7）。

对比三个采样点 6 组实验数据发现，在 21d 暴露实验下，SOD 活性海河河口>衡水>牛尾河，且三者差异性显著。在 28d 暴露实验中，衡水采样点 SOD 活性呈现出先升高后降低的趋势，另外两个采样 SOD 活性呈现出降低趋势。在三个采样点中，海河河口 SOD 活性表现出了较高的诱导性，这可能是由于海河口水样暴露对鱼类 SOD 活性影响较大造成的，也可能是衡水与牛尾河采样点水样对稀有鮈鲫 SOD 活性表现出的抑制作用。比较 21d 与 28d 暴露实验发现，在衡水采样点两者 SOD 活性均表现为先升高后降低，且 SOD 活性 28d>21d，但 21d 暴露实验下活性变化率较大，这显示出 28d 暴露实验下水样对鱼类新陈代谢造成的影响更大，并且长时间的暴露造成了鱼类对水样的适应性，稀有鮈鲫在 21d 暴露实验下酶活变化更为敏感。在牛尾河采样点两者活性也表现出显著差异，且 SOD 活性 28d>21d，在 21d 暴露实验中活性在高浓度下表现出了抑制性，而在 28d 暴露实验中并未表现出，这也说明了长时间暴露下鱼类对水样的适应性。在海河河口采样点两者活性变化趋势相似，且差异性显著。与前两个采样点所不同的是海河河口 SOD 活性 21d>28d，三个采样点相比海河河口整体表现出了较高的 SOD 活性。

2）稀有鮈鲫内脏 SOD 活性的变化。超氧化物歧化酶存在于各种生物机体的多种组织中。研究同样选取了稀有鮈鲫在水样暴露下内脏的 SOD 活性变化。在衡水 21d 暴露实验中，与对照组（S1）相比，稀有鮈鲫内脏组织 SOD 活性变化趋势为先升高后降低，其中在水样为 15% 浓度下（S2）与对照组有显著性差异。在低浓度（15%~50%）下 SOD 的诱导作用有加强趋势。当水样浓度升高到 76% 时（S6），SOD 活性开始降低，但并未表现出抑制作用。SOD 活性的诱导作用最强发生在 50.6% 浓度（S5）下，活性诱导率为

150%；诱导作用最低发生在 15% 浓度（S2）下，诱导率为 54%，S2 与 S3 两个浓度下诱导率接近。实验中未出现鱼类死亡现象。在衡水 28d 暴露实验中，与对照组（S1）相比，稀有鮈鲫内脏组织变化趋势也为先升高后降低，其中在水样为 15% 浓度（S2）下与对照组有显著性差异，但在 50.6% 浓度（S5）下 SOD 活性开始降低，并开始呈现出抑制作用。衡水 28d 暴露实验中 SOD 活性的诱导作用最强发生在 33.7% 浓度（S4）下，活性诱导率为 24%，抑制作用最强发生在 100% 浓度（S7）下，抑制率为 43%，可见该试验条件下水样对稀有鮈鲫 SOD 活性的抑制作用更为明显，实验中未出现鱼类死亡现象。

在牛尾河 21d 暴露实验中，与对照组（S1）相比，稀有鮈鲫内脏组织变化趋势同样表现为先升高后降低，其中在水样为 15% 浓度（S2）下与对照组发生显著性差异。在低浓度（15%~50%）下 SOD 的诱导作用有加强趋势，且存在显著性差异。当水样浓度升高到 76%（S6）时，SOD 活性开始降低，整个实验中 SOD 活性未表现出抑制作用。GST 活

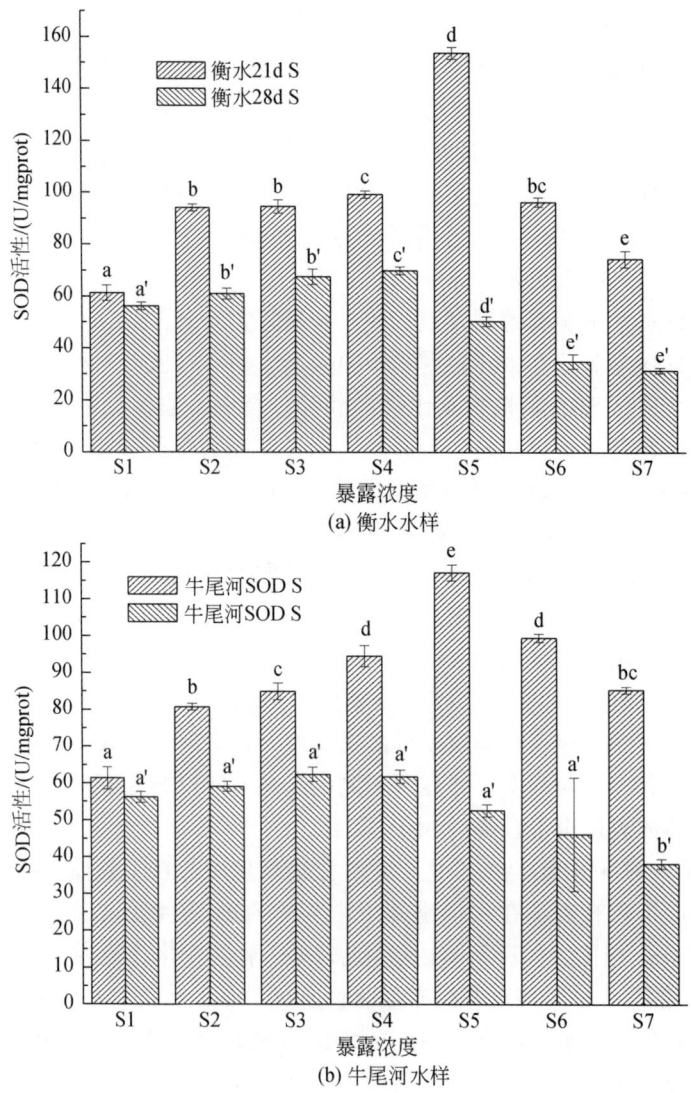

(a) 衡水水样

(b) 牛尾河水样

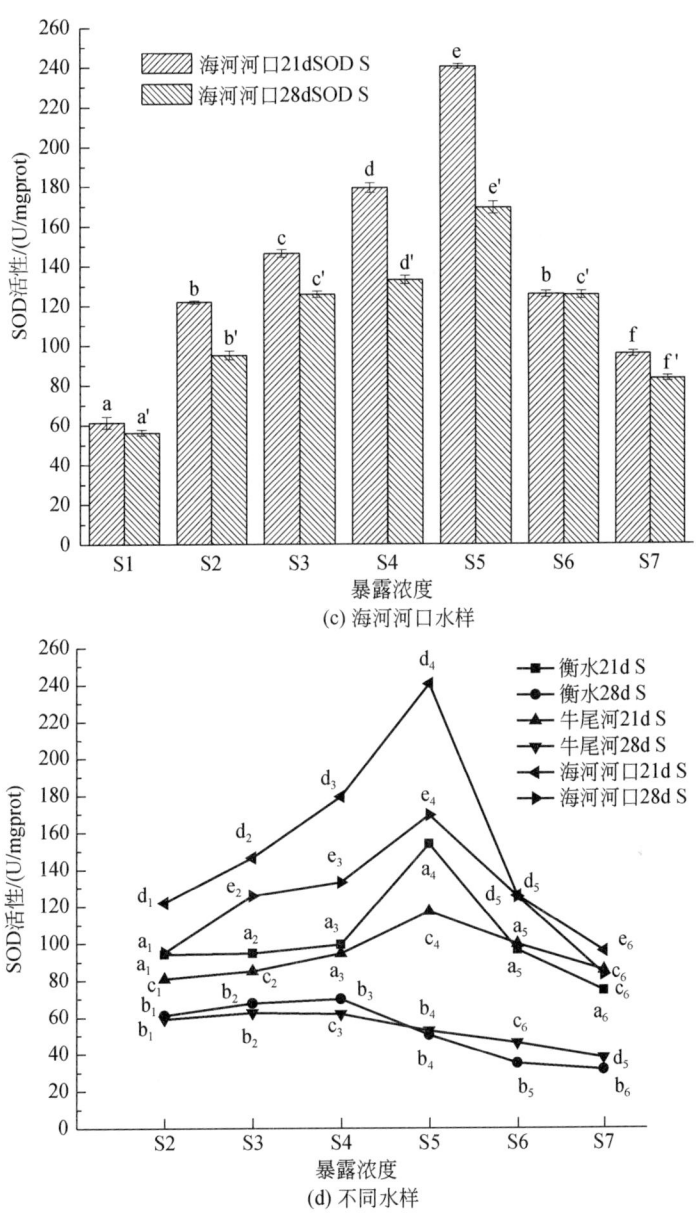

图 3-7 稀有鮈鲫内脏 SOD 活性变化趋势

性的诱导作用最强发生在 50.6% 浓度（S5）下，活性诱导率为 91%；诱导作用最低发生在 15% 浓度（S2）下，诱导率为 31%。实验中未出现鱼类死亡现象。在牛尾河 28d 暴露实验中，与对照组（S1）相比，稀有鮈鲫内脏组织变化趋势也为先升高后降低，实验组与对照组差异性不显著，只有在 100% 浓度（S7）下 SOD 活性与对照组存在显著性差异。实验中在 50.6% 浓度（S5）下开始表现为活性的抑制作用，此时抑制率为 6%，此后随水样浓度升高抑制率上升，至 100% 浓度（S7）时抑制率为 32%。水样对酶活性的诱导作用最强发生在 22.5% 浓度（S3）下，诱导率为 11%。实验中未出现鱼类死亡现象。

在海河河口 21d 暴露实验中，与对照组（S1）相比，稀有鮈鲫内脏组织 SOD 活性变化趋势同样表现为先升高后降低，其中在水样为 15%浓度（S2）下与对照组发生显著性差异。在低浓度（15%~50%）下 SOD 活性的诱导作用有加强趋势，且存在显著性差异。当水样浓度升高到 76%（S6）时，SOD 活性开始降低，但并未表现出抑制作用。SOD 活性的诱导作用最强发生在 50.6%浓度（S5）下，活性诱导率为 240%；诱导作用最低发生在 100%浓度（S7）下，诱导率为 56%。实验中未出现鱼类死亡现象。在海河河口 28d 暴露实验中，与对照组（S1）相比，稀有鮈鲫内脏组织变化趋势也为先升高后降低，其中在水样为 15%浓度（S2）下与对照组有显著性差异，在 50.6%浓度（S5）下 SOD 活性开始降低，但并未出现 SOD 活性抑制作用。诱导率最高发生在 50.6%浓度（S5）下，为 200%，诱导率最低发生在 100%浓度（S7）下，为 47%。实验中未出现鱼类死亡现象（图 3-7）。

对比三个采样点 6 组实验数据发现，在 21d 暴露实验中 SOD 活性整体表现为海河河口>衡水>牛尾河，其中衡水与牛尾河差异性不显著，海河河口与另外两个采样点有显著性差异。在 28d 暴露实验中也呈现出了同样的变化趋势，海河河口在所有浓度下 SOD 活性均高于牛尾河与衡水，衡水与牛尾河 SOD 活性变化差异性不显著。由于三个采样点海河河口水质较好，衡水下游质量最差，衡水与牛尾河的低 SOD 活性可能是污染物对酶活性的抑制作用造成的，也可能由于海河河口水样中存在对 SOD 活性的其他胁迫因素。比较 21d 与 28d 暴露实验发现，在衡水采样点两者 21d SOD 活性大于 28d，且存在显著性差异，这是由于在 28d 暴露下酶活性更多呈现出抑制性所造成的。在牛尾河与海河河口采样点两者 SOD 活性也呈现出相同的规律，均为 21d SOD 活性大于 28d，且存在显著性差异。

（2）过氧化氢酶

1）稀有鮈鲫头部 CAT 活性的变化。过氧化氢酶是一种广泛存在于动植物与微生物细胞内的一种防御性酶。其主要作用是催化分解细胞代谢过程中所产生的过氧化氢，使得细胞免于死亡。CAT 活性作为生态毒理学重要生物指示物，可指示生物机体的抗氧化系统应对氧化性污染胁迫。研究中稀有鮈鲫在水样暴露下头部 CAT 活性的变化如图 3-8 所示。在衡水 21d 暴露实验中，与对照组（H1）相比，稀有鮈鲫头部组织 CAT 活性变化趋势为先升高后降低。其中在水样为 15%浓度（H2）下与对照组有显著性差异，CAT 活性开始被诱导，并且随浓度增加而加强。当水样浓度升高到 50.6%（H5）时，CAT 活性开始降低，但并未表现出抑制性。CAT 活性的诱导作用最强发生在 33.7%浓度（H4）下，活性诱导率为 126%；诱导作用最低发生在 15%浓度（H2）下，诱导率为 28%。实验中未出现鱼类死亡现象。在衡水 28d 暴露实验中，与对照组（H1）相比，稀有鮈鲫头部组织 CAT 活性变化趋势为先表现轻微降低后升高，而后再次降低。其中在水样为 15%浓度（H2）下表现出抑制性，抑制率为 5%。在 22.5%浓度（H3）下 CAT 活性开始被诱导，且诱导作用有加强趋势，并存在显著性差异。当水样浓度升高到 50.6%（H5）时，CAT 活性开始降低，并且在 76%浓度（H6）下开始表现出抑制性，其与 100%浓度（H7）下 CAT 活性抑制率分别为 3%与 9%。CAT 活性的诱导作用最强发生在 33.7%浓度（H4）下，活性诱导率为 34%，实验中未出现鱼类死亡现象。在暴露期间整体表现为在高浓度下的抑制作用。

在牛尾河21d暴露实验中，与对照组（H1）相比，稀有鮈鲫内脏组织变化趋势同样表现出先升高后降低。其中在水样为15%与22.5%浓度（H2与H3）下开始被诱导，且随浓度增加而加强。CAT活性诱导作用在50.6%浓度（H5）下最强，诱导率为149%，其后活性开始下降，至100%浓度（H7）时下降至最低，此时诱导率为29%。在暴露过程中未呈现出抑制作用。实验中未出现鱼类死亡现象。在牛尾河28d暴露实验中，与对照组（H1）相比，稀有鮈鲫头部组织CAT活性变化趋势为先升高后降低，但不同浓度暴露下的CAT活性不存在显著性差异。CAT活性诱导作用在50.6%浓度（H5）下最强，诱导率为42%，其后活性开始随水样浓度升高而下降，至100%浓度（H7）时下降至最低，此时诱导率为6.5%。在暴露过程中，诱导作用最低的浓度为15%（H2），此时诱导率为5.5%。实验中未出现鱼类死亡现象。

在海河河口21d暴露实验中，与对照组（H1）相比，稀有鮈鲫头部组织CAT活性变化趋势表现为先升高后降低，其中在水样为22.5%浓度（H3）下开始与对照组产生显著性差异。在15%~50.6%浓度下CAT活性的诱导作用有加强趋势，诱导作用在50.6%浓度下最强，诱导率为109%。其后CAT活性开始随水样浓度升高而降低，至100%浓度（H7）时诱导率降至30%。暴露过程中未出现酶活性的抑制作用，诱导作用最低的浓度为15%（H2），此时诱导率为26%。实验中未出现鱼类死亡现象。在海河河口28d暴露实验中，与对照组（H1）相比，稀有鮈鲫头部组织CAT活性变化趋势也为先升高后降低，但不同浓度暴露下的CAT活性不存在显著性差异。CAT活性诱导作用在22.5%浓度（H3）下最强，诱导率为27%，其后活性开始随水样浓度升高而下降，至100%浓度（H7）时CAT活性出现抑制作用，抑制率为4.5%。实验中未出现鱼类死亡现象（图3-8）。

对比三个采样点6组实验数据发现，在21d暴露实验，稀有鮈鲫头部组织CAT活性整体呈现出衡水>牛尾河>海河河口，且衡水与海河河口表现出显著性差异，牛尾河与两者差异性不显著，这可能是海河河口与衡水采样点水质差异性较大所造成的。但在33.7%浓度

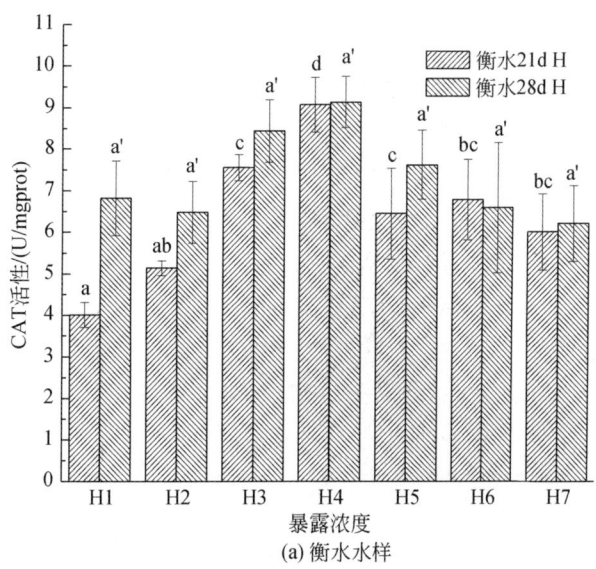

(a) 衡水水样

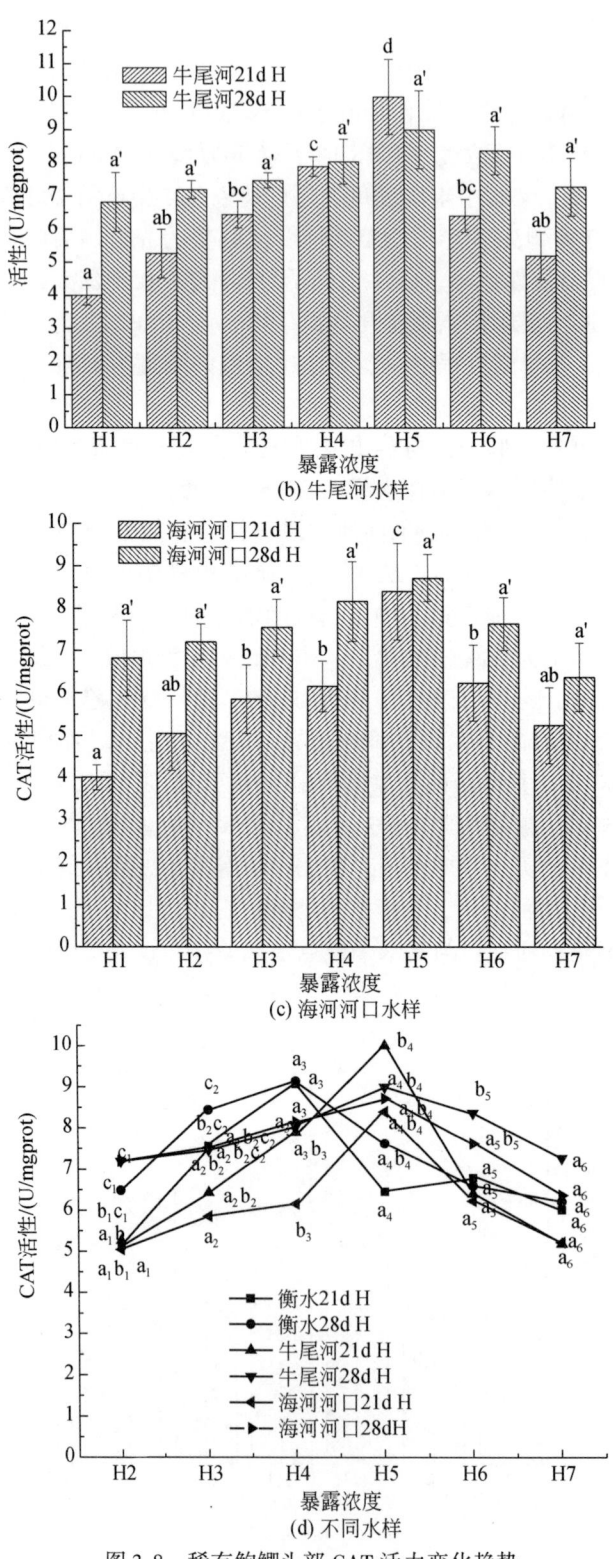

图 3-8 稀有鮈鲫头部 CAT 活力变化趋势

(H4)下该规律发生变化。在 28d 暴露实验中，三个采样点变化规律相同，但是在衡水采样点 CAT 活性在低浓度暴露下变化率较大，在高浓度下 CAT 活性为牛尾河＞海河河口＞衡水。衡水采样点 CAT 活性此时的低值可能是由于抑制作用造成的，表明其对 CAT 活性造成影响较大。海河河口 CAT 活性此时最高，可能是污染物胁尚未使得酶活发生抑制，完全处于诱导作用下。比较 21d 与 28d 暴露实验发现，在衡水采样点中 28dCAT 活性大于 21d，但并未在所有浓度下表现出显著性差异。CAT 活性在牛尾河采样点的变化规律是 28d 活性大于 21d，但其在 33.7%浓度（H4）下该规律发生变化。CAT 活性在海河河口采样点为 28d 大于 21d，且两者存在显著性差异。

2）稀有鮈鲫内脏 CAT 活性的变化。研究选取稀有鮈鲫在水样暴露下内脏 CAT 活性的变化对其规律进行探讨。在衡水 21d 暴露实验中，与对照组（S1）相比，稀有鮈鲫内脏组织 CAT 活性变化趋势为先升高后降低。其中在水样为 15%浓度（S2）下与对照组有显著性差异，CAT 活性开始被诱导，并且随浓度增加而加强。当水样浓度升高到 50.6%（S）时，CAT 活性开始降低，但并未表现出抑制性。CAT 活性的诱导作用最强发生在 33.7%浓度（S4）下，活性诱导率为 203%；诱导作用最低发生在 100%浓度（S7）下，诱导率为 3.4%。实验中未出现鱼类死亡现象。在衡水 28d 暴露实验中，与对照组（S1）相比，稀有鮈鲫头部组织 CAT 活性变化趋势为先升高后降低。其中在水样为 15%浓度（S2）下活性开始被诱导。在 33.7%浓度（S4）下 CAT 活性诱导率达到最大，为 265%。此后 CAT 活性随水样浓度升高开始降低，至 100%浓度（S7）时活性被抑制，抑制率为 26%。实验中未出现鱼类死亡现象。最低诱导作用 76%浓度（S6）下，诱导率为 55%。

在牛尾河 21d 暴露实验中，与对照组（S1）相比，稀有鮈鲫内脏组织变化趋势同样表现出先升高后降低。其中在水样为 15%浓度（S2）下开始被诱导，且随浓度增加而加强。CAT 活性诱导作用在 50.6%浓度（S5）下最强，诱导率为 149%，其后活性开始下降，至 100%浓度（H7）时下降至最低，此时诱导率为 29%。在暴露过程中未呈现出抑制作用。实验中未出现鱼类死亡现象。在牛尾河 28d 暴露实验中，与对照组（S1）相比，稀有鮈鲫内脏组织 CAT 活性变化趋势为先升高后降低，但不同浓度暴露下的 CAT 活性不存在显著性差异。CAT 活性诱导作用在 22.5%浓度（S3）下最强，诱导率为 165%，其后活性开始随水样浓度升高而下降，至 100%浓度（H7）时发生抑制作用，抑制率为 3.8%，实验中最低诱导率出现在 76%浓度（S6）下，诱导率为 72%。实验中未出现鱼类死亡现象。

在海河河口 21d 暴露实验中，与对照组（S1）相比，稀有鮈鲫内脏组织 CAT 活性变化趋势表现为先升高后降低，其中在水样为 22.5%浓度下（H3）开始与对照组发生显著性差异。在 15%～50.6%浓度下 CAT 活性的诱导作用有加强趋势，诱导作用在 50.6%浓度下最强，诱导率为 109%。其后 CAT 活性开始随水样浓度升高而降低，至 100%浓度（S7）时诱导率降至 7.7%。为最低诱导率，暴露过程中未出现活性的抑制作用。实验中未出现鱼类死亡现象。在海河河口 28d 暴露实验中，与对照组（S1）相比，稀有鮈鲫内脏组织 CAT 活性变化趋势也为先升高后降低，但不同浓度暴露下的 CAT 活性不存在显著性差异。CAT 活性诱导作用在 22.5%浓度（S3）下最强，诱导率为 127%，其后活性开始随水样浓度升高而下降，至 100%浓度（S7）时下降至最低，此时诱导率为 1%。实验中未出现鱼类死亡现象（图3-9）。

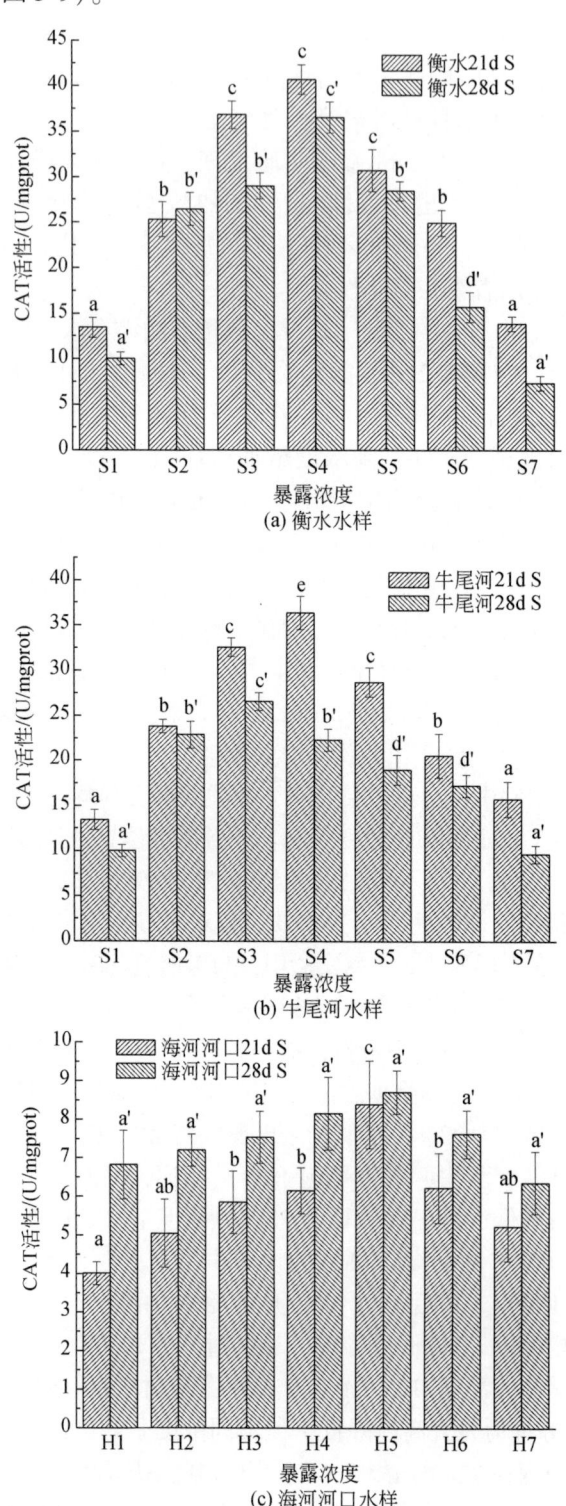

(a) 衡水水样

(b) 牛尾河水样

(c) 海河河口水样

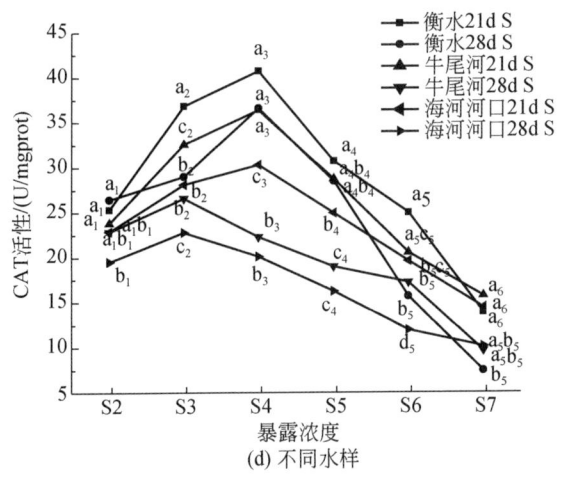

图 3-9 稀有鮈鲫内脏 CAT 活性变化趋势

对比三个采样点 6 组实验数据发现，在 21d 暴露实验，稀有鮈鲫内脏组织 CAT 活性整体呈现出衡水>牛尾河>海河河口的趋势，其中衡水采样点水样暴露下 CAT 活性变化率最大，三个采样点在 100% 浓度下 CAT 活性相近。在 28d 暴露实验中，三个采样点变化规律相同，且衡水>牛尾河>海河河口。其中衡水与牛尾河、海河河口有显著性差异，牛尾河与海河河口在各浓度下 CAT 活性较为接近。三个采样点中同样衡水水样暴露下 CAT 活性变化率最大，牛尾河与海河河口变化率相似，但牛尾河在 15% 浓度（S2）下活性变化率较海河口大。这说明海河河口水样暴露对稀有鮈鲫影响较小，这一规律与 SOD 活性相同。比较 21d 与 28d 暴露实验发现，在衡水采样点中 28d CAT 活性小于 21d，并且 28d 实验中在高浓度下 CAT 活性呈现抑制性。CAT 活性在牛尾河采样点的变化规律是 21d 活性大于 28d，同样 21d 实验中 CAT 活性变化率较 28d 暴露大，但 28d 实验在高浓度下也表现出了 CAT 活性的抑制性。CAT 活性在海河河口采样点为 21d 大于 28d，两者变化规律相同，差异性不明显。

3.5.2 神经系统对污染物的响应

乙酰胆碱酯酶是一种主要存在于生物体的神经系统中的水解酶，其主要作用方式为通过水解作用控制神经元突触间的信息传递，并会进一步影响脑功能。因此 AChE 活性可用以表征污染物与其他因素对神经系统的胁迫作用。有研究已表明 AChE 特异性较强，主要用于环境中有机磷农药和氨基甲酸酯农药类生物毒性效应的指示。

研究中对稀有鮈鲫头部组织 AChE 在不同水样暴露下的活性进行了实验。结果表明三个采样点水样暴露下 AChE 活性较为接近，不存在差异性。在三个采样点中，AChE 活性均随水样浓度升高而降低，表现为抑制性，但基本不存在差异性。只有在牛尾河与海河河口高浓度（50%~100%）下 AChE 活性与对照组表现出显著差异性。三个采样点在暴露过程中 AChE 抑制率分别为衡水 21d，6.5%~21%，衡水 28d，8.1%~23%；牛尾河 21d，2.1%~19%，牛尾河 28d，3.2%~23%；海河河口 21d，0.5%~8.7%，海河河口 28d，

0.7%~9.1%。当 AChE 活性抑制率超过 20%时存在生物毒性，研究中 AChE 活性抑制率基本保持在 20%以下，可认为其生物毒性不存在。对比不同采样点抑制率结果发现，AChE 活性抑制率衡水>牛尾河>海河河口，并且 28d 大于 21d。AChE 活性对有机磷农药和氨基甲酸酯农药具有特异性，可以有效表征其对生物体的毒性，实验中 AChE 的变化表明水样中有机磷农药和氨基甲酸酯农药类污染物含量较低，对稀有鮈鲫神经系统的影响较低。这与水样化学分析结果相一致。实验中 AChE 表现出的抑制性可能为其他酶活性变化对其所造成的影响（图 3-10）。

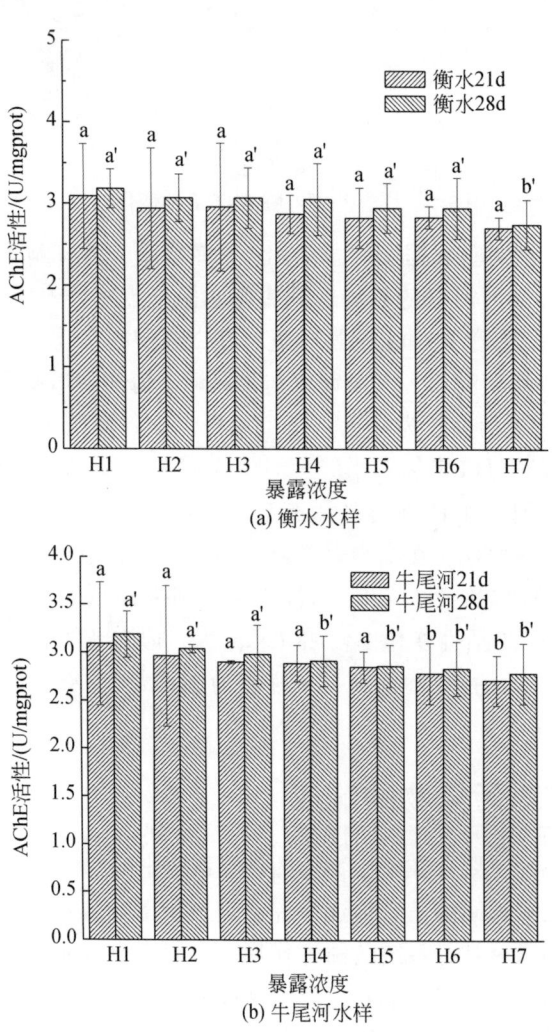

(a) 衡水水样

(b) 牛尾河水样

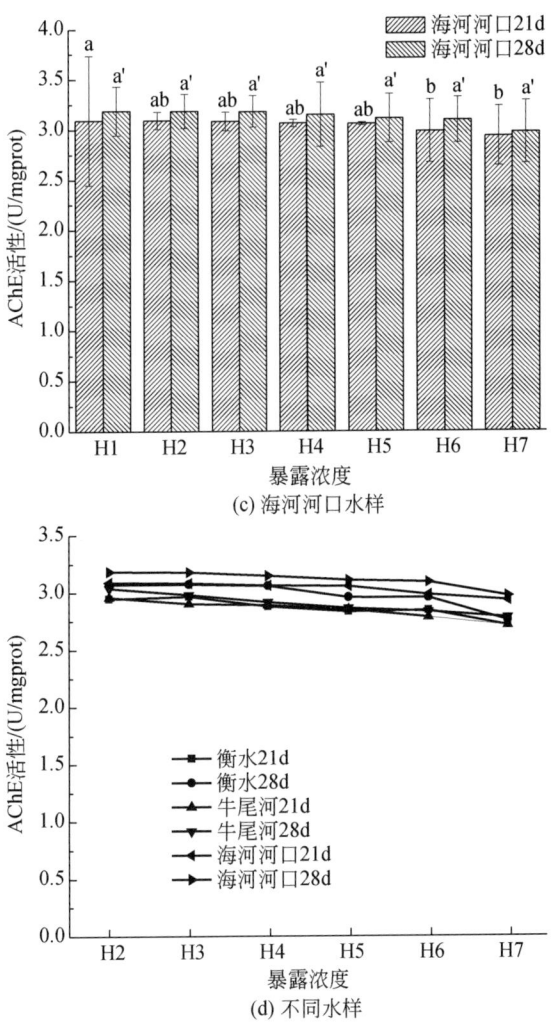

图 3-10 稀有鮈鲫头部 AChE 活性变化趋势

3.5.3 代谢指标对污染物的响应

(1) 稀有鮈鲫 GST 活性对污染物的响应

谷胱甘肽转移酶 3-11 是主要在肝脏中参与生物转化 II 相反应的生物酶。稀有鮈鲫在水样暴露下内脏 GST 活性的变化见图 3-11。在衡水 21d 暴露实验中，与对照组（S1）相比，稀有鮈鲫内脏组织变化趋势为先升高后降低，其中在水样为 15% 浓度（S2）下与对照组有显著性差异。在低浓度（15%~50%）下 GST 活性的诱导作用有加强趋势，但无显著性差异。当水样浓度升高到 50.6%（S5）时，GST 活性开始降低，并表现出抑制作用，并且抑制作用随暴露浓度升高而增强，存在显著性差异。GST 活性的诱导作用最强发生在 22.5% 浓度（S3）下，活性诱导率为 58%；GST 活性的抑制作用最强发生在 100% 浓度（S7）下，抑制率为 29%。实验中未出现鱼类死亡现象。在衡水 28d 暴露实验中，与对照组（S1）相比，稀有鮈鲫内脏组织变化趋势也为先升高后降低，其中在水样为15%浓度（S2）下与对照组有显著性差异，但在50.6%（S5）与76%（S6）浓度下GST活性降低，与对照组GST活性差异性消除。在低浓度（15%~50%）下GST活性的诱导作用有加强趋势，但无显著性差异。当水样浓度升高到50.6%（S5）时，GST活性开始降低，但并未表现出抑制作用；在100%浓度（S7）下，GST活性被抑制，抑制率为14%。衡水28d暴露实验中GST活性的诱导作用最强发生在22.5%浓度（S3）下，活性诱导率为116%。实验中未出现鱼类死亡现象。在衡水水样暴露中，稀有鮈鲫内脏GAT活性表现为先诱导后抑制的规律，并随时间延长，诱导率有所升高，活性抑制的浓度有所升高，这可能是鱼类对水样的适应性所致。

在牛尾河21d暴露实验中，与对照组（S1）相比，稀有鮈鲫内脏组织变化趋势同样表现为先升高后降低，其中在水样为22.5%浓度（S3）下与对照组发生显著性差异。在低浓度（15%~50%）下GST活性的诱导作用有加强趋势，且存在显著性差异。当水样浓度升高到50.6%（S5）时，GST活性开始降低，并在76%浓度（S6）下开始表现出抑制作用，抑制作用随暴露浓度升高而增强，存在显著性差异。GST活性的诱导作用最强发生在22.5%浓度（S3）下，活性诱导率为58%；GST活力的抑制作用最强发生在100%浓度（S7）下，抑制率为29%。实验中未出现鱼类死亡现象。在牛尾河28d暴露实验中，与对照组（S1）相比，稀有鮈鲫内脏组织变化趋势也为先升高后降低，其中在水样为15%浓度下（S2）与对照组有显著性差异，但在50.6%（S5）与76%（S6）浓度下GST活性降低，与对照组GST活性差异性消除。在低浓度（15%~50%）下GST活性的诱导作用有加强趋势，但无显著性差异。当水样浓度升高到50.6%（S5）时，GST活性开始降低，但并未表现出抑制作用，在100%浓度（S7）下，GST活性被抑制，抑制率为14%。牛尾河28d暴露实验中GST活性的诱导作用最强发生在22.5%浓度（S3）下，活性诱导率为116%，实验中未出现鱼类死亡现象。

在海河河口21d暴露实验中，与对照组（S1）相比，稀有鮈鲫内脏组织变化趋势同样表现为先升高后降低，其中在水样为15%浓度下（S2）与对照组发生显著性差异。在低浓度（15%~50%）下GST活性的诱导作用有加强趋势，且存在显著性差异。当水样浓度升高到50.6%时（S5），GST活性开始降低，但并未表现出抑制作用，GST活性随水样浓度升高而降低，此时GST活性水平与15%~50%浓度下相比无差异性。GST活性的诱导作用最强发生在50.6%浓度（S5）下，活性诱导率为132%；诱导作用最低发生在15%浓度（S2）下，诱导率为55%，在100%浓度水样中活性诱导率为64%。实验中未出现鱼类死亡现象。在海河河口28d暴露实验中，与对照组（S1）相比，稀有鮈鲫内脏组织变化趋势也为先升高后降低，其中在水样为22.5%浓度（S3）下与对照组有显著性差异，在76%浓度（S6）下GST活性开始降低，但并未出现GST活性抑制作用。诱导率最低发生在100浓度（S7）下，为10%，此时GST活性与对照组无差异。在低浓度（15%~50%）下GST活性的诱导作用有加强趋势，且存在显著性差异。牛尾河28d暴露实验中GST活性的诱导作用最强发生在50.6%浓度（S5）下。活性诱导率为106%，实验中未出现鱼类死亡现象。

对比三个采样点6组实验数据发现，在21d暴露实验低浓度（15%~50%）下，衡水>

牛尾河>海河河口，且差异性显著，在高浓度（50%~100%）下，GST 活性符合牛尾河>海河河口>衡水，牛尾河与后两者显著性差异。在 28d 暴露实验中，海河河口在所有浓度下 GST 活性均低于牛尾河与衡水，衡水与牛尾河 GST 活性变化的规律为低浓度衡水>牛尾河，高浓度牛尾河>衡水，且存在差异性。这可以说明三个采样点水质比较，海河河口水质较好，衡水下游质量最差，造成 GST 活性在衡水水样暴露实验中诱导作用较剧烈，并且随后出现酶活性被抑制的现象。比较 21d 与 28d 暴露实验发现，在衡水采样点两者从 33.7% 浓度（S4）下开始存在显著性差异，且 28d 大于 21d，这显示出 28d 暴露实验下水样对鱼类新陈代谢造成的影响更为明显，其后期酶活性的升高趋势可能为鱼类对水样的适应性所致。在牛尾河采样点两者也从 33.7% 浓度（S4）下开始存在显著性差异，但在 50.6 浓度（S5）下由于两条曲线变化趋势使得该点 GST 活性相近，差异性不显著。在海河河口采样点两者从 33.7% 浓度（S4）下开始存在显著性差异，且 21d 大于 28d（图 3-11）。

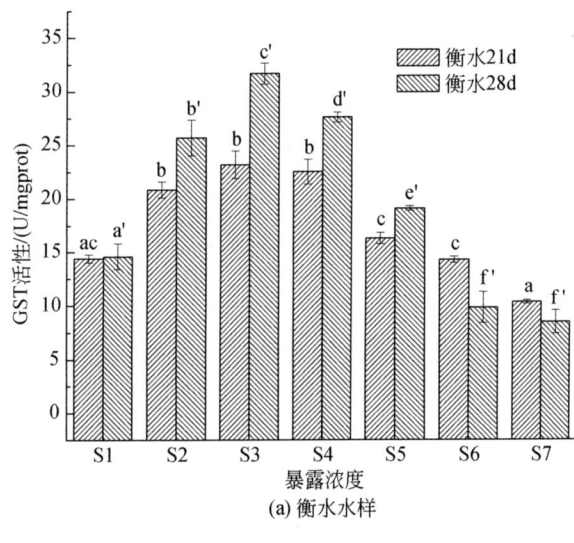
(a) 衡水水样

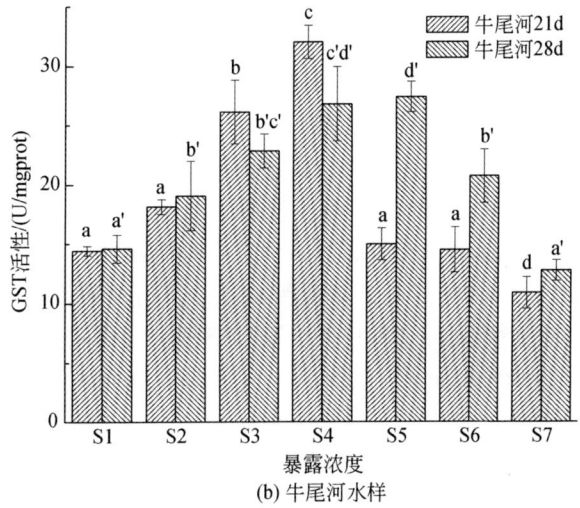
(b) 牛尾河水样

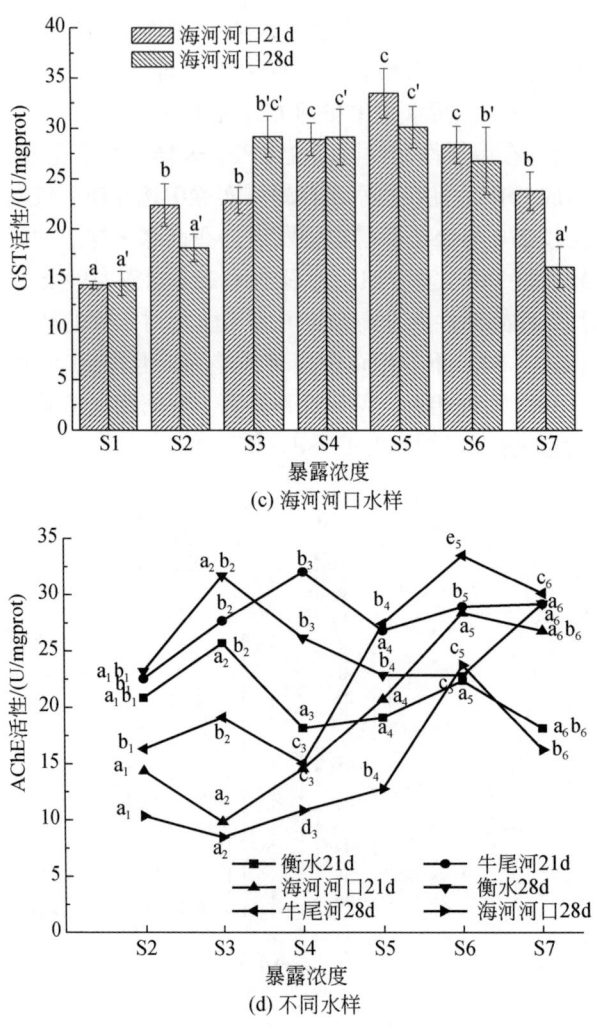

图 3-11 稀有鮈鲫内脏 GST 活性变化趋势

（2）稀有鮈鲫 EROD 活性对污染物的影响

以催化外源性化合物代谢为主要作用的肝脏细胞色素氧化酶 P450 系统，在生物机体遭受污染物胁迫时可以增加底物的亲水性，促进细胞对其的排泄。研究表明，EROD 作为 P4501A 族的一种重要氧化酶，是评价有机污染物对生物体毒性的重要指示物。壬基酚、二噁英等有机物均会对 EROD 活性产生影响。研究中稀有鮈鲫在水样暴露下内脏 EROD 活性的变化规律如图 3-12 所示。在衡水 21d 暴露实验中，与对照组（S1）相比，稀有鮈鲫内脏组织 EROD 活性变化趋势同样表现出先升高后降低。其中在水样为 22.5% 浓度（S3）下开始被诱导，且随浓度增加而加强。EROD 活性诱导作用在 50.6% 浓度（S5）下最强，诱导率为 39%，其后活性开始下降，至 100% 浓度（S7）时 EROD 活性被抑制，抑制率为 3.0%。实验中未出现鱼类死亡现象。在衡水 28d 暴露实验中，与对照组（S1）相比，稀有鮈鲫内脏组织 EROD 活性变化趋势为先升高后降低。EROD 活性诱导作用在 33.7% 浓度

(S4）下最强，诱导率为35%，其后活性开始随水样浓度升高而下降，至100%浓度（S7）时发生抑制作用，抑制率为10%。实验中最低诱导率出现在76%浓度（S6）下，诱导率为7.2%。实验中未出现鱼类死亡现象。

在牛尾河21d暴露实验中，与对照组（S1）相比，稀有鮈鲫内脏组织EROD活性变化趋势为随水样浓度升高而升高，活性被诱导到一定程度不再发生变化。其中在水样为15%浓度（S2）下与对照组有显著性差异，EROD活性开始被诱导，并且随浓度增加而加强。当水样浓度升高到50.6%（S5）时，EROD活性开始保持一定的水平不再发生变化，也未表现出抑制性。此时EROD活性的诱导率为53%~57%，诱导作用最低发生在15%浓度（S2）下，诱导率为16%。这可能是由于随着水样浓度的升高，有机污染物在鱼体内积累量得以增加，芳香基受体达到饱和，因此EROD活性的诱导也达到了平衡，活性不再发生

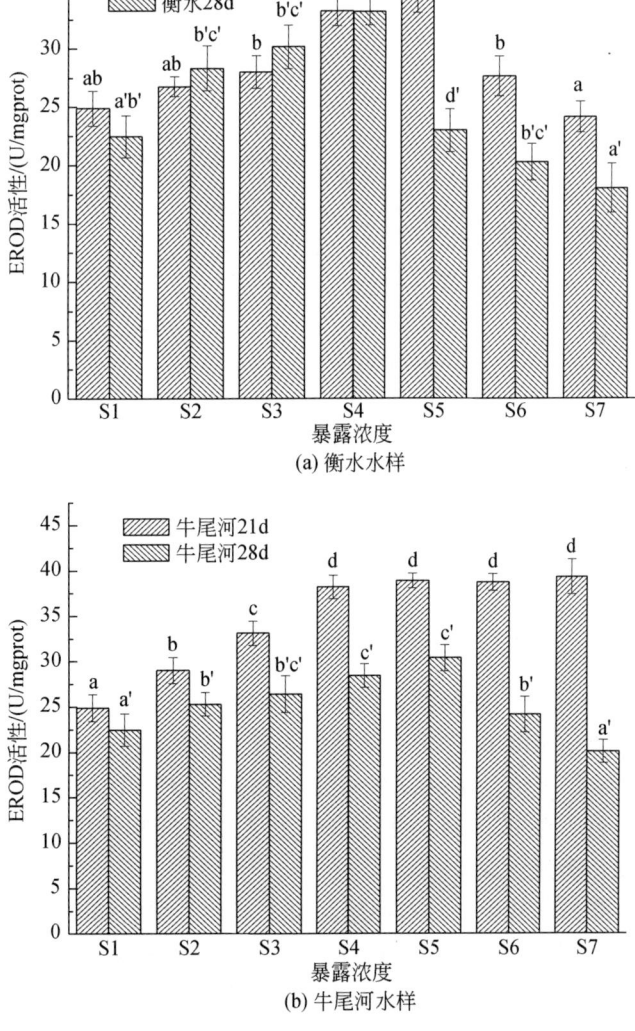

(a) 衡水水样

(b) 牛尾河水样

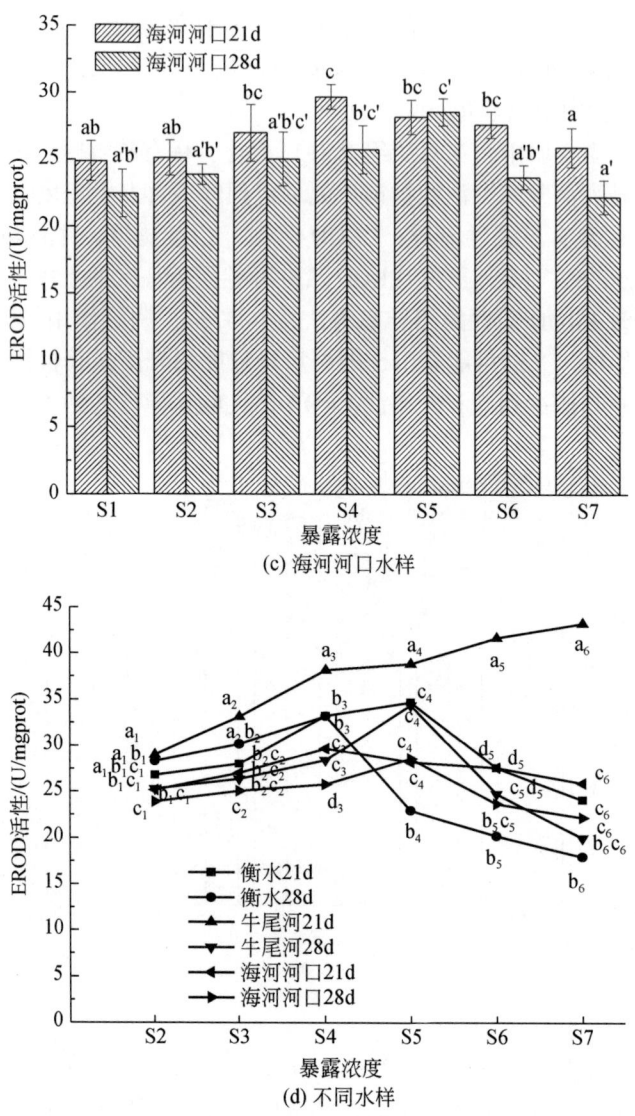

图 3-12 稀有鮈鲫内脏 EROD 活力变化趋势

大幅度的变化。实验中未出现鱼类死亡现象。在牛尾河 28d 暴露实验中，与对照组（S1）相比，稀有鮈鲫内脏组织 EROD 活性变化趋势为先升高后降低。其中在水样为 15% 浓度（S2）下活性开始被显著诱导。在 50.6%（S5）浓度下 EROD 活性诱导率达到最大，为 47%。此后 EROD 活性开始被抑制，并随水样浓度升高抑制作用加强，抑制率为 9%～19%。实验中未出现鱼类死亡现象。

在海河河口 21d 暴露实验中，与对照组（S1）相比，稀有鮈鲫内脏组织 EROD 活性变化趋势表现为先升高后降低，其中在水样为 22.5% 浓度（S3）下开始与对照组发生显著性差异。在 33.7% 浓度之下 EROD 活性的诱导作用有加强趋势，诱导作用在 33.7% 浓度（S3）下最强，诱导率为 19%。其后 EROD 活性开始随水样浓度升高而降低，至 100% 浓度（S7）时诱导率降至 4.2%。为最低诱导率，暴露过程中未出现活性的抑制作用，实验中未出现鱼类死亡现象。在海河河口 28d 暴露实验中，与对照组（S1）相比，稀有鮈鲫内脏组织 EROD 活性变化趋势也为先升高后降低，但不同浓度暴露下的 EROD 活性不存在显著性差异。EROD 活性诱导作用在 22.5% 浓度（S3）下最强，诱导率为 27%，其后活性开始随水样浓度升高而下降，至 100% 浓度（S7）时呈现出抑制作用，抑制率为 1%。实验中未出现鱼类死亡现象（图 3-12）。

对比 3 个采样点 6 组实验数据发现，在 21d 暴露实验中，稀有鮈鲫内脏组织 EROD 活性整体呈现出牛尾河>衡水>海河河口的趋势，其中牛尾河采样点水样暴露下 EROD 活性被诱导，未出现抑制作用，并且与衡水、海河河口采样点表现出显著性差异。在 28d 暴露实验中，3 个采样点变化规律相同，其中衡水采样点暴露下呈现出了明显的抑制作用，牛尾河采样点暴露高浓度下也表现出了抑制作用，海河河口活性变化不明显。其中衡水采样点下活性变化率最大。比较 21d 与 28d 暴露实验发现，在衡水采样点中 EROD 活性由 28d 大于 21d 随浓度升高变化为 21d 大于 28d，其中在 21d 暴露实验中 EROD 活性表现出了较高的诱导性，并且在高浓度水样暴露下诱导性没有被抑制。CAT 活性在海河河口采样点为 21d 活力大于 28d，两者变化规律相同，差异性不明显。

3.5.4 对污染物的生态响应

总体来看，5 种酶活性在暴露实验下显示出了不同的变化。其中 GST、SOD、CAT 与 EROD 活性均在暴露下呈现出了先被诱导后被抑制的规律，AChE 活性的变化趋势为在污染胁迫下被抑制。在 21d 暴露实验中，GST（S）、CAT（H）、CAT（S）活性变化均表现为衡水>牛尾河>海河河口，AChE 活性抑制率也为衡水>牛尾河>海河河口。SOD（H）、SOD（S）活性变化规律为海河河口>衡水>牛尾河，EROD 活性变化规律为牛尾河>衡水>海河河口。在 28d 暴露实验中，EROD（S）、CAT（S）活性与 AChE 活性抑制率变化规律为衡水>牛尾河>海河河口，CAT（H）活性变化为牛尾河>海河河口>衡水。GST（S）、SOD（H）、SOD（S）活性在三个采样点中的变化趋势均在高浓度时发生改变。21d 实验中衡水的高活性表明其水质对稀有鮈鲫新陈代谢影响较大，使得活性被高倍诱导以消除污染物胁迫带来的影响。在 28d 实验中衡水采样点不再表现出整体的高活性，尤其在高浓度暴露下其更多表现为抑制性，这同样表明衡水采样点对受试生物的影响较大。在 21d 实验中，海河河口中多种活性诱导率均为最低，表明海河河口水质对受试生物新陈代谢影响较小。比较 21d 与 28d 暴露实验发现，21d 实验中活性变化率较高，而 28d 实验中活性变化的低变化率一方面是由于再长时间暴露下有些活性被抑制造成的，还有些可能是由于鱼类在长时间暴露下对水样产生的适应性。

3.6 稀有鮈鲫酶活性指标对水质状况的响应机制

3.6.1 酶活性指标对不同污染因子的响应

应用逐步多元回归分析，对稀有鮈鲫活性指标对水体中不同污染因子的响应关系进行了进一步探讨。为确保数据计算与检验的准确性，对因变量（Y）活性指标进行了正态分布检验。选定的水质因子包括$\sum$HM、$\sum$PAH、$\sum$NP+BPA、$\sum$Estrogen、TN、TP、Chla、NO_3^-、NH_4^+，与前文中进行采样点聚类分析的水质因子相同。分别对21d与28d暴露实验中的GST（S）、SOD（H）、SOD（S）、CAT（H）、CAT（S）、AChE（H）、EROD（S）指标进行逐步多元回归，依据回归分析结果拟合出最优回归方程（表3-11）。在14个生物指标中，经过逐步多元回归得到了6个回归模型，分别为GST（S）21d、GST（S）28d、SOD（H）21d、SOD（S）21d、CAT（S）21d、EROD（S）21d。结果表明，GST（S）21d与$\sum$HM、$\sum$PAH显著相关，拟合方程的决定系数（R^2）为0.612；GST（S）28d与$\sum$HM显著相关，拟合方程的决定系数为0.676；SOD（H）21d与$\sum$HM、TP显著相关，拟合方程的决定系数为0.922；SOD（S）21d与$\sum$HM、TP显著相关，拟合方程的决定系数为0.899；CAT（S）21d与$\sum$HM、Chla显著相关，拟合方程的决定系数为0.755；EROD（S）21d与$\sum$PAH显著相关，拟合方程的决定系数为0.775。由此可见，影响暴露实验中酶活性的水质因子主要为$\sum$HM、$\sum$PAH、TP、Chla。对生物指标回归方程进行拟合之后根据式（3-9）计算剩余因子，各项酶活性指标的剩余因子分布在0.279~0.622，该值较大，说明对酶活性特征的影响因素不仅有上述水质因子，还有其他方面的影响因子没有考虑到，有待进一步研究。

$$e = \sqrt{1-R^2} \qquad (3-9)$$

表3-11　鱼类酶活性指标对不同污染因子的回归模型

酶活性指标	回归方程	R^2
GST（S）21d	$Y=-0.161\times\sum HM+8.572\times\sum PAH+22.224$	0.612
GST（S）28d	$Y=-0.029\times\sum HM+23.908$	0.676
SOD（H）21d	$Y=-0.013\times\sum HM+3.086\times TP+3.332$	0.922
SOD（S）21d	$Y=-0.012\times\sum HM+2.832\times TP+3.403$	0.899
CAT（S）21d	$Y=-0.703\times\sum HM+13.466\times Chla+75.439$	0.755
EROD（S）21d	$Y=0.254\times\sum PAH+26.934$	0.775

考虑到水质因子之间的相互作用关系同样可对稀有鮈鲫造成影响，因此，研究采用通径系数进一步分析水质因子的相互作用对稀有鮈鲫活性的影响。结果表明$\sum$HM与$\sum$PAH对GST（S）21d的直接影响为$\sum$HM大于$\sum$PAH，而间接通经系数为$\sum$PAH大于$\sum$HM。

∑HM 与 TP 对 SOD（S）21d 的直接影响为 ∑HM 大于 TP，间接通径系数表现为相反的趋势。∑HM 与 TP 对 SOD（H）21d 的直接影响为 ∑HM 大于 TP，间接通径系数表现为相反的趋势。∑HM 与 Chla 对 CAT（S）21d 的直接影响为 ∑HM 大于 Chla，间接通径系数表现为相反的趋势（表 3-12～表 3-15）。

表 3-12　GST（S）21d 指标与水质因子的通径系数分析

水质因子	相关系数	直接通径系数	间接通径系数 ∑HM	间接通径系数 ∑PAH	合计
∑HM	-0.513	-2.766	—	2.254	2.254
∑PAH	-0.441	2.286	-2.737	—	-2.737

表 3-13　SOD（H）21d 指标与水质因子的通径系数分析

水质因子	相关系数	直接通径系数	间接通径系数 ∑HM	间接通径系数 TP	合计
∑HM	-0.844	-5.654	—	4.808	4.808
∑TP	-0.797	4.832	-5.626	—	-5.626

表 3-14　SOD（S）21d 指标与水质因子的通径系数分析

水质因子	相关系数	直接通径系数	间接通径系数 ∑HM	间接通径系数 TP	合计
∑HM	-0.869	-4.845	—	3.974	3.974
∑TP	-0.830	3.994	-4.821	—	-4.821

表 3-15　CAT（S）21d 指标与水质因子的通径系数分析

水质因子	相关系数	直接通径系数	间接通径系数 ∑HM	间接通径系数 Chla	合计
∑HM	0.557	-2.273	—	1.716	1.716
Chla	-0.390	1.789	-2.180	—	-2.180

3.6.2　酶活性生物指标指数的建立

（1）综合污染评价

由前文所述对 16 个水体采样点进行聚类分析后，在得到的三类采样点中各选择一个，分别为衡水市下游、牛尾河、海河河口进行稀有鮈鲫暴露实验。对三个采样点的常规水质、重金属、多环芳烃与环境激素类进行综合污染评价。

对常规水质的污染评价采用综合水质指数（WQI）法。WQI 法首先需要各参数标准化分数与相对权重的确定。水质参数的权重划分参考本课题组的相关研究，其中 C_i 的确定主要参考国家地表水标准。WQI 的计算公式为

$$\mathrm{WQI_{sub}} = k \frac{\sum_{i=1}^{n} C_i P_i}{\sum_{i=1}^{n} P_i} \tag{3-10}$$

式中，C_i 为 i 参数标准化分数；P_i 为权重，P_i 划分为 4 个等级，1 表示该参数在综合水质指数中重要性较低，4 表示该参数较为重要；k 值（0.25~1）为常数，主要用于表征水体污染的感官印象，k 值越大，表示水体看起来越澄清。研究中 k 值取 1，不考虑其变化。因此 WQI 计算公式为

$$\mathrm{WQI} = \frac{\sum_{i=1}^{n} C_i P_i}{\sum_{i=1}^{n} P_i} \tag{3-11}$$

研究中 WQI 建立所选取的水质因子及其标准化分数与权重见表 3-16。

表 3-16　水质因子标准化分数及相对权重

水质因子	P_i	\multicolumn{6}{c}{C_i}
		100	80	60	40	20	0
DO/(mg/L)	4	≥7.5	≥6	≥5	≥3	≥2	<1
氨氮/(mg/L)	3	≤0.15	≤0.5	≤1.0	≤1.5	≤2.0	>3.0
TP（湖泊）/(mg/L)	2	≤0.02	≤0.1	≤0.2	≤0.3	≤0.4	>0.5
TN/(mg/L)	2	≤0.2	≤0.5	≤1.5	≤3	≤4	>5
NO_3^--N/(mg/L)	2	0.5	6	10	15	20	50
Chla/(mg/m³)	2	≤6	≤8	≤10	≤100	≤150	>200

对重金属多环芳烃与环境激素的污染状况评价采用综合污染指数法。重金属的评价标准依据国家地表水水质（GB3838—2002）Ⅱ类水标准，并结合欧盟地表水水质标准（表 3-17）。

表 3-17　水体金属污染评价标准　　　　　　　　　　（单位：mg/L）

Cd	Co	Cr	Cu	Mn	Ni	Pb	Zn
0.01	0.005	1	1	0.1	0.02	1	2

对多环芳烃的污染状况评价主要依据为 10 种多环芳烃的最低效应浓度，其后曹志国等（2010a）研究认为，当 PAH 单体的风险值（检出浓度/最低效应浓度）小于 1 时，认为该 PAH 单体不存在风险；当风险值处于 1~100 时，表示该单体存在中等水平风险；当风险值大于 100 时，则为高风险。由于 ∑PAH 存在 16 种单体，因此认为总风险值小于 16 时为低风险水平，总风险值处于 16~800 时为中等风险，总风险值大于 800 时 PAH 风险水平较高。其标准值见表 3-18。

表 3-18　水体 10 种多环芳烃单体的评价标准　　　　　（单位：ng/L）

多环芳烃单体	萘	二氢苊	苊	芴	菲	蒽	荧蒽	芘	苯并[a]蒽	䓛
最低效应浓度	12.0	0.7	0.7	0.7	3.0	0.7	3.0	0.7	0.1	3.4

对环境激素污染状况的评价主要依据为其预测无影响浓度（PNEC），结合文献中 6 种环境激素的 PNEC 标准见表 3-19（中国城市污水处理厂内分泌干扰物控制优先性分析）。

表 3-19　水体中 6 种环境激素的评价标准　　　　　（单位：ng/L）

环境激素	NP	BPA	DES	EE2	E2	E1
最低效应浓度	32 000	118	100	0.002	1 000	0.16

三个采样点 WQI 指数计算结果为衡水 28，牛尾河 18.67，海河河口 69.33。WQI 指数越大，表示该点水质越好，为与其他类别污染物污染评价指数保持一致，取 WQI 满分 100 与各采样点差值表示其常规水质污染状况，结果为衡水 72，牛尾河 81.33，海河河口 30.67。三个采样点重金属污染指数计算结果为衡水 3090.655，牛尾河 1770.21，海河河口 289.675；多环芳烃污染指数计算结果为衡水 2754.419，牛尾河 1082.619，海河河口 1437.542；环境激素污染指数计算结果为衡水 0.423，牛尾河 905.958，海河河口 0.070。

在计算 WQI、重金属、多环芳烃、环境激素污染指数时，所采用的相应评价标准已将污染物的毒性、权重等因素考虑在内，因此在计算综合污染指数时各类污染物的权重均为 1。计算后三个采样点综合污染指数分别为 $P_{衡水} = 5917.497$，$P_{牛尾河} = 3840.12$，$P_{海河河口} = 1757.954$。三个采样点的综合污染指数计算结果与聚类分析结果相一致。

（2）酶活性生物指数的建立

分别对 21d 与 28d 暴露实验下酶活性生物指数与综合污染指数的相关性进行逐步多元线性回归。21d 暴露实验中筛选出可以显著反映综合污染指数的酶活性生物指标为 AChE（H）21d，EROD（S）21d，CAT（S）21d；28d 暴露实验中筛选出可以显著反映综合污染指数的酶活性生物指标为 AChE（H）28d，EROD（S）28d。所拟合的多元线性回归方程分别为

21d：$P = -3161.915 \times AChE（H）21d + 173.411 \times EROD（S）21d - 68.733 \times CAT（S）21d + 7703.546$

28d：$P = -4782.300 \times AChE（H）28d - 106.774 \times EROD（S）28d + 19\,301.371$

两个方程的决定系数分别为 0.952 与 0.955。两组数据的多元回归分析结果见表 3-20 和表 3-21。

表 3-20　21d 暴露实验酶活性生物指数逐步多元回归分析结果

模型	非标准化系数		标准系数		
	B	标准误差	试用版	t	显著性
常量	7703.546	2292.223	—	3.361	0.004
AChE 21d	−3 161.915	558.771	−0.545	−5.659	0.000

续表

模型	非标准化系数		标准系数	t	显著性
	B	标准误差	试用版		
EROD 21d	173.411	33.081	0.589	5.242	0.000
CATS 21d	−68.733	16.970	−0.379	−4.050	0.001

表 3-21　28d 暴露实验酶活性生物指数逐步多元回归分析结果

模型	非标准化系数		标准系数	t	显著性
	B	标准误差	试用版		
常量	19 301.312	1 337.205	—	14.434	0.000
AChE 28d	−4 782.300	399.644	−0.871	−11.966	0.000
EROD 28d	−106.774	27.310	−0.285	−3.910	0.001

3.6.3　基于酶活性生物指数的评价

对三个采样点的酶活性指标分别应用公式，计算三个采样点在 21d 与 28d 下的生物指数，结果见表 3-22。

表 3-22　三个采样点在暴露实验中生物指数

采样点	衡水市下游	牛尾河	海河河口
21d	5205.1	2267.806	1547.173
28d	4370.728	4123.252	1763.421

比较发现，三个采样点的生物指数均符合衡水>牛尾河>海河河口的规律，可见三个采样点的综合污染状况为衡水最差，牛尾河次之，海河河口水质状况最好。这与对采样点进行聚类分析的结果相一致。比较 21d 与 28d 生物指数，发现在衡水采样点 28d 生物指数较 21d 有降低趋势，表明在该点长时间的暴露稀有鮈鲫对水样污染状况具有一定的适应性。在牛尾河采样点，28d 生物指数较 21d 有明显升高趋势，说明在 28d 暴露实验下，水样对稀有鮈鲫的影响比较大。海河河口 21d 与 28d 生物指数变化不大，这可能是因为海河河口水质较好，21d 与 28d 暴露对稀有鮈鲫的影响差异性不大。由此可见，暴露时间与水质污染状况均会对生物指数造成影响，因此选择适合的暴露时间对生物毒性效应具有重要意义。

3.7　小　结

通过环境模拟，采用原位及稀释水体样品，在 0~48L/min 流量条件下进行鱼类暴露实验，通过测定体长增长、CAT、SOD、AChE、GST 和 EROD 活性，能够反映流量和污染胁迫对生长期内鱼类生长、抗氧化系统、神经传导和污染代谢能力的影响规律，且实验条件适用于子牙河水系。

对于锦鲤种群，抗氧化酶活性对流量和污染呈现不同响应关系。污染物对 CAT 活性呈现先诱导后抑制的作用，低流量对 CAT 活性存在诱导作用，较高流量表现为抑制作用；污染和流量胁迫对锦鲤脑组织和内脏 SOD 活性存在抑制作用。污染对锦鲤神经传导能力存在抑制作用，流量对其存在显著诱导作用。污染和流量对锦鲤污染代谢能力存在诱导作用。

对于稀有鮈鲫种群，GST、SOD、CAT 与 EROD 活性均在暴露下呈现出了先被诱导后被抑制的规律，AChE 活性的变化趋势为在污染胁迫下被抑制。依据综合污染指数与鱼类酶活性指标建立生物指数以指示采样点的综合污染状况，并对暴露水样综合污染状况进行评价，结果为衡水综合污染状况最差，牛尾河次之，海河河口最好。

第 4 章　人工生物膜群落对人为干扰的响应

海河流域水环境恶化导致鱼类种群难以生存,而生物膜群落在水生态系统的营养物质循环和能量循环中发挥重要的作用,并且生物膜群落对于水环境条件的变化极为敏感,并广泛存在于流域不同生态单元中。生物膜群落由多种生物种群组成,可以快速反映水生态系统的健康状况,本章通过人工生物膜群落对复合污染与人为干扰的的响应研究,初步构建了基于人工生物膜群落的生物完整性指数。

4.1　子流域生物膜群落年内变化

研究以活性碳纤维为基质,收集白洋淀流域(包括府河、上游水库和白洋淀淀区)(图 4-1)不同季节的生物膜群落样本,并对其结构、功能属性进行检测,白洋淀流域湖库的采样时间分别为 2009 年 8 月(水温 26.4~27.6℃),2009 年 10 月(15.1~18.0℃),2010 年 4 月(6.8~8.1℃)和 2010 年 6 月(20.4~22.5℃),府河的采样时间为 2010 年 6 月(21.6~23.1℃)和 11 月(7.4~8.9℃),分析白洋淀流域生物膜群落生长的时空变化规律。监测期间,白洋淀生物膜群落结构、功能指标范围见表 4-1。

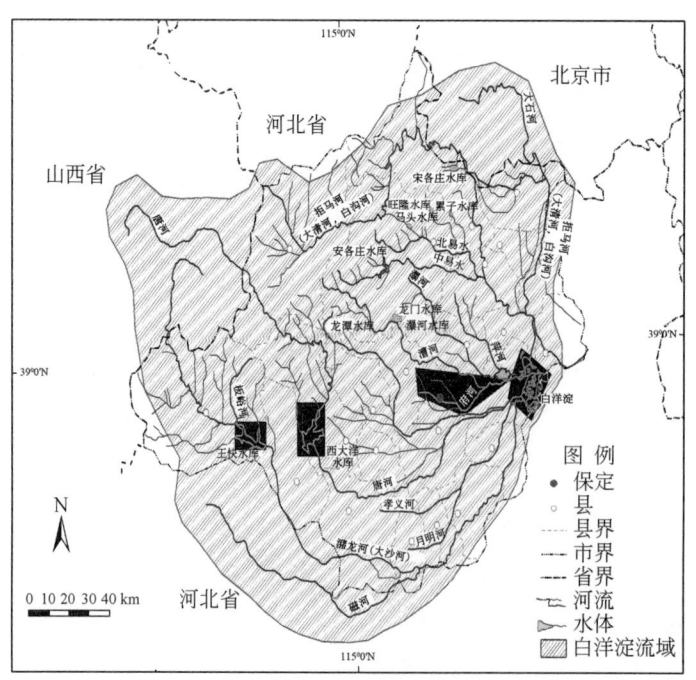

图 4-1　白洋淀流域图

表 4-1　白洋淀流域生物膜群落各指标范围

指标	范围	时间$_{最大值}$	时间$_{最小值}$	样点$_{最大值}$	样点$_{最小值}$
AD/(10^4cells/cm^2)	14.50~115.75	2010.6	2010.4	安新桥	王快
Chla/(μg/cm^2)	0.017~0.679	2009.10	2010.4	端村	烧车淀
Chlb/(μg/cm^2)	0.001~0.317	2009.10	2010.4	入淀口	烧车淀
Chlc/(μg/cm^2)	0.005~0.098	2009.10	2010.4	端村	南刘庄
Chlb/a	0.027~0.672	2009.8	2010.6	南刘庄	枣林庄
Chlc/a	0.011~0.806	2009.8	2010.4	西大洋	入淀口
BAC/%	4.3~63.0	2010.6	2010.4	南孙村	西大洋
CHL/%	30.0~67.6	2010.4	2010.4	入淀口	西大洋
CYA/%	6.9~50.4	2010.4	2010.6	南孙村	王快
APA/[nmol/(cm^2·h)]	0.088~5.078	2010.8	2010.6	望亭	枣林庄
GLU/[nmol/(cm^2·h)]	0.017~3.120	2010.8	2010.6	入淀口	王快
LEU/[nmol/(cm^2·h)]	0.009~5.041	2010.6	2010.8	南孙村	枣林庄
PSC/(μg/cm^2)	3.9~330.9	2009.10	2009.10	入淀口	王快
H	1.07~2.48	2010.6	2010.11	烧车淀	望亭
E	0.667~0.986	2010.4	2010.6	采蒲台	安州
Dmg	0.402~1.098	2010.4	2009.10	烧车淀	南刘庄
D	0.102~0.398	2010.6	2010.6	南刘庄	王快
GPP/(mgO$_2$·m^2/d)	78.8~1155.3	2010.4	2010.6	安新桥	烧车淀
R_{24}/(mgO$_2$·m^2/d)	192.1~3981.2	2009.6	2009.10	安新桥	王快
NPP/(mgO$_2$·m^2/d)	-3056~20.5	2009.10	2010.6	端村	安州

注：AD 为藻密度；Chla 为叶绿素 a；Chlb 为叶绿素 b；Chlc 为叶绿素 c；Chlb/a 为叶绿素 b/叶绿素 a；Chlc/a 为叶绿素 c/叶绿素 a；BAC 为硅藻比例；CHL 为绿藻比例；CYA 为蓝藻比例；APA 为碱性磷酸酶；GLU 为 β-葡萄糖苷酶；LEU 为亮氨酸氨基肽酶；PSC 为多糖含量；H 为 Shannon 多样性指数；E 为 Shannon 均匀度指数；Dmg 为 Margalef 丰富度指数；D 为 Berger_Parker 优势度指数；GPP 为总初级生产力；R_{24} 为日呼吸速率；NPP 为净初级生产力。

综合分析白洋淀流域（府河、淀区、水库），可以看出生物膜群落特征与季节密切相关。总体上，白洋淀流域（包括府河、淀区和水库）生物膜群落的藻密度、Chlb/a、绿藻比例、碱性磷酸酶和葡萄糖苷酶活性、细菌优势度指数、初级生产力、呼吸速率和净初级生产力在冬季显著低于夏季和秋季，而硅藻比例和细菌均匀度指数在冬季显著高于夏季。对生物膜群落特征与温度进行 Person 相关性分析，结果表明，除了 Chla、Chlb、亮氨酸氨基肽酶、多糖含量、细菌丰富度指数，其余生物膜群落指标与温度变化显著相关（$P<0.05$）。

在白洋淀淀区和上游水库，对不同时间采集的生物膜群落各结构、功能指标进行单因素方差分析，结果表明不同季节生物膜群落生长具有显著差异。所有检测的指标中，除了 Chlc/a（$P=0.249$），其余各指标在不同季节都存在显著差异（$P<0.05$）。从表 4-2 中可以看出，各指标随季节变化规律各不相同。其中藻密度、Chlb/a、绿藻比例在 4 月季显著低于其他时间；Chla、Chlb 都是在 10 月最高；硅藻比例在 6 月、8 月<10 月<4 月（$P<0.05$）；蓝藻比例、初级生产力和呼吸速率则在 10 月、4 月<6 月、8 月（$P<0.05$）；碱性磷酸酶活性在 4 月<8 月和 10 月（$P<0.05$）；β-葡萄糖苷酶活性在 4 月和 6 月<10 月<8 月

(P<0.05);亮氨酸肽酶活性和细菌优势度指数在 4 月、8 月<6 月和 10 月 (P<0.05);多糖含量在 6 月显著低于 10 月,而其他采样时间彼此没有显著差异;细菌多样性指数(H)和均匀度指数在 8 月<6 月和 10 月<4 月 (P<0.05);细菌丰富度指数在 8 月、10 月<4 月和 6 月 (P<0.05);初级生产力在 4 月<10 月<6 月<8 月 (P<0.05);NPP 在 6 月和 8 月<4 月<10 月 (P<0.05)。

表 4-2 白洋淀湖泊和上游水库生物膜群落各指标季节变化差异性分析

指标	时间	均值	最小值	最大值
AD/(10^4cells/cm^2)	2009.8	69.117[a]	30.500	107.000
	2009.10	64.659[a]	24.000	107.500
	2010.4	25.681[b]	14.500	41.500
	2010.6	54.369[a]	22.500	98.750
Chla/(μg/cm^2)	2009.8	0.088[a]	0.035	0.198
	2009.10	0.279[b]	0.061	0.679
	2010.4	0.133[a]	0.017	0.475
	2010.6	0.097[a]	0.035	0.246
Chlb/(μg/cm^2)	2009.8	0.033[a]	0.001	0.091
	2009.10	0.116[b]	0.010	0.317
	2010.4	0.018[a]	0.001	0.087
	2010.6	0.043[a]	0.009	0.117
Chlc/(μg/cm^2)	2009.8	0.025[a]	0.014	0.039
	2009.10	0.048[b]	0.014	0.098
	2010.4	0.013[c]	0.005	0.073
	2010.6	0.026[a]	0.021	0.034
Chlb/a	2009.8	0.331[a]	0.027	0.473
	2009.10	0.350[a]	0.134	0.505
	2010.4	0.078[b]	0.037	0.228
	2010.6	0.371[a]	0.216	0.672
Chlc/a	2009.8	0.406	0.075	0.806
	2009.10	0.343	0.021	0.696
	2010.4	0.291	0.011	0.569
	2010.6	0.378	0.087	0.686
BAC/%	2009.8	18.140[a]	7.800	37.000
	2009.10	29.703[b]	9.200	51.500
	2010.4	39.963[c]	14.500	63.000
	2010.6	20.340[a]	8.900	41.900

续表

指标	时间	均值	最小值	最大值
CHL/%	2009.8	57.310[a]	45.000	67.600
	2009.10	53.843[a]	38.900	64.000
	2010.4	47.690[b]	30.000	67.600
	2010.6	57.413[a]	41.100	65.500
CYA/%	2009.8	24.550[a]	15.000	39.300
	2009.10	16.453[b]	8.600	27.800
	2010.4	12.347[b]	6.900	19.900
	2010.6	22.247[a]	12.500	35.400
APA/[nmol/(cm^2·h)]	2009.8	0.960[a]	0.088	2.624
	2009.10	1.167[c]	0.703	2.350
	2010.4	0.384[b]	0.216	0.644
	2010.6	0.652[ab]	0.110	1.521
GLU/[nmol/(cm^2·h)]	2009.8	1.565[a]	0.430	3.120
	2009.10	1.003[b]	0.035	2.496
	2010.4	0.133[c]	0.045	0.270
	2010.6	0.225[c]	0.017	0.630
LEU/[nmol/(cm^2·h)]	2009.8	1.303[a]	0.009	2.989
	2009.10	2.011[b]	0.078	4.587
	2010.4	0.763[a]	0.110	1.540
	2010.6	2.109[b]	1.040	3.650
PSC/(μg/cm^2)	2009.8	49.083[ab]	0.020	0.095
	2009.10	68.490[a]	0.004	0.330
	2010.4	50.840[ab]	0.010	0.108
	2010.6	30.870[b]	0.011	0.053
H	2009.8	1.769[a]	1.479	2.097
	2009.10	1.995[b]	1.707	2.276
	2010.4	2.187[c]	1.934	2.454
	2010.6	2.052[bc]	1.423	2.477
E	2009.8	0.816[a]	0.709	0.899
	2009.10	0.901[b]	0.847	0.982
	2010.4	0.957[c]	0.902	0.986
	2010.6	0.897[b]	0.757	0.960

续表

指标	时间	均值	最小值	最大值
Dmg	2009.8	0.735[a]	0.507	0.948
	2009.10	0.642[a]	0.402	0.881
	2010.4	0.871[b]	0.661	1.098
	2010.6	0.832[b]	0.603	0.999
D	2009.8	0.277[a]	0.226	0.352
	2009.10	0.180[b]	0.150	0.219
	2010.4	0.217[a]	0.150	0.296
	2010.6	0.260[b]	0.102	0.398
GPP/(mgO$_2$·m^2/d)	2009.8	541.097[a]	395.200	708.200
	2009.10	325.923[b]	189.400	413.200
	2010.4	128.579[c]	78.830	195.780
	2010.6	446.673[d]	201.900	800.900
R_{24}/(mgO$_2$·m^2/d)	2009.8	909.810[a]	649.200	1605.400
	2009.10	428.547[b]	192.100	899.300
	2010.4	370.379[b]	280.760	487.650
	2010.6	827.702[a]	589.320	1081.250
NPP/(mgO$_2$·m^2/d)	2009.8	−368.7[a]	−908.0	−69.7
	2009.10	−102.6[c]	−498.7	20.5
	2010.4	−241.8[b]	−318.5	−140.9
	2010.6	−381.0[a]	−612.9	−179.1

注：上标字母相同时，表示数值间不存在显著差异；上标字母不同时，表示存在显著差异（$P<0.05$）。

在府河，对不同季节的生物膜群落结构、功能指标进行方差分析，结果表明府河生物膜群落在不同季节具有显著差异。除了 Chlc/a（$P=0.055$）、细菌多样性（$P=0.502$），其余各指标在不同季节都存在显著差异（$P<0.05$）。其中，硅藻比例、Chlb/a、细菌均匀度和丰富度指数在冬季显著高于夏季，细菌多样性和 Chlc/a 没有显著差异外，其余各指标均在夏季更高。生物膜群落的藻密度、Chlb/a、绿藻比例、碱性磷酸酶和 β-葡萄糖苷酶活性、细菌优势度指数、初级生产力、呼吸速率和净初级生产力在冬季显著低于夏季；而硅藻比例和细菌均匀度指数在冬季显著高于夏季，而 Chlc/a、亮氨酸氨基肽酶活性、多糖含量、细菌多样性指数、丰富度指数与温度的相关性不显著。

4.2 人工生物膜群落特征空间变化

对白洋淀流域 6 月的生物膜群落各指标进行单因素方差分析，生物膜所有监测的结构功能指标在各采样点间都具有显著差异（$P<0.05$）；而除了 Chlc（$P=0.351$）以外，其他所有指标在不同的生态单元中都具有显著差异（$P<0.05$）。

4.2.1 流域上下游的变化

对比流域内各点位生物膜群落指标沿府河进入淀区线路上的变化（图4-2）可以看

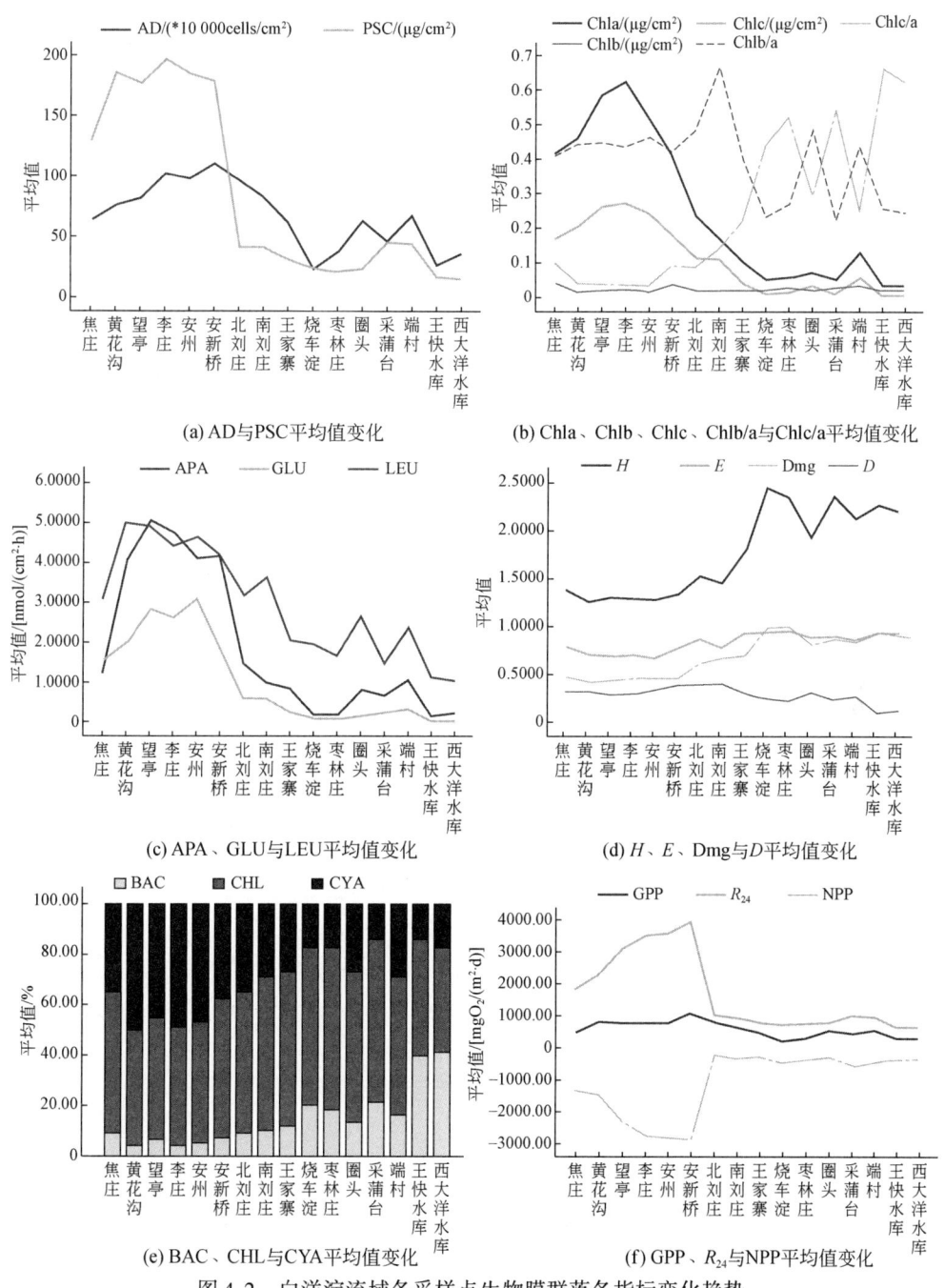

图 4-2 白洋淀流域各采样点生物膜群落各指标变化趋势

出，在上游府河段内，生物膜藻密度、三种酶活性、Chla、Chlb、Chlb/a、蓝藻比例和呼吸速率从上游到下游均呈现先上升再下降的状态；硅藻比例、Chlc/a、细菌多样性指数、丰富度指数和均匀度指数则先降后升；总初级生产力和多糖含量则从府河上游到下游持续上升，净初级生产力在府河段持续下降。进入安新桥后，藻密度、Chla、Chlb、蓝藻比例、碱性磷酸酶活性、β-葡萄糖苷酶活性和亮氨酸肽酶活性、初级生产力、呼吸速率都迅速下降，出现了明显的陡坡，进入淀区后进一步降低，下降速度相对缓慢，到达烧车淀、枣林庄时达到最低；NPP 则在进入安新桥后迅猛增长，在府河入淀口达到最高，进入王家寨后又迅速下降，在烧车淀达到最低；硅藻比例、Chlc/a、细菌多样性和丰富度指数则在安新桥后相对缓慢上升，进入王家寨后出现迅猛增长，在烧车淀、枣林庄达到最高。而由水库进入淀区的线路，藻密度、Chla、Chlb、Chlb/a、碱性磷酸酶活性和 β-葡萄糖苷酶活性、蓝藻比例、细菌优势度指数、初级生产力和呼吸速率都在进淀途中升高，进淀后降低，到达采蒲台、枣林庄达到最低。而 Chlc/a、硅藻比例、细菌多样性、丰富度指数沿途变化趋势相反，NPP 由水库入淀线路上基本保持稳定。

利用统计分析软件 CANOCO 分析白洋淀流域生物膜群落指标的空间分布（图 4-3），可以看出，府河各点位均分布在第四象限，该区域 Chla、Chlb、碱性磷酸酶、β-葡萄糖苷酶、多糖含量，蓝藻百分比含量较高；而府河入淀口区域主要分布在第二象限，生物膜结构功能特点则是 Chlb/a、细菌优势度、NPP 较高；水库、烧车淀、枣林庄、采蒲台主要分布在第三象限，这些点位 Chlc/a、硅藻百分比和细菌多样性、丰富度和均匀度指数较高。

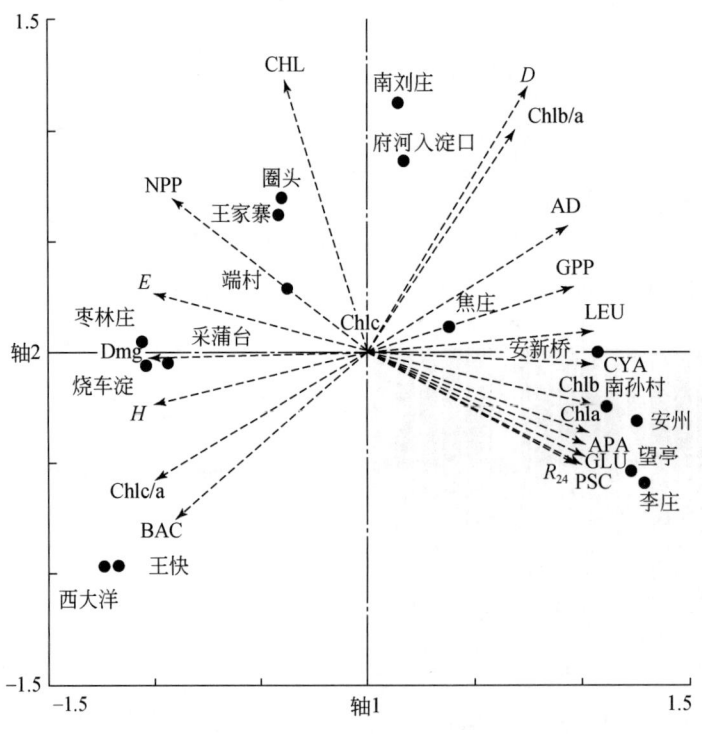

图 4-3 白洋淀流域生物膜群落特征与采样点双标图

4.2.2 不同生态单元间的变化

对不同生态单元的比较（图4-4）可以看出，白洋淀流域生物膜藻密度、多糖含量、

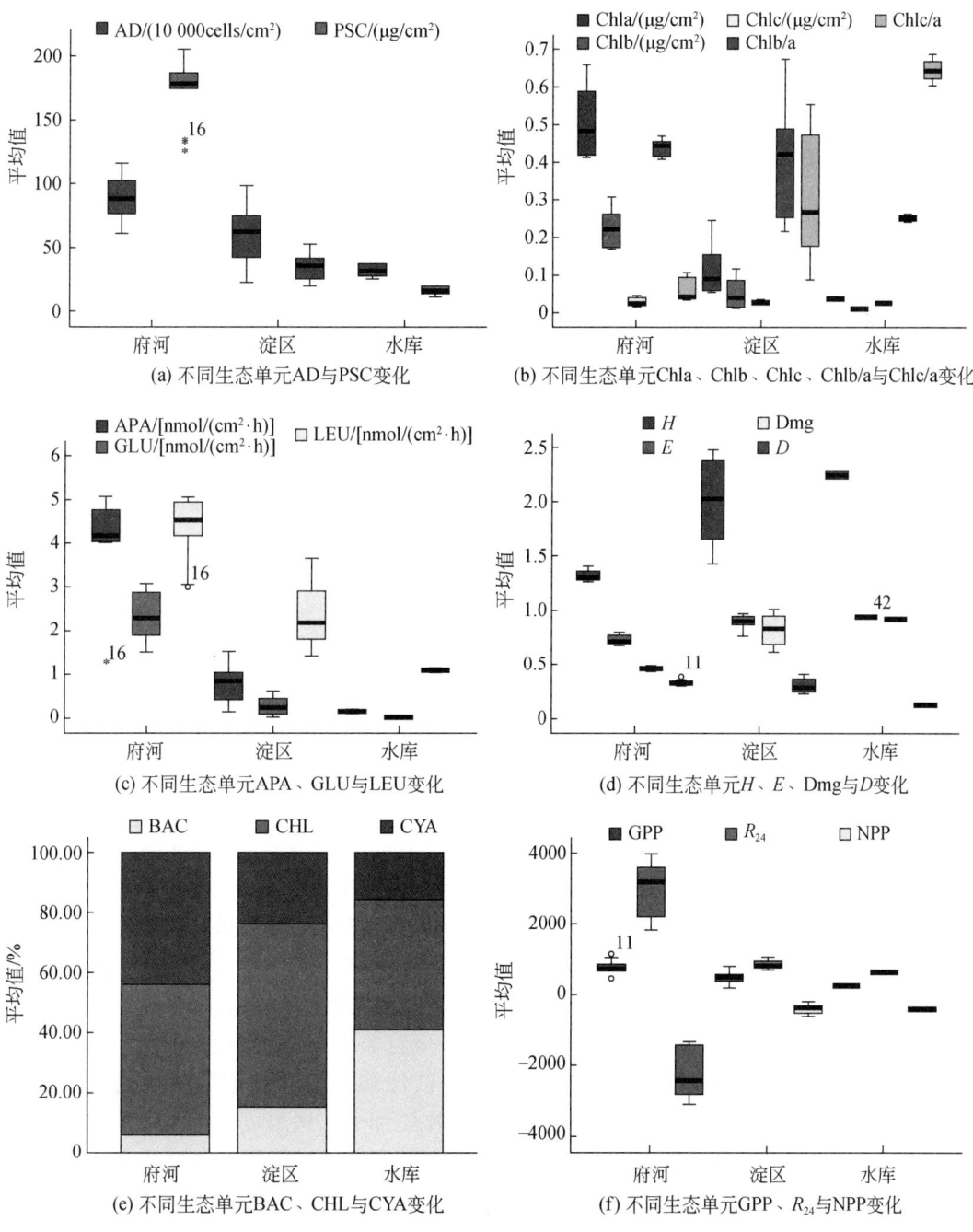

图 4-4　白洋淀流域生态单元生物膜群落各指标比较

Chla、Chlb、蓝藻比例、三种酶活性、初级生产力和呼吸速率都在府河>淀区>水库（$P<0.05$）；而 Chlc/a，硅藻比例，细菌多样性、丰富度和均匀度指数则是在水库>淀区>府河（$P<0.05$）；Chlb/a 和细菌优势度指数都是在水库显著低于淀区和府河；绿藻比例在淀区>府河>水库（$P<0.05$）；净初级生产力为淀区>水库>府河（$P<0.05$）。

生物膜群落空间上的显著差异可能是由流域污染状况（Morin et al., 2008a, b）、营养状态、景观格局（Lear and Lewis, 2009）和水文状况（Arnon et al., 2007）等相关干扰造成的。由于府河承载了大量的城市生活污水，加之城区工业废水通过农灌进入水体，使得府河水质较差，主要污染物为氮、磷等营养元素（氨氮浓度在 1.48~27.1mg/L，TP 浓度在 0.28~1.45mg/L）和耗氧性有机污染物（高锰酸盐指数在 7.4~15.6mg/L）。经府河进来的污染物进入白洋淀后，受淀内水陆交错带的影响，污染物扩散缓慢，污染范围基本都集中在入淀口附近（氨氮浓度在 0.25~4.64mg/L，TP 浓度为 0.1~0.88mg/L，高锰酸盐指数在 11.5~13.6mg/L），由于水陆交错带对来自府河的营养物质的截留作用，氮、磷等营养元素迅速下降，这使得白洋淀流域生物膜群落在府河入淀处附近发生迅速变化。而生物膜在不同生态单元类型之间的显著差异说明生物膜群落受到景观格局的影响。

通过多变量一般线性模型（multivariate-general linear model）对白洋淀流域生物膜群落各结构、功能指标在不同采样时间和地点的差异性进行分析，结果表明，生物膜群落所有检测的指标在不同时空均存在显著差异（$P<0.05$），在淀区和水库中，除了 Chlc/a 以外，其他所有指标的 F_{time} 均大于 F_{site}，这表明在淀区和水库中只有 Chlc/a 由采样地点造成的差异大于采样时间，其余各指标受采样时间影响更大；而在府河中只有 Chlb，Chlc/a 以及细菌多样性指数的 F_{time} 小于 F_{site}，其余各指标受采样时间影响更大。这说明在白洋淀流域，除了水质、景观格局等对生物膜群落产生影响外，温度、光等季节性差异较大的因子也对生物膜群落产生一定影响。

藻密度和叶绿素是反映生物膜生物量的重要指标，尤其是对自养生物膜尤为重要。生物膜附着藻类在高温条件下密度会大大增加。根据 Häubner 等（2006）的控制实验，生物膜藻密度、Chla 随着温度的升高增长速度不断递增，最适温度为 20~23℃，超过此温度，藻类增长速度减缓。而白洋淀流域藻密度和 Chla、Chlb、Chlc 都在 2009 年 10 月（平均温度 16.6℃）高于 2010 年 6 月（平均温度 21.7℃）。比较两个季节的水质状况（表 4-3），其中 2009 年 10 月的 TN、TP 和氨氮均低于 2010 年 6 月，而生物膜藻类生长与营养物质呈正相关关系（Biggs, 2000），因此秋季叶绿素更高主要是受水质的影响。白洋淀流域生物膜硅藻比例在冬季最高，夏季最低，绿藻和蓝藻比例在夏季高于冬季，这是因为硅藻更适宜在低温低光的寒冷季节条件下生长，而蓝藻更适宜在较高温度和光强的夏季和秋季生长。白洋淀流域生物膜群落酶活性在高温季节高于低温季节，这与舒波（2006）对汕头湾胞外酶活性的研究结果相同；而 β-葡萄糖苷酶活性略低于亮氨酸氨基肽酶，与法国 Morcille 河流域相同（Montuelle et al., 2010）。生物膜细菌结构组成也受到温度和水文条件等的影响，白洋淀流域生物膜细菌多样性、均匀度、优势度等指标都随季节变化而变化，其中 Shannon 多样性指数范围在 1.07~2.48，低于 East Sabine Bay 的 3.8~4.6（Moss et al., 2006）。与 East Sabine Bay 一样，白洋淀流域细菌多样性指数也是在低温季节高于高温季节，East Sabine Bay 均匀度指数不随季节发生变化，而在白洋淀流域，低温季节的均匀度指数更高。生物膜初级生产力和呼吸速率受季节影响，主要是温度和光照条件的影响。根据 Guasch 等（1995）对地中海河流的研究，初级生产力和呼吸速率随着营养物质的增加而增加，且高温会促进初级生产力和呼吸速率的增长。在白洋淀流域，府河由于保定市城市生活污水的大量排入，营养物质明显高于白洋淀淀区，从图 4-5 可以看出，府河

表 4-3 白洋淀流域不同采样季节水质变化

时间	EC /(ms/cm)	F⁻ /(mg/L)	SO_4^{2-} /(mg/L)	Ecoli/(10^4 个/L)	NH_4^+ /(mg/L)	TN /(mg/L)	TP /(mg/L)	COD /(mg/L)	BOD /(mg/L)	DO /(mg/L)	Tran/cm
2009.8	3492.5	0.69	129.0	2.05	2.46	3.63	0.20	5.85	3.11	4.95	113.2
2009.10	1040.7	0.59	147.2	0.38	4.13	5.00	0.35	7.11	2.64	6.86	103.9
2010.4	1162.4	0.62	162.5	0.08	5.81	8.36	0.28	6.44	3.10	11.67	150.8
2010.6	3269.5	0.71	253.7	3.58	8.07	10.22	0.45	10.33	7.66	4.59	99.5
2010.11	1336.3	0.86	—	1.17	10.37	13.31	0.35	5.88	2.85	6.46	—

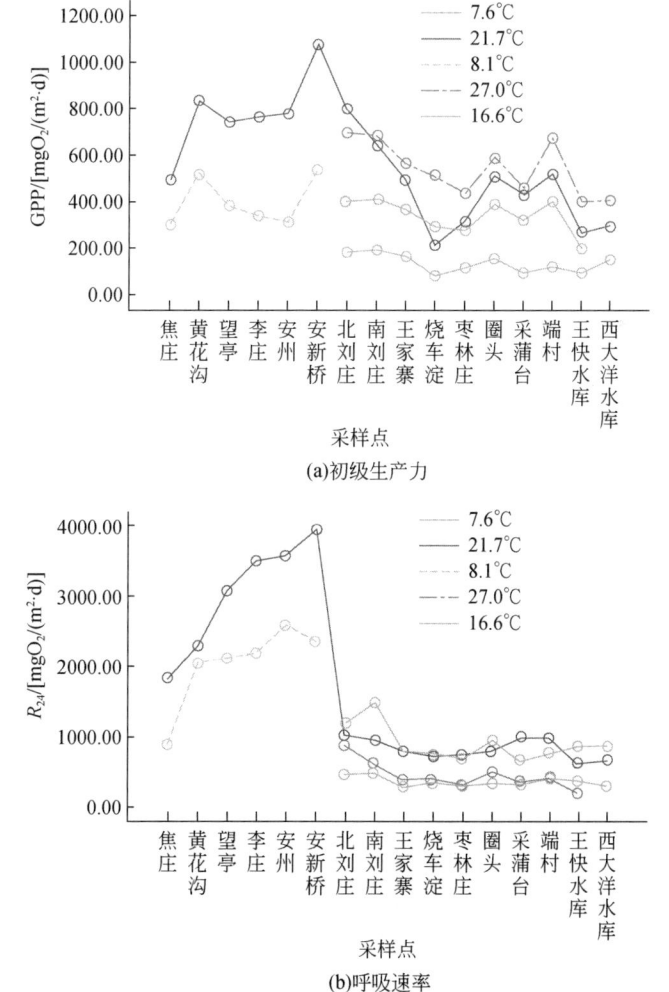

图 4-5 不同水温条件下白洋淀流域生物膜群落初级生产力和呼吸速率变化

生物膜初级生产力、呼吸速率都高于淀区，且这种差异在夏季更为显著。白洋淀流域生物膜群落呼吸速率较初级生产力大，说明流域内以异养代谢为主，尤其是在府河，生物膜群落主要以细菌为主。

4.3 人工生物膜群落对于复合污染的响应

随着城市化进程的加快和工业的迅猛发展，加之府河源头一亩泉的干涸断流，使得府河自20世纪60年代后期以来成为一条名副其实的排污纳污河道。每年排污量约为0.628亿 m^3。水呈褐色，有刺鼻气味，水生生物绝迹。府河是白洋淀的重要污染源，主要受耗氧性有机污染物、氮磷营养元素等污染为主，重金属、有机氯、多环芳烃等污染物在水体中检出较低。

将2009年8月至2010年6月的监测的白洋淀流域生物膜群落数据与水质数据结合分析，以确定生物膜群落对于复合污染的响应。水质指标包括水温（T）、电导率（EC）、pH、溶解氧（DO）、高锰酸盐指数（COD_{Mn}）、化学需氧量（COD_{Cr}）、生化需氧量（BOD）、氨氮（NH_4-N）、硝酸盐氮（NO_3^--N）、总氮（TN）、总磷（TP）、铜（Cu）、锌（Zn）、硒（Se）、铅（Pb）、镉（Cd）、铬（Cr）、汞（Hg）、砷（As）、氟化物（F）、硫化物（S）、氰化物（CN）、挥发酚（OH）、石油类（Oil）、硫酸盐（SO_4^{2-}）、透明度（Tran）、阴离子洗涤剂（LAS）、粪大肠菌群（Ecoli）、浮游植物 Chla（$Chla_w$）共29个指标，其中水温、透明度、浮游植物 Chla、及部分站采样点 TN、TP、氨氮和硝酸盐氮指标为自测外，其余水质数据均来自保定市环境保护局。由于生物膜培养需要一定时间，对于培养时间跨月的季节，水质指标确定为放置月和收取月的均值。

4.3.1 白洋淀流域水质参数

根据白洋淀流域水质监测数据，可以看出白洋淀流域水体中主要的超标的水质指标为粪大肠菌群、氨氮、TN、TP、化学需氧量、高锰酸盐指数、生化需氧量、溶解氧等（表4-4），其中营养物质是最为主要的超标指标，在整个白洋淀流域，TN的监测断面达标率为不足7%，即使是在水库，TN指标也没有达到标准；河湖的氨氮达标率也仅有36.4%，而TP在河湖中达标率为0。白洋淀流域有机污染严重，在府河和淀区内化学需氧量、生化需氧量和高锰酸盐指数的达标率分别为11.4%、63.6%和29.5%。府河和淀区内溶解氧的达标率为52.3%，粪大肠菌群达标率为45.5%，而重金属指标在白洋淀流域监测断面都处在很低的水平，达标率达100%。

表4-4 白洋淀流域2009~2010年不同季节水质参数

参数	最小值	最大值	地表水Ⅱ类标准	地表水Ⅲ类标准	河、湖达标率/%	水库达标率/%
T/℃	6.8	27.6	6~9	6~9	100	100

续表

参数	最小值	最大值	地表水Ⅱ类标准	地表水Ⅲ类标准	河、湖达标率/%	水库达标率/%
Tran/cm	20	200	—	—	—	—
pH	7.7	8.55	6~9	6~9	100	100
EC/(mS/cm)	0.0121	1.38	—	—	—	—
Cu/(mg/L)	0.05	0.05	≤1.0	≤1.0	100	100
Zn/(mg/L)	0.02	0.038	≤1.0	≤1.0	100	100
Se/(mg/L)	0.0005	0.0009	≤0.01	≤0.01	100	100
As/(mg/L)	0.007	0.010	≤0.05	≤0.05	100	100
Hg/(mg/L)	0.00001	0.00007	≤0.00005	≤0.0001	100	100
Cd/(mg/L)	0.0001	0.0005	≤0.005	≤0.005	100	100
Cr/(mg/L)	0.004	0.004	≤0.005	≤0.05	100	100
Pb/(mg/L)	0.001	0.007	0.01	≤0.05	100	100
CN/(mg/L)	0.004	0.004	≤0.05	≤0.2	100	100
OH/(mg/L)	0.0003	0.002	≤0.002	≤0.005	100	100
Oil/(mg/L)	0.002	0.1	≤0.05	≤0.05	100	100
LAS/(mg/L)	0.05	0.335	≤0.2	≤0.2	84.1	100
F/(mg/L)	0.011	1.05	≤1.0	≤1.0	97.7	100
Cl/(mg/L)	10.9	189	≤250	—	—	100
S/(mg/L)	0.02	0.02	—	—	—	—
SO_4/(mg/L)	54.9	274	≤250	—	—	100
$Chla_w$/(mg/L)	0.48	34.94	—	—	—	—
COD/(mg/L)	5	55	≤15	≤20	11.4	100
COD_{Mn}/(mg/L)	1.8	15.6	≤4	≤6	29.5	100
BOD/(mg/L)	2	13.3	≤3	≤4	63.6	100
DO/(mg/L)	1.04	14.8	≥6	≥5	52.3	100
TN/(mg/L)	0.75	33.6	≤0.5	≤1.0	6.8	0
TP/(mg/L)	0.01	1.84	≤0.1（湖库≤0.025）	≤0.2（湖库0.05）	0（府河）43.8（淀区）	100
NH_4^+/(mg/L)	0.09	27.8	≤0.5	≤1	36.4	100
NO_3^-/(mg/L)	0.069	6.3	≤10	—	—	100
Ecoli/(10^4个/L)	0.002	24	≤0.2	≤1	45.5	100

4.3.2 对复合污染的响应

4.3.2.1 生物膜群落与综合水质指数的关系

由于我国水质监测数据评价通常以最差水质指标所属类别作为综合水质类别，因此评价结论突出强调最大超标因子的作用，一定程度上忽视了其他水质因子的状态，因此研究中采用 Stambuk-Giljanovic（2003）提出的综合水质指数（WQI）计算方法对白洋淀各监测断面水质状态进行评价，并进一步通过回归分析确定生物膜群落对水质变化的响应。

（1）综合水质指数（WQI）的计算

综合水质指数计算方法见式（4-1）。首先按照表4-5确定各参数标准化分数和相对权重，各水质参数因子权重的划分参考了国内外相关研究（Pesce and Wunderlin, 2000; Cude, 2001; Debels et al., 2005; Kannel et al., 2007），C_i范围的确定则参考了 GB3838—2002 的分类。由于 WQI_{sub} 容易因 k 值判断的主观因素过高估计污染状况，因此在研究中不考虑 k 值的变化，使用 $k=1$ 进行计算 WQI ［式（4-2）］。将白洋淀流域监测期间水质指标标准化处理，用式（4-2）计算得出白洋淀流域综合水质指数值（表4-6）：

$$WQI_{sub} = k \frac{\sum_{i=1}^{n} C_i P_i}{\sum_{i=1}^{n} P_i} \tag{4-1}$$

式中，n 为水质参数个数；C_i 为标准化后 i 参数的分数；P_i 为 i 参数对应的权重，P_i 值范围在 1~4，将参数的重要性划分为 4 等，数值越大表示参数越重要；k 为常数，反映对水体污染的感官印象，值范围为 0.25~1，0.25 表示高污染、发黑、发臭，1 表示看起来澄清。

$$WQI = \frac{\sum_{i=1}^{n} C_i P_i}{\sum_{i=1}^{n} P_i} \tag{4-2}$$

表 4-5 各水质参数标准化分数及相对权重

参数	权重 P_i	分数 C_i					
		100	80	60	40	20	0
pH	1	7	7~8.5	6.5~7	5.0~10	3.0~12.0	1~14.0
EC/(μS/cm)	2	<750	<1 250	<2 000	<3 000	<8 000	>12 000
DO/(mg/L)	4	≥7.5	≥6	≥5	≥3	≥2	<1
COD_{Mn}/(mg/L)	3	≤2	≤4	≤6	≤10	≤15	>20
COD/(mg/L)	3	≤10	≤15	≤20	≤30	≤40	>50
BOD/(mg/L)	3	≤2	≤3	≤4	≤6	≤10	>12
NH_3-N/(mg/L)	3	≤0.15	≤0.5	≤1.0	≤1.5	≤2.0	>3.0
TP/(mg/L)	2	≤0.02(0.01)	≤0.1(0.025)	≤0.2(0.05)	≤0.3(0.1)	≤0.4(0.2)	>0.5(0.3)
TN/(mg/L)	2	≤0.2	≤0.5	≤1.5	≤3	≤4	>5
NO_3-N/(mg/L)	2	0.5	6	10	15	20	50
F/(mg/L)	1	≤0.5	≤1.0	≤1.2	≤1.5	≤2.0	>2.5
Ecoli/(10^4个/L)	2	≤0.02	≤0.2	≤1	≤2	≤4	>5
Tran/cm	2	≥200	≥150	≥100	≥80	≥60	<50
Chla/(mg/m³)	2	≤6	≤8	≤10	≤100	≤150	>200
T/(℃)	1	21/16	24/14	28/10	32/0	40/4	45/6
Cu/(mg/L)	2	≤0.01	≤0.1	≤0.5	≤1.0	≤1.5	>2.0

续表

参数	权重 P_i	分数 C_i					
		100	80	60	40	20	0
Zn/(mg/L)	2	≤0.05	≤0.5	≤1.0	≤1.5	≤2.0	>3.0
Se/(mg/L)	1	≤0.005	≤0.01	≤0.015	≤0.02	≤0.025	>0.03
As/(mg/L)	3	≤0.01	≤0.02	≤0.05	≤0.1	≤0.15	>0.2
Hg/(mg/L)	3	≤0.000 02	≤0.000 05	≤0.000 1	≤0.001	≤0.001 5	>0.002
Cd/(mg/L)	3	≤0.001	≤0.002	≤0.005	≤0.008	≤0.01	>0.02
Cr/(mg/L)	3	≤0.01	≤0.02	≤0.05	≤0.08	≤0.1	>0.2
Pb/(mg/L)	3	≤0.005	≤0.01	≤0.05	≤0.08	≤0.1	>0.2
CN/(mg/L)	2	≤0.005	≤0.05	≤0.02	≤0.2	≤0.3	>0.5
OH/(mg/L)	2	≤0.001	≤0.002	≤0.005	≤0.01	≤0.1	>0.3
Oil/(mg/L)	2	≤0.01	≤0.02	≤0.05	≤0.5	≤1.0	>2.0
LAS/(mg/L)	4	≤0.05	≤0.1	≤0.2	≤0.25	≤0.3	>0.5
S/(mg/L)	2	≤0.05	≤0.1	≤0.2	≤0.5	≤1.0	>2.0
Cl/(mg/L)	1	≤25	≤100	≤200	≤500	≤1 000	>1 500
SO_4^{2-}/(mg/L)	2	≤25	≤75	≤250	≤600	≤1 000	>1 500

表 4-6 白洋淀各监测断面综合水质指数

采样点	时间				
	2009.9	2009.10	2010.4	2010.6	2010.11
焦庄	—	—	—	71.3	82.1
南孙村	—	—	—	56.6	71.9
望亭	—	—	—	56.3	71.7
李庄	—	—	—	55.9	70.9
安州	—	—	—	57.5	70.8
安新桥	67.6	71.5	71.4	62.2	76.5
南刘庄	69.8	72.2	71.1	67.3	—
王家寨	77.6	84.6	74.1	75.3	—
烧车淀	80.6	87.8	82.0	82.5	—
枣林庄	86.6	90.9	90.4	86.9	—
圈头	80.5	82.1	88.1	80.9	—
采蒲台	86.5	90.0	91.3	88.0	—
端村	84.3	85.6	87.5	83.4	—
王快水库	87.4	97.6	97.1	96.3	—
西大洋水库	96.3	97.8	97.0	97.2	—

(2) 生物膜群落特征与综合水质指数的关系

将生物膜群落 20 个特征指标与水质综合指数进行 Person 相关性分析，结果显示所有的指标均与综合水质指数在 $\alpha=0.01$ 的水平上显著相关。进一步通过回归分析确定相关性检验结果（图 4-6），可以看出，除了 Chlc 指标，生物膜群落其余指标对水质变化均有很好的响应（$P<0.05$）。其中，藻密度、Chla、Chlb、蓝藻比例、碱性磷酸酶活性、β-葡萄糖苷酶活性、亮氨酸氨基肽酶活性、胞外多糖、细菌优势度指数以及初级生产力都与水质指数呈线性负相关关系，水质越好，这些指标越低；而 Chlc/a、硅藻比例、细菌多样性、均匀度、丰富度指数都与水质指数呈线性正相关关系，水质越好，这些指标越大；而 Chlb/a，

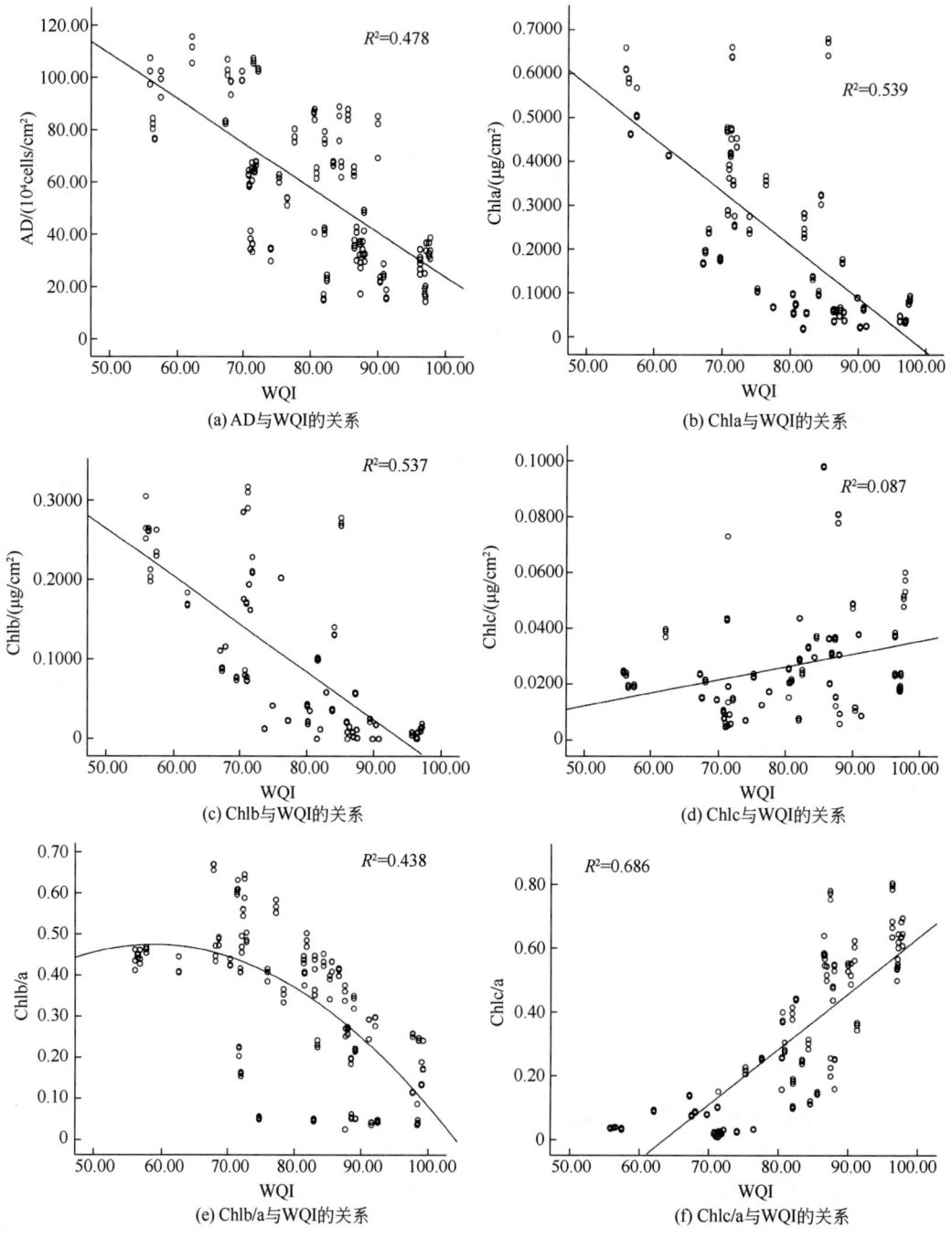

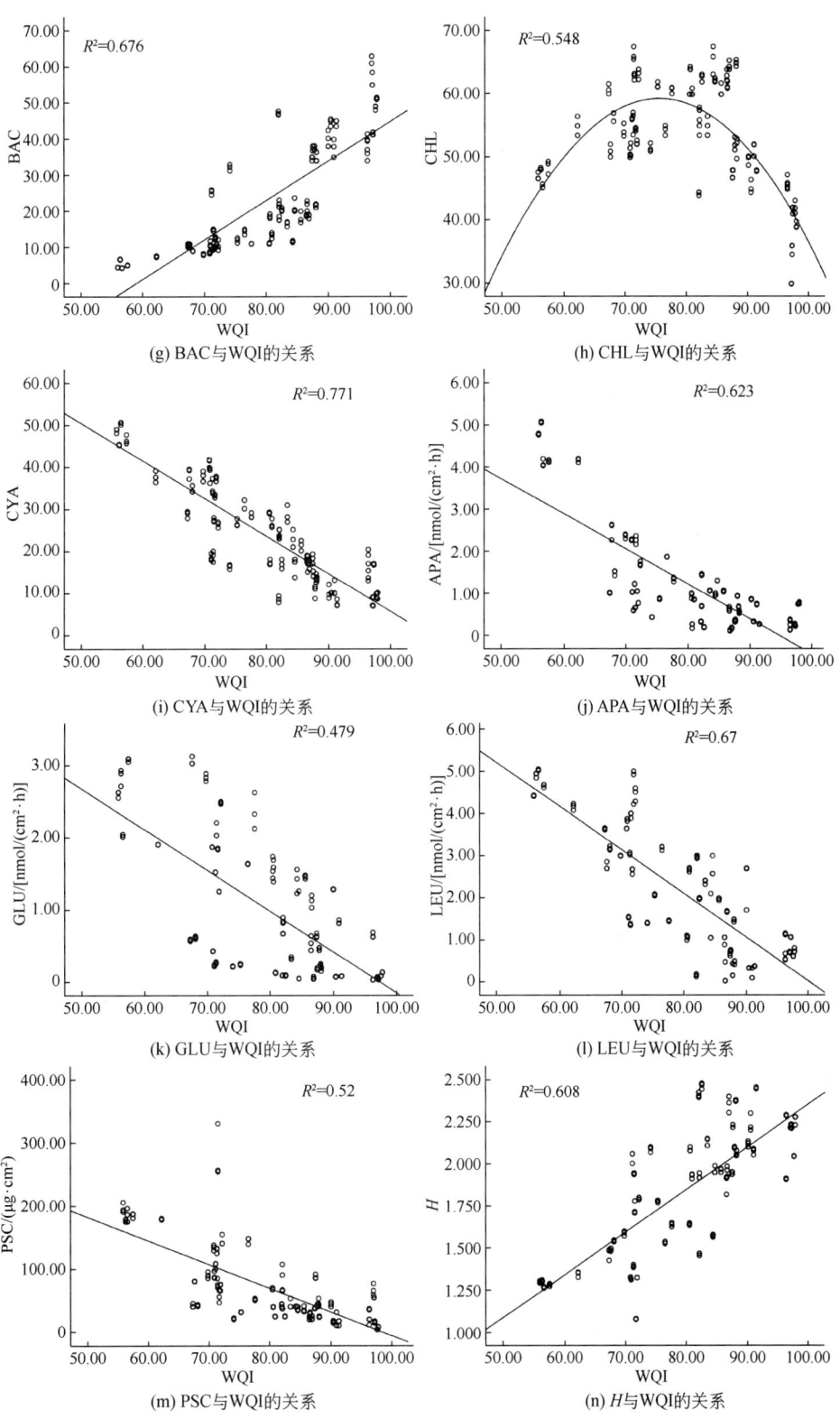

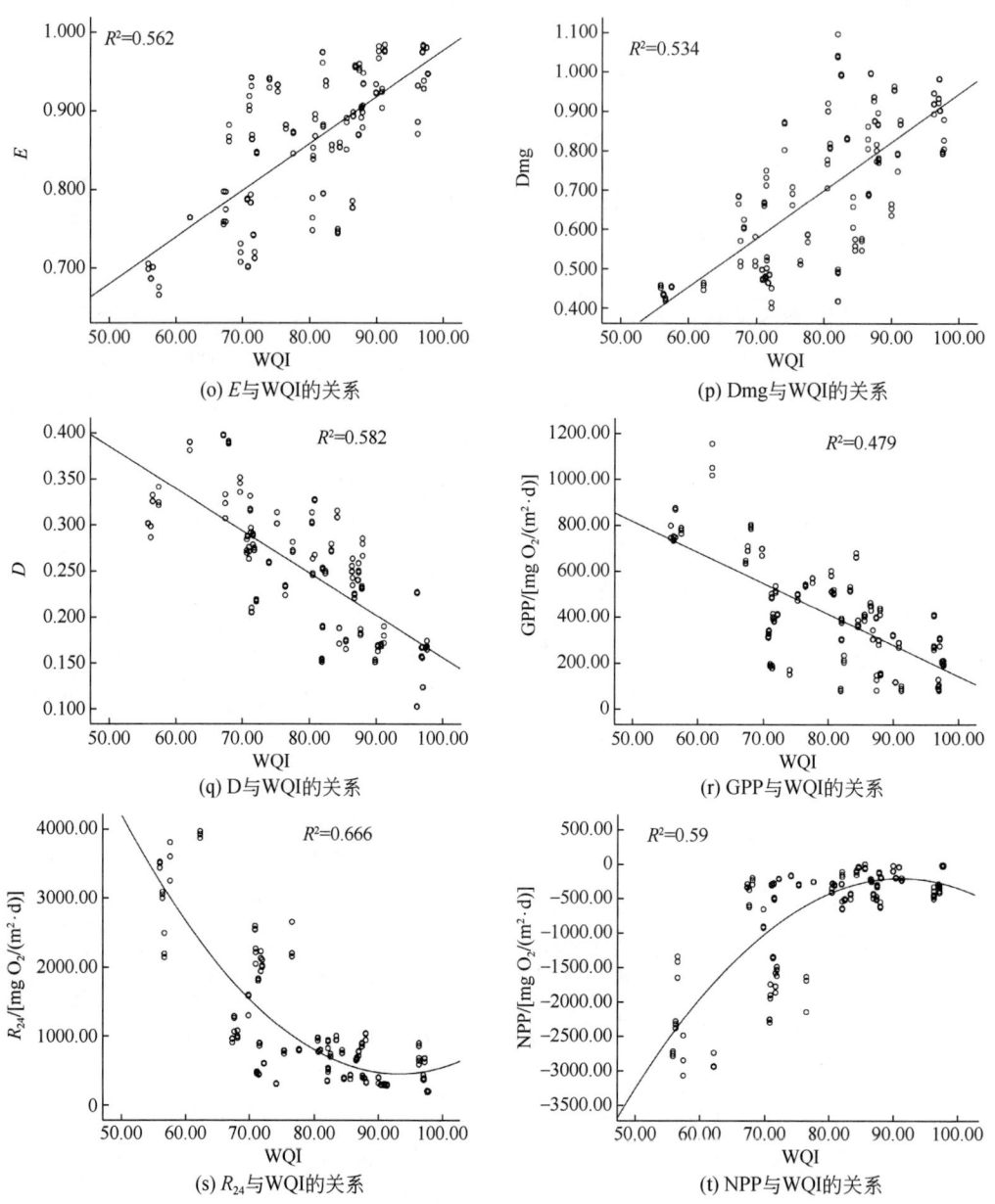

图 4-6 生物膜群落特征与综合水质指数的关系

呼吸速率和净初级生产力与绿藻比例符合二次多项式方程，Chlb/a 随着水质变好，呈现先相对稳定后显著下降的趋势；呼吸速率随水质先快速下降后逐步稳定；净初级生产里随水质变好先快速上升，后趋于稳定；随着水质变好，绿藻比例出现明显的先升高后下降的趋势。所有指标与综合水质指数回归方程的决定系数 R^2 范围在 0.438~0.771，CYA>Chlc/a>BAC>LEU>R_{24}>APA>H>NPP>D>E>CHL>Chla>Chlb>Dmg>PSC>GLU = GPP>AD>Chlb/a>Chlc。整体说来，拟合度并不是特别高，这可能是由两个原因引起的：①仍有其他影响生物膜群落特征的因素存在；②水质综合参数中包含 30 个水质参数，这些参数中包含了不显著影响生物膜群落的因子，这些因子的存在增加了回归分析的噪音。

4.3.2.2 生物膜群落对于水质参数的响应

生物膜群落结构、功能指标与水质状况显著相关，但其与各水质参数的具体关系仍不明确，需进一步分析。研究中对获得的生物膜群落结构、功能数据与水质指标进行冗余分析，以便明确各水质指标对于生物膜群落影响的大小。首先结合白洋淀水质状况，对于水质指标进行初步筛选，去除在不同时间、地点没有显著差异的指标 Cu、Se、Zn、As、Cr、CN、S；其次，去除 Cd 和 Pb 这两个指标，这两个指标虽然在白洋淀流域不同时间不同地点存在差异，但其浓度在白洋淀流域很低，监测时间内所有监测断面的数据均优于Ⅰ类水，因此可以认为其对于生物膜群落结构功能变化影响很小；而 Fe、Mn、SO_4、Chla 和 Cl 在府河断面上没取得数据，为避免因缺失值引发的统计误差，所以将这些指标也去除掉。采用 CANOCO 4.5 软件对生物膜群落特征指标与水质指标：EC、F、Hg、OH、Oil、LAS、T、Tran、TP、TN、COD_{Mn}、COD、BOD、DO、NH_4^+、NO_3^-、Ecoli、pH 进行冗余分析，结果表明所有水质因子经 Monte Carlo permutation 检验与生物膜群落均显著相关，但 TN、NH_4、OH、COD_{Mn}、COD 和 Tran 的方差膨胀因子 IF>10，说明所选参数中具有多重相关性，通过反复增减参数，从环境因子中剔除 NH_4^+、pH、OH 和 COD 时所有的水质参数的 IF 均小于 10，且其对生物膜群落变化的解释最大，结果见表 4-7。Monte Carlo permutation 检验所有排序轴均显著（$P<0.01$），说明排序效果理想。RDA 分析的前两个排序轴特征值分别为 0.622 和 0.067，前两个排序轴与水质参数之间的相关系数为 0.969 和 0.932，分别揭示了 62.2% 和 6.7% 的生物膜群落特征变化。4 个排序轴共解释了 76.9% 的生物膜群落特征变化和 93.2% 的生物膜群落特征与水质的关系。所选的 13 个水质参数共解释了 82.6% 的生物膜群落总特征值，对生物膜群落结构、功能变化具有显著影响。

表 4-7 生物膜与水质参数的 RDA 排序结果

排序轴	特征值	生物膜-水质相关系数	生物膜特征变化累积/%	生物膜与水质关系变化累积/%	特征值总和	典范特征值总和
1	0.622	0.969	62.2	75.3	1	0.826
2	0.067	0.932	68.9	83.4		
3	0.047	0.859	73.6	89.1		
4	0.033	0.816	76.9	93.2		

生物膜群落-水质参数二维排序图（图 4-7）中，生物膜群落特征用箭头形表示，水质参数用带箭头的矢量线表示，连线的长短表示生物膜属性特征与该水质因子相关系数的大小，箭头连线与排序轴的夹角表示该水质参数与排序轴的相关性，夹角越小，相关性越大。从图 4-7 可以看出，选取的 13 个水质参数对于生物膜特征分布均有不同程度的影响，其中 Tran、T、DO、TN 和 TP 对生物膜群落特征影响最大，EC 的影响最小。从排序轴看，轴 1 主要与 DO、Tran、TP、TN、COD 和 BOD 等指标显著相关，反映了水体的营养状态和

污染程度；而轴 2 主要与非污染水质指标相关，如 T 和 EC。从箭头与排序轴的夹角分析，水质参数与生物膜群轴 1 相关性明显高于其与轴 2 的相关性，说明轴 1 更好地反映了生物膜群落特征与水质参数的相互关系，也就是说生物膜群落与反映污染物的水质指标密切相关。对于轴 1，水质参数与生物膜群落的相关性大小为 TP>TN>Oil>COD$_{Mn}$>BOD>LAS>F>Ecoli>Hg>T，与轴 1 正相关；Tran>DO>EC，与轴 1 负相关。根据各水质参数与生物膜群落前两排序轴的相关系数可以得出选取的 13 个水质参数与生物群落相关性大小依次为：Tran>DO>TP>COD$_{Mn}$>Oil>Ecoli>Hg>EC>LAS>TN>F>T>BOD，这反映了生物膜群落对于不同环境的适应性。CYA、AD、Chla、Chlb、Chlb/a、APA、GLU、LEU、PSC、GPP、R_{24}、D 等指标都与轴 1 呈正相关，说明随着环境的恶化，尤其是营养物质和有机污染的增加，会引发生物膜质量的增加，藻类快速繁殖，尤其是蓝藻比例增加，初级生产力和呼吸速率提高，酶活性提高，同时硅藻比例减少、细菌多样性和优势度指数降低，净初级生产率下降。另外，绿藻比例与轴 1 相关性较弱，主要与温度和电导率相关，说明在白洋淀流域绿藻比例与污染关系不大。

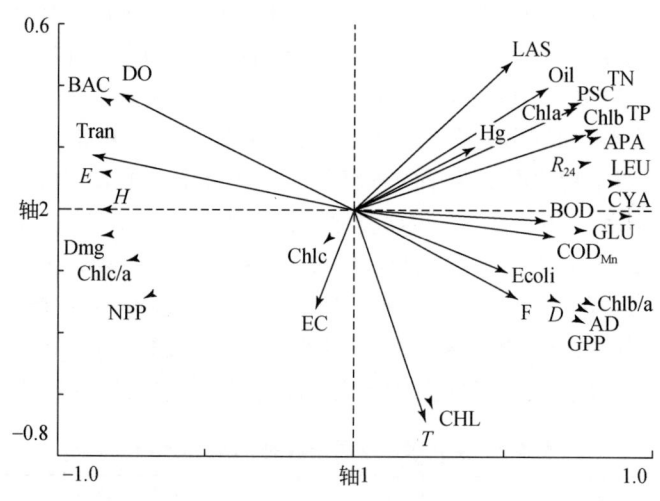

图 4-7 生物膜群落与主要水质参数的二维排序

根据表 4-8 可以看出，所选水质参数可以很好地解释生物膜群落的属性指标，变量解释的百分比在 47.8%~92.09%。生物膜群落属性特征可被水质参数解释的排序为：BAC>CYA>APA>E>GPP>Chlc/a>Chlb/a>H>LEU>AD>Dmg>Chla>D>Chlb>GLU>CHL>R_{24}>PSC>NPP>Chlc。

表 4-8 生物膜各属性在排序轴上的特征值及其被水质参数解释的比例

指标	轴 1	轴 2	轴 3	轴 4	变量解释百分比/%
AD	0.6146	0.7234	0.7255	0.7738	81.95
Chla	0.5724	0.6984	0.7777	0.7882	80.9
Chlb	0.6617	0.7312	0.7759	0.7864	80.03
Chlc	0.0117	0.0252	0.0268	0.2783	47.84
Chlb/a	0.6408	0.7362	0.7524	0.7525	87.33

续表

指标	轴1	轴2	轴3	轴4	变量解释百分比/%
Chlc/a	0.6041	0.6326	0.7519	0.8345	87.49
BAC	0.7386	0.869	0.8859	0.8945	92.09
CHL	0.0712	0.4899	0.732	0.7367	79.45
CYA	0.8693	0.8696	0.9002	0.9054	91.42
APA	0.6745	0.7311	0.755	0.8086	89.09
GLU	0.6043	0.6088	0.6233	0.6804	79.49
LEU	0.7868	0.7956	0.8005	0.801	84.85
PSC	0.5171	0.6124	0.6328	0.6494	74.74
H	0.7517	0.7517	0.78	0.7942	85.56
E	0.752	0.7665	0.8407	0.8409	89.09
Dmg	0.7327	0.7403	0.7564	0.7622	81.26
D	0.4723	0.5615	0.5809	0.7051	80.13
GPP	0.5977	0.7335	0.8287	0.8393	89.02
R_{24}	0.6304	0.6556	0.7334	0.7538	76.85
NPP	0.5153	0.6007	0.6591	0.6981	71.88

为了避免定性描述的片面性，应用多元回归分析，进一步探讨生物膜群落特征对白洋淀流域水质变化的响应。为消除变量间量纲不同引起的差异，使得数据具有可比性，首先对数据进行 Z 标准化处理。应用逐步多元回归分析方法，以选定的水质参数 EC（X_1）、F（X_2）、Hg（X_3）、Oil（X_4）、LAS（X_5）、T（X_6）、Tran（X_7）、TP（X_8）、TN（X_9）、COD_{Mn}（X_{10}）、BOD（X_{11}）、DO（X_{12}）和 Ecoli（X_{13}）分别对生物膜群落特征的 20 个指标进行逐步多元回归，依据决定系数、F 检验和 t 检验及共线性分析，选出最优回归方程（表4-9）。在经过逐步多元回归得到的 20 个回归模型中，生物膜群落指标的可信度都达到了 95% 以上，经 F 检验，变量和自变量相关性达到显著水平。其中 Chlc 对模型进行拟合后，拟合值与观测值差距较大，说明线性模型不能很好地反映该四项指标与白洋淀水质的关系。而其他生物膜群落特征指标的拟合值与观测值接近，可以较好地反映生物膜群落结构对水质变化的响应。从表4-9 可以看出，水质参数对于生物膜群落属性的贡献各不相同，藻密度与 EC、F、LAS、T、Tran、TP 和 Ecoli 显著相关，拟合方程的决定系数为0.804；Chla 与 EC、F、Oil、Tran、TP、TN、DO 和 Ecoli 显著相关，拟合方程的决定系数为 0.80；Chlb 与 EC、Oil、LAS、T、Tran、TP、TN、COD_{Mn} 和 DO 显著相关，拟合方程的决定系数为 0.798；Chlc 与 EC、F、Oil、LAS、TN、COD_{Mn} 和 BOD 显著相关，拟合方程的决定系数为 0.458；Chlb/a 与 EC、Hg、LAS、Tran、TP、DO 和 Ecoli 显著相关，拟合方程的决定系数为 0.865；Chlc/a 与 Oil、LAS、T、Tran 和 TP 显著相关，拟合方程的决定系数为 0.862；硅藻比例与 F、Hg、Oil、LAS、T、Tran 和 DO 显著相关，拟合方程的决定系数为 0.918；绿藻比例与 EC、Hg、Oil、LAS、Tran、COD_{Mn}、DO 和 Ecoli 显著相关，拟合方程的决定系数为 0.87；蓝藻与 EC、Hg、Oil、LAS、T、Tran、TN、COD_{Mn}、BOD、DO 和 Ecoli 显著相关，拟合方程的决定系数为 0.913；碱性磷酸酶活性与 EC、Oil、LAS、TP、

表 4-9 生物膜群落特征指标的回归模型

指标	回归方程	R^2	e	P
AD	$y=0.127X_{13}-0.227X_1-0.375X_7-0.374X_6+0.337X_8-0.192X_5+0.167X_2$	0.804	0.44	0.01
Chla	$y=0.598X_8-0.26X_7-0.173X_{13}-0.462X_6-0.474X_{12}+0.171X_4-0.104X_1-0.217X_9$	0.8	0.45	0.039
Chlb	$y=-0.321X_7+0.572X_8+0.382X_4-0.203X_{10}-0.487X_6-0.479X_{12}-0.263X_9-0.118X_1-0.206X_5$	0.798	0.45	0.007
Chlc	$y=-0.409X_9-0.372X_2+0.62X_4-0.697X_5+0.722X_{10}-0.176X_1-0.273X_{11}$	0.458	0.74	0.009
Chlb/a	$y=-0.414X_7-0.214X_5-0.527X_{12}+0.315X_3-0.16X_1+0.147X_{13}-0.14X_8$	0.865	0.37	0.006
Chlc/a	$y=0.761X_7+0.274X_6-0.182X_8-0.25X_5+0.185X_4$	0.862	0.37	<0.001
BAC	$y=0.501X_7+0.247X_{12}-0.117X_2-0.289X_6-0.158X_3-0.078X_9+0.171X_4-0.142X_5$	0.918	0.29	0.001
CHL	$y=0.147X_7-0.227X_5+0.444X_{10}-0.506X_4-0.256X_{12}-0.294X_{13}+0.189X_1-0.346X_7$	0.87	0.36	<0.001
CYA	$y=-0.353X_7+0.115X_4+0.144X_{12}-0.348X_{12}+0.164X_3-0.085X_1+0.266X_5-0.373X_{10}+0.144X_{11}-0.136X_9+0.137X_6$	0.913	0.29	0.015
APA	$y=0.653X_8+0.491X_4+0.214X_{13}-0.377X_9-0.18X_1-0.26X_{12}+0.198X_{11}+0.135X_5$	0.885	0.34	0.009
GLU	$y=-0.312X_{12}+0.811X_8-0.318X_{10}+0.341X_2+0.356X_{13}-0.36X_4-0.482X_{11}-0.316X_9-0.118X_1+0.146X_6$	0.783	0.47	0.042
LEU	$y=-0.176X_7+0.521X_8+0.299X_3+0.218X_4-0.339X_9+0.14X_{13}-0.355X_{12}-0.081X_1-0.161X_6$	0.84	0.40	<0.028
PSC	$y=0.782X_8+0.148X_4+0.179X_{13}-0.295X_7-0.202X_{10}$	0.725	0.52	0.05
H	$y=0.422X_7-0.419X_3-0.326X_{11}-0.342X_6+0.184X_1-0.244X_9+0.37X_{10}-0.12X_5$	0.847	0.39	0.023
E	$y=0.476X_7-0.216X_4-0.593X_6-0.331X_3-0.286X_{13}+0.14X_1+0.282X_{11}-0.344X_5+0.201X_{10}$	0.887	0.34	0.004
Dmg	$y=0.457X_7+0.16X_2-0.336X_3-0.207X_8+0.262X_{12}+0.17X_1$	0.789	0.46	<0.001
D	$y=0.545X_{11}-0.514X_1+0.136X_7+0.344X_6-0.256X_{10}+0.423X_5-0.429X_4+0.084X_3-0.455X_8+0.383X_9$	0.792	0.46	<0.001
GPP	$y=0.23X_{13}+0.082X_4+0.629X_6-0.242X_7-0.123X_1+0.197X_3+0.128X_{11}-0.107X_5$	0.89	0.33	0.026
R_{24}	$y=0.223X_4+0.24X_{13}-0.134X_3-0.315X_{12}+0.426X_5-0.492X_{10}-0.25X_7+0.163X_{11}$	0.766	0.48	0.048
NPP	$y=-0.293X_4-0.084X_3-0.278X_{13}-0.464X_5+0.397X_{12}+0.505X_{10}+0.19X_6+0.205X_7$	0.71	0.54	0.05

TN、BOD、DO 和 Ecoli 显著相关，拟合方程的决定系数为 0.885；β-葡萄糖苷酶活性与 EC、F、Oil、T、TP、TN、COD$_{Mn}$、BOD、DO 和 Ecoli 显著相关，拟合方程的决定系数为 0.783；亮氨酸氨基肽酶活性与 EC、Hg、Oil、T、Tran、TP、TN、DO、Ecoli 显著相关，拟合方程的决定系数为 0.84；胞外多糖含量与 Oil、Tran、TP、COD$_{Mn}$、Ecoli 显著相关，拟合方程的决定系数为 0.725；细菌多样性指数 H 与 EC、Hg、LAS、T、Tran、TN、COD 和 BOD 显著相关，拟合方程的决定系数为 0.847；均匀度指数与 EC、Hg、Oil、LAS、T、Tran、COD、BOD、Ecoli 显著相关，拟合方程的决定系数为 0.887；丰富度指数与 EC、F、Hg、Tran、TP、DO 显著相关，拟合方程的决定系数为 0.789；优势度指数与 Hg、Oil、LAS、T、Tran、TP、TN、COD、BOD 和 Ecoli 显著相关，拟合方程的决定系数为 0.792；初级生产力与 EC、Hg、Oil、LAS、T、Tran、BOD 和 Ecoli 显著相关，拟合方程的决定系数为 0.89；呼吸速率与 Hg、Oil、LAS、Tran、COD、BOD、DO、Ecoli 显著相关，拟合方程的决定系数为 0.766；净初级生产力与 Hg、Oil、LAS、T、Tran、COD、DO、Ecoli 显著相关，拟合方程的决定系数为 0.71。根据式（4-3）计算剩余因子，通过比较可以看出，生物膜群落特征的各项指标的剩余因子在 0.29~0.74。该值较大，说明对于生物膜群落特征的影响因素除以上 13 个因子外还有其他较大方面的影响没有考虑到，对于生物膜群落特征的影响因素的全面分析有待进一步研究。

$$e = \sqrt{1 - R^2} \tag{4-3}$$

式中，e 为剩余因子；R^2 为决定系数。

逐步多元回归分析能较好地反映生物膜群落特征与各水质参数之间的相关性，却不能充分反映出水质因子之间的复杂关系。事实上，由于受到多种污染源的影响，污染物之间的相互作用影响对生物膜群落会产生不同的效应，因此，研究中采用通径分析进一步明确水质参数对生物膜群落结构、功能的影响。表 4-10~表 4-29 中列出了生物膜群落特征与水质因子的通径系数分析结果。从表 4-10 可以看出，水质参数对生物膜群落藻密度的直接影响作用的顺序为 Tran>T>TP>EC>LAS>F>Ecoli；而阴离子表面活性剂（X_5）对生物膜藻密度的间接作用最大，其主要通过透明度（X_7）和 TP（X_8）对藻密度产生了间接作用；表 4-11 表明，水质参数对 Chla 的直接影响顺序为 TP>DO>T>Tran>TN>Oil>Ecoli>F>EC；而 TN 对 Chla 的间接影响最大，氟化物、石油类物质、粪大肠菌群次之，这些参数主要通过透明度、TP 和溶氧对 Chla 产生影响；表 4-12 表明，水质参数对 Chlb 的影响顺序为 TP>T>DO>Oil>Tran>TN>LAS>COD$_{Mn}$>EC；而 TN、阴离子表面活性剂、高锰酸盐指数的间接通径系数最大，主要通过 TP、溶解氧和石油类影响 Chlb；水质参数对 Chlc 的直接影响顺序为 COD$_{Mn}$>LAS>Oil>TN>F>BOD>EC（表 4-13），其中石油类物质和高锰酸盐指数的间接通径系数最大，主要通过阴离子表面活性剂和 TN 对生物膜 Chlc 产生间接作用；表 4-14 表明，水质参数对 Chlb/a 的直接影响为 DO>Tran>Hg>LAS>EC>Ecoli>TP，其中 TP 和透明度的间接通径系数最大，其主要通过粪大肠菌群影响 Chlb/a；表 4-15 表明，水质参数对 Chlc/a 的影响为 Tran>T>LAS>Oil>TP，其中石油类物质和 TP 的间接影响作用最大，主要是通过透明度实现的；表 4-16 表明，水质参数对硅藻比例的影响为 Tran>T>DO>Oil>Hg>LAS>F>TN，其中氟化物、石油类和溶解氧的间接作用最强，主要是通过透明度实现的；

水质参数对绿藻比例的影响为 Oil>COD$_{Mn}$>Tran>Ecoli>DO>LAS>EC>F（表 4-17），其中氟化物、石油类和粪大肠菌群的间接通径系数最大，主要通过透明度和高锰酸盐指数实现的；表 4-18 表明，水质参数对蓝藻比例的直接影响为 COD$_{Mn}$>Tran>DO>LAS>Hg>T>TN>BOD>Ecoli>Oil>EC，其中高锰酸盐指数的间接通径系数最大，其主要通过透明度和溶解氧对蓝藻比例产生作用；表 4-19 表明，水质参数对碱性磷酸酶活性的直接影响为 TP>Oil>TN>Ecoli>BOD>EC>LAS，其中 TN 和生化需氧量的间接通径系数最大，主要是通过 TP 和石油类实现的；水质参数对 β-葡萄糖苷酶活性的直接影响为 TP>BOD>Oil>Ecoli>F>TN>COD$_{Mn}$>DO>T>EC（表 4-20），其中 TN、化学需氧量和生化需氧量的间接通径系数最大，主要通过 TP 和溶解氧增加生物膜葡萄糖苷酶活性；水质参数对亮氨酸氨基肽酶活性的影响为 TP>TN>DO>Hg>Oil>Tran>T>Ecoli>EC（表 4-21），其中 TN 的间接通径系数最大，主要是通过 TP 和溶解氧增加生物膜亮氨酸氨基肽酶活性；表 4-22 表明，水质参数对胞外多糖的直接影响为 TP>Tran>Oil>COD$_{Mn}$>Ecoli，其中化学需氧量的间接作用最大，主要通过 TP 来实现的；表 4-23 表明，水质参数对细菌多样性指数的直接影响为 Tran=Hg>COD$_{Mn}$>T>BOD>TN>EC>LAS，其中化学需氧量的间接通径系数最大，主要通过透明度和溶解氧实现对多样性指数的负作用；表 4-24 表明，水质参数对均匀度指数的影响为 T>Tran>LAS>Hg>Ecoli>BOD>Oil>COD$_{Mn}$>EC，其中化学需氧量和生化需氧量的间接通径系数最大，其主要通过透明度和阴离子表面活性剂实现对均匀度指数的负作用；表 4-25 表明，水质参数对丰富度指数的影响为 Tran>Hg>DO>TP>EC>F，其中氟化物的间接通径系数最大，其主要通过透明度实现对生物膜细菌丰富度的影响；表 4-26 表明，水质参数对细菌优势度指数的直接影响为 BOD>Tran>TP>Oil>LAS>TN>T>Ecoli>COD，其中化学需氧量和石油类的间接通径系数最大，其主要是通过透明度、TN 和生化需氧量来实现对生物膜细菌优势度的正效应；表 4-27 表明，水质参数对初级生产力的直接影响为 T>Tran>Ecoli>Hg>BOD>EC>LAS>Oil，其中生化需氧量的间接通径系数最大，主要通过温度和粪大肠菌群实现；表 4-28 表明，水质参数对呼吸速率的直接影响为 COD$_{Mn}$>LAS>DO>Tran>Ecoli>Oil>BOD>Hg，其中化学需氧量对呼吸速率的间接影响最大，主要通过透明度、阴离子表面活性剂和溶解氧实现；表 4-29 表明，水质参数对净初级生产力的直接影响为 COD$_{Mn}$>LAS>DO>Oil>Ecoli>Tran>T>Hg，其中化学需氧量的间接通径系数最大，主要通过阴离子表面活性剂和溶氧实现对净初级生产力的负效应。综上，TP、DO 和 Tran 是影响生物膜群落特征最主要的水质参数，通径分析揭示了水质参数之间复杂的相互关系对于生物膜群落对水质变化的响应，许多水质参数如石油类、氟化物、阴离子表面活性剂、化学需氧量、生化需氧量、TN、重金属也许本身对于生物膜群落的直接影响并不突出，但这些水质参数由于和其他水质参数具有十分复杂的相互作用关系，因此可以通过影响其他水质参数对生物膜群落特征指标产生复杂的间接作用，而这些间接作用可能会大大超出其自身对于生物膜群落特征的直接影响，改变生物膜群落与其的相关性。

表 4-10 生物膜藻密度与水质因子的通径系数分析

AD	相关系数	直接通径系数	间接通径系数 X_1	X_2	X_5	X_6	X_7	X_8	X_{13}	合计
X_1	−0.13	−0.23	—	0.05	0.02	0.09	0	−0.05	−0.01	0.10
X_2	0.43	0.17	−0.06	—	−0.06	0.02	0.27	0.08	0.01	0.26
X_5	0.21	−0.19	0.03	0.05	—	−0.05	0.14	0.20	0.03	0.40
X_6	0.49	0.37	−0.06	0.01	0.03	—	0.05	0.05	0.04	0.12
X_7	−0.72	−0.38	0	−0.12	0.07	−0.05	—	−0.19	−0.05	−0.34
X_8	0.64	0.34	0.03	0.04	−0.11	0.05	0.22	—	0.07	0.30
X_{13}	0.56	0.13	0.02	0.02	−0.04	0.11	0.14	0.18	—	0.43

表 4-11 生物膜 Chla 与水质因子的通径系数分析

Chla	相关系数	直接通径系数	间接通径系数 X_1	X_2	X_4	X_6	X_7	X_8	X_9	X_{12}	X_{13}	合计
X_1	−0.19	−0.10	—	−0.03	0	−0.12	0	−0.08	0.03	0.09	0.02	−0.09
X_2	0.36	−0.12	−0.03	—	0.05	−0.02	0.19	0.15	−0.07	0.23	−0.02	0.48
X_4	0.57	0.17	0	−0.04	—	−0.05	0.12	0.29	−0.11	0.21	−0.02	0.40
X_6	−0.09	−0.46	−0.03	−0.01	0.02	—	0.04	0.09	0.01	0.30	−0.05	0.37
X_7	−0.69	−0.26	0	0.09	−0.08	0.07	—	−0.34	0.12	−0.35	0.06	−0.43
X_8	0.73	0.60	0.01	−0.03	0.08	−0.07	0.15	—	−0.19	0.27	−0.09	0.13
X_9	0.70	−0.22	0.01	−0.04	0.09	0.02	0.14	0.54	—	0.23	−0.07	0.92
X_{12}	−0.52	−0.47	0.02	0.06	−0.08	0.30	−0.19	−0.34	0.11	—	0.07	−0.05
X_{13}	0.22	−0.17	0.01	−0.01	0.02	−0.14	0.10	0.31	−0.09	0.19	—	0.39

表 4-12 生物膜 Chlb 与水质因子的通径系数分析

Chlb	相关系数	直接通径系数	间接通径系数 X_1	X_4	X_5	X_6	X_7	X_8	X_9	X_{10}	X_{12}	合计
X_1	−0.18	−0.12	—	0	0.03	−0.13	0	−0.08	0.04	−0.01	0.09	−0.06
X_4	0.58	0.38	0	—	−0.15	−0.06	0.15	0.28	−0.13	−0.10	0.21	0.20
X_5	0.42	−0.21	0.01	0.27	—	0.07	0.12	0.33	−0.17	−0.12	0.12	0.63
X_6	−0.04	−0.49	−0.03	0.04	0.03	—	0.05	0.08	0.01	−0.04	0.31	0.45
X_7	−0.75	−0.32	0	−0.18	0.07	0.07	—	−0.33	0.15	0.14	−0.35	−0.43
X_8	1.24	0.57	0.02	0.19	−0.12	−0.07	0.18	—	0.57	−0.24	−0.14	0.28	0.67
X_9	0.67	−0.26	0.02	0.20	−0.13	0.03	0.18	0.51	—	−0.12	0.24	0.93
X_{10}	0.52	−0.20	−0.01	0.19	−0.13	−0.10	0.23	0.39	−0.16	—	0.31	0.72
X_{12}	−0.57	−0.48	0.02	−0.17	0.05	0.31	−0.23	−0.33	0.13	0.13	—	−0.09

表 4-13　生物膜 Chlc 与水质因子的通径系数分析

Chlc	相关系数	直接通径系数	间接通径系数							
			X_1	X_2	X_4	X_5	X_9	X_{10}	X_{11}	合计
X_1	-0.08	-0.18	—	-0.10	0	0.09	0.06	0.04	0.01	0.10
X_2	-0.27	-0.37	-0.05	—	0.18	-0.22	-0.13	0.40	-0.08	0.10
X_4	0.02	0.62	0	-0.11	—	-0.50	-0.21	0.36	-0.14	-0.60
X_5	-0.33	-0.70	0.02	-0.12	0.44	—	-0.26	0.44	-0.15	0.37
X_9	-0.34	-0.41	0.02	-0.12	0.32	-0.45	—	0.43	-0.13	0.07
X_{10}	-0.08	0.72	-0.01	-0.21	0.31	-0.43	-0.25	—	-0.21	-0.80
X_{11}	-0.09	-0.27	0.01	-0.11	0.33	-0.40	-0.20	0.55	—	0.18

表 4-14　生物膜 Chlb/a 与水质因子的通径系数分析

Chlb/a	相关系数	直接通径系数	间接通径系数							
			X_1	X_3	X_5	X_7	X_8	X_{12}	X_{13}	合计
X_1	-0.06	-0.16	—	-0.03	0.03	0	0.02	0.10	-0.02	0.10
X_3	0.46	0.32	0.01	—	-0.03	0.16	-0.01	0.02	-0.01	0.14
X_5	0.09	-0.21	0.02	0.05	—	0.15	-0.08	0.13	0.03	0.30
X_7	-0.81	-0.41	0	-0.12	0.08	—	0.08	-0.38	-0.06	-0.40
X_8	0.40	-0.14	0.02	0.02	-0.12	0.24	—	0.30	0.08	0.54
X_{12}	-0.74	-0.53	0.03	-0.01	0.05	-0.30	0.08	—	-0.06	-0.21
X_{13}	0.40	0.15	0.02	-0.02	-0.05	0.16	-0.07	0.21	—	0.25

表 4-15　生物膜 Chlc/a 与水质因子的通径系数分析

Chlc/a	相关系数	直接通径系数	间接通径系数					
			X_4	X_5	X_6	X_7	X_8	合计
X_4	-0.40	0.19	—	-0.18	0.03	-0.35	-0.09	-0.59
X_5	-0.53	-0.25	0.13	—	-0.04	-0.27	-0.10	-0.28
X_6	0.19	0.27	0.02	0.04	—	-0.11	-0.03	-0.08
X_7	0.83	0.76	-0.08	0.09	-0.04	—	0.10	0.07
X_8	-0.63	-0.18	0.09	-0.14	0.04	-0.44	—	-0.45

表 4-16　生物膜硅藻比例与水质因子的通径系数分析

BAC	相关系数	直接通径系数	间接通径系数							
			X_2	X_3	X_4	X_5	X_6	X_7	X_9	X_{12}	合计
X_2	-0.68	-0.12	—	-0.05	0.05	-0.05	-0.01	-0.36	-0.02	-0.12	-0.56
X_3	-0.27	-0.16	-0.04	—	0.05	-0.02	0.12	-0.19	-0.02	-0.01	-0.11
X_4	-0.41	0.17	-0.03	-0.04	—	-0.10	-0.03	-0.23	-0.04	-0.11	-0.58

续表

BAC	相关系数	直接通径系数	间接通径系数								
			X_2	X_3	X_4	X_5	X_6	X_7	X_9	X_{12}	合计
X_5	−0.33	−0.14	−0.04	−0.02	0.12	—	0.04	−0.18	−0.05	−0.06	−0.19
X_6	−0.43	−0.29	−0.01	0.06	0.02	0.02	—	−0.07	0	−0.16	−0.14
X_7	0.87	0.50	0.08	0.06	−0.08	0.05	0.04	—	0.04	0.18	0.37
X_9	−0.54	−0.08	−0.04	−0.04	0.09	−0.09	0.02	−0.28	—	−0.12	−0.46
X_{12}	0.87	0.25	0.06	0.01	−0.08	0.03	0.19	0.37	0.04	—	0.62

表 4-17 生物膜绿藻比例与水质因子的通径系数分析

CHL	相关系数	直接通径系数	间接通径系数								
			X_1	X_2	X_4	X_5	X_7	X_{10}	X_{12}	X_{13}	合计
X_1	0.37	0.19	—	0.04	0	0.03	0	0.03	0.05	0.03	0.18
X_2	0.57	0.15	0.05	—	−0.15	−0.07	0.25	0.25	0.12	−0.03	0.42
X_4	−0.17	−0.51	0	0.04	—	−0.16	0.16	0.22	0.11	−0.03	0.34
X_5	−0.16	−0.23	−0.02	0.05	−0.36	—	0.13	0.27	0.06	−0.06	0.07
X_7	−0.54	−0.35	0	−0.11	0.23	0.08	—	−0.31	−0.19	0.11	−0.19
X_{10}	0.40	0.44	0.01	0.08	−0.25	−0.14	0.24	—	0.16	−0.14	−0.04
X_{12}	−0.49	−0.26	−0.04	−0.07	0.23	0.06	−0.25	−0.28	—	0.12	−0.23
X_{13}	0.04	−0.29	−0.02	0.02	−0.05	−0.05	0.13	0.20	0.10	—	0.33

表 4-18 生物膜蓝藻比例与水质因子的通径系数分析

CYA	相关系数	直接通径系数	间接通径系数											
			X_1	X_3	X_4	X_5	X_6	X_7	X_9	X_{10}	X_{11}	X_{12}	X_{13}	合计
X_1	−0.09	−0.09	—	−0.01	0	−0.03	0.04	0	−0.02	−0.02	−0.01	0.07	−0.02	0
X_3	0.38	0.16	0.01	—	0.03	0.04	−0.06	0.14	0.03	0.03	−0.01	0.02	−0.01	0.22
X_4	0.67	0.12	0	0.04	—	0.19	0.02	0.16	0.07	−0.18	0.08	0.16	0.01	0.55
X_5	0.55	0.27	0.01	0.03	0.08	—	−0.02	0.13	0.09	−0.23	0.08	0.08	0.03	0.28
X_6	0.29	0.14	−0.02	−0.07	0.01	−0.04	—	0.05	−0.01	−0.08	0.05	0.22	0.04	0.15
X_7	−0.78	−0.35	0	−0.06	−0.05	−0.10	−0.02	—	−0.08	0.26	−0.08	−0.25	−0.05	−0.43
X_9	0.68	0.14	0.01	0.04	0.06	0.17	−0.01	0.19	—	−0.22	0.07	0.17	0.06	0.54
X_{10}	0.59	−0.37	−0.01	−0.01	0.06	0.16	0.03	0.25	0.08	—	0.11	0.22	0.07	0.96
X_{11}	0.62	0.14	0	−0.02	0.06	0.15	0.04	0.19	0.07	−0.29	—	0.19	0.09	0.48
X_{12}	−0.77	−0.35	0.02	−0.01	−0.05	−0.06	−0.09	−0.26	−0.07	0.24	−0.08	—	−0.06	−0.42
X_{13}	0.64	0.14	0.01	−0.01	0.01	0.06	0.04	0.13	0.06	−0.17	0.09	0.14	0.14	0.50

表4-19 生物膜碱性磷酸酶活性与水质因子的通径系数分析

APA	相关系数	直接通径系数	间接通径系数							
			X_1	X_4	X_5	X_8	X_9	X_{11}	X_{12}	X_{13}	合计
X_1	−0.20	−0.18	—	0.00	−0.02	−0.09	0.05	0.01	0.05	−0.02	−0.02
X_4	0.74	0.49	0.00	—	0.10	0.31	−0.19	−0.11	0.12	0.02	0.25
X_5	0.64	0.14	0.02	0.35	—	0.37	−0.24	−0.11	0.06	0.05	0.50
X_8	0.79	0.64	0.03	0.24	0.08	—	−0.34	−0.12	0.15	0.11	0.14
X_9	0.68	−0.38	0.03	0.25	0.09	0.57	—	−0.10	0.13	0.09	1.06
X_{11}	0.65	−0.20	0.01	0.26	0.08	0.40	−0.19	—	0.15	0.14	0.85
X_{12}	−0.63	−0.26	0.03	−0.22	−0.03	−0.37	0.19	0.11	—	−0.08	−0.37
X_{13}	0.46	0.21	0.02	0.05	0.03	0.33	−0.15	−0.13	0.10	—	0.25

表4-20 生物膜β-葡萄糖苷酶活性与水质因子的通径系数分析

GLU	相关系数	直接通径系数	间接通径系数									
			X_1	X_2	X_4	X_6	X_8	X_9	X_{10}	X_{11}	X_{12}	X_{13}	合计
X_1	−0.03	−0.12	—	0.09	0.00	0.04	−0.11	0.04	−0.02	0.03	0.06	−0.04	0.09
X_2	0.39	0.34	−0.03	—	0.10	0.01	0.20	−0.10	−0.18	−0.14	0.15	0.04	0.05
X_4	0.46	0.36	0.00	0.10	—	0.02	0.39	−0.16	−0.16	−0.26	0.14	0.03	0.10
X_6	0.41	0.15	−0.03	0.02	0.04	—	0.12	0.02	−0.07	−0.15	0.20	0.11	0.26
X_8	0.67	0.81	0.02	0.08	0.17	0.02	—	−0.28	−0.22	−0.30	0.18	0.19	−0.14
X_9	0.58	−0.32	0.02	0.11	0.18	−0.01	0.73	—	−0.19	−0.24	0.15	0.15	0.90
X_{10}	0.42	−0.32	−0.01	0.19	0.18	0.03	0.55	−0.19	—	−0.37	0.20	0.16	0.74
X_{11}	0.38	−0.48	0.01	0.10	0.19	0.03	0.51	−0.16	−0.24	—	0.17	0.23	0.86
X_{12}	−0.68	−0.31	0.02	−0.16	−0.16	−0.09	−0.47	0.16	0.20	0.27	—	−0.14	−0.37
X_{13}	0.45	0.36	0.01	0.04	0.03	0.05	0.43	−0.13	−0.15	−0.31	0.12	—	0.09

表4-21 生物膜亮氨酸氨基肽酶活性与水质因子的通径系数分析

LEU	相关系数	直接通径系数	间接通径系数								
			X_1	X_3	X_4	X_6	X_7	X_8	X_9	X_{12}	X_{13}	合计
X_1	−0.12	−0.08	—	−0.03	0.00	−0.04	0.00	−0.07	0.05	0.06	−0.01	−0.04
X_3	0.46	0.30	0.01	—	0.06	0.07	0.07	0.03	−0.08	0.01	−0.01	0.16
X_4	0.60	0.22	0.00	0.08	—	−0.02	0.08	0.25	−0.17	0.15	0.01	0.38
X_6	0.09	−0.16	−0.02	−0.12	0.02	—	0.03	0.07	0.02	0.21	0.04	0.25
X_7	−0.77	−0.18	0.00	−0.11	−0.10	0.02	—	−0.30	0.19	−0.24	−0.05	−0.59
X_8	0.70	0.52	0.01	0.02	0.11	−0.02	0.10	—	−0.30	0.19	0.07	0.18
X_9	0.66	−0.34	0.01	0.07	0.11	0.01	0.10	0.47	—	0.17	0.06	1.00
X_{12}	−0.64	−0.34	0.02	−0.01	−0.10	0.10	−0.13	−0.30	0.17	—	−0.05	−0.30
X_{13}	0.43	0.14	0.01	−0.02	0.02	−0.05	0.07	0.27	−0.14	0.13	—	0.29

表 4-22 生物膜胞外多糖与水质因子的通径系数分析

PSC	相关系数	直接通径系数	间接通径系数					
			X_4	X_7	X_8	X_{10}	X_{13}	合计
X_4	0.55	0.15	—	0.14	0.38	−0.10	−0.02	0.40
X_7	−0.61	−0.30	−0.07	—	−0.45	0.14	0.07	−0.31
X_8	0.79	0.78	0.07	0.17	—	−0.14	−0.09	0.01
X_{10}	0.53	−0.20	0.07	0.21	0.53	—	−0.08	0.73
X_{13}	0.26	−0.18	0.01	0.11	0.41	−0.09	—	0.44

表 4-23 生物膜细菌多样性指数与水质因子的通径系数分析

H	相关系数	直接通径系数	间接通径系数								
			X_1	X_3	X_5	X_6	X_7	X_9	X_{10}	X_{11}	合计
X_1	0.21	0.18	—	0.04	0.01	−0.09	0.00	0.03	0.02	0.02	0.03
X_3	−0.54	−0.42	−0.02	—	−0.02	0.14	−0.16	−0.06	−0.03	0.03	−0.12
X_5	−0.41	−0.12	−0.02	−0.06	—	0.05	−0.15	−0.16	0.23	−0.18	−0.29
X_6	−0.17	−0.34	0.05	0.17	0.02	—	−0.06	0.01	0.08	−0.10	0.17
X_7	0.72	0.42	0.00	0.16	0.04	0.05	—	0.13	−0.26	0.18	0.30
X_9	−0.60	−0.24	−0.03	−0.10	−0.08	0.02	−0.23	—	0.22	−0.16	−0.36
X_{10}	−0.43	0.37	0.01	0.03	−0.07	−0.07	−0.30	−0.15	—	−0.25	−0.80
X_{11}	−0.55	−0.33	−0.01	0.04	−0.07	−0.11	−0.23	−0.12	0.28	—	−0.22

表 4-24 生物膜细菌均匀度指数与水质因子的通径系数分析

E	相关系数	直接通径系数	间接通径系数								
			X_1	X_3	X_4	X_5	X_6	X_7	X_{10}	X_{11}	X_{13}	合计
X_1	0.09	0.14	—	0.03	0.00	0.04	−0.14	0.00	0.01	−0.02	0.03	−0.05
X_3	−0.44	−0.33	−0.01	—	−0.06	−0.05	0.22	−0.18	−0.02	−0.03	0.02	−0.11
X_4	−0.61	−0.22	0.00	−0.09	—	−0.24	−0.06	−0.22	0.10	0.15	−0.03	−0.39
X_5	−0.43	−0.34	−0.02	−0.05	−0.15	—	0.08	−0.17	0.12	0.16	−0.06	−0.09
X_6	−0.37	−0.54	0.04	0.13	−0.02	0.05	—	−0.07	0.04	0.09	−0.09	0.17
X_7	0.73	0.48	0.00	0.13	0.10	0.12	0.08	—	−0.14	−0.15	0.11	0.25
X_{10}	−0.45	0.20	0.01	0.03	−0.11	−0.21	−0.12	−0.34	—	0.22	−0.13	−0.65
X_{11}	−0.47	0.28	−0.01	0.03	−0.12	−0.19	−0.17	−0.26	0.15	—	−0.18	−0.75
X_{13}	−0.45	−0.29	−0.01	0.02	−0.02	−0.07	−0.17	−0.18	0.09	0.18	—	−0.16

表 4-25　生物膜细菌丰富度指数与水质因子的通径系数分析

Dmg	相关系数	直接通径系数	间接通径系数						
			X_1	X_2	X_3	X_7	X_8	X_{12}	合计
X_1	0.22	0.17	—	0.04	0.03	0.00	0.03	−0.05	0.05
X_2	−0.41	0.16	0.05	—	−0.11	−0.33	−0.05	−0.13	−0.57
X_3	−0.50	−0.34	−0.01	0.05	—	−0.18	−0.01	−0.01	−0.16
X_7	0.78	0.46	0.00	−0.12	0.13	—	0.12	0.19	0.32
X_8	−0.62	−0.21	−0.02	0.04	−0.02	−0.26	—	−0.15	−0.41
X_{12}	0.61	0.26	−0.03	−0.08	0.01	0.33	0.12	—	0.35

表 4-26　生物膜细菌优势度指数与水质因子的通径系数分析

D	相关系数	直接通径系数	间接通径系数									
			X_4	X_5	X_6	X_7	X_8	X_9	X_{10}	X_{11}	X_{13}	合计
X_4	0.32	−0.43	—	0.30	0.04	0.24	−0.22	0.20	−0.13	0.29	0.03	0.75
X_5	0.47	0.42	−0.30	—	−0.05	0.19	−0.26	0.25	−0.16	0.31	0.07	0.05
X_6	0.43	0.34	−0.05	−0.06	—	0.08	−0.07	−0.02	−0.06	0.17	0.10	0.09
X_7	−0.69	−0.51	0.20	−0.15	−0.05	—	0.26	−0.21	0.18	−0.29	−0.12	−0.18
X_8	0.61	−0.46	−0.21	0.25	0.05	0.30	—	0.34	−0.17	0.34	0.17	1.07
X_9	0.53	0.38	−0.22	0.27	−0.02	0.28	−0.41	—	−0.15	0.27	0.13	0.15
X_{10}	0.71	−0.26	−0.21	0.26	0.07	0.36	−0.31	0.23	—	0.42	0.15	0.97
X_{11}	0.86	0.55	−0.23	0.24	0.11	0.28	−0.28	0.19	−0.20	—	0.20	0.31
X_{13}	0.82	0.32	−0.04	0.09	0.11	0.19	−0.24	0.16	−0.12	0.35	—	0.50

表 4-27　生物膜初级生产力与水质因子的通径系数分析

GPP	相关系数	直接通径系数	间接通径系数								
			X_1	X_3	X_4	X_5	X_6	X_7	X_{11}	X_{13}	合计
X_1	−0.02	−0.12	—	−0.02	0.00	−0.01	0.16	0.00	−0.01	−0.02	0.10
X_3	0.05	0.20	0.01	—	0.02	0.02	−0.26	0.09	−0.01	−0.02	−0.15
X_4	0.48	0.08	0.00	0.05	—	0.08	0.07	0.11	0.07	0.02	0.40
X_5	0.34	0.11	0.02	0.03	0.06	—	−0.09	0.09	0.07	0.05	0.23
X_6	0.66	0.63	−0.03	−0.08	0.01	−0.02	—	0.04	0.04	0.07	0.03
X_7	−0.65	−0.24	0.00	−0.08	−0.04	−0.04	−0.09	—	−0.07	−0.09	−0.41
X_{11}	0.70	0.13	0.01	−0.02	0.04	0.06	0.20	0.13	—	0.15	0.57
X_{13}	0.63	0.23	0.01	−0.01	0.01	0.02	0.20	0.09	0.08	—	0.40

表 4-28 生物膜呼吸速率与水质因子的通径系数分析

R_{24}	相关系数	直接通径系数	间接通径系数							
			X_3	X_4	X_5	X_7	X_{10}	X_{11}	X_{12}	X_{13}	合计
X_3	0.37	0.13	—	0.06	0.07	0.10	0.04	−0.02	0.01	−0.02	0.24
X_4	0.68	0.22	0.04	—	0.30	0.11	−0.24	0.09	0.14	0.02	0.46
X_5	0.63	0.43	0.02	0.17	—	0.09	−0.30	0.09	0.08	0.05	0.20
X_7	−0.62	−0.25	−0.05	−0.11	−0.15	—	0.35	−0.09	−0.23	−0.09	−0.37
X_{10}	0.50	−0.49	−0.01	0.12	0.26	0.18	—	0.13	0.20	0.11	0.99
X_{11}	0.59	0.16	−0.01	0.12	0.24	0.13	−0.38	—	0.15	0.02	0.43
X_{12}	−0.57	−0.32	−0.01	−0.10	−0.10	−0.18	0.32	−0.09	—	−0.09	−0.25
X_{13}	0.42	0.24	−0.01	0.02	0.09	0.08	−0.23	0.10	0.12	—	0.18

表 4-29 生物膜呼吸净初级生产力与水质因子的通径系数分析

NPP	相关系数	直接通径系数	间接通径系数							
			X_3	X_4	X_5	X_6	X_7	X_{10}	X_{12}	X_{13}	合计
X_3	−0.43	−0.08	—	−0.08	−0.07	−0.08	−0.08	−0.04	−0.02	0.02	−0.35
X_4	−0.67	−0.29	−0.02	—	−0.33	0.02	−0.09	0.25	−0.18	−0.03	−0.38
X_5	−0.63	−0.46	−0.01	−0.21	—	−0.03	−0.07	0.31	−0.10	−0.06	−0.17
X_6	0	0.19	0.03	−0.03	0.07	—	−0.03	0.11	−0.25	−0.09	−0.19
X_7	0.54	0.21	0.03	0.13	0.17	−0.03	—	−0.36	0.29	0.10	0.33
X_{10}	−0.39	0.51	0.01	−0.14	−0.29	0.04	−0.14	—	−0.25	−0.13	−0.90
X_{12}	0.46	0.40	0.00	0.13	0.11	−0.12	0.15	−0.32	—	0.11	0.06
X_{13}	−0.35	−0.28	0.01	−0.10	−0.10	0.06	−0.08	0.23	−0.16	—	−0.07

4.3.2.3 生物膜群落对主要污染物的响应

由于白洋淀的污染主要以氮、磷等营养元素和耗氧有机污染为主，因此研究中选取白洋淀流域主要超标指标作为自变量因子，包括 COD_{Mn}（X_1）、COD（X_2）、BOD（X_3）、DO（X_4）、TN（X_5）、TP（X_6）、NH_4^+（X_7）、NO_3^-（X_8）和 Ecoli（X_9）共9个水质指标进行 RDA 分析，以确定生物膜群落特征与主要污染物的关系，结果见表4-30。Monte Carlo 检验所有排序轴均显著（$P<0.01$），说明排序效果理想。RDA 分析的前两个排序轴特征值分别为0.508和0.047，前两个排序轴与水质参数之间的相关系数分别为0.878和0.795，分别揭示了50.8%和4.6%的生物膜群落特征变化。4个排序轴共解释了63.0%的生物膜群落特征变化和95.9%的生物膜群落特征与水质的关系。所选的8个水质参数（由于 TN 和氨氮具有强烈的多重相关性，在分析中剔除了 NH_4^+）共解释了73.6%的生物膜群落总特征值，对生物膜群落结构、功能变化具有显著影响。前面的 RDA 分析比较，可以看出超标水质参数对生物膜群落影响极其显著（$P<0.01$）。这8个参数解释了63.0%的总

特征值,说明这 8 个因子就是影响生物膜群落特征的最主要水质因子。

表 4-30 生物膜群落与主要超标水质参数的 RDA 排序结果

排序轴	特征值	生物膜-水质相关系数	生物膜特征变化累积/%	生物膜与水质关系变化累积/%	特征值总和	典范特征值总和
1	0.508	0.878	50.8	80.6	1	0.63
2	0.047	0.795	55.4	88.0		
3	0.032	0.737	58.6	93.1		
4	0.018	0.629	60.4	95.9		

从图 4-8 可以看出,对于轴 1,水质参数与生物膜群落的相关性大小为 TN>COD>BOD>Ecoli>TP>NO_3^-,与轴 1 正相关;DO>COD_{Mn},与轴 1 负相关。根据各水质参数与生物膜群落前两排序轴的相关系数可以得出,选取的 8 个水质参数与生物群落相关性大小依次为:DO>TN>COD_{Mn}>COD>BOD>Ecoli>TP>NO_3^-。生物膜群落藻密度、Chla、Chlb、Chlb/a、绿藻比例、蓝藻比例、碱性磷酸酶活性、β-葡萄糖苷酶活性、亮氨酸氨基肽酶活性、多糖含量、细菌优势度指数、初级生产力、呼吸速率与 TN、TP、硝酸盐含量、高锰酸盐指数、化学需氧量、生化需氧量、粪大肠菌群呈正相关关系,与溶解氧呈负相关关系;而硅藻比例、细菌多样性、丰富度和均匀度指数以及 Chlc/a、Chlc、净初级生产力与溶氧正相关,与其他超标指标负相关。其中绿藻和 Chlc 与超标水质因子相关性较弱。根据冗余分析结果(表 4-31),生物膜群落特征各指标可被超标水质参数解释,百分比在 22.27%~78.96%,超标水质参数对生物膜群落特征解释量的排序为:GPP>BAC>CYA>APA>GLU>AD>PSC>D>Chla>R_{24}>LEU>E>Chlb/a>H>NPP>Chlc/a>Chlb>Dmg>CHL>Chlc。

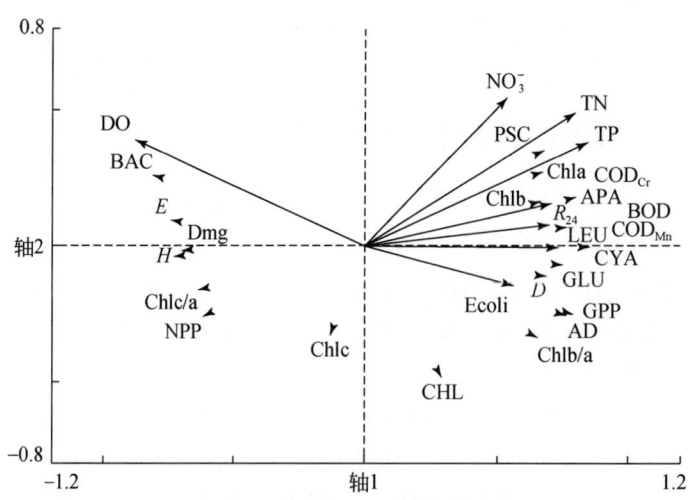

图 4-8 生物膜群落与超标水质参数的二维排序图
注:箭头代表生物膜群落特征。

表 4-31　生物膜各属性在排序轴上的特征值及其被超标水质参数解释的比例

指标	轴1	轴2	轴3	轴4	变量解释比例/%
AD	0.1031	−0.0345	0	0	71.3
Chla	0.1242	0.0507	0	0	64.15
Chlb	0.1558	0.0381	0	0	53.52
Chlc	−0.1486	−0.374	0	0	22.27
Chlb/a	0.1232	−0.0636	0	0	60.7
Chlc/a	−0.1614	−0.0411	0	0	55.28
BAC	−0.0849	0.0275	0	0	78.08
CHL	0.1036	−0.1703	0	0	51.81
CYA	0.0909	−0.0004	0	0	77.39
APA	0.0986	0.022	0	0	74.29
GLU	0.1156	−0.0105	0	0	71.34
LEU	0.1295	0.0118	0	0	62.25
PSC	0.1082	0.0564	0	0	67.36
H	−0.1414	−0.0073	0	0	60.37
E	−0.1334	0.0173	0	0	61.9
Dmg	−0.1607	−0.0035	0	0	52.37
D	0.133	−0.0218	0	0	66.88
GPP	0.0859	−0.0279	0	0	78.96
R_{24}	0.1316	0.0293	0	0	63.9
NPP	−0.1501	−0.0635	0	0	55.64

生物膜群落可以很好地反映水质变化。藻密度、Chla、藻类组成在研究生物膜群落对水质的响应中被广泛使用，在本研究中，藻密度、Chla、蓝藻比例与水质呈正相关关系，硅藻比例与水质呈负相关关系，这与许多学者的相关研究相同。在污染较严重的区域（下游或干流）附着藻类生物量更高（Sabater et al.，2007；Sierra and Gomez，2007）；硅藻密度和相对丰度在有机污染强烈的地区受到抑制（Duong et al.，2007）；而在本研究中，蓝藻比例与水质呈显著负相关。绿藻比例随水质综合指数呈抛物线关系，随着水质的改善呈现先上升后下降的趋势。这可能是由与藻类对营养的适应性有关，与其他藻类相比，绿藻更适宜在中等营养状态下生长，在高营养条件下绿藻生长受到蓝藻的抑制，而随着水质综合指数的增大，氮磷和有机污染物大量降低，不能满足大多数绿藻的生长条件，丝状绿藻与 TP 呈正相关关系，随着营养的减少，绿藻生物量和丰度显著降低。色素比例可以一定程度上反映藻类组成，且测定方法简单，节约时间（Burns and Ryder，2001；曹治国等，2010a，b）。在本研究中，Chlb/a 与综合水质指数呈正相关，但在水质较差时 Chlb/a 上升趋势变小甚至发生减少，这与 Chlb/a 随营养等级变化的趋势相同（曹治国等，2010a，b）。而 Chlc/a 反映了硅藻、金藻和甲藻在总藻量中的比例，与综合水质指数呈正相关关

系，反映了这几种藻类对低营养、低污染的偏好。多糖含量与水质呈负相关关系，这是因为在水质较差的情况下更利于蓝藻生存，而蓝藻的光合作用可以产生大量的胞外多糖分泌物（Wolfstein and Stal，2002）。胞外酶活性是生物膜功能描述的重要指标，碱性磷酸酶活性、葡萄糖酶活性和肽酶活性对有机质降解和营养循环起重要作用，可以反映人为干扰造成的富营养化状态。本研究中碱性磷酸酶活性、β-葡萄糖苷酶活性、亮氨酸氨基肽酶活性都与水质指数呈线性负相关关系，在 Penton 和 Newman（2007）对佛罗里达沼泽 4 个保护区的研究中，β-葡萄糖酶随营养物质增加而增加，但亮氨酸氨基肽酶和碱性磷酸酶在不同的保护区随营养物质变化不规律。细菌多样性、均匀度、丰富度指数都与水质指数呈线性正相关关系。较高的碱性磷酸酶通常出现在极低的磷酸盐条件下（Jansson et al.，1988），但是也有许多水体中在溶解性磷酸盐达到 0.32mg/L 时也未显示出对碱性磷酸酶的抑制，在白洋淀流域，磷酸酶含量与营养物质分布具有一致的变化趋势（聂大刚等，2009）。生物膜群落代谢可以很好地反映水质的变化和土地利用的变化（Marcarelli et al.，2009）。Gücker 等（2009）对赛罗拉多热带草原河流的代谢变化研究发现，高营养会导致初级生产力和呼吸速率的快速增长。在本研究中，初级生产力与水质综合指数呈负相关关系，主要是由于丰富的营养物质促进了附着藻类的生长，同时为光合作用提供了丰富的碳源，促进初级生产力增长；呼吸速率与水质综合指数呈负相关关系，但是关系非线性，而是在水质较好的地方趋于稳定，这可能是由于水质较好的地方营养物质和有机碳含量较低，一定程度上限制了生物膜群落的呼吸代谢，也可能与细菌在低营养状态下生长缓慢、相对稳定有关。

生物膜群落可以对各种污染物质产生响应，包括农药、化肥、各种杀虫剂、除草剂、重金属等（Sabater et al.，2007）。而复合污染条件下，生物膜群落对水质参数的响应与单一污染情况差别很大，例如，Ivorra 等的室内试验研究证明，重金属（Zn，Cd）可以显著减少藻类的生物量，改变硅藻的组成，但是在有磷存在的条件下，由于磷对藻类生物量具有促进作用，这种毒性效应会被补偿（Ivorra et al.，2002）。而在天然水体中，污染物的情况更为复杂，加上有光照、温度、水力条件等因素的影响，使得生物膜群落的响应并不遵从单因子情况时的规律，且与多种环境因素相关。在本研究中，生物膜群落与透明度、溶解氧、温度、电导率、高锰酸盐指数、化学需氧量、生化需氧量、TP、TN、氨氮、硝酸盐氮、石油类、阴离子表面活性剂、氟化物、汞、粪大肠菌群均显著相关（$P<0.05$）。选定的水质参数可以解释生物膜群落变化的 82.6%，说明水质是影响白洋淀生物膜群落变化最重要的原因。与选定参数的相关顺序为：Tran>DO>TP>COD_{Mn}>Oil>Ecoli>Hg>EC>LAS>TN>F>T>BOD。其中 AD、Chla 与 Hg 呈正相关关系，这可能是两个原因造成的：①根据 Najera 等（2005）的研究，Hg 在低于 1mg/L 时会促进生物膜的生长，高于 10mg/L 时会显著抑制生物膜的生长。在白洋淀流域，水体中的 Hg 浓度较低，只有 0.07μg/L，对生物膜生长尤其是藻类的生长具有一定的促进作用。②重金属对生物膜的抑制作用被氮磷等营养元素的促进作用补偿。Dorn 等（1997）的研究表明，表面活性剂不影响藻类生物量、色素组成和物种分布，但在本研究中，阴离子表面活性剂与藻密度、Chla、Chlb、蓝藻密度呈正相关，与硅藻密度呈负相关关系；进一步观察通径分析结果，可以看出阴离子表明活性剂对藻密度的直接作用为负值,其对藻密度的影响主要是通过 TP 的间接作用产生的;逐步回归分析表明,阴离子表面活性剂对 Chla 的影响不显著;Chlb 的通径分析表明,阴离子表面活性剂对 Chlb 的直接作用为负值,其主要通过 TP 和石油类污染间接增加 Chlb,而其对于蓝藻和绿藻比例的影响主要来自直接作用。可见,通径分析一定程度上分离了多种污染物复合污染情况。

4.4 生物膜群落对流域土地利用与景观格局的响应

府河-白洋淀流域从上游到下游可以划分为城市、种植业、养殖业三种不同的主要土地利用类型。其中,保定市位于白洋淀上游 45km 处,是以轻工、化工为主的中等城市,市区人口 105.5 万（2008 年）,近年来城市化进程不断加速,市区不透水面积大幅增加。孙村、望亭、安州等地土地利用以农业种植为主,望亭乡耕地面积 2720hm^2;孙村乡耕地面积 1301hm^2,安州镇耕地面积 3291hm^2,分别占辖区总面积的 62.5%、53.1% 和 45.7%。白洋淀区由于具有水陆交错的特殊生态格局,当地经济发展主要依靠旅游业和养殖业,养殖区几乎覆盖淀区所有水域,安新县养殖面积达到 3.6 万亩①,水产品社会总产量 2008 年达到 2.62 万 t,其中养殖产量 5800t。在三种土地利用类型区分别布设采样点（图 4-9）,每个采样点布设三个生物膜采集器,彼此相距 100m,以活性碳纤维为基质,经过 15d 的培养收集生物膜样品,并对收集的生物膜的结构、功能指标进行分析,通过 ANOVA 分析比较生物膜群落各指标对不同土地利用的响应。

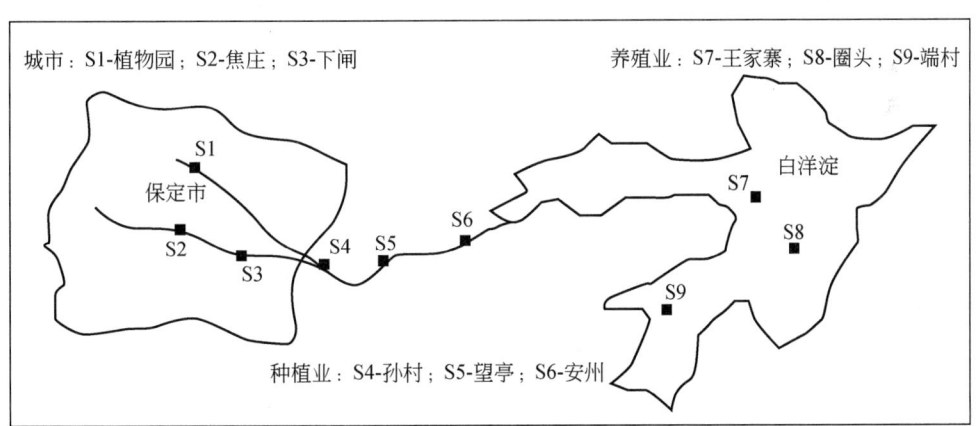

图 4-9 白洋淀流域生物膜群落采样图

ANOVA 结果表明（表 4-32）,除了藻密度（$P=0.416$）,生物膜群落其余指标在不同土地利用类型区均存在显著差异。进一步通过 Post Hoc Test 采用 Dunnett T3 对组间差异进行比较（图 4-10）,结果表明,城市区的各点位藻密度彼此间存在较大差异,藻密度范围

---

① 1 亩 = $\frac{1}{15}$hm^2 ≈ 666.7m^2。

在 16.98×10⁴ ~ 204.17×10⁴ cells/cm²，种植区藻密度虽然不显著，但略高于养殖区；三个区域的 Chla 和 Chlb 彼此间都存在显著差异，分布规律为种植区>城市>养殖区；Chlc 则为城市显著高于养殖区和种植区；城市和种植区的 Chlb/a 存在显著差异，种植区更高，而养殖区内各点位差异较大，范围在 0.39~0.47，与其他两个区域没有显著差异；三个区域的 Chlc/a 彼此间均存在显著差异，养殖区>城市>种植区；三个区域的碱性磷酸酶、亮氨酸氨基肽酶和多糖含量彼此间均存在显著差异，分布规律为种植区>城市>养殖区；而 β-葡萄糖苷酶在种植区和城市间没有显著差异，且显著高于养殖区；城市和种植区的细菌多样性及丰富度指数没有显著差异，都显著低于养殖区；均匀度指数在三个区域间存在显著差异，养殖区>城市>种植区；城市的细菌优势度指数显著高于其他两个区域，种植区和养殖区虽然没有显著差异，但种植区的细菌优势度指数比养殖区略高；种植区的总初级生产力显著高于城市和养殖区；三个区域的呼吸速率和净初级生产力彼此均存在显著差异，呼吸速率分布规律为种植区>城市>养殖区，净初级生产力为养殖区>城市>种植区。藻类组成方面，硅藻和蓝藻比例在三个区之间均存在显著差异，硅藻比例分布规律为养殖区>城市>种植区，蓝藻比例分布于此相反，为种植区>城市>养殖区，而绿藻比例在种植区最低，在城市和养殖区没有显著差异。

表 4-32 基于不同土地利用区的生物膜群落特征指标方差分析

指标	自由度	F 值	显著性
AD	2	0.910	0.416
Chla	2	276.136	0
Chlb	2	242.064	0
Chlc	2	67.593	0
Chlb/a	2	4.629	0.020
Chlc/a	2	259.813	0
BAC	2	54.155	0
CHL	2	46.039	0
CYA	2	236.256	0
APA	2	106.030	0
GLU	2	48.203	0
LEU	2	233.784	0
PSC	2	392.269	0
H	2	124.043	0
E	2	160.921	0
Dmg	2	179.665	0
D	2	11.102	0
GPP	2	134.382	0
R_{24}	2	83.629	0
NPP	2	57.742	0

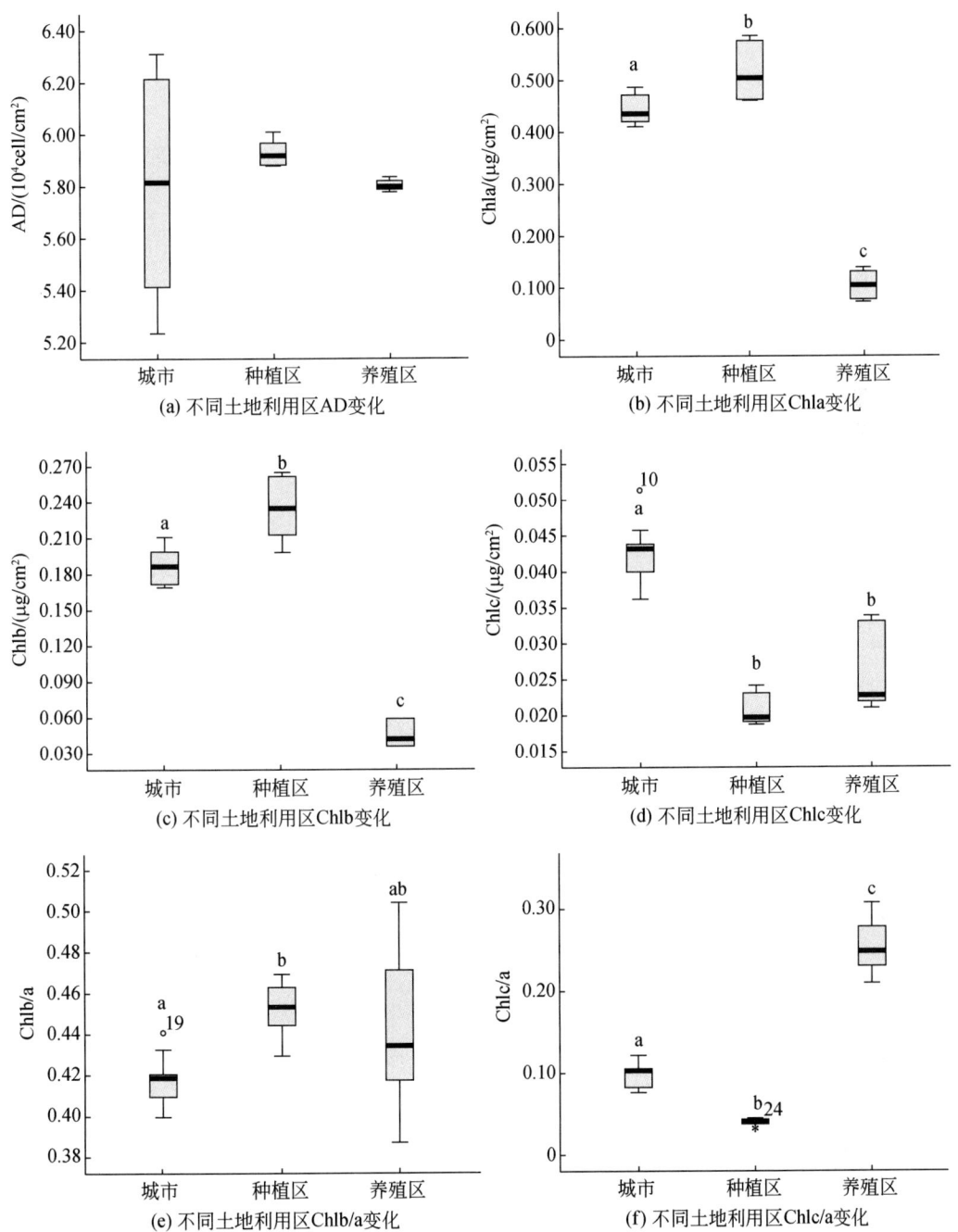

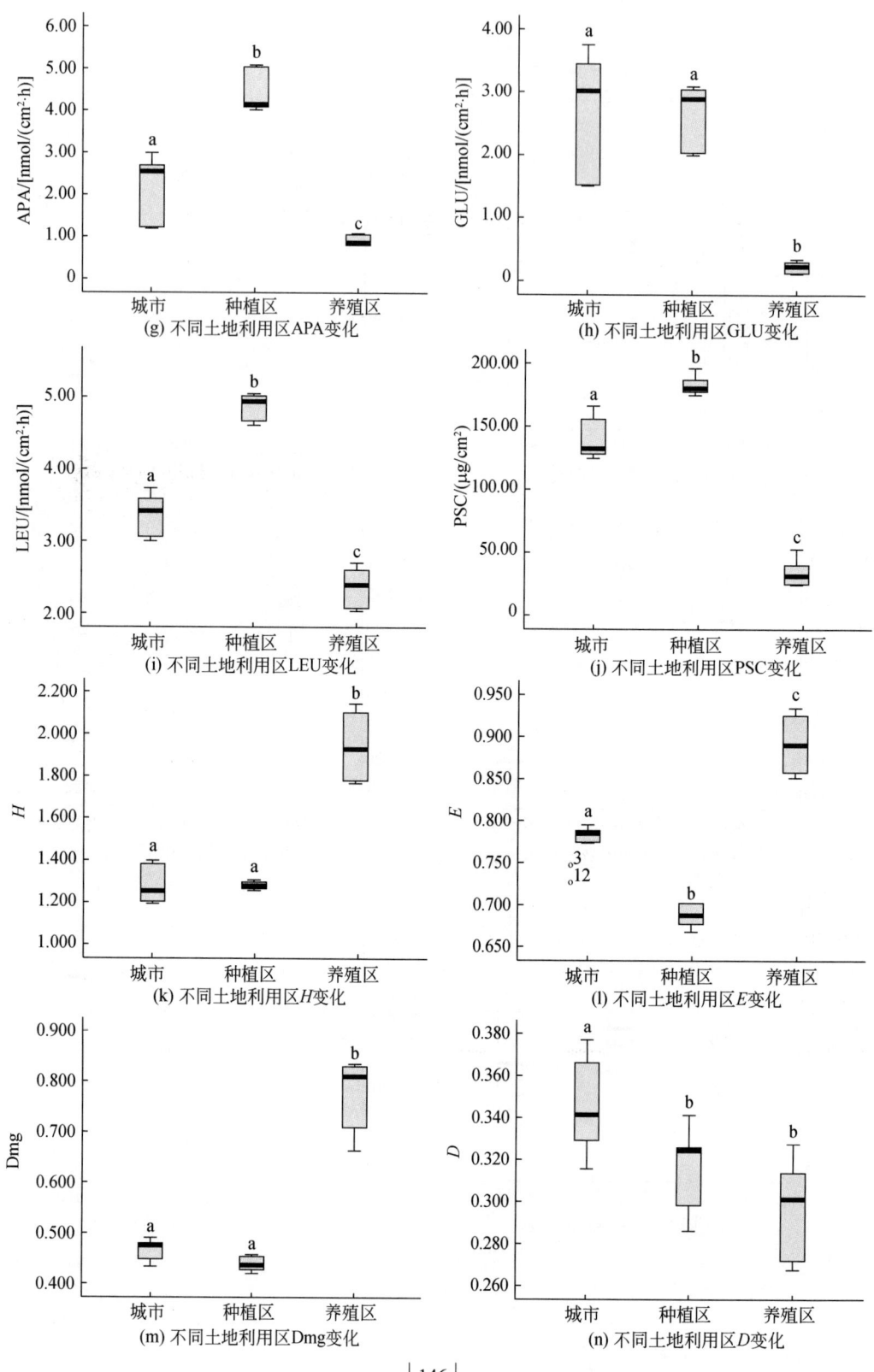

第 4 章 | 人工生物膜群落对人为干扰的响应

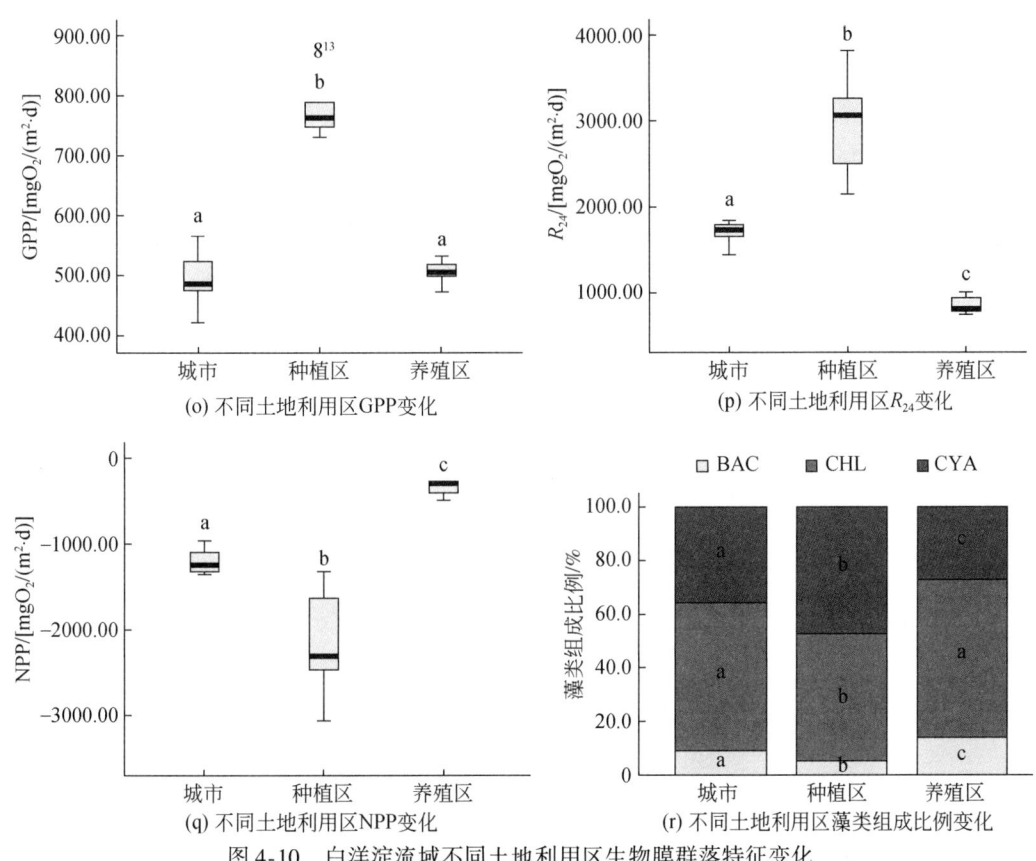

图 4-10 白洋淀流域不同土地利用区生物膜群落特征变化

生物膜群落结构、功能特征在流域内不同的土地利用类型区间存在显著差异。所检测的生物膜 20 个属性指标中，除了藻密度，其他指标在三个区域均存在显著差异。种植区由于化肥等的大量使用，营养物质大量进入水体，使得种植区的生物膜生物量（包括 Chla、Chlb、多糖含量）、酶活性（包括碱性磷酸酶和亮氨酸氨基肽酶）和代谢功能（包括初级生产力和呼吸速率）均显著高于其他区域，而细菌均匀度、丰富度指数则显著低于其他区域。而在城市，由于不透水面积的增加，河流的连通性变差，基质多样性降低，减少了生物膜群落结构的多样性，物种单一，城市的细菌多样性指数、丰富度指数和均匀度指数都显著低于种植区和养殖区，而优势度指数则显著高于其他区域。养殖区与另外两个区相比，人为干扰较小，虽然养殖区饲料饵料的投放也一定程度上增加了水体的营养物质，但没城市和种植区的影响大，加之淀区内空间的异质性结构为生物膜各种不同种群提供了较为适宜的生存条件，所以养殖区的生物膜群落生物量相对较低，群落多样性程度高，生物膜群落以自养生物为主体，代谢效率较高。

4.4.1 对白洋淀湿地土地利用的响应

近 20 年来，由于人为干扰的增加、水量不足、水生植物的迅速蔓延等原因导致白洋淀湿地的耕地、苇地增加，水域和干草地迅速减少（王滨滨等，2010）。目前，在白洋淀淀区内，苇地是最主要的土地利用类型，而在上游河流中，耕地是主要的土地利用类型。研究中主要在白洋淀湿地和上游河流布设采样点，根据遥感解译图，在白洋淀流域选取8个具有不同土地利用类型的区域布设采样点，每个区域布设3个点位，均匀分布在水面中心及岸边，区域内各采样点距离不小于200m，并设3个重复。采样点布设如图4-11所示。2010年6月，以活性碳纤维为采集基质收集各采样点的生物膜群落，培养时间为15d。对生物膜的生物量、结构、功能特征进行检测（具体指标与方法见第1章）。采用一般线性模型的多变量分析确定生物膜群落指标在不同的采集区是否存在显著差异，并采用多元回归分析方法确定土地利用类型对于生物膜群落的影响。

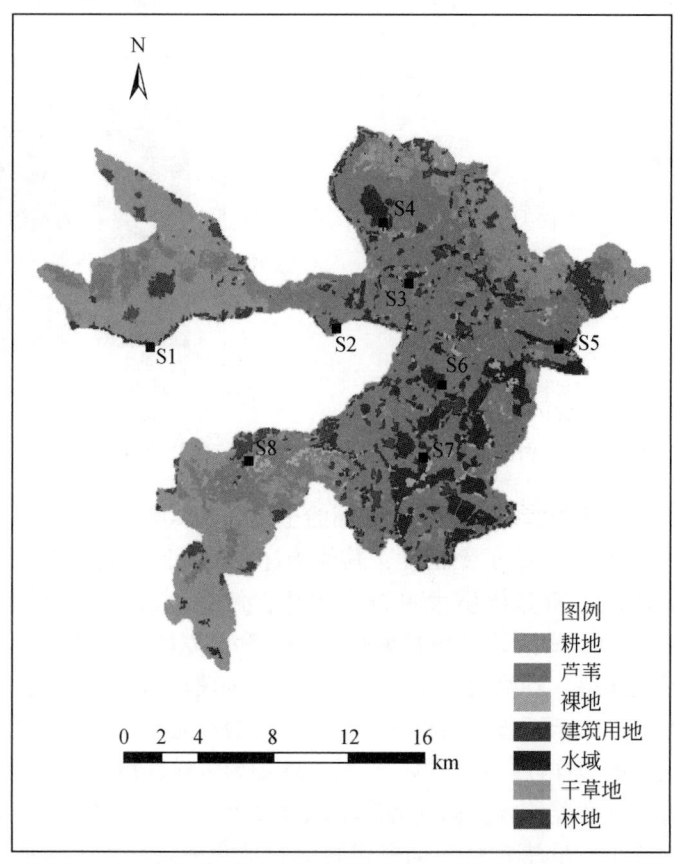

图4-11 白洋淀流域土地利用类型类型分布及采样点的布设

（1）白洋淀湿地土地利用类型分析

根据2007年白洋淀TM遥感解译图辨识白洋淀湿地的土地利用类型，将研究区分为耕地、苇地、裸地、建筑用地、水域、干草地和林地共7种土地利用类型，并且对各采样区域的土地利用类型进行实地考察已验证遥感解译的准确性。以采样点为中心，以1km为半径确定各采样区的土地利用类型和景观格局。结果表明：白洋淀湿地各采样点的土地利用类型都以苇地为主，除了安州、烧车淀和端村，其余所有采样点苇地覆盖比例都超过了

50%；安州的耕地面积最大，达到了 73.3%，端村次之，烧车淀和采蒲台在采样点 1km 附近没有耕地；建筑用地面积在端村和圈头比例最高，达到了 19.3% 和 17.8%，采蒲台和烧车淀建筑用地比例最低（表 4-33）。

表 4-33　白洋淀流域各采样点土地利用类型的面积比例

采样点	人为干扰区		天然区				
	耕地	建筑用地	裸地	苇地	干草地	林地	水域
安州	73.3	2.3	0	0	0	5.2	19.3
南刘庄	1.0	6.7	0	81.8	0	0	10.4
王家寨	6.3	6.9	5.9	68.7	0	0	12.2
烧车淀	0	1.4	3.1	48.4	8.2	0	39.0
枣林庄	1.9	7.2	5.1	66.8	0	0	19.0
圈头	1.8	17.8	0	50.6	0	0	29.8
采蒲台	0	0	9.1	55.7	0	0	35.1
端村	14.1	19.3	8.0	42.1	0	0	16.4

（2）生物膜群落在白洋淀湿地的空间分布特征

根据白洋淀湿地不同的土地利用特征，将采样区划分为 5 组（表 4-34），对不同土地利用类型的采样点的生物膜群落特征进行比较。多变量分析表明，检测的所有 20 个生物膜群落特征指标在不同土地利用类型采样区都具有显著差异（$P<0.05$）。从图 4-12 可以看出，生物量方面，耕地区藻密度、Chla、Chlb 和多糖含量均显著高于苇地-水域混合区，水域面积较大，破碎度低的区域（第四组）藻密度、Chla 和 Chlb 最低；而 Chlc 则在耕地区显著低于苇地-水域混合区，第三组、第四组水域面积比较大的区域 Chlc 显著高于其他区域；二组的 Chlb/a 值显著高于其他组，Chlb/a 在第四组水域较大的区域最低；Chlc/a 在耕地区最低，在第四组水域面积较大，破碎度低的区域最高。酶活性方面，碱性磷酸酶活性和亮氨酸氨基肽酶活性在不同组别的分布规律相似，都是在耕地区显著高于苇地-水域混合区，在苇地-水域混合区内，水域面积较大的采样点两种酶活性更低；耕地区 β-葡萄糖苷酶活性显著高于苇地-水域混合区，随着水域面积的增加，β-葡萄糖苷酶活性逐渐降低，但是它不仅受水域面积影响，还受人为干扰区面积的影响，在人为干扰区面积较大的圈头，β-葡萄糖苷酶活性要显著高于第三组、第四组。细菌群落分布方面，细菌多样性指数、均匀度指数和丰富度指数都遵循相似的规律，在耕地区显著高于苇地-水域混合区，随着水域面积的增加，细菌多样性、丰富度和均匀度指数都显著增加，但人为干扰区面积一定程度会抑制这种增长；而细菌优势度指数在水域面积较小的苇地-水域混合区（第二组）显著高于其他组，随着水域面积的增加，细菌优势度指数明显降低，但在人为干扰区面积较大的第五组，细菌优势度指数并未随水域面积的增大而降低。生物膜代谢产率方面，生物膜初级生产率和呼吸速率均在耕地区显著高于苇地-水域混合区，苇地-水域混合区内初级生产力随水域面积的增加而降低，而呼吸速率在苇地-水域混合区没有显著差异；耕地区的净初级生产力显著低于苇地-水域混合区，而在混合区内，净初级生产力差异不

大。藻类组成方面，耕地区硅藻比例显著低于苇地-水域混合区，在水域面积较大的第四组比例最高；蓝藻和绿藻则在耕地区显著高于苇地-水域混合区，在水域面积较大的第四组最低。

表 4-34　基于土地利用对采样点进行分组

组别	土地利用类型	土地利用特征	采样点
1	耕地	大面积耕地，水域较少	安州
2	苇地-水域混合区	大面积苇地，水域较少	南刘庄
3	苇地-水域混合区	大面积苇地，水域面积中等，斑块数多，破碎严重	王家寨，端村
4	苇地-水域混合区	大面积苇地和水域，破碎度相对较低	枣林庄，烧车淀，采蒲台
5	苇地-水域混合区	大面积苇地和水域，破碎度相对较低，人为干扰区较大	圈头

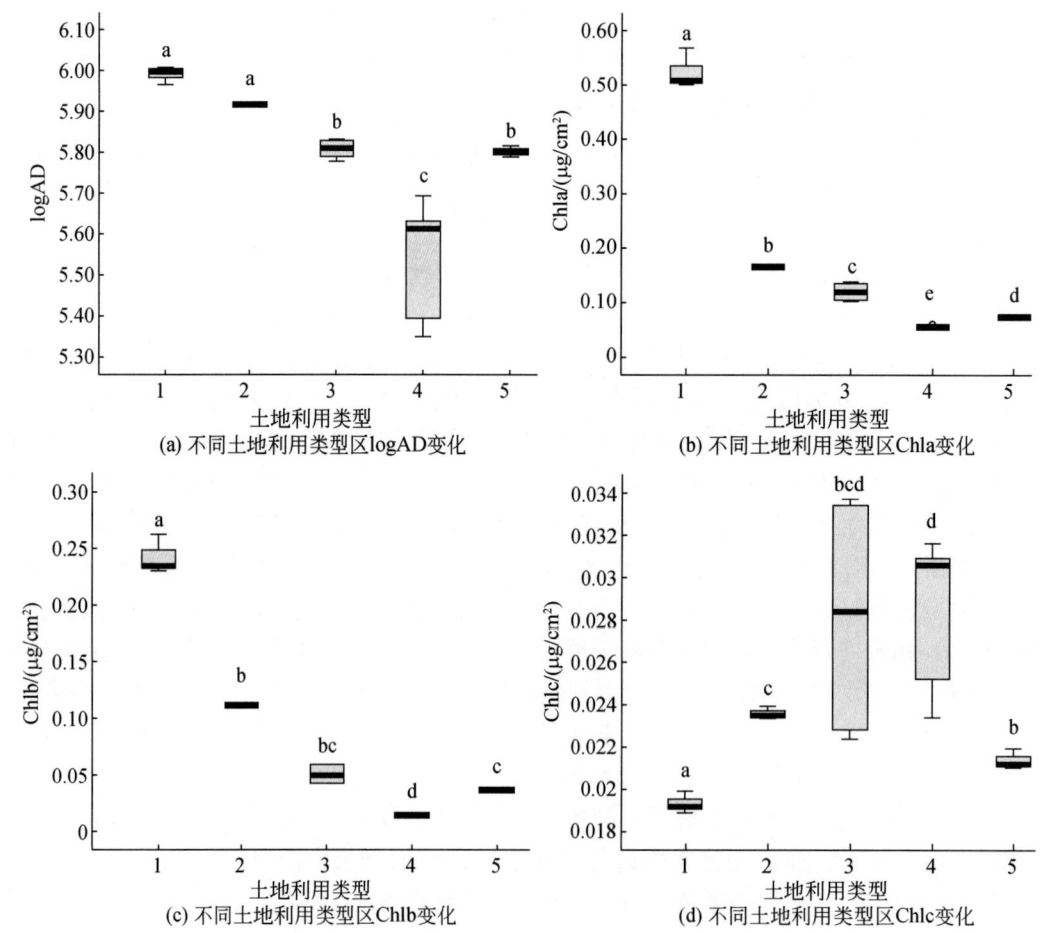

(a) 不同土地利用类型区logAD变化
(b) 不同土地利用类型区Chla变化
(c) 不同土地利用类型区Chlb变化
(d) 不同土地利用类型区Chlc变化

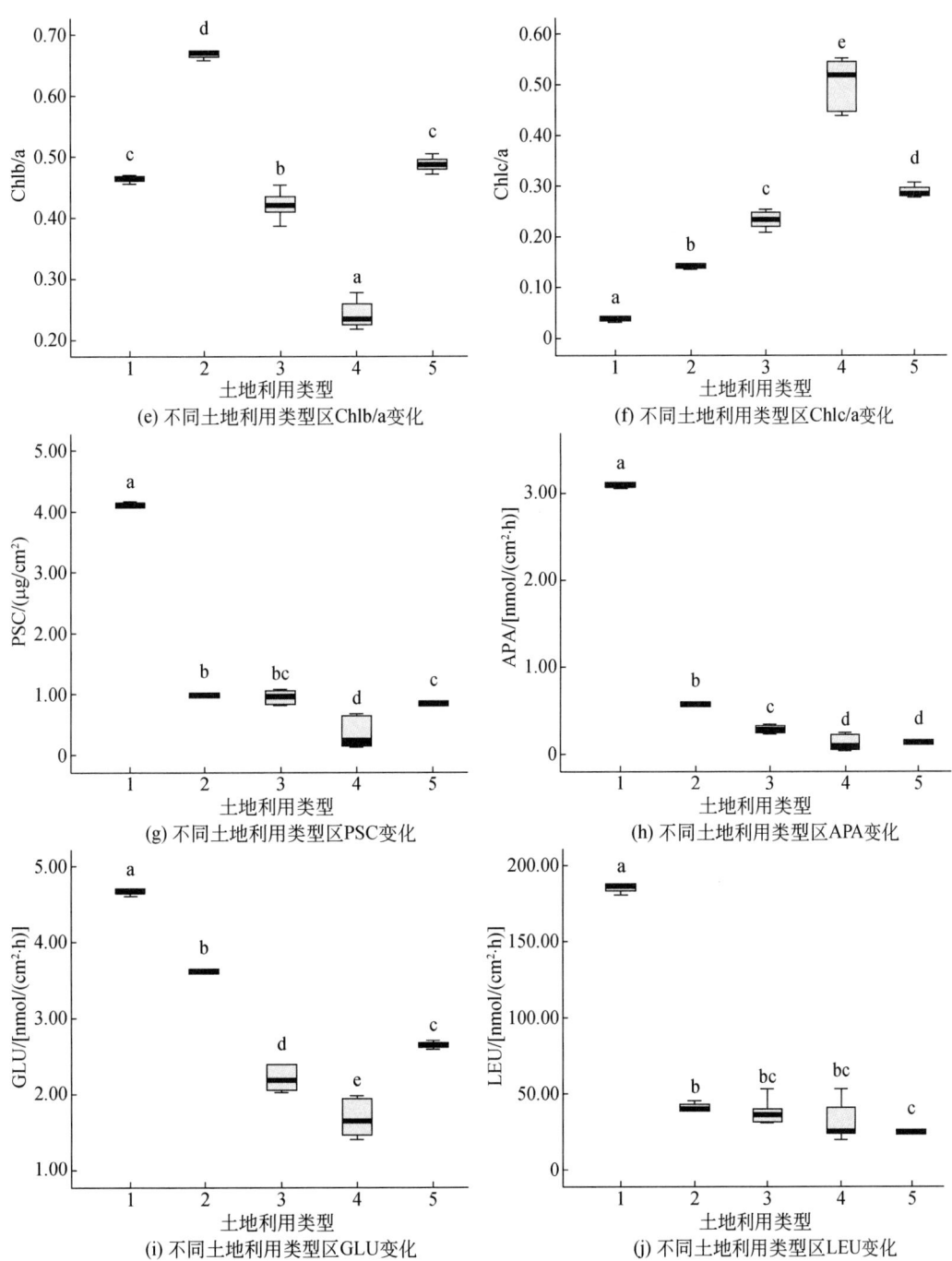

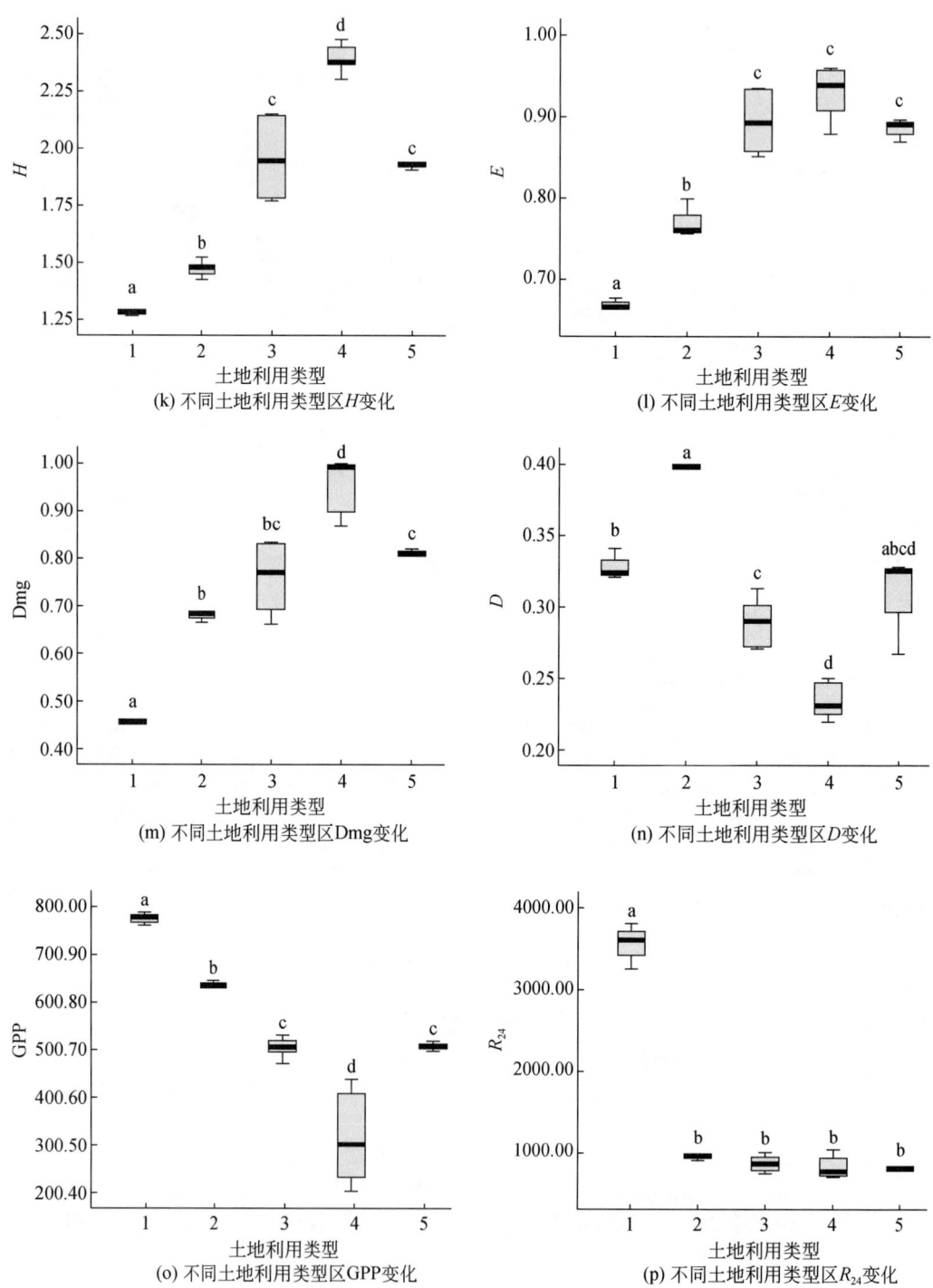

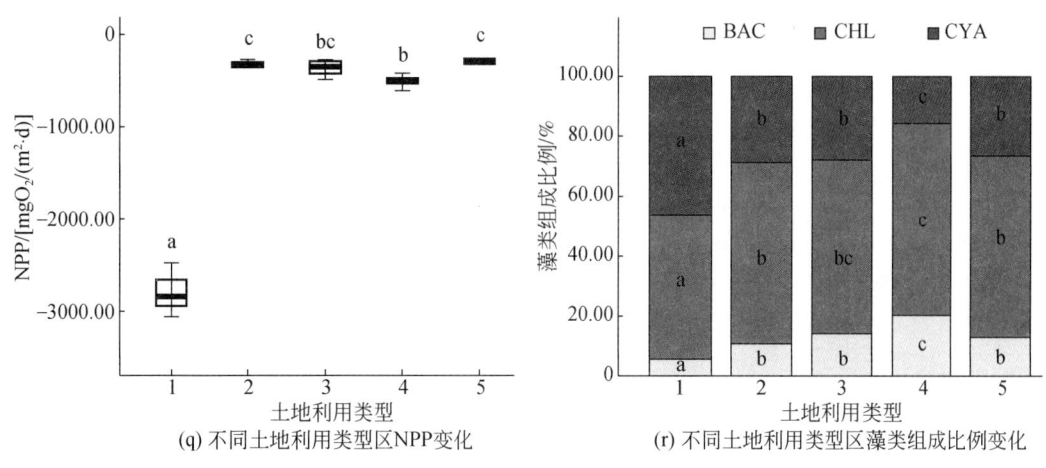

(q) 不同土地利用类型区NPP变化　　(r) 不同土地利用类型区藻类组成比例变化

图 4-12　白洋淀湿地不同土地利用条件下生物膜群落特征变化

（3）白洋淀湿地生物膜群落特征对土地利用的响应

利用 CANOCO 软件对生物膜群落与土地利用类型的关系进行分析。通过去趋势对应分析（DCA），20 个生物膜群落属性指标的特征值为 0.676（表 4-35），所以进一步选择冗余分析（RDA）确定生物膜群落特征对土地利用类型的响应。采用手动筛选模式，对各种土地利用类型进行 Monte Carlo 检验，只有耕地、水域和裸地的面积比例与生物膜群落显著相关（$P<0.01$）。干草地（$P=0.60$）、建筑用地（$P=0.683$）、林地（$P=0.702$）、苇地（$P=0.739$）、干扰区面积（$P=0.680$）与生物膜群落不显著相关。对生物膜与土地利用类型 RDA 排序结果表明，前两个排序轴特征值分别为 0.76 和 0.120，前两个排序轴与土地利用类型之间的相关系数为 0.957 和 0.891，分别揭示了 67.6% 和 12.0% 的生物膜群落特征变化。4 个排序轴共解释了 83.2% 的生物膜群落特征变化和 100% 的生物膜群落特征与土地利用的关系。所选的 3 个土地利用类型耕地、裸地和水域共解释了 83.2% 的生物膜群落总特征值，对生物膜群落结构、功能变化具有显著影响。3 种土地利用类型与生物膜群落的相关性为耕地>裸地>水域。

表 4-35　生物膜与土地利用的 RDA 排序结果

排序轴	特征值	生物膜-土地利用相关系数	生物膜特征变化累积/%	生物膜与土地利用关系变化累积/%	特征值总和	典范特征值总和
1	0.676	0.957	67.6	81.2	1	0.832
2	0.120	0.891	79.6	95.6		
3	0.036	0.773	83.2	100		
4	0.096	0	92.8			

根据 RDA 生物膜群落与土地利用排序（图 4-13）可以看出，生物膜多糖含量、碱性磷酸酶活性、β-葡萄糖苷酶活性、呼吸速率、Chla 等指标与耕地面积呈显著正相关关系；而净初级生产力、绿藻比例和细菌均匀度指数与耕地面积呈显著负相关关系；细菌多样性

指数、硅藻比例、Chlc/a 与裸地和水域面积呈正相关关系；细菌优势度指数、Chlb/a 蓝藻比例、亮氨酸氨基肽酶活性与水域和裸地面积呈显著的负相关关系。

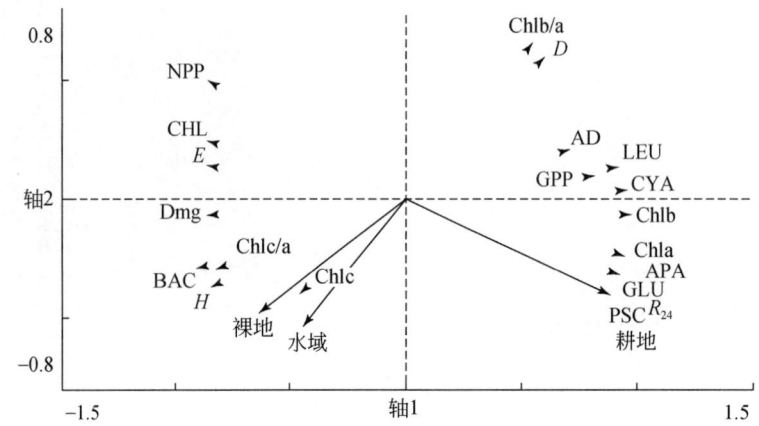

图 4-13　生物膜群落与主要土地利用类型的二维排序图

根据 RDA 分析，生物膜群落对土地利用变化，尤其是对耕地、裸地和水域的面积比例具有很好的响应，与其他土地利用类型及斑块密度和景观破碎度没有显著的相关关系。表 4-36 表明生物膜各群落特征可被土地利用解释的比例为 61.8% ~ 97.2%。其中 Chlc 与土地利用的相关性最低，呼吸速率最高。生物膜群落各特征指标可被土地利用变化解释的顺序为 Chlc<AD<GPP<D<Chlb/a<E<Dmg<Chlc/a<CHL<H<LEU<BAC<CYA<Chlb<APA<GLU<PSC<NPP<Chla<R_{24}。

表 4-36　生物膜各属性在排序轴上的特征值及可其被土地利用解释的比例

指标	轴1	轴2	轴3	轴4	变量解释比例/%
AD	0.5237	0.5464	0.6214	0.9219	62.14
Chla	0.9004	0.9707	0.9709	0.9797	97.09
Chlb	0.9376	0.9464	0.9466	0.9644	94.66
Chlc	0.2179	0.4233	0.6177	0.7186	61.77
Chlb/a	0.3277	0.7323	0.7567	0.9231	75.67
Chlc/a	0.6976	0.7608	0.7886	0.9493	78.86
BAC	0.8403	0.9084	0.9171	0.9773	91.71
CHL	0.7306	0.8038	0.8046	0.8261	80.46
CYA	0.9201	0.9202	0.9247	0.9707	92.47
APA	0.8447	0.9563	0.957	0.9908	95.7
GLU	0.8464	0.9586	0.9638	0.9695	96.38
LEU	0.8726	0.8908	0.9052	0.9559	90.52
PSC	0.7754	0.9589	0.9656	0.9721	96.56
H	0.7353	0.8436	0.8661	0.9778	86.61

续表

指标	轴1	轴2	轴3	轴4	变量解释比例/%
E	0.7285	0.7515	0.7624	0.8846	76.24
D_{mg}	0.7604	0.761	0.7857	0.9705	78.57
D	0.3824	0.7437	0.744	0.9955	74.4
GPP	0.6867	0.6894	0.7281	0.9394	72.81
R_{24}	0.7911	0.9596	0.9723	0.975	97.23
NPP	0.6977	0.9371	0.9689	0.9713	96.89

4.4.2 对景观格局的响应

4.4.2.1 白洋淀湿地景观格局分析

对研究区范围内斑块数和景观破碎度进行分析，通过式（4-4）和式（4-5）计算各研究区各景观类型的破碎度指数和采样点总破碎度指数。结果表明：王家寨和端村的斑块数最多，分别为22块和19块，这两个地区的干扰区斑块密度也最大，分别为12块和8块。南刘庄和采蒲台的斑块数较少，分别为9块和11块。不同的景观类型中，白洋淀流域水域斑块数最多，为32块；而林地和草地斑块较少，分别为1块和4块。研究区各采样点斑块密度排序为：王家寨>端村>烧车淀>枣林庄>圈头>安州>采蒲台>南刘庄（表4-37）。研究区内，王家寨和端村的景观破碎度最高，分为为0.0034和0.0031；而采蒲台景观破碎度最低，只有0.017，景观破碎程度只有王家寨的一半。综合比较研究区内各景观的破碎化程度，可以看出耕地和裸地破碎化最为严重，平均破碎化指数分别为0.0158和0.0105。南刘庄的耕地破碎度最高，达到了0.0392；王家寨建筑用地破碎度最高，达到了0.0135；烧车淀裸地破碎度和干扰区破碎度最高，分别为0.0152和0.0230；端村苇地破碎度最高，为0.0027；南刘庄水域破碎度最高，为0.078。各研究区景观破碎度指数为：王家寨>端村>安州>烧车淀>枣林庄>圈头>南刘庄>采蒲台（表4-38）。

$$F_i = \frac{N_i}{A_i} \quad (4\text{-}4)$$

式中，F_i 为 i 类型景观的破碎度；N_i 为第 i 类景观的斑块数；A_i 为第 i 类型景观的面积数。

$$F = \frac{\sum_{i=1}^{n} N_i}{A} \quad (4\text{-}5)$$

式中，F 为总景观破碎度；N_i 为第 i 类景观的斑块数；A 为景观总面积。

表4-37 白洋淀流域各采样点斑块密度比较

采样点	耕地	建筑用地	裸地	苇地	干草地	林地	水域	干扰区	总斑块数
安州	4	1	0	0	0	1	6	5	12
南刘庄	2	1	0	2	0	0	4	3	9

续表

采样点	耕地	建筑用地	裸地	苇地	干草地	林地	水域	干扰区	总斑块数
王家寨	6	6	4	1	0	0	5	12	22
烧车淀	1	1	3	3	4	0	4	2	16
枣林庄	2	5	3	0	0	0	1	7	15
圈头	2	3	0	2	0	0	7	5	14
采蒲台	0	0	5	2	0	0	4	0	11
端村	5	3	3	7	0	0	1	8	19
合计	22	20	19	20	4	1	32	42	118

表4-38 白洋淀流域各采样点景观破碎度比较

采样点	耕地	建筑用地	裸地	苇地	干草地	林地	水域	干扰区	总景观
安州	0.0012	0.0099	—	—	—	0.0043	0.0070	0.0015	0.0027
南刘庄	0.0392	0.0030	—	0.0005	—	—	0.0078	0.0079	0.0018
王家寨	0.0148	0.0135	0.0105	0.0002	—	—	0.0064	0.0142	0.0034
烧车淀	—	0.0115	0.0152	0.0010	0.0076	—	0.0016	0.0230	0.0025
枣林庄	0.0164	0.0107	0.0122	0.0007	—	—	0.0008	0.0119	0.0023
圈头	0.0175	0.0026	—	0.0006	—	—	0.0037	0.0040	0.0022
采蒲台	—	—	0.0085	0.0006	—	—	0.0018	—	0.0017
端村	0.0058	0.0025	0.0061	0.0027	—	—	0.0010	0.0039	0.0031
平均	0.0158	0.077	0.0105	0.0009	0.0076	0.0043	0.0038	0.0095	0.0025

4.4.2.2 生物膜群落对景观格局的响应

利用CANOCO软件对白洋淀湿地生物膜群落与景观格局的关系进行分析。根据冗余分析（RDA）确定生物膜群落对斑块密度和景观破碎度的响应。Monte Carlo permutation检验结果表明（图4-14），只有干扰区斑块密度（$P=0.003$）和水域破碎度（$P=0.001$）与生物膜群落显著相关。而林地斑块密度（$P=0.079$）、林地破碎度（$P=0.081$）、裸地破碎度指数（$P=0.154$）、苇地斑块密度（$P=0.269$）、草地破碎度（$P=0.248$）、草地斑块密度（$P=0.270$）、建筑用地破碎度（$P=0.305$）、耕地破碎度（$P=0.303$）、干扰区破碎度（$P=0.334$）、裸地斑块密度（$P=0.356$）、干扰区斑块密度（$P=0.471$）、苇地破碎度（$P=0.498$）、耕地斑块密度（$P=0.530$）、总斑块密度（$P=0.493$）、建筑用地斑块密度（$P=0.522$）、总景观破碎度（$P=0.548$）和水域斑块密度（$P=0.665$）等景观格局指标与生物膜群落不显著相关。对生物膜与景观格局指数的RDA排序结果（表4-39）表明，前两个排序轴特征值分别为0.721和0.099，前两个排序轴与景观格局指数之间的相关系数为0.987和0.829，分别揭示了72.1%和9.9%的生物膜群落特征变化。第3和第4排序轴与生物膜群落没有相关性，前两排序轴共解释了82.1%的生物膜群落特征变化和

100%的生物膜群落特征与景观格局的关系。所选的两个景观格局指数——干扰区斑块密度与水域破碎度共解释了82.1%的生物膜群落总特征值,对生物膜群落结构、功能变化具有显著影响。干扰区斑块密度与生物膜群落相关性(0.6535)略高于水域破碎度指数(0.5522)。

根据RDA生物膜群落与景观格局排序图4-14可以看出,细菌优势度指数、初级生产力、亮氨酸氨基肽酶活性、蓝藻密度、Chla、藻密度等指标与水域破碎度显著正相关;而硅藻密度、细菌多样性指数、均匀度指数、Chlc/a、Chlc等指标与水域破碎度显著负相关。碱性磷酸酶活性、Chla、蓝藻比例、呼吸速率、β-葡萄糖苷酶活性等指标与干扰区斑块密度呈显著负相关关系;而绿藻比例、净初级生产力、细菌丰富度指数、硅藻比例和均匀度指数等指标与生物膜群落呈显著负相关关系。

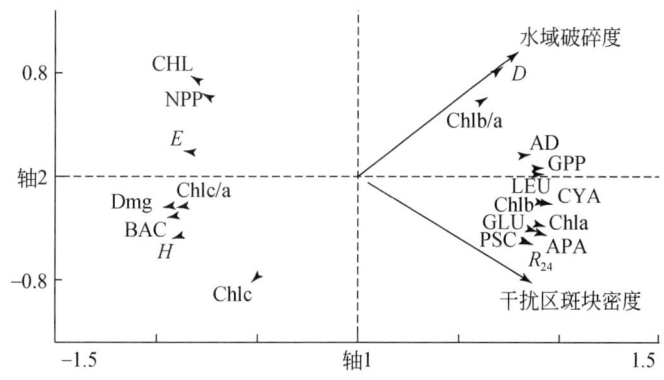

图4-14 生物膜群落与景观格局的二维排序

表4-39 生物膜与景观格局的RDA排序结果

排序轴	特征值	生物膜-景观格局相关系数	生物膜特征变化累积/%	生物膜与景观格局关系变化累积/%	特征值总和	典范特征值总和
1	0.721	0.987	72.1	87.9	1	0.821
2	0.099	0.829	82.1	100		
3	0.075	0	89.6	100		
4	0.06	0	95.6	100		

根据RDA分析,生物膜群落对景观格局,尤其是对干扰区斑块密度和水域破碎度指数有很好的响应,与其他景观格局指数没有显著的相关关系。表4-40表明,生物膜各群落特征可被景观格局解释的比例为54.4%~97.1%。其中Chlc与景观格局的相关性最低,细菌丰富度指数最高。生物膜群落各特征指标可被景观格局指数解释的顺序为Chlc<Chlb/a<AD<NPP<E<D<PSC<R_{24}<GPP<LEU<Chlc/a<GLU<CHL<Chla<Chlb<APA<H<CYA<BAC<Dmg。

表 4-40　生物膜各属性在排序轴上的特征值及可其被土地利用解释的比例

指标	轴1	轴2	轴3	轴4	变量解释比例/%
AD	0.7226	0.7342	0.9199	0.9572	73.42
Chla	0.8581	0.9166	0.9543	0.9659	91.66
Chlb	0.9004	0.9179	0.923	0.9349	91.79
Chlc	0.2826	0.5442	0.5612	0.9852	54.42
Chlb/a	0.4102	0.5562	0.9327	0.9331	55.62
Chlc/a	0.8338	0.8564	0.9474	0.9697	85.64
BAC	0.9284	0.9684	0.9787	0.9847	96.84
CHL	0.685	0.9145	0.9355	0.9457	91.45
CYA	0.9442	0.9623	0.9798	0.989	96.23
APA	0.8562	0.9362	0.9669	0.9794	93.62
GLU	0.7959	0.8664	0.9541	0.9684	86.64
LEU	0.8493	0.8494	0.8545	0.8578	84.94
PSC	0.734	0.8383	0.9542	0.9738	83.83
H	0.8588	0.9518	0.9825	0.986	95.18
E	0.7616	0.7769	0.7771	0.8086	77.69
Dmg	0.9493	0.9713	0.9722	0.9829	97.13
D	0.5145	0.7967	0.9254	0.9432	79.67
GPP	0.8453	0.847	0.9163	0.9679	84.7
R_{24}	0.7306	0.8441	0.9557	0.9699	84.41
NPP	0.5981	0.759	0.9624	0.9695	75.9

4.4.2.3　生物膜群落对于白洋淀典型微景观结构变化的响应

白洋淀淀区的浅碟形特征，使得岸边到湖心具有不同的水深，为不同的水生植物提供了适宜的生存条件，因此由岸至湖心形成了不同植被群落覆盖的典型微景观结构——从岸边到湖心分别为密集芦苇区、稀疏芦苇区、香蒲群落区和敞水区（图 4-15）。以白洋淀大淀头村实验基地为研究区，选择典型的白洋淀区微景观结构，分别在密集芦苇覆盖区、稀疏芦苇覆盖区、蒲草覆盖区和敞水区布设采样点，采用活性碳纤维基质在水面下 20cm 处培养 15d 后收集生物膜样品，每个覆盖区设三个采样点，彼此间距离不小于 10m。并对生物膜群落结构、组成、功能指标进行分析，通过一般线性模型多变量分析比较生物膜群落各指标在不同植被覆盖条件下的差异。密集芦苇区平均水深 40cm，芦苇密度 60~80 株/m²；稀疏芦苇区平均水深 75cm，芦苇密度 30~50 株/m²；香蒲覆盖区平均水深 90cm，香蒲密度 55~60 株/m²；敞水区平均水深 108cm。

对不同采样点的生物膜群落特征进行 ANOVA 分析，结果（表 4-41）表明，生物膜群落藻密度、Chla、Chlb、Chlc、Chlb/a、Chlc/a、蓝藻比例、碱性磷酸酶活性、β-葡萄糖

第 4 章 | 人工生物膜群落对人为干扰的响应

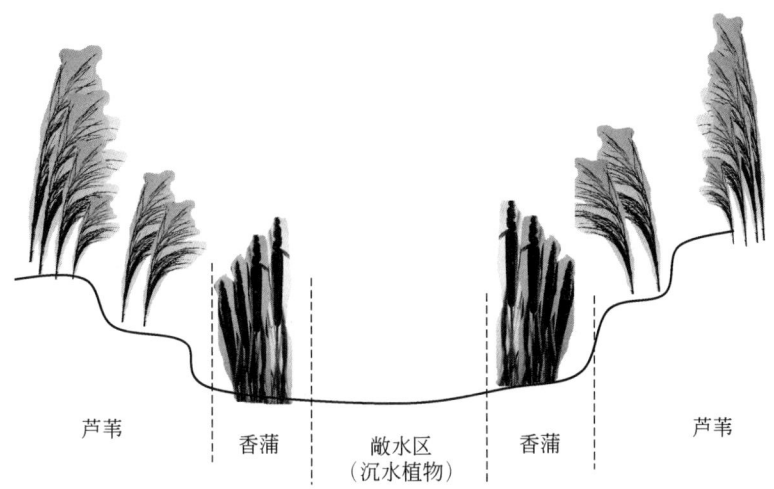

图 4-15 白洋淀淀区典型微景观结构

苷酶活性、多糖含量、细菌多样性指数、丰富度指数、优势度指数、初级生产力、呼吸速率和净初级生产力在不同植被覆盖条件下存在显著差异（$P<0.05$）。

表 4-41 基于不同植被覆盖条件的生物膜群落特征指标的方差分析

指标	自由度	F 值	显著性
AD	3	21.817	0.000
Chla	3	20.314	0.000
Chlb	3	25.963	0.000
Chlc	3	38.923	0.000
Chlba	3	12.953	0.002
Chlca	3	23.091	0.000
BAC	3	3.668	0.063
CHL	3	3.446	0.072
CYA	3	18.128	0.001
APA	3	69.601	0.000
GLU	3	106.458	0.000
LEU	3	2.907	0.101
PSC	3	15.514	0.001
H	3	18.523	0.001
E	3	1.906	0.207
Dmg	3	10.043	0.004
D	3	7.677	0.010
GPP	3	8.057	0.008
R_{24}	3	5.851	0.020
NPP	3	18.176	0.001

进一步通过 Post Hoc Test 对不同植被覆盖差异进行比较（图 4-16）表明，敞水区的藻密度显著高于其他植被覆盖区（$P<0.005$），达到 92.84×10^4 cells/cm^2，而芦苇和蒲草覆盖条件下生物膜群落藻密度没有显著差异，在 $59.34\times10^4 \sim 61.96\times10^4$ cells/cm^2；敞水区生物膜 Chla 含量为 $0.056\mu g/cm^2$，显著高于蒲草覆盖区（$0.038\mu g/cm^2$）（$P<0.001$），与芦苇覆盖区生物膜 Chla 没有显著差异，密集和稀疏芦苇覆盖区之间没有显著差异，稀疏区略高为 $0.046\mu g/cm^2$，密集区为 $0.044\mu g/cm^2$，稀疏芦苇区 Chla 显著高于蒲草区（$P=0.043$）；密集芦苇区和稀疏芦苇区 Chlb 分别为 $0.0237\mu g/cm^2$ 和 $0.0247\mu g/cm^2$，显著高于蒲草区（$0.0146\mu g/cm^2$）和敞水区（$0.0170\mu g/cm^2$）；芦苇覆盖区的 Chlc 的含量也显著高于蒲草区和敞水区（$P<0.005$）；稀疏芦苇区 Chlb/a（0.541）显著高于蒲草区（0.385）和敞水区（0.305），而密集芦苇区（0.536）与其他各种覆盖条件都不存在显著差异；芦苇覆盖区的 Chlc/a 显著高于敞水区（0.477）和蒲草区（0.603），芦苇覆盖区之间没有显著差异（$P=0.992$）；4 种覆盖条件下，生物膜附着硅藻比例和绿藻比例均没有显著差异（$P>0.05$），蒲草区硅藻和绿藻比例略高，敞水区绿藻比例较低；敞水区和密集芦苇区的蓝藻比例（35.2% 和 33.0%）显著高于稀疏芦苇区（30.1%）和蒲草区（28.5%）；碱性磷酸酶活性和 β-葡萄糖苷酶活性均在芦苇覆盖区显著高于蒲草区和敞水区（$P<0.05$），芦苇区之间不存在显著差异（碱性磷酸酶活性 $P=0.482$ 和 β-葡萄糖苷酶活性 $P=1.00$），蒲草区和敞水区之间也不存在显著差异（碱性磷酸酶活性 $P=0.868$ 和 β-葡萄糖苷酶活性 $P=1.00$）；不同覆盖条件下亮氨酸氨基肽酶活性没有显著差异，芦苇区和敞水区略高于蒲草区；芦苇区和敞水区的多糖含量没有显著差异，但都显著高于蒲草区；芦苇区和蒲草区间的细菌多样性指数彼此间没有显著差异，但三者都显著高于敞水区；细菌均匀度指数在不同覆盖条件下没有显著差异，敞水区略低于植被覆盖区；蒲草区的细菌丰富度指数为 0.536，显著高于其他各覆盖条件；敞水区细菌优势度指数（0.208）显著高于稀疏芦苇区（0.167），而密集芦苇区和蒲草区的细菌优势度指数与其他所有覆盖条件均没有显著差异；敞水区的初级生产力（741.18）显著高于蒲草区（645.25）和稀疏芦苇区（673.93）；敞水区的呼吸速率（302.63）显著低于植被覆盖区，植被覆盖区间彼此没有显著差异；敞水区净初级生产力（438.55）显著高于植被覆盖区，植被覆盖区之间彼此没有显著差异。

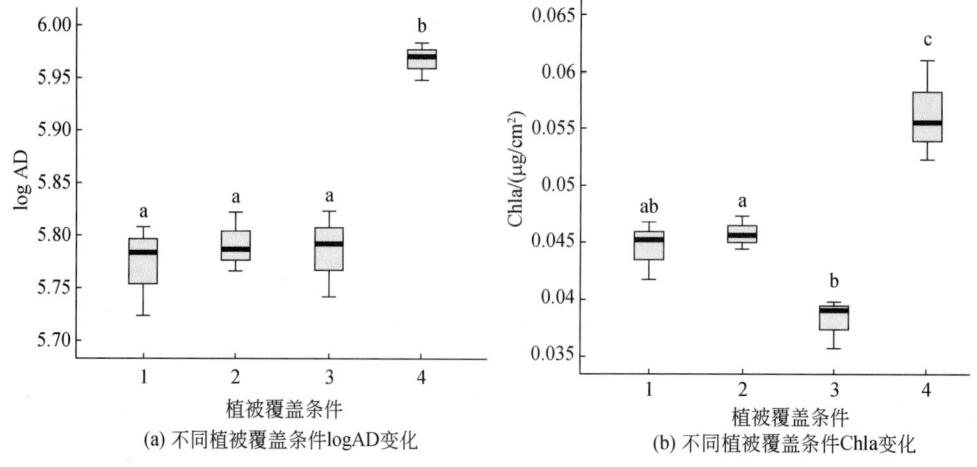

(a) 不同植被覆盖条件logAD变化　　(b) 不同植被覆盖条件Chla变化

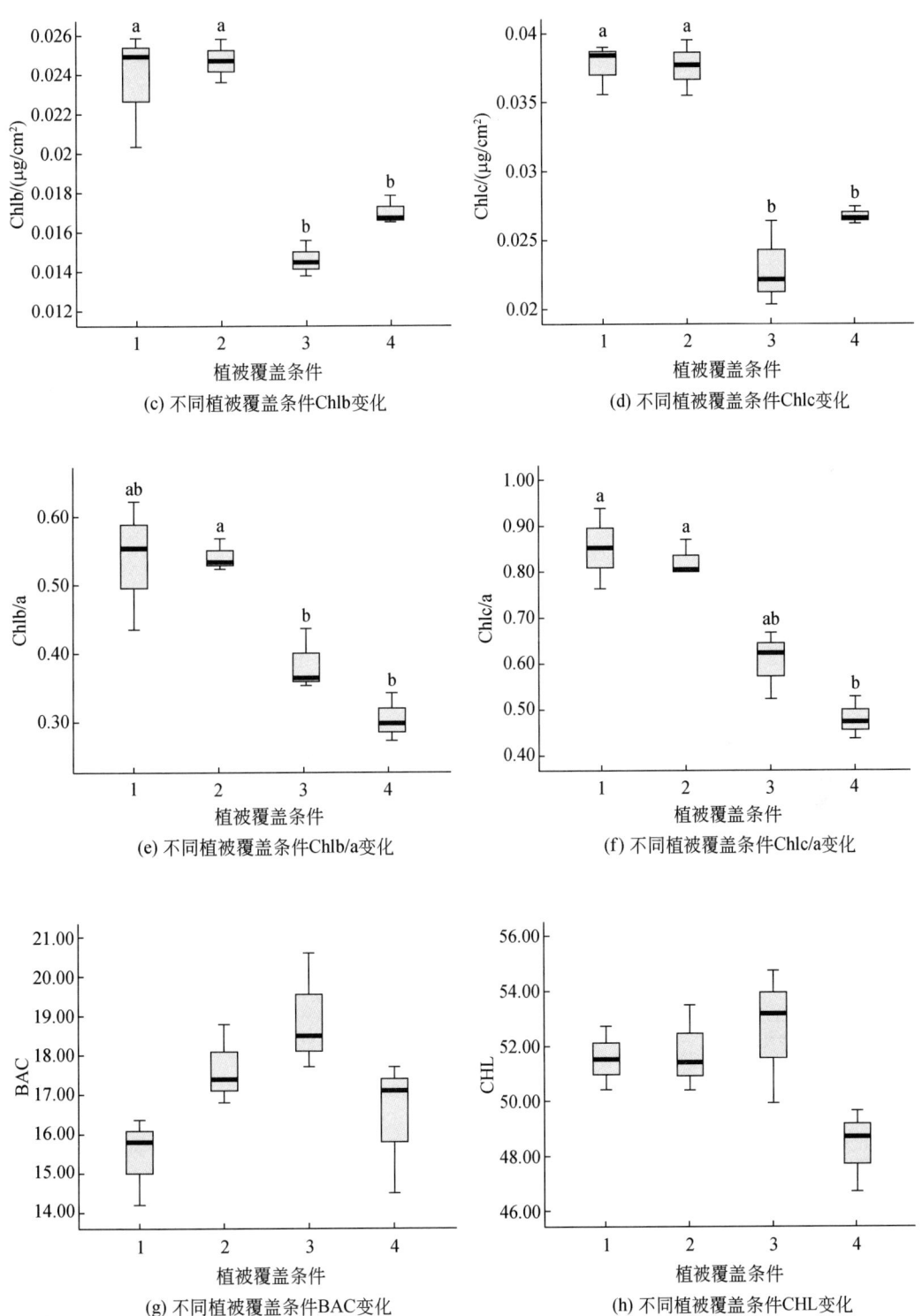

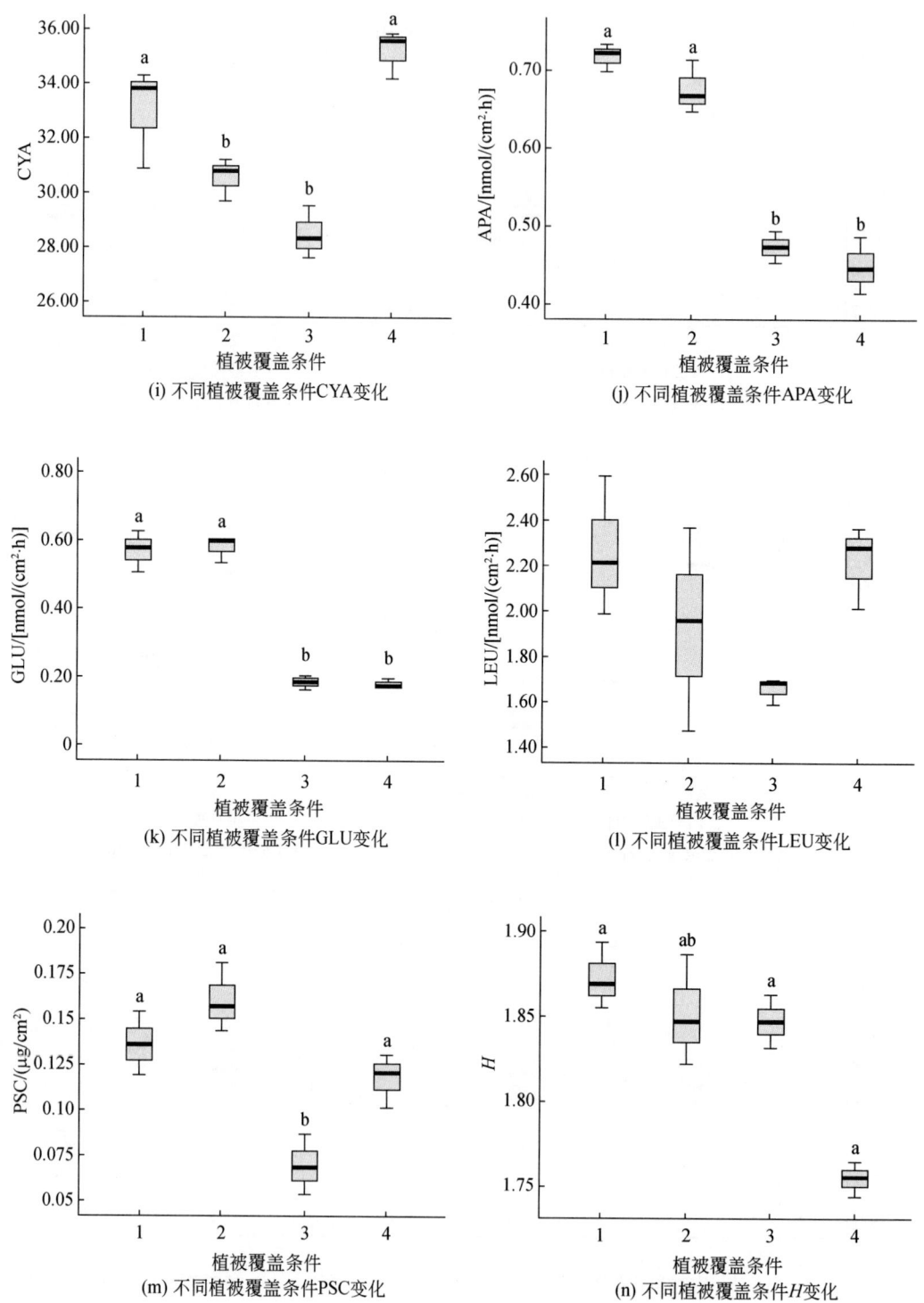

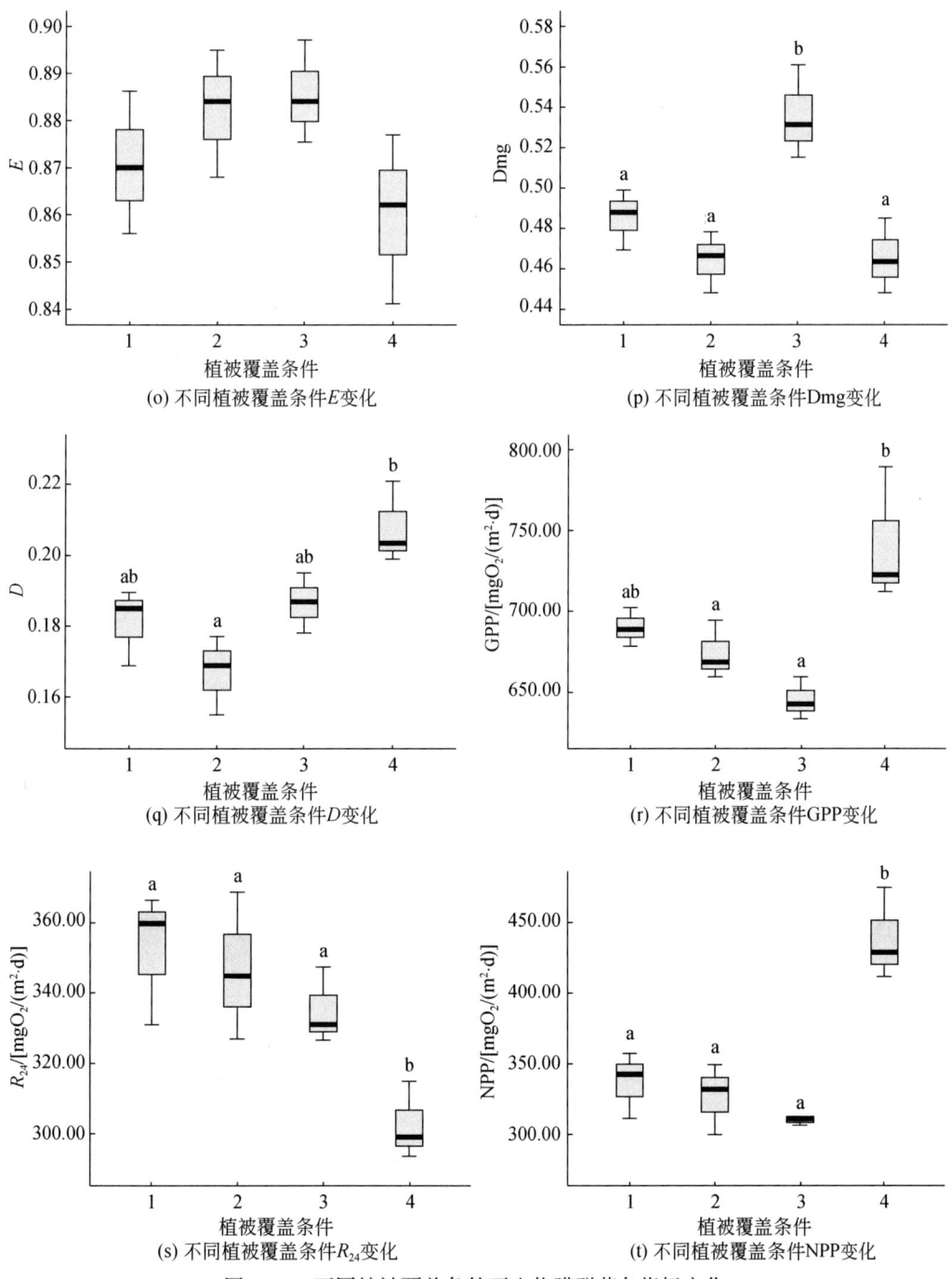

图 4-16　不同植被覆盖条件下生物膜群落各指标变化

综上，在典型的微景观环境下，生物膜群落结构、功能特征受到植被覆盖类型和植被覆盖密度的双重影响。除了硅藻和绿藻比例、亮氨酸氨基肽酶和细菌均匀度指数，所有其他的检测指标在不同植被覆盖条件下均存在显著差异。与植被覆盖密度相比，植被覆盖类型对生物膜群落影响更大。检测指标中只有蓝藻比例在不同的芦苇密度覆盖条件下存在显著差异，且高密度区域显著高于低密度区。敞水区的藻密度、净初级生产力显著高于所有植被覆盖区，而呼吸速率则显著低于所有植被覆盖区。蒲草区的 Chlb、Chlc、碱性磷酸酶活性、β-葡萄糖苷酶活性和多糖含量显著高于芦苇区；而细菌丰富度指数则显著低于芦苇区。

在研究中，生物膜对于土地利用类型具有定性和定量的响应，尤其是对耕地、裸地及水域的响应。Findlay 等（2001）对新西兰河流的研究表明，土地利用类型会对生物膜群落产生定性和定量的影响。不同土地利用类型中生物膜酶活性显著不同。表层地表水中草地的碱性磷酸酶活性高于林地，而林地的 β-葡萄糖苷酶活性高于草地，亮氨酸氨基肽酶在林地和草地间没有显著差异；而林地中生物膜呼吸速率高于草地。但在白洋淀湿地，林地和草地对于生物膜群落没有显著影响，这可能是由于林地、草地分布极少，只占整个湿地面积的 0.66% 和 1.15%（刘丰等，2010）。但在研究中，在湿地中分布很少的裸地与生物膜群落特征显著相关，这可能是由于裸地地区人类活动较少，因此具有更低的营养输入和污染，从而影响了生物膜的群落结构与功能特征。研究中，生物膜生物量（包括藻密度、Chla 和多糖含量）都与耕地面积呈正相关关系。耕地区的 Chla 值显著高于苇地-水域混合区。Schiller 等（2007）对森林、城市和农业区域附着生物膜 Chla 进行了比较，结果表明农业区 Chla 略高于城市，且显著高于森林，说明耕地会显著促进生物膜 Chla 的生长，与我们的研究结果一致。耕地初级生产力和呼吸速率都显著高于苇地-水域混合区，净初级生产力则显著低于苇地-水域混合区，农业生产中由于使用大量的化肥，会使得营养物质显著增加，进而促进生物膜生物量的生长，藻密度和细菌数的增加会显著增加初级生产力和呼吸速率（Gücker et al.，2009），而耕地区净初级生产力显著低于苇地-水域混合区说明耕地区藻类增加的速度没有细菌增加快，苇地-水域中藻密度增加更快。

在对微景观生物膜群落结构功能变化的研究中，生物膜群落受到植被覆盖类型和植被覆盖密度的双重影响。生物膜群落的结构、组成、代谢等各种指标在植被覆盖区和敞水区均存在显著差异。这可能是由于植被对光的遮挡以及植被对营养元素的吸收影响了生物膜群落的生长。根据 Schiller 等（2007）的研究，敞水区比植被覆盖区具有更高的藻密度与 Chla，他们认为这主要是由于植被缓冲带的遮光引起的。而在研究中，藻密度和 Chla 在敞水区显著低于植被覆盖区，这可能是由两个原因引起的，一个是敞水区位于靠近湖心的位置，是各种船只来往频繁的区域，强烈的扰动可能产生了较大的剪切力，影响了生物膜的附着；另一个原因是敞水区有大量的沉水植物生长（主要是菹草和狸藻），而沉水植物对营养物质有很强的吸收作用，进而减少了敞水区生物膜藻密度和 Chla 含量。

空间异质性通过多种尺度影响生物膜群落和功能。Ogdahl 等（2010）的研究表明，生物膜生物量差异在较大尺度上会被削弱，而代谢功能的差异在较大尺度上会得到加强，这可能是因为大尺度上具有很多更多的压力引起的；在我们的研究中，除了流域尺度上藻密度没有显著差异，其他生物量指标（包括 Chla、Chlb、Chlc、多糖含量）在三个尺度中均存在显著差异；初级生产力、呼吸速率在三个尺度也均存在显著差异。但在微景观尺度上，生物膜藻类组成（硅藻比例和绿藻比例）、酶活性（亮氨酸氨基肽酶活性）、细菌均匀度指数都不存在显著差异。这些指标在较小尺度上出现了弱化。目前，对于空间异质性的多尺度研究还很不充分，各种指标在不同尺度上的作用需要进一步研究。

4.5 人工生物膜群落对人为干扰的响应机制

人类活动深刻地影响着白洋淀流域的水生态系统。大坝的修建、水资源的过度消耗、河道人工化、水土流失、工业、农业、养殖业的高速发展以及城市化进程的加快使得流域内的天然河流逐渐减少，生态基流不足；上下游缺少联系，许多河道因缺水断流，栖息地的基质复杂性降低；水质恶化，尤其是氮磷等营养物质含量较高、有机污染严重；部分地区痕量重金属浓度升高，尤其是沉积物中污染物浓度高。而这些人为干扰进一步影响了生物膜的整体性。在白洋淀流域，人为干扰主要从水量、水质和土地利用变化三个方面影响生物膜的整体性（图4-17），使得生物膜群落生物量增加，藻类组成单一，以蓝藻、绿藻为主，细菌多样性降低、优势度增加，初级生产率增加，呼吸速率增加，代谢发生改变。

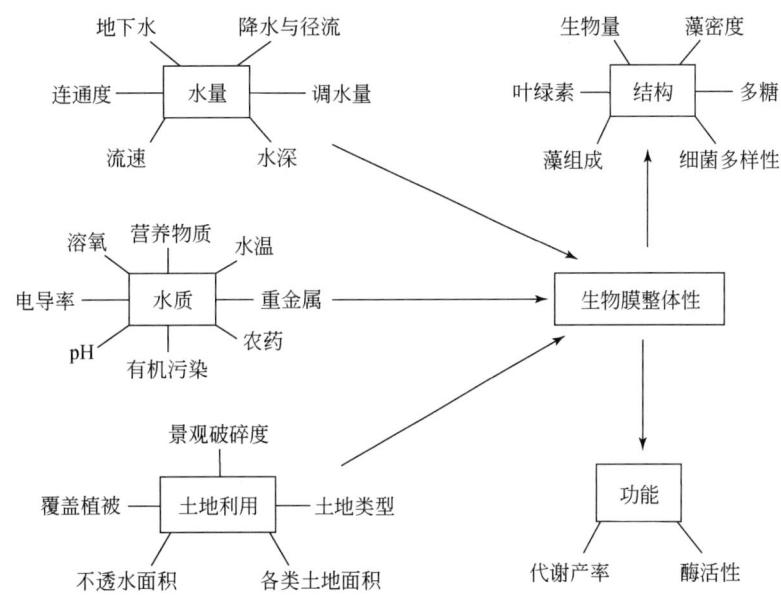

图 4-17　白洋淀流域生物膜群落对改变水量、水质和土地利用的人类活动的响应

由于人为干扰的作用方式复杂，干扰频率、干扰时间各不相同，干扰的强度很难量化，因此对于生物膜群落对人为干扰响应的研究一直多以定性研究为主。本研究中，通过对水质、水量和土地利用的量化确定人为干扰的强度，进一步分析生物膜群落对人为干扰的响应。

4.5.1　干扰强度的量化

（1）水量压力确定

白洋淀流域生态环境问题的核心是水。随着工农业用水量不断增加、水库的大量修建、地下水的严重超采，加上干旱等原因使得白洋淀流域水资源严重匮乏，湖面萎缩，干淀频繁发生。由于流域内包含多种生态单元，测定的水量指标各不相同，水库和湖泊中测定的是水深，而河流测定的是流量，因此需要对其进行标准化处理，以便进行比较。

府河在现代工业发展以前（20世纪50年代），水量丰富，常年流水，多年平均径流量为1.691亿m^3，平均流量为5.36m^3/s。随着城市和工业的发展，府河水源全被引用，上游干枯断流，下游成为保定市的排污河道，每年排污量0.628亿m^3，平均流量为1.99m^3/s。2009~2010年，府河沿途各监测点位流速为0.1~3.65m^3/s。将过去多年平均流量5.36m^3/s作为标准值。根据白洋淀湿地满足不同需求所需的最低生态水位（表4-42）（刘立华，2005），将满足渔业、芦苇、水生生物和娱乐不同需求的最低水位1.5m作为标准值。对于水库，将死库容作为标准值，采用式4-6确定白洋淀流域水量压力分数（表4-43）：

$$PQ_n = 1 - \frac{x}{x_0}, \quad x < x_0$$
$$PQ_n = 0, \quad x \geq x_0 \tag{4-6}$$

式中，PQ_n为水量压力分数；x为水量实测值；x_0为水量标准值。

表4-42 白洋淀所需的最低生态水位 （单位：m）

项目	渔业	芦苇	水生植物	娱乐
水深	1	0.7	1.0~1.5	0.7~1.0

表4-43 白洋淀流域水量压力分数

采样点	2009年4月	2009年10月	2010年4月	2010年6月	2010年11月
焦庄	ND	ND	ND	0.981	0.869
望亭	ND	ND	ND	0.907	0.534
安州	ND	ND	ND	0.925	0.627
安新桥	ND	ND	ND	0.267	0.533
府河入淀口	0.247	0.293	0.133	0.153	ND
南刘庄	0.18	0.433	0	0.16	ND
王家寨	0.107	0.127	0	0	ND
烧车淀	0.027	0	0	0.033	ND
枣林庄	0	0	0	0.04	ND
圈头	0.2	0	0	0	ND
采蒲台	0	0	0	0.06	ND
端村	0	0	0	0	ND
王快水库	0	0	0	0	ND
西大洋水库	0	0	0	0	ND

由表4-43可以看出，总的来说，水量压力为府河>白洋淀>水库；夏季>冬季。府河的水量压力极大，尤其是在夏季，水量压力分数均在0.9以上，冬季略好，但安州、望亭和

焦庄点位的水量压力也均高于0.5。而白洋淀区，在入淀口附近水量压力明显高于淀区中部和下游。

（2）水质压力确定

工农业的发展和城市化进程的加速，使得白洋淀流域工业污水、生活污水大量增加，面源污染不断扩大，加上淀内的人口增长、旅游业、养殖业的迅猛发展，使得淀区内水质进一步变差。府河水质长期处在劣V类，淀区的水质也难以达到Ⅲ类水标准，主要的超标物为氨氮、TP、TN、高锰酸盐指数等，而且底泥中的重金属（杨卓等，2005a）、农药（胡国成等，2009）、有机污染物（杨卓等，2005b）等浓度较高，容易造成二次污染。

根据第3章中水质综合指数WQI，采用式（4-7）计算白洋淀流域水质压力分数（表4-44）：

$$P_q = 1 - \frac{\text{WQI}}{100} \tag{4-7}$$

式中，P_q为水质压力；WQI为水质综合指数。

表4-44 白洋淀流域水质压力分数

采样点	2009年8月	2009年10月	2010年4月	2010年6月	2010年11月
焦庄	ND	ND	ND	0.287	0.179
孙村	ND	ND	ND	0.434	0.281
望亭	ND	ND	ND	0.437	0.283
李庄	ND	ND	ND	0.441	0.291
安州	ND	ND	ND	0.425	0.292
安新桥	ND	ND	ND	0.424	0.288
府河入淀口	0.324	0.285	0.286	0.378	0.235
南刘庄	0.302	0.278	0.289	0.327	ND
王家寨	0.224	0.154	0.259	0.247	ND
烧车淀	0.194	0.122	0.18	0.175	ND
枣林庄	0.134	0.091	0.096	0.131	ND
圈头	0.195	0.179	0.119	0.191	ND
采蒲台	0.135	0.1	0.087	0.12	ND
端村	0.157	0.144	0.125	0.166	ND
王快水库	0.126	0.024	0.029	0.037	ND
西大洋水库	0.037	0.022	0.03	0.028	ND

由表4-44可以看出，在白洋淀流域，水库的水质压力最低，其次是淀区，府河的水质压力最高；冬季水质压力小于夏季。

（3）土地利用压力确定

土地利用不仅反映土地本身的自然属性，同时也反映了人类因素与自然因素的综合效应。土地利用整合了大量人类活动对河流生态系统的负效应，土地利用类型与水生态健康状态显著相关（Allan，2004）。白洋淀流域土地利用特征主要是水域面积大幅萎缩，各覆被类型空间结构趋于破碎化（王京等，2010）。由于缺少流域上土地利用的景观数据，所以采用式（4-8）计算土地利用压力（表4-45）：

$$P_1 = \frac{A_d}{A_w} \tag{4-8}$$

表4-45　白洋淀流域各生态单元土地利用特征及土地利用压力

采样点	A_w	A_d	P_1
府河市区段	1.11	97.57	87.90
府河郊县段	0.18	95.56	530.89
白洋淀区	11.31	36.39	3.22
王快水库	1.53	52.44	34.27
西大洋水库	2.13	32.00	15.02

根据计算结果可以看出，白洋淀流域内各生态单元土地利用压力分布为府河郊县段>府河市区段>水库>白洋淀区。

（4）干扰强度的确定

将水量压力、水质压力与土地利用压力进行 Z 标准化处理，然后采用式（4-9）计算干扰强度：

$$\mathrm{DI} = w_1 PQ_n + w_2 P_q + w_3 P_1 \tag{4-9}$$

式中，DI 为干扰强度；w_1 为水量压力权重；PQ_n 为水量压力；w_2 为水质压力权重；P_q 为水质压力权重；w_3 为土地利用压力权重；P_1 为土地利用压力。

研究中，设 $w_1 = w_2 = w_3 = 1$。不同季节不同采样点的干扰强度见表4-46。

表4-46　白洋淀流域人为干扰强度

指标	府河市区段	府河郊县段	白洋淀区段	王快水库	西大洋水库
PQ_n	1.966	1.208	−0.529	−0.679	−0.679
P_q	0.149	1.152	−0.336	−1.579	−1.642
P_1	−0.363	1.462	−0.712	−0.584	−0.664
DI	1.752	3.822	−1.577	−2.842	−2.985

4.5.2　人工生物膜群落对人为干扰的响应

研究采用多元线性回归模型（Aiken et al.，1991）对生物膜群落对三个压力（水量、水质和土地利用）单独和综合响应进行量化。对每一个响应变量，模型表达为以下形式：

$$Y = b_1 X + b_2 Y + b_3 Z + b_4 XY + b_5 XZ + b_6 YZ + b_7 XYZ + b_0 \tag{4-10}$$

式中，X 为水量压力；Y 为水质压力；Z 为土地利用压力；$b_0 \sim b_7$ 为常数。

我们采用最小二乘法来选择最适宜描述变量的模型。如果只有单独压力被保留，而不存在相互作用关系，我们认为两个压力之间存在简单的加和关系。如果有相互作用压力被保留，我们认为变量间存在复杂的相互作用关系。当 b_4、b_5、b_6、b_7 为正时，表示各压力彼此间对生物膜群落存在协同作用；而 b_4、b_5、b_6、b_7 为负时，表示各压力之间存在拮抗作用。

(1) 生物膜群落各属性特征对不同压力的响应

从表 4-47 可以看出，除了 Chlc 和绿藻比例以外，其他各指标均可以对水量缺乏、水质恶化及土地利用变化等人为干扰具有很好的响应（$R^2>0.5$）。其中，藻密度与水质压力、水量压力显著相关（$P<0.005$），且水质压力与土地利用压力对藻密度变化存在拮抗效应，而水量水质对藻密度的增长存在协同效应。Chla 可以反映水量压力和土地利用压力的简单加和效应，且水质压力与土地利用压力对 Chla 的增长具有拮抗效应。Chlb 与水量和土地利用压力呈正相关关系，而水质与土地利用压力对 Chlb 有拮抗效应。Chlb/a 只与水质压力显著正相关。Chlc/a 与水质、水量及土地利用压力均呈负相关关系，且土地利用压力和水质压力对 Chlc/a 具有一定的协同作用。硅藻比例只与水质呈负相关关系。水量压力和水质压力对绿藻比例具有拮抗作用，水量与绿藻比例呈正相关关系。蓝藻比例与水质压力和土地利用压力显著正相关，且二者对于蓝藻比例具有简单的加和效应。酶活性方面，碱性磷酸酶与水量压力、水质压力、土地利用压力显著正相关，且三者之间不存在明显的协同或拮抗作用。β-葡萄糖苷酶活性与水量压力呈正相关关系，水质与土地利用压力对 β-葡萄糖苷酶具有协同作用。亮氨酸氨基肽酶活性与水质压力、水量压力呈正相关关系，且土地利用压力与水质压力对亮氨酸氨基肽酶具有拮抗作用。多糖含量与水量压力呈正相关关系，水质与土地利用压力对多糖活性具有拮抗作用。细菌多样性指数与水质、土地利用压力呈负相关关系，且水质与土地利用压力对于细菌多样性指数具有协同效应，水量压力与水质压力与细菌多样性指数具有拮抗效应。细菌均度指数与水量压力、水质压力呈负相关关系，二者对于细菌均匀度的作用为简单加和关系。细菌丰富度指数与水质、水量压力负相关，水量、水质压力对于细菌丰富度指数有拮抗效应，而三种压力对于细菌丰富度指数具有协同效应。细菌优势度指数与水质压力呈正相关关系，与水量压力呈负相关关系。总初级生产力与水质呈正相关关系。呼吸速率与水质压力呈正相关关系，其虽然与水量压力和土地利用压力没有显著关系，但三种压力对于呼吸速率具有协同效应。净初级生产力与水质压力呈负相关关系，与土地利用压力呈正相关关系，土地利用压力与水量压力对于净初级生产力具有协同效应，三者都存在时，对于净初级生产具有拮抗效应。

表 4-47 生物膜群落属性对人为干扰的响应模型

指标	回归方程	R^2
AD	$Y=18.907\times P_q+23.89\times PQ_n-25.0\times P_q\times P_1+28.737\times PQ_n\times P_q+69.243$	0.532
Chla	$Y=0.095\times P_1-0.071\times P_q\times P_1+0.161\times PQ_n+0.258$	0.438
Chlb	$Y=0.096\times PQ_n-0.061\times P_q\times P_1+0.03\times P_1+0.104$	0.553
Chlc	$Y=-0.008\times P_q+0.026$	0.084
Chlb/a	$Y=0.111\times P_q+0.321$	0.403

续表

指标	回归方程	R^2
Chlc/a	$Y=-0.114\times P_q+0.104\times P_q\times P_1-0.149\times P_1-0.06\times PQ_n+0.205$	0.806
BAC	$Y=-11.067\times P_q+21.418$	0.672
CHL	$Y=-5.451\times PQ_n\times P_q+0.562\times PQ_n+60.327$	0.213
CYA	$Y=8.168\times P_q+2.372\times P_1+21.421$	0.694
APA	$Y=0.752\times PQ_n+0.183\times P_q+0.153\times P_1+1.187$	0.751
GLU	$Y=1.462\times PQ_n+0.268\times P_q\times P_1+1.422$	0.523
LEU	$Y=0.585\times P_q+1.438\times PQ_n-0.322\times P_q\times P_1$	0.623
PSC	$Y=86.415\times PQ_n-16.231\times P_1+87.999$	0.546
H	$Y=-0.271\times P_q-0.1\times P_1+0.182\times P_q\times P_1-0.253\times PQ_n\times P_q+0.1938$	0.613
E	$Y=-0.055\times PQ_n-0.023\times P_q+0.861$	0.528
Dmg	$Y=-0.18\times PQ_n-0.235\times PQ_n\times P_1-0.273\times P_1+0.190\times PQ_n\times P_q\times P_1+0.681$	0.572
D	$Y=0.08\times P_q-0.03\times PQ_n+0.247$	0.587
GPP	$Y=157.385\times P_q+405.141$	0.511
R_{24}	$Y=101.219\times PQ_n\times P_q\times P_1+230.372\times P_q+689.499$	0.818
NPP	$Y=-351.921\times PQ_n\times P_q\times P_1-135.059\times P_q+333.955\times P_1+364.133\times PQ_n\times P_1-310.121$	0.893

（2）生物膜群落各属性特征对干扰强度的响应机制

除了 Chlc 与人为干扰强度响应不显著以外，其他监测的生物膜 19 个指标均与人为干扰强度显著相关（$P<0.05$）。从图 4-18 可以看出，Chla、Chlb、蓝藻比例、碱性磷酸酶活性、β-葡萄糖苷酶活性、亮氨酸氨基肽酶活性、多糖含量、呼吸速率与干扰强度呈线性正相关关系。藻密度随干扰强度的增加先增加后下降。结合生物膜群落对不同压力的响应模型可以看出，藻密度随干扰增加而增加主要是由水质和水量压力引起的，当干扰强度增加到一定强度时，藻密度呈下降趋势，这是由水质和土地利用的拮抗效应引起的。图 4-18 中干扰强度最高的生物膜群落主要采自府河郊县段，土地利用以农田为主，农田施用的农药、除草剂等化学品随着径流进入水体，胡国成等（2009）在府河沉积物中检出了 DDT 类

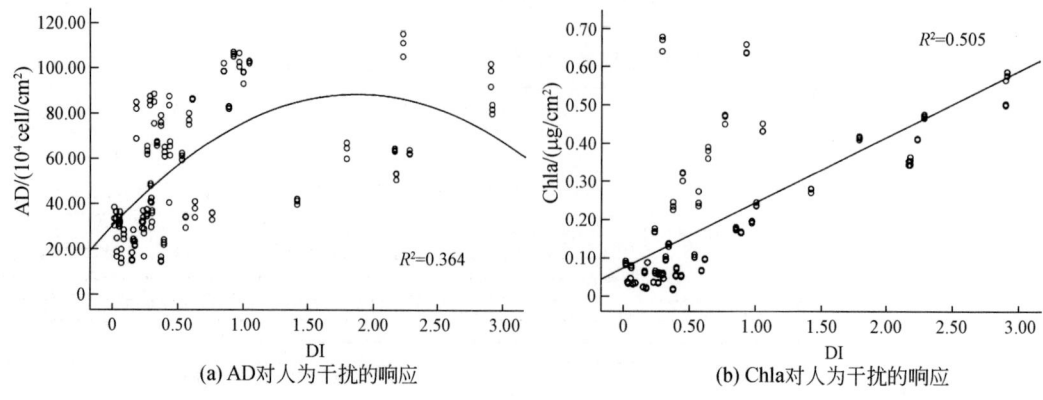

(a) AD对人为干扰的响应　　　　　　(b) Chla对人为干扰的响应

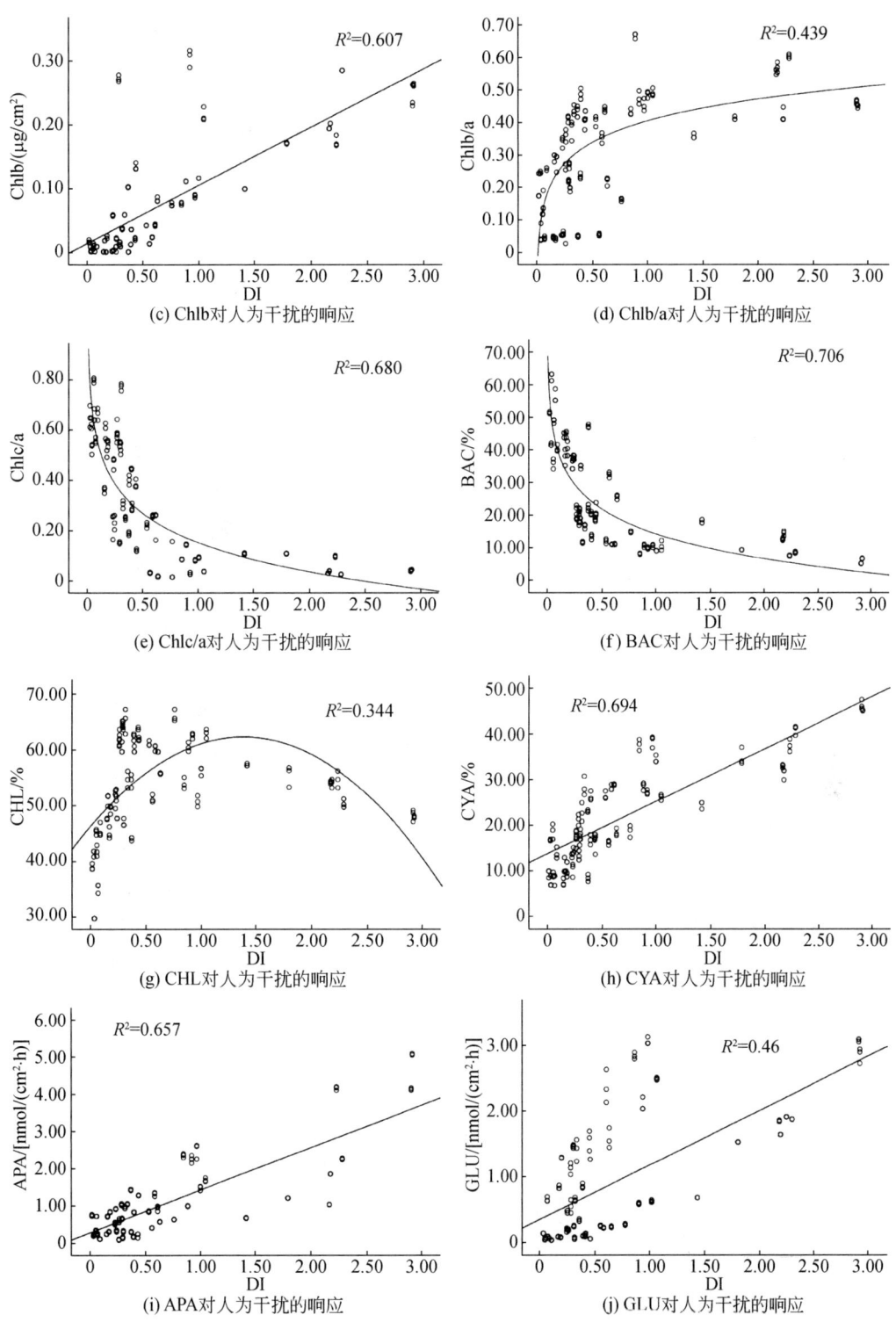

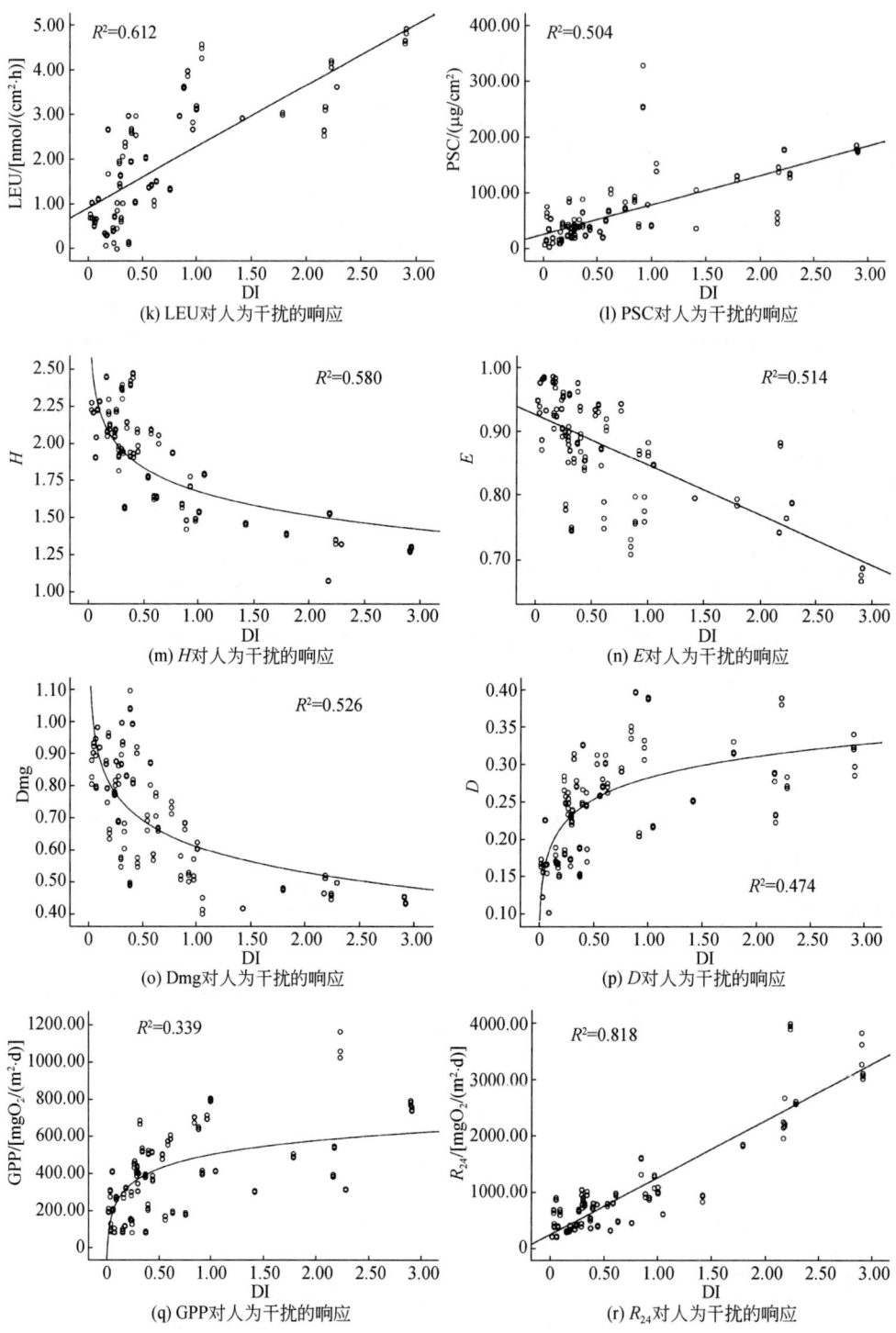

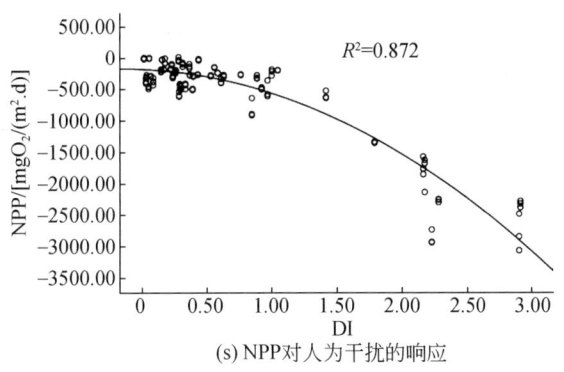

(s) NPP对人为干扰的响应

图4-18 生物膜群落对人为干扰的响应

农药残留，而这些农药会显著减少藻类的生物量（Schmitt-Jansen and Altenburger，2005）。Chlb/a和绿藻随干扰强度的增加先增加后下降，干扰较小的点位主要分布在水库和白洋淀区污染较轻的地方，这些点位的主要压力是由营养物质引起的，因此促进了绿藻的大量繁殖，而在干扰强烈的地区，主要以农业面源污染为主，有毒物质对于藻类的抑制作用大于由营养盐对藻类的促进作用，且Chlb主要是绿藻的主要组分，说明这些有毒污染物对于绿藻的抑制作用比蓝藻更加明显。Chlc/a与硅藻比例都呈先快速下降后速度变缓的趋势，因为硅藻对于人为干扰非常敏感（Duong et al.，2007），一些敏感种在受到干扰后大量减少，而后的降速变缓，说明硅藻群落的演替基本完成，在干扰强烈的地区，只有少数抗性物种存在，相对稳定。细菌多样性和丰富度指数都随干扰强度的增加而先快速下降再缓慢上升，说明人为干扰严重影响生物膜细菌群落的多样性和丰富度。细菌优势度指数随干扰强度呈先增加后降低的趋势，在低干扰强度，主要干扰因子为营养物质和有机污染物，这些物质为细菌生长提供了营养源，促进了细菌的生长，尤其是对营养源利用效率高的细菌快速繁殖，成为优势菌，优势度升高；而在农田为主的地区，由于重金属、农药等物质的输入，部分优势菌不能耐受这些污染而大量减少，而另一些可以忍受污染的细菌繁殖增加，因此细菌的优势度又出现了下降。总初级生产力随干扰强度先增加后下降，与藻密度趋势一致，生物膜群落的初级生产力主要是由藻类贡献的。呼吸速率与干扰强度呈正相关关系，这可能主要是溶解氧的原因，在强干扰地区，溶解氧浓度极低，藻类生长受到影响，而细菌对于溶解氧浓度的要求较低，可以大量繁殖，因此呼吸速率显著增加。净初级生产力随干扰的增加先缓慢上升后迅速下降，是总初级生产力和呼吸作用共同作用的结果。

（3）白洋淀流域生物膜群落对人为干扰的响应模式

白洋淀流域生物膜群落对人为干扰的响应模式主要包括6种：

1）拱桥型。满足二次多项式，随干扰强度先增加后降低。藻密度和绿藻比例都遵循这一模式。

2）变速降低型。满足二级多项式。随干扰强度增加先稳定，后快速减低。净初级生产力遵循该模式。

3）线性增长型。满足线性方程，随干扰强度持续递增。Chla、Chlb、蓝藻比例、碱性磷酸酶活性、β-葡萄糖苷酶活性和亮氨酸氨基肽酶活性，多糖含量以及呼吸速率都遵循这一模式。

4）线性降低型。满足线性方程，随干扰强度的增加而持续下降。细菌均匀度指数遵循该模式。

5）对数升高型。满足对数方程，随干扰强度先快速升高，后速度减缓。随干扰强度先相对稳定再迅速降低。总初级生产力、细菌优势度、Chlb/a遵循这一模式。

6）对数降低型。满足对数方程，随干扰强度先快速降低，后速度减缓。硅藻比例、Chlc/a、细菌多样性指数和丰富度指数都遵循这一模式。

4.5.3 基于人工生物膜的生物完整性指数计算

在研究生物膜群落对人为干扰响应机制的基础上，对监测的20个指标进行筛选，筛选出对人为干扰敏感，与人为干扰显著相关的指标进行完整性指数计算。筛选指标主要基于以下三条原则进行：①所选指标在采样点间存在差异；②与人为干扰显著相关；③指标间冗余小。4.1节生物膜群落在白洋淀流域的时空变化分布结果表明，所监测的20个指标在不同时间不同空间均存在显著差异，除了Chlc以外，生物膜群落各指标在不同生态单元间也存在显著差异。将生物膜群落属性指标与人为干扰强度进行相关性分析，结果表明，除了绿藻比例与人为干扰强度不显著相关，其余各指标与干扰强度均为显著相关。由于拱桥型响应模式容易造成对人为干扰强度的误判，所以需排除掉拱桥型的藻密度、绿藻比例指标。通过逐步多元线性回归方法来减少指标间的冗余信息（表4-48），筛选出呼吸速率、Chlc/a、总初级生产力、细菌多样性指数和亮氨酸氨基肽酶活性共5个指标。

根据逐步多元回归分析结果，基于生物膜的生物完整性指数可以表达为

$$B\text{-IBI} = 0.001R_{24} - 0.519\text{Chlc}/a - 0.001\text{GPP} - 0.640H + 0.09\text{LEU} + 1.731$$

(4-11)

表4-48 逐步多元回归分析结果

指标	未标准化系数 B	标准差	标准化系数 Beta	t	显著性	共线性分析 耐受性	膨胀因子
常数	1.731	0.161	—	10.734	0.000	—	—
R_{24}	0.001	0.000	0.728	23.763	0.000	0.357	2.804
Chlc/a	-0.519	0.092	-0.163	-5.646	0.000	0.401	2.491
GPP	-0.001	0.000	-0.322	-10.955	0.000	0.387	2.586
H	-0.640	0.073	-0.297	-8.757	0.000	0.290	3.445
LEU	0.090	0.019	0.157	4.641	0.000	0.291	3.439

通过式（4-11）计算白洋淀流域基于生物膜完整性指数，可以看出白洋淀流域生物膜完整性指数分布规律为：西大洋<王快水库<白洋淀区<府河郊县段<府河城区段（表4-49）。进一步通过RDA分析确定生物膜完整性的主要压力因子，将30个水质指标、8种耕地类型

面积比、水量变化等因子与生物膜完整性指数多变量分析，结果表明，生物群落的5个特征值与水体透明度、水域面积、浮游植物Chla、温度、汞、高锰酸盐指数、氨氮显著相关。这些变量可以解释93.9%的特征值，轴1和轴2可以解释89.2%的特征值和95%的相关关系（表4-50）。

表4-49　白洋淀流域生物膜完整性指数

指标	白洋淀区	府河郊县段	府河城区段	王快水库	西大洋水库
B-IBI	0.755	3.377	1.998	0.382	0.3705

表4-50　生物膜与干扰的RDA排序结果

排序轴	特征值	生物膜-各种变量相关系数	生物膜特征变化累积/%	生物膜与干扰关系变化累积/%	特征值总和	典范特征值总和
1	0.571	0.983	57.1	60.8	1	0.939
2	0.321	0.953	89.2	95		
3	0.043	0.948	93.5	99.5		
4	0.004	0.815	93.9	100		

从图4-19可以看出，影响府河城区、郊县段的主要干扰压力是水域面积较小，水量不足以及水体中氨氮、高锰酸盐含量高，水体透明度低；淀区主要受到浮游植物和有机污染（高锰酸盐指数）的影响。

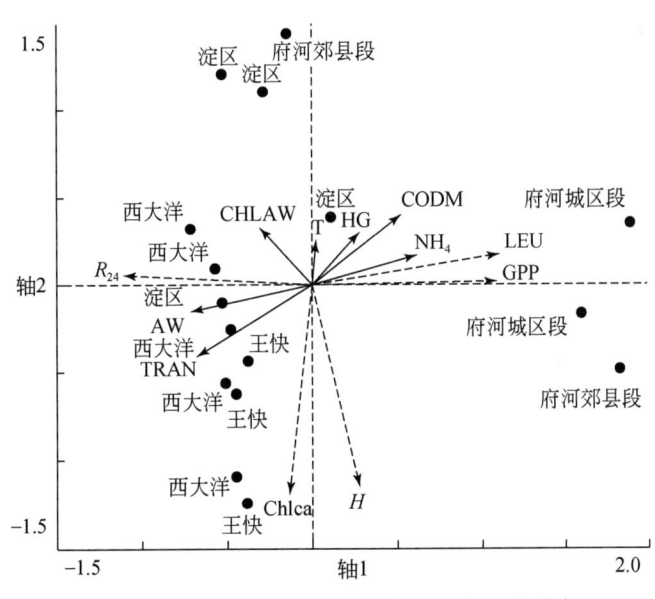

图4-19　生物膜群落与主要干扰变量的三维排序

4.6 小　　结

　　生物膜群落可以很好地反映水质变化,且可以很好地反映土地利用变化,生物膜群落在不同的尺度敏感性不同,在应用时要特别注意。生物膜群落特征指标对人为干扰强度的响应分为6种模式:拱桥型、变速降低型、线性增长型、线性降低型、对数升高型和对数降低型。在白洋淀流域,呼吸速率、Chlc/a、总初级生产力、细菌多样性指数和亮氨酸氨基肽酶活性5个指标可以很好地表征人为干扰的强度,基于生物膜的生物完整性指数模型为

$$B\text{-}IBI = 0.001R_{24} - 0.519Chlc/a - 0.001GPP - 0.640H + 0.09LEU + 1.731$$

　　白洋淀流域生物膜完整性指数分布规律为:西大洋<王快水库<白洋淀区<府河郊县段<府河城区段。影响生物膜群落指数的主要压力因子为水体透明度、水域面积、浮游植物Chla、温度、汞、高锰酸盐指数、氨氮。其中府河的主要压力主要是水域面积比例小,水量不足,水体中营养元素和好氧有机污染物高;淀区的主要压力主要是浮游植物过多。

第 5 章 天然生物膜群落对复合污染的响应

人工生物膜群落尽管能够快速监测水生态系统健康水平，但在某些特殊的生态单元中例如河口中由于水环境条件变化剧烈，人工生物膜群落难以在基质中附着生长，天然生物膜群落广泛存在于这类生态单元的岩石、植物和表层沉积物上，本章通过对河口生态单元中天然生物膜群落对复合污染物的响应，初步建立了基于天然生物膜群落的生物完整性指数。

5.1 天然生物膜群落时空变化

研究以滦河河口、海河河口、漳卫新河河口为海河流域典型河口，具体采样点见图 2-8。

2011 年 5 月，各采样点生物膜各指标的分布如表 5-1 所示。EPS 的范围为 3.96 ~ 45.57 mg/cm^2，平均值为 22.66 mg/cm^2，最高值出现在 S11，最低值出现在 S3。三种酶 BETA、LEU 和 PHOS 的活性变化范围分别为 0.46 ~ 3.49nmol/（cm^2·h）、0.45 ~ 3.16nmol/（cm^2·h）和 0.10 ~ 2.09nmol/（cm^2·h），BETA 和 LEU 的最低值均出现在采样点 S4，PHOS 最低值出现在 S7；最高值则分别出现在 S6、S3、S5。较高的碱性磷酸酶活性一般出现在较低的磷酸盐条件下，从各采样点沉积物中磷酸盐的分布来看，符合这个规律。BETA、LEU 和 PHOS 活性的平均值分别为 1.59nmol/（cm^2·h）、1.48nmol/（cm^2·h）和 0.64nmol/（cm^2·h），可见 BETA 和 LEU 活性高于 PHOS。Chla 的变化范围为 2.67 ~ 12.36μg/cm^2，平均值为 5.76 μg/cm^2，最低值出现在 S5，最高值出现在 S6。Chlb 的变化范围为 0.11 ~ 3.96μg/cm^2，平均值为 0.94μg/cm^2，最高值出现在 S6，最低值出现在 S10。Chlc 的变化范围为 0.61 ~ 4.58μg/cm^2，平均值为 1.76μg/cm^2，最高值出现在 S1，最低值出现在 S4。Chlb/a 的变化范围为 0.02 ~ 0.32μg/cm^2，平均值为 0.16μg/cm^2，最高值出现在 S6，最低值出现在 S10。Chlc/a 的变化范围为 0.10 ~ 0.51μg/cm^2，平均值为 0.32μg/cm^2，最高值出现在 S8，最低值出现在 S4。从三个河口各指标的平均值来看，漳卫新河口 EPS 含量与 Chlc/a 最高；三种酶活性、Chlb 和 Chlb/a 在海河河口最高；Chla 与 Chlc 在滦河河口最高。

各指标综合来看，S6 具有较高的多糖含量、各种酶活性、各种叶绿素含量，较低的 Chlc/a，说明 S6 细菌和藻类的生物量及活性均较高，但是清水种的藻类含量较低，说明 S6 有机物及营养盐含量高，水质较差，适合细菌及一些蓝绿藻的生长，不适合金藻、硅藻等清水种藻类的生长。S1 具有较低的 EPS、各种酶活性，较高 Chla 和 Chlc，Chlc/a 是 Chlb/a 的 7.67 倍，说明 S1 生物膜的生物量较低，且细菌的含量较低，藻类是主要组成成分，其中蓝绿藻所占比例较低。漳卫新码头 S8 具有较高的 EPS 含量，较低的 PHOS 活性及较低的各种叶绿素含量，同时 Chlc/a 较高，说明 S8 营养盐含量较低，有一定的有机物含量，适合细菌和各种藻类的生长。

2011 年 8 月，各采样点生物膜指标的分布情况如表 5-2 所示。EPS 含量的变化范围为 $0.51 \sim 63.47$ mg/cm^2，最高值为最低值的 124.45 倍，平均值为 22.64 mg/cm^2，最高值出现在 S6，最低值出现在 S2。BETA、LEU 和 PHOS 三种酶的活性变化范围分别为 $0.15 \sim 1.19$ nmol/(cm^2·h)、$0.69 \sim 2.68$ nmol/(cm^2·h) 和 $0.10 \sim 1.42$ nmol/(cm^2·h)，平均值分别为 0.41 nmol/(cm^2·h)、1.52 nmol/(cm^2·h) 和 0.37 nmol/(cm^2·h)，可见 LEU 的活性高于 BETA 和 PHOS；三种酶的活性最低值均出现在 S1，BETA 和 PHOS 的最高值出现在 S6，LEU 最高值出现在 S8。Chla、Chlb、Chlc 的浓度变化范围分别为 $2.91 \sim 20.99$ μg/cm^2、$0.39 \sim 11.40$ μg/cm^2 和 $1.04 \sim 7.33$ μg/cm^2，平均值分别为 10.99 μg/cm^2、3.23 μg/cm^2 和 3.14 μg/cm^2；三种叶绿素最高值分别出现在 S9、S11、S8，最低值分别出现在 S3 和 S5。Chlb/a 的变化范围为 $0.06 \sim 0.56$ μg/cm^2，平均值为 0.28 μg/cm^2，最高值出现在 S11，最低值出现在 S1。Chlc/a 的变化范围为 $0.16 \sim 0.57$ μg/cm^2，平均值为 0.33 μg/cm^2，最高值出现在 S2 和 S8，最低值出现在 S7。除 S4、S6、S7、S10 和 S11 外，大部分采样点均是 Chlc/a 高于 Chlb/a，可见大部分采样点的藻类均以清水种为主。

从三个河口各指标的平均值来看，仅 Chlc 与 Chlc/a 的最低值在海河河口，其他各指标的最低值均出现在滦河河口。EPS、BETA、PHOS 最高值出现在海河河口，LEU、Chla、Chlb、Chlc、Chlb/a 检测值最高在漳卫新河河口，Chlc/a 在滦河河口最高。可见滦河口生物膜生物量、各种叶绿素含量、酶活性均较低，仅 Chlc/a 较高，说明滦河河口细菌及叶绿素量都较低，但是藻类以清水种（金藻、甲藻等）为主，说明水质较好。海河河口 EPS、BETA、PHOS 含量较高，Chlc 与 Chlc/a 较低，说明海河河口生物膜生物量较高，且藻类以蓝绿藻为主，进一步说明海河河口水质较差。漳卫新河河口 Chla、Chlb、Chlc、Chlb/a 均较高，说明漳卫新河河口藻类生物量较高，且以蓝绿藻为主。

11 月，各采样点生物膜指标如表 5-3 所示。各采样点 EPS 含量的变化范围为 $0.18 \sim 3.59$ mg/cm^2，平均值为 1.18 mg/cm^2，最高值出现在 S4，最低值出现在 S10。BETA、LEU 和 PHOS 三种酶的活性变化范围分别为 $0.05 \sim 0.35$ nmol/(cm^2·h)、$0.65 \sim 2.11$ nmol/(cm^2·h) 和 $0.04 \sim 0.49$ nmol/(cm^2·h)，平均值分别为 0.13 nmol/(cm^2·h)、1.25 nmol/(cm^2·h) 和 0.14 nmol/(cm^2·h)，LEU 的活性高于 BETA 和 PHOS；三种酶活性最高点均为 S6，最低点均为 S8。三种 Chla、Chlb 和 Chlc 的变化范围分别为 $0.04 \sim 4.72$ μg/cm^2、$0.01 \sim 0.57$ μg/cm^2 和 $0.02 \sim 1.55$ μg/cm^2，平均值分别为 1.10 μg/cm^2、0.12 μg/cm^2 和 0.38 μg/cm^2，三种叶绿素最高值均出现在 S6，最低值均出现在 S10。叶绿素比例 Chlb/a 和 Chlc/a 的变化范围分别为 $0.09 \sim 0.40$ 和 $0.24 \sim 0.65$，平均值分别为 0.16 和 0.44，最高值均出现在 S9，最低值分别出现在 S1 和 S7。

从三个河口各指标的平均值来看，海河河口具有较高的 EPS、各种酶活性和叶绿素，但是 Chlc/a 较低，说明海河河口在秋季不仅细菌生物量较高，藻类生物量也较高，但是仍以蓝绿藻为主。漳卫新河河口具有较低的 EPS、各种酶活性和叶绿素含量，但是 Chlc/a 较高，说

表 5-1　春季各采样点生物膜指标分布情况

采样点	EPS/ (mg/cm²)	BETA/[nmol/ (cm²·h)]	LEU/[nmol/ (cm²·h)]	PHOS/[nmol/ (cm²·h)]	Chla/ (μg/cm²)	Chlb/ (μg/cm²)	Chlc/ (μg/cm²)	Chlb/a	Chlc/a
S1	14.31	0.59	0.60	0.19	9.98	0.64	4.58	0.06	0.46
S2	7.90	2.57	1.59	0.97	7.78	0.43	3.45	0.06	0.44
S3	3.96	0.89	3.16	0.43	3.01	0.84	1.11	0.28	0.37
S4	20.33	0.46	0.45	0.17	6.35	1.40	0.61	0.22	0.10
S5	28.71	3.40	1.04	2.09	2.67	0.23	0.79	0.08	0.30
S6	36.32	3.49	2.68	1.41	12.36	3.96	1.39	0.32	0.11
S7	15.39	3.18	1.40	0.10	4.40	0.98	1.21	0.22	0.27
S8	20.91	1.26	1.52	0.29	5.38	0.82	2.73	0.15	0.51
S9	32.50	0.47	0.87	0.31	3.13	0.37	1.12	0.12	0.36
S10	23.29	0.47	1.27	0.50	5.17	0.11	1.62	0.02	0.31
S11	45.57	0.74	1.68	0.61	3.10	0.56	0.79	0.18	0.25
平均值	22.66	1.59	1.48	0.64	5.76	0.94	1.76	0.16	0.32

表 5-2　夏季各采样点生物膜指标分布情况

采样点	EPS/ (mg/cm²)	BETA/[nmol/ (cm²·h)]	LEU/[nmol/ (cm²·h)]	PHOS/[nmol/ (cm²·h)]	Chla/ (μg/cm²)	Chlb/ (μg/cm²)	Chlc/ (μg/cm²)	Chlb/a	Chlc/a
S1	3.51	0.15	0.69	0.10	12.59	0.72	3.93	0.06	0.31
S2	0.51	0.23	1.50	0.14	3.17	0.77	1.81	0.24	0.57
S3	0.54	0.24	0.84	0.20	2.91	0.84	1.20	0.29	0.41
S4	0.67	0.25	1.27	0.16	4.58	2.12	2.02	0.46	0.44
S5	39.36	0.49	1.24	0.57	3.45	0.39	1.04	0.11	0.30
S6	63.47	1.19	2.00	1.42	13.17	5.01	2.54	0.38	0.19
S7	40.55	0.22	1.89	0.25	9.82	3.22	1.52	0.33	0.16

续表

采样点	EPS/(mg/cm²)	BETA/[nmol/(cm²·h)]	LEU/[nmol/(cm²·h)]	PHOS/[nmol/(cm²·h)]	Chla/(μg/cm²)	Chlb/(μg/cm²)	Chlc/(μg/cm²)	Chlb/a	Chlc/a
S8	4.26	0.36	2.68	0.17	12.82	2.31	7.33	0.18	0.57
S9	19.70	0.33	1.30	0.21	20.99	3.35	5.08	0.16	0.24
S10	34.21	0.46	1.25	0.63	16.94	5.43	4.30	0.32	0.25
S11	42.28	0.58	2.02	0.24	20.45	11.40	3.72	0.56	0.18
平均值	22.64	0.41	1.52	0.37	10.99	3.23	3.14	0.28	0.33

表 5-3　秋季各采样点生物膜指标分布情况

采样点	EPS/(mg/cm²)	BETA/[nmol/(cm²·h)]	LEU/[nmol/(cm²·h)]	PHOS/[nmol/(cm²·h)]	Chla/(μg/cm²)	Chlb/(μg/cm²)	Chlc/(μg/cm²)	Chlb/a	Chlc/a
S1	1.08	0.15	0.98	0.24	2.51	0.23	0.61	0.09	0.24
S2	0.21	0.11	1.47	0.13	0.63	0.06	0.26	0.10	0.41
S3	NA	NA	NA	NA	NA	NA	NA	NA	NA
S4	3.59	0.07	0.98	0.06	0.17	0.02	0.10	0.14	0.58
S5	1.04	0.11	1.11	0.15	0.70	0.11	0.35	0.15	0.50
S6	1.79	0.35	2.11	0.49	4.72	0.57	1.55	0.12	0.33
S7	2.81	0.21	1.86	0.07	1.60	0.15	0.72	0.09	0.45
S8	0.23	0.05	0.65	0.04	0.21	0.03	0.06	0.12	0.28
S9	0.25	0.06	0.81	0.05	0.05	0.02	0.04	0.40	0.65
S10	0.18	0.07	1.37	0.05	0.04	0.01	0.02	0.30	0.61
S11	0.62	0.12	1.17	0.16	0.36	0.04	0.12	0.12	0.35
平均值	1.18	0.13	1.25	0.14	1.10	0.12	0.38	0.16	0.44

注：NA 表示 not available，数据缺失。

明漳卫新河河口在秋季生物膜生物量较低,且藻类以清水种为主。滦河河口则介于海河河口与漳卫新河河口之间。

利用 CANOCO 4.5 分析各采样点生物膜群落指标空间分布,如图 5-2 所示,从各采样点到生物膜各指标的投影来看,S6 和 S11 具有较高的 EPS 与 Chla 含量,其生物膜生物量较高,藻类生物量较高。S5、S6、S7 具有较高的 BETA 和 PHOS 活性;S1、S2、S3、S8 具有较高的 Chlc 和 Chlc/a,说明其清水种藻类含量较高。从各采样点的距离来看,S2 和 S3 距离较近,S9 和 S10 距离较近,说明其生物膜群落结构比较接近。从总体的空间分布来看,海河河口具有较高的生物膜生物量,且与滦河河口和漳卫新河河口相比,其生物膜中细菌的含量较高;而滦河河口与漳卫新河河口最下游其生物膜的生物量相对较低,且以藻类以清水种为主。漳卫新河河口中上游采样点则具有较高的藻类生物量,且 Chlb/a 较高,蓝绿藻含量较高。

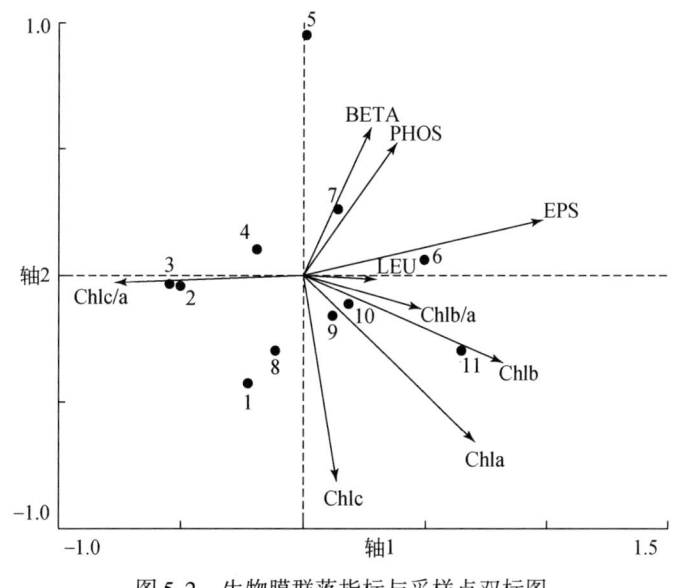

图 5-2 生物膜群落指标与采样点双标图

对不同时间采集的生物膜群落结构、功能指标进行单因素方差分析(表 5-4),结果表明,所有检测指标中,除了 LEU 的活性、Chlb/a 和 Chlc/a 外,其余各指标在不同季节都存在显著差异($P<0.05$)。从表中可以看出,EPS 含量的季节变化是春季和夏季显著高于秋季。BETA 是春季显著高于夏季和秋季,夏季高于秋季,但是差异不显著($P>0.05$),这与郑天凌等(2001)对台湾海峡 BETA 活性的研究结果是一致的。PHOS 的活性则是春季高于夏季,高于秋季,但是夏季与春季和秋季均无显著性差异,通常环境中较低的磷酸盐浓度会诱导出较高的碱性磷酸酶活性(Jansson et al.,1988),这与沉积物中夏季具有较高的磷酸盐浓度是一致的。LEU 的活性在三个季度均无显著性差异,但是在数值表现为夏季高于春季和秋季。Chla 和 Chlc 表现为三个季度之间均存在显著性差异,并且夏季最高,春季次之,秋季最低。Chlb 则仅在夏季和春季、秋季之间存在显著差异。Chlb/a 表现为夏季高于春季和秋季，但是在季节间则无显著性差异。Chlc/a 表现为秋季高于春季和夏季，但是季节间无显著性差异。Sierra 等（2007）研究认为，附着藻类的生物量在污染较严重的区域更高，其研究中多数采样点在夏季污染最为严重，其结论与本研究结果一致。Wolfstein 等（2002）认为水质较差的情况下更有利于蓝绿藻的生长，这与研究中 Chlb 在夏季最高的结论是一致的。Chlc 也在夏季浓度最高，但是 Chlc/a 却是在夏季最低，也从反面验证了这一结论。

表 5-4 采样点各生物膜指标季节变化方差分析

采样时间	EPS	BETA	LEU	PHOS	Chla	Chlb	Chlc	Chlb/a	Chlc/a
2011-5	22.66^a	1.59^a	1.48^a	0.64^a	5.76^a	0.94^a	1.76^a	0.16^a	0.33^a
2011-8	22.64^a	0.41^b	1.52^a	0.37^{ab}	10.99^b	3.23^b	3.14^b	0.28^a	0.32^a
2011-11	1.18^b	0.13^b	1.25^a	0.14^b	1.10^c	0.12^b	0.38^a	0.16^a	0.44^a

注：上标一致表示无显著性差异，不一致表示存在显著性差异（$P<0.05$）。

总体来看，春季滦河河口生物膜 EPS 较低，但是 Chla 与 Chlc 较高，说明春季滦河河口生物膜以藻类为主，且多为清水种，细菌含量较低；海河河口各种酶活、Chlb 和 Chlb/a 较高，说明海河河口细菌生物量较高，藻类以蓝绿藻为主；漳卫新河河口 EPS 含量与 Chlc/a 较高，说明其生物膜总生物量较高，且藻类以清水种为主。夏季滦河河口生物膜生物量、各种叶绿素含量、酶活性均较低，仅 Chlc/a 较高，说明滦河河口细菌及叶绿素量都较低，但是藻类以清水种（金藻、甲藻等）为主。海河河口仍然是各种酶的活性较高，Chlc 与 Chlc/a 较低，说明海河河口生物膜生物量较高，且藻类以蓝绿藻为主；漳卫新河河口各种叶绿素含量与 Chlb/a 均较高，说明漳卫新河河口藻类生物量较高，且以蓝绿藻为主。秋季则是漳卫新河河口具有较低的生物量、各种叶绿素和酶活性和较高的 Chlc/a，其细菌和藻类生物量均较低，但是藻类以清水种为主。海河河口则相反。从时间变化来看，生物膜各指标除 LEU 的活性、Chlb/a 和 Chlc/a 外，均在不同季节存在显著性差异。EPS 在春季、夏季均较高，BETA 和 PHOS 在春季较高，LEU 在夏季较高。各种叶绿素均在夏季浓度较高，但是 Chlc/a 是在秋季最高，Chlb/a 是在夏季最高。

5.2 天然生物膜群落对环境因子的响应

冗余分析（redundancy analysis，RDA）是一种直接梯度分析方法，可以从统计学的角度来分析一组多变量数据与另一组多变量数据之间的关系，其结果可以筛选出能在最大程度上表示所有指标解释能力的最小组合。研究中对获得的生物膜群落结构、功能数据与所测得的环境指标进行冗余分析，以便明确各个环境指标对生物膜群落影响的大小。

在冗余分析前，指标的前瞻性选择是必要步骤，能有助于建立一个更为简单的模型，用较少的环境变量来解释生物膜群落结构功能的变化，并明确对其起主要作用的环境影响因子。由于 PAHs 种类较多，经过初步分析，各种单体 PAHs 与生物膜群落结构、功能指标并无显著相关关系，但其组成上多为中、低环 PAHs，且污染指标较高，为了避免盲目排除 PAHs 对生物膜群落结构功能的影响，将 PAHs 分为低环（2 环和 3 环）、中环（4 环）和高环（5 环和 6 环）。首先对于沉积物和水体的 41 个物理、化学指标中在采样时间内所有采样点的检测数据均优于地表水环境质量 I 类水标准、国家海水水质 I 类水标准或国家海洋沉积物质量 I 类标准的环境指标，可以认为其对生物膜群落结构功能变化的影响很小，予以筛除，包括水体中 DO、As、Cd、Cr、Cu、Hg、Ni、Zn 和沉积物中的 As、Cd。筛除在不同时间、采样点无差异的指标，筛除沉积物 pH。为了用较为精简的指标代表更多的信息，选出环境指标中相关性相对小的指标，排除冗余指标，为了慎重只排除显著相关（$r>0.6$ 且 $P<0.05$）的指标，并考虑指标的测量准确性等因素，筛除指标为：沉积物种粒径为 50～100μm 和大于 100μm 的百分比、石油类、磷酸盐、中环和高环 PAHs、Co、Cr、Cu、Hg、Ni、Zn 以及水体中氨氮、中环 PAHs、Co、Mn。将剩余指标与各生物膜指标做相关性分析，筛除与任何一个生物膜指标均不相关的环境指标，包括水体中 COD_{Mn} 和沉积物 TN。通过以上步骤，从 41 个环境指标中筛出 14 个指标（表 5-5）。

表 5-5　筛选后 14 个环境指标及其代表符号

沉积物		水体	
环境指标	代表符号	环境指标	代表符号
TP	STP	pH	pH
硝酸盐	SNO₃	盐度	Sal
低环多环芳烃	SLPAHs	TP	TP
环境指标	代表符号	环境指标	代表符号
Mn	SMn	TN	TN
Pb	SPb	石油类	Oil
粒径小于 50μm 颗粒百分比	50 μm	低环多环芳烃	LPAHs
—	—	高环多环芳烃	HPAHs
		Pb	Pb

生物膜指标的筛选，首先将各生物膜指标之间做相关性分析，筛除指标间显著相关的指标（$r>0.8$，且 $P<0.01$），各指标间显著相关的有 Chlb 与 Chla（$r=0.826$，$P<0.01$）和 BETA 与 PHOS（$r=0.879$，$P<0.01$），筛除 Chlb 和 PHOS。将剩余 7 个生物膜指标与筛选后的各个环境指标做相关性分析，Chlb/a 与所有环境指标均不相关，予以筛除。因此从 9 项生物膜群落结构指标中筛出 EPS、BETA、LEU、Chla、Chlc 和 Chlc/a 共 6 项指标。

采用 CANOCO 4.5 软件对初步筛选的 6 项生物膜群落结构功能指标和 14 项环境指标进行 RDA 分析，除 pH 外，所有数据经过 log（$x+1$）转换以消除量纲影响。结果显示，沉积物中 TP 和 Pb 的方差膨胀因子 IF>10，说明所选环境指标中有多重相关，经过反复筛选，当删除沉积物中 TP 后，所有环境指标的 IF 均小于 10，Monte Carlo 排列检验显示，所有排序轴均非常显著（$P<0.01$），说明排序效果理想，且其对生物膜群落变化的解释最大。RDA 分析结果（表 5-6）显示，选取的 13 个环境变量可以解释生物膜群落变化的 75.7%，解释生物膜群落特征与环境指标关系的 98.7%。其中第 1 排序轴可以解释生物膜

群落变化的60%，其与生物膜各指标的相关系数为0.939；第2排序轴可以解释生物膜群落变化的11%，并且与生物膜指标的相关系数为0.852。

表5-6 生物膜群落与主要环境指标的CCA排序结果

排序轴	特征值	生物膜−环境指标相关系数	生物膜特征变化积累/%	生物膜与环境关系变化积累/%	特征值总和	典范特征值总和
1	0.600	0.939	60.0	79.2	1.000	0.757
2	0.110	0.852	71.0	93.7		
3	0.020	0.606	73.0	96.4		
4	0.017	0.446	74.7	98.7		

在生物膜群落与环境指标的RDA排序图（图5-3）中，环境指标用红色带箭头矢量表示，连线的长短表示该环境因子对生物膜群落的影响程度（解释量）大小。由图5-3可以看出，选取的13个环境指标与生物膜群落结构功能特征均有不同程度的影响，13个环境指标对生物膜群落特征的影响从大到小可以排序为：50 μm>SMn>SPb>Sal>Pb>Oil>SNO$_3$>TN>SLPAHs>LPAHs>pH>HPAHs>TP。从排序可以看出，对生物膜群落结构影响最大的环境因素是沉积物中粉粒所占的比例、沉积物中的重金属Mn和Pb，以及水体的盐度，可见沉积物与水体中，前者对生物膜群落的影响更大。沉积物中粉粒组成这一物理指标比重金属、营养盐、PAHs对生物膜群落的影响更大，同时水体中的物理指标盐度比重金属、营养盐、PAHs对生物膜群落的影响更大，可见沉积物的粒径、水体的盐度比其他水体中污染物对生物膜的影响更大。Gómez等（2009）对阿根廷拉普拉塔河口底栖微生物群落的时空分布特征及其可能的环境影响因子进行了研究，认为营养盐和有机污染影响底栖微生物群落特征的主要环境因子。Giberto等（2004）通过对拉普拉塔河口更大范围内底栖微生

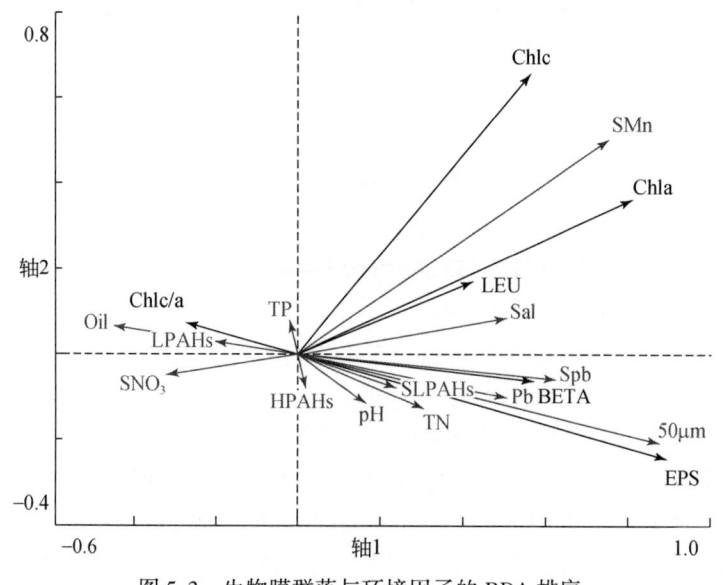

图5-3 生物膜群落与环境因子的RDA排序

物群落的分布特征与底质类型、盐度、电导等因素的关系研究，认为在大尺度下，底质类型、盐度、电导率是影响底栖微生物群落分布的主要环境因子。本研究结果与 Giberto 等（2004）的研究结果一致，说明在小尺度底质比较均匀的情况下，营养盐及其他污染物质是影响底栖微生物群落的主要影响因子，在大尺度底质类型、盐度等指标差异较大的情况下，营养盐和污染物可能并不是主要的环境影响因子。

5.3 天然生物膜群落对复合污染的响应

由于沉积物颗粒组成为非污染指标，且对生物膜群落结构影响较大，用沉积物粒径小于 50μm、50~100μm 和大于 100μm 的颗粒所占的比例在各采样点间进行系统聚类分析，结果见图 5-4。采样点 S1、S8、S3、S4 和 S2 聚为一类，且各采样点间距离小于 5，相似性显著，这些采样点沉积物主要由粒径相对较大的细砂粒组成。采样点 S5、S11、S7、S10、S6 和 S9 聚为一类，且各采样点间距离小于 5，相似性显著，这些采样点沉积物主要由粒径更小的粉砂组成。两个分类组之间距离远大于 10，差异显著，因此将 11 个采样点分为两类分别讨论。其中将 S5、S6、S7、S9、S10、S11 称为粉砂组，其粒径小于 50μm 的比例高于 50%；将 S1、S2、S3、S4、S8 称为细砂基质组，其粒径大于 50μm 的比例高于 70%。

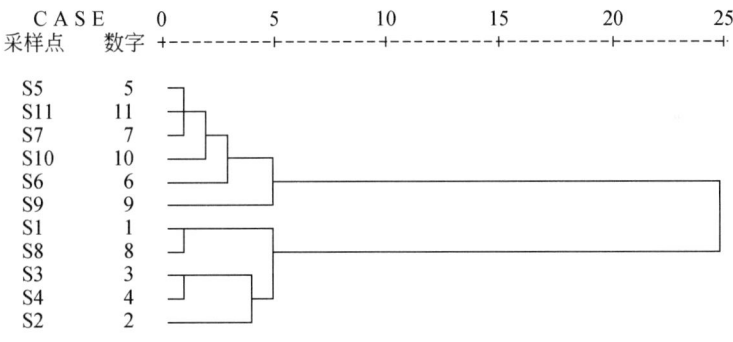

图 5-4 各采样点基于沉积物粒径组成的系统聚类分析

5.3.1 细砂基质生物膜对污染物的响应

将 S1、S2、S3、S4、S8 的 9 个生物膜指标进行相关性分析，排除指标间显著相关的冗余指标（$r>0.8$，且 $P<0.01$）。结果显示，BETA 与 PHOS 显著相关（$r=0.954$，$P<0.01$），Chla 与 Chlc 显著相关，（$r=0.848$，$P<0.01$），排除 PHOS 与 Chlc，因此参与排序的生物膜指标为多糖含量（EPS）、Chla、Chlb、Chlb/a、Chlc/a、BETA 和 LEU，共 7 项指标。环境指标选取营养盐与有机污染综合指数 P_1，水体重金属综合风险指数 P_{2W}，沉积物重金属综合风险指数 P_{2S}，水体多环芳烃综合风险指数 P_{3W}，沉积物多环芳烃综合风险指数 P_{3S}。首先对各种环境污染指数之间进行相关性分析，排除指标间显著极强相关的冗余

指标（$r>0.8$，且 $P<0.01$）。结果显示，仅 P_1 与 P_{2S} 极强显著相关，（$r=0.832$，$P<0.01$），筛选 P_{2S}，剩余 P_1、P_{2W}、P_{3W}、P_{3S}，共 4 个环境污染指数（表 5-7）。

表 5-7　细砂基质生物膜群落与主要环境指标的 RDA 排序结果

排序轴	特征值	生物膜-环境指标相关系数	生物膜特征变化积累/%	生物膜与环境关系变化积累/%	特征值总和	典范特征值总和
1	0.638	0.951	63.8	79.8	1	0.794
2	0.109	0.816	74.7	83.2		
3	0.038	0.771	78.5	89.2		
4	0.009	0.343	79.4	93.2		

参加排序的所有数据经过 $\log(x+1)$ 转换以消除量纲影响，结果显示，所有环境污染指数的方差膨胀因子 IF 均小于 5，Monte Carlo 排列检验显示所有排序轴均非常显著（$P<0.01$），说明排序效果理想，且其对生物膜群落变化的解释最大。RDA 分析结果（表 5-7）显示，选取的 4 个环境污染指数可以解释生物膜群落变化的 79.4%，解释生物膜群落特征与环境污染指数关系的 93.2%。其中第 1 排序轴可以解释生物膜群落变化的 63.8%，其与生物膜各指标的相关系数为 0.951；第 2 排序轴可以解释生物膜群落变化的 10.9%，并且与生物膜指标的相关系数为 0.896。说明选取的 4 个环境污染指数可以很好地解释生物膜的群落变化，对生物膜群落结构、功能有极其显著的影响（$P<0.01$）。

细砂基质上生物膜与环境污染指数的 RDA 排序图（图 5-5）中，生物膜群落指标用实线带箭头矢量表示，环境污染指数用虚线带箭头矢量表示。环境污染指数矢量线段的长短可以表示该环境污染指数对生物膜群落相关性的大小，可见选取的 4 个环境污染或风险指数与生物膜群落相关性的大小依次为：$P_{3W}>P_1>P_{2W}>P_{3S}$，可见在排除基质类型和水体盐度这些物理指标后，在细砂基质上，对生物膜群落结构、功能影响最大的为水体多环芳烃的

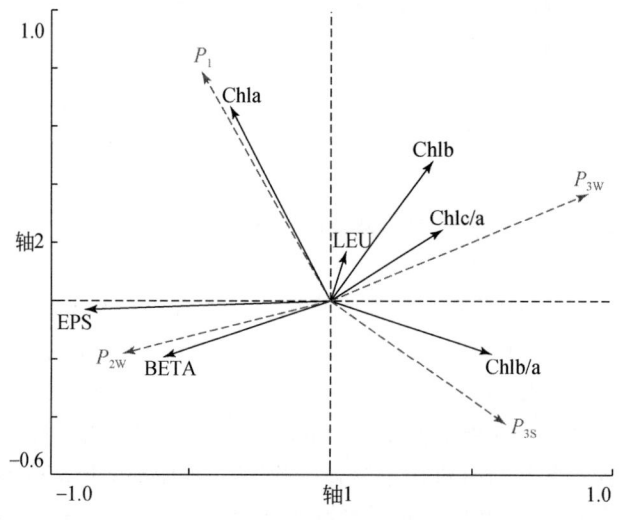

图 5-5　细砂基质生物膜群落与环境污染指数的 RDA 排序

浓度，其次为水体和沉积物营养盐与有机污染物的浓度和水体重金属的浓度，影响最小的是沉积物多环芳烃的浓度。细砂基质的河口采样点为滦河河口与漳卫新河河口最下游，是水体受到渤海湾石油泄漏事故影响的采样点，各污染指数中与生物膜群落相关性最强的为水体中多环芳烃的浓度，可能与各采样点严重受石油污染影响有关。从生物膜群落各结构、功能指标与各环境污染指数的相关性来看，营养物质与有机物污染指数与 Chla、Chlb、LEU、EPS 呈正相关关系，与 Wolfstein 等（2002）的研究结果一致。水体中多环芳烃的浓度则与 Chla、EPS、BETA 呈负相关关系，说明水体中高浓度的多环芳烃已经对生物膜的生物量、功能产生了负面作用。水体中重金属的污染指数与 EPS、BETA 正相关，这可能是同时受其他环境因子影响的结果。

5.3.2 粉砂基质生物膜对污染物的响应

首先对 S5、S6、S7、S9、S10、S11 生物膜各指标进行相关性分析，排除指标间显著相关的冗余指标（$r>0.8$，$P<0.01$）（表 5-8）。结果显示，Chlb 与 Chla 和 Chlb/a 显著相关（$P<0.01$），其相关系数分别为 0.893 和 0.823；Chla 与 Chlc 显著相关，（$r=0.808$，$P<0.01$）；PHOS 与 BETA 显著相关，（$r=0.887$，$P<0.01$），排除 Chlb、Chla 和 PHOS。生物膜指标还剩下 EPS、Chlc、Chlb/a、Chlc/a、BETA 和 LEU。然后对采样点 S5、S6、S7、S9、S10、S11 的各种污染指数进行进行相关性分析，排除指标间显著相关的冗余指标（$r>0.8$，$P<0.01$）。结果显示，各指标间无显著相关关系，因此参与排序的综合污染指数为取营养盐与有机污染综合指数 P_1，水体重金属综合风险指数 P_{2W}，沉积物重金属综合风险指数 P_{2S}，水体多环芳烃综合风险指数 P_{3W}，沉积物多环芳烃综合风险指数 P_{3S}。

表 5-8 粉砂基质生物膜群落与主要环境指标的 RDA 排序结果

排序轴	特征值	生物膜-环境指标相关系数	生物膜特征变化积累/%	生物膜与环境关系变化积累/%	特征值总和	典范特征值总和
1	0.515	0.907	51.5	68.0	1	0.716
2	0.093	0.905	60.8	76.6		
3	0.060	0.648	66.9	83.9		
4	0.047	0.701	71.5	89.3		

参加排序的所有数据经过 $\log(x+1)$ 转换以消除量纲影响，结果显示，所有环境污染指数的方差膨胀因子 IF 均小于 6，Monte Carlo 排列检验显示所有排序轴均非常显著（$P<0.01$），说明排序效果理想，且其对生物膜群落变化的解释最大。RDA 分析结果（表 5-8）显示，选取的 5 个环境污染指数可以解释 71.6% 的生物膜群落变化，解释 89.3% 的生物膜群落特征与环境污染指数关系。其中第 1 排序轴可以解释生物膜群落变化的 51.5%，其与生物膜各指标的相关系数为 0.907；第 2 排序轴可以解释生物膜群落变化的 9.3%，并且与生物膜指标的相关系数为 0.905。说明选取的 4 个环境风险指数可以很好地解释生物膜的群落变化，对生物膜群落结构、功能有极其显著的影响（$P<0.01$）。

细砂基质上生物膜与环境污染指数的 RDA 排序图（图 5-6）中，环境污染指数用虚线带箭头矢量表示，其长短可以表示环境污染指数对生物膜群落结构、功能的相关性。由图 5-6 可知，根据各环境指数对生物膜影响的大小可以排序为 $P_{3W}>P_{2W}>P_{3S}>P_1>P_{2S}$。可见对生物膜群落影响最大的是水体中的多环芳烃和重金属，其次为沉积物中的多环芳烃，影响最小的为沉积物中的重金属。生物膜指标中 Chlc、Chlb/a、EPS、LEU 均与水体中多环芳烃和重金属呈负相关，同时与 Chlc/a 呈正相关，说明与 Chla 也呈负相关。也就是说随着水体中多环芳烃和重金属浓度的增加，EPS、Chla、Chlc、LEU、Chlb/a 均呈下降趋势，说明水体中多环芳烃和重金属对生物膜的细菌和藻类的生物量及 β-葡萄糖苷酶的活性均产生了抑制作用。同时 EPS、Chlb/a 与水体和沉积物中营养盐和有机物正相关，也就是说当环境中营养物质和有机物质含量较高的时候，胞外多糖分泌物和 Chlb 所占的比例有所增加，这是因为在营养物质和有机质的增加有利于蓝藻的生存，Chlb 的比例上升，同时蓝藻的光合作用会产生大量的胞外分泌物，EPS 含量增加（Wolfstein et al., 2002）。Penton 等（2007）对佛罗里达沼泽的研究发现，β-葡萄糖苷酶随着营养物质的增加而增加。研究中 β-葡萄糖苷酶与营养物质和有机物质综合污染指数并没有明显的相关关系，而与水体中重金属和多环芳烃呈负相关关系。Ivorra 等（2002）通过室内实验研究认为重金属（Cd 与 Zn）可以显著减少生物膜的生物量。研究中 EPS 和 Chla 与水体中重金属污染指数呈负相关关系，与以上的研究结果一致。研究中 EPS 与沉积物中重金属和多环芳烃呈正相关，但是相关性并不显著，这可能是因为天然环境更为复杂营养物质等有利于生物膜生长的条件，会对重金属等有毒有害物质引起的毒性效应有一定的补偿作用，而天然河口中，同时受海洋和河口的影响，污染物情况更为复杂，使得生物膜群落的响应并不遵从单个环境因

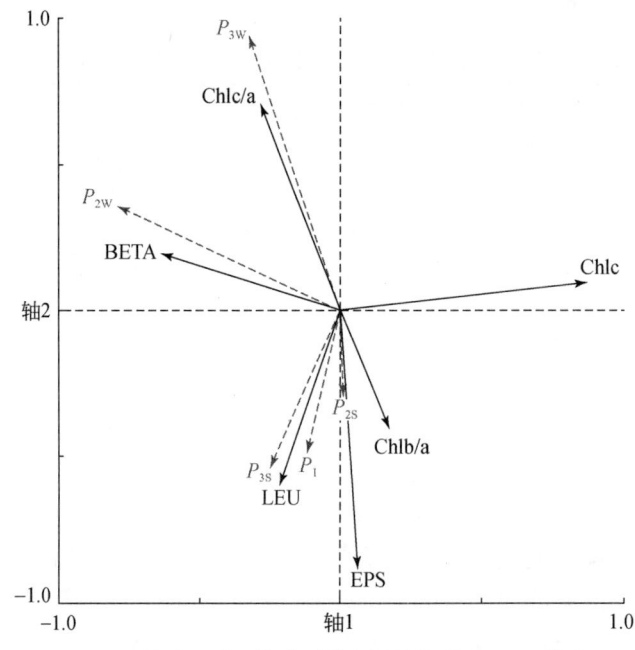

图 5-6　粉砂基质生物膜群落与环境指数的 RDA 排序

子变化时的规律，而是同时受多个环境因子的影响。

5.4 天然生物膜完整性指数的建立

5.4.1 各采样点综合污染评价

由于在计算各环境污染或风险指数 P_1、P_{2W}、P_{2S}、P_{3W}、P_{3S} 的时候，不同的评价标准已经包含了各种污染物的毒性、权重等信息，为了避免重复、盲目使用权重，在这里各个指数的权重 W_i 均为 1。各采样点综合污染指数的计算公式如下

$$P_1 = \sum_{n=1}^{n} W_i \times \frac{P_i}{P_{li}} \tag{5-1}$$

$$P_h = \sum_{n=1}^{n} W_i \times \frac{P_i}{P_{hi}} \tag{5-2}$$

式中，P_i 表示各个污染因子，包括 P_1、P_{2W}、P_{2S}、P_{3W}、P_{3S}；P_{li} 表示第 i 个污染指数的低污染水平划分标准；P_{hi} 表示第 i 个污染指数的高污染水平划分标准；P_1 表示低污染指数；P_h 表示高污染指数。P_i/P_{li} 小于 1 表示污染因子 i 处于低污染水平，P_i/P_{li} 大于 1 且 P_h/P_{hi} 小于 1 表示污染因子 i 处于中等污染水平，P_h/P_{hi} 大于 1 表示污染因子 i 处于高污染水平。P_1 小于评价因子个数 n（这里 $n=5$）表示处于低污染水平；P_h 表示高污染指数，P_h 小于 n 且 P_1 大于 n 表示中等污染水平，P_h 大于 n 表示高污染水平。具体评价结果见图5-7和图5-8。

从各采样点综合污染指数 P_1 和 P_h 来看（图5-7），春季各采样点 P_1 均大于5，且S6和S7的 P_h 大于5，其他各采样点 P_h 均小于5，因此春季S1、S2、S3、S4、S5、S8、S9、S10、S11 均为中等污染水平，S6和S7处于高污染水平。从污染因子来看，最主要的污染因子是水体中的多环芳烃，P_{3W}/P_{l3W} 的变化范围为 11.67~461.72，P_{3W}/P_{h3W} 的变化范围为 0.23~9.23，仅S2、S3、S4、S8、S9处于中等污染水平，S1、S5、S6、S7、S10、S11 均处于高污染水平，可见所有采样点水体普遍受到多环芳烃的污染。其次为水体和沉积物中重金属的污染，S5、S7、S9、S10、S11 的水体或沉积物均受到重金属的中等污染，S6的表层沉积物受到重金属的严重污染。最后是营养物质，在S5、S7、S11 为中等污染水平，在S6为高污染水平。可见，春季滦河河口仅水体受多环芳烃中度污染，海河河口则同时受到营养物质、重金属和多环芳烃的中度或严重污染，漳卫新河河口则受到重金属和多环芳烃的污染中度污染。

秋季各采样点的综合污染情况见图5-8。可见各采样点 P_1 均大于5，且S1、S6、S7、S8、S9的 P_h 均大于5，因此综合来看，S2、S3、S4、S5、S10、S11 处于中等污染水平，S1、S6、S7、S8、S9处于高污染水平。从污染因子来看，各采样点水体普遍受到多环芳烃的污染，其中S1、S2、S3、S4、S8、S9的水体受到多环芳烃的严重污染，其他各采样点水体均受到多环芳烃中等水平的污染，同时S6和S7的沉积物受到多环芳烃的严重污染。其次为营养物质的污染，仅S1为低污染水平，S2、S3、S4、S8、S9、S10为中等污染水平，S5、S6、S7、S11受到营养物质的严重污染。最后为沉积物中重金属的污染，仅

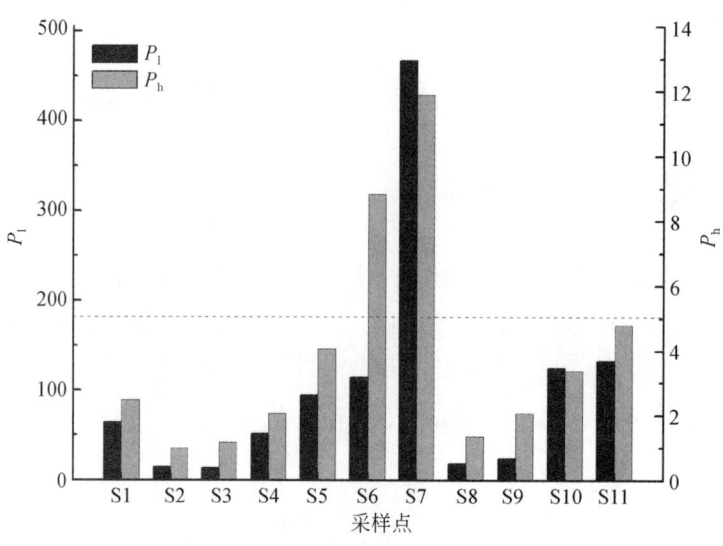

图 5-7 春季（5 月）各采样点综合评价

S2 为低污染水平，S6 和 S7 为高污染水平，其他各采样点均为中等污染水平。

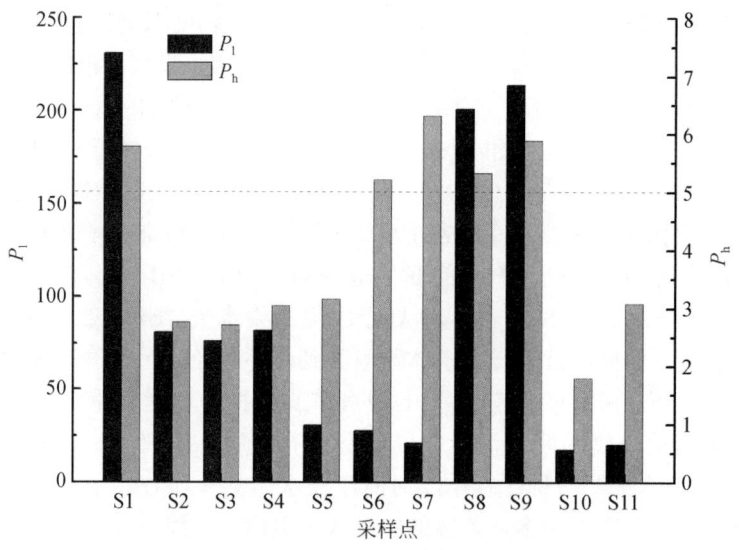

图 5-8 夏季（8 月）各采样点综合评价

从时间变化来看，S1、S2、S3、S4、S8、S9 的 P_h 均为 5 月份低于 8 月份，这些采样点分别为滦河河口各采样点与漳卫新河河口下游采样点，受 6 月份渤海溢油事故的影响，表现为 8 月份污染更严重。S5、S6、S7、S10、S11 则因为受溢油事故影响小，表现为 5 月份污染程度高于 8 月份。从各个污染因子来看，仅水体中的重金属和多环芳烃表现为 5 月份低于 8 月份，营养物质、沉积物中的重金属和石油类均表现为 5 月份高于 8 月份（图 5-9）。

综合来看，滦河河口的主要污染物为水体中的多环芳烃；海河河口的主要污染物是营

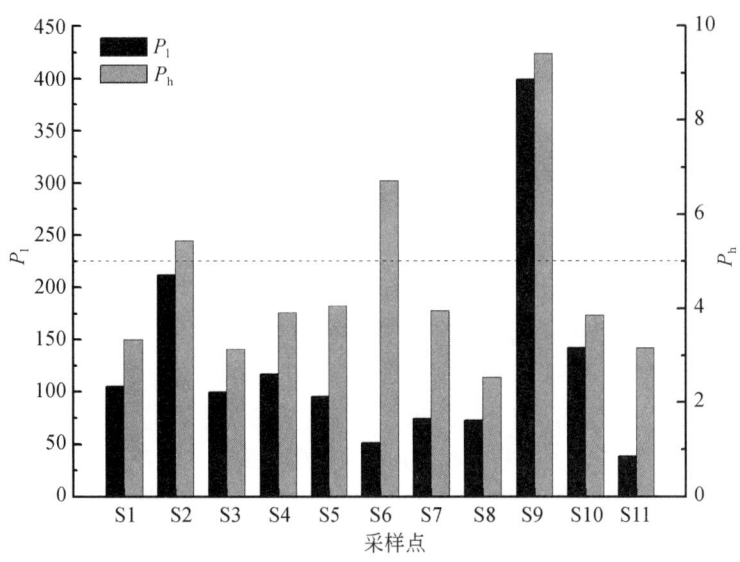

图 5-9 秋季（11 月）各采样点综合评价

养物质、沉积物中的重金属以及水体中的多环芳烃；漳卫新河河口的主要污染物是沉积物中的重金属和水体中的多环芳烃，且各河口的综合污染表现为夏季比春季严重。

5.4.2 生物膜完整性指数的建立

前面的分析已经证明无论是细砂基质的采样点，还是粉砂基质的采样点，其上的生物膜群落结构、功能指标可以很好地反映的环境的变化。为了明确这种生物膜群落结构功能指标与环境的综合状态，利用综合环境指数与生物膜群落结构功能指标进行逐步多元回归分析。逐步多元回归是基于最小二乘法原理，通过逐步回归剔除对因变量不起作用或作用极小的因子，挑选出显著性因子，最终得出最优回归模型。为了能够反映环境的综合情况，利用环境综合指数 P_h 与生物膜群落指标进行逐步回归分析，得到基于生物膜的生物完整性指数 B-IBI。

（1）细砂基质生物膜完整性指数（B-IBI_f）

通过逐步多元线性回归（表 5-9），筛选出可以显著反映综合环境状态的生物膜指标为：BETA、Chlc 与 Chlc/a。对根据逐步多元回归分析结果，基于生物膜的生物完整性指数可以表达为

$$B\text{-}IBI_f = 0.801 BETA - 0.312 Chlc - 3.325 Chlc/a + 3.526 \qquad (5\text{-}3)$$

式中，B-IBI_f 是基于生物膜的生物完整性指数；Chlc 是生物膜的 Chlc 浓度；Chlc/a 是生物膜 Chlc 与 Chla 的比值；BETA 是生物膜 β-葡萄糖苷酶活性。

表 5-9　细砂基质 B-IBI 逐步多元回归分析结果

指标	非标准化回归系数 B	非标准化回归系数 标准差	标准化回归系数 Beta	t	显著性
	3.526	0.504	—	6.999	0
BETA	0.801	0.197	0.608	−4.072	0.007
Chlc	−0.312	0.075	−0.649	4.179	0.006
Chlc/a	−3.325	1.306	−0.436	2.547	0.044

（2）粉砂基质生物膜完整性指数（$B\text{-}IBI_s$）

通过逐步多元线性回归（表5-10），筛选出可以显著反映综合环境状态的生物膜指标为：Chlc 与 Chlc/a。根据逐步多元回归分析结果，基于生物膜的生物完整性指数可以表达为

$$B\text{-}IBI_s = -3.586 Chlc/a - 0.039 Chlc + 2.736 \tag{5-4}$$

式中，$B\text{-}IBI_s$ 是基于生物膜的生物完整性指数；Chlc 是生物膜的 Chlc 浓度；Chlc/a 是生物膜 Chlc 与 Chla 的比值。

表 5-10　粉砂基质 B-IBI 逐步多元回归分析结果

指标	非标准化回归系数 B	非标准化回归系数 标准差	标准化回归系数 Beta	t	显著性
	2.736	0.143	—	19.186	0.000
Chlc/a	−3.586	0.530	−0.879	−6.771	0.000
Chlc	−0.039	0.013	−0.379	−2.915	0.017

5.5　基于天然生物膜完整性指数的健康评价

分别对细砂基质与粉砂基质生物膜各指标应用式（5-3）与式（5-4），计算各采样点的生物完整性指数，具体结果见表5-11。细砂基质各采样点均在5月份生物膜完整性指数最小，也就是生态系统健康状况最好。粉砂基质各采样点在11月份生物膜完整性指数最小，生态系统健康状况最好。其中S5和S6在春季生物膜完整性指数最高，生态系统健康状况最差，S7、S9、S10、S11受人为干扰相对严重，均是在夏季生态系统健康状况最差。

表 5-11　各采样点生物膜完整性指数

B-IBI	细砂基质 S1	S2	S3	S4	S8	粉砂基质 S5	S6	S7	S9	S10	S11
5月	1.039	1.247	1.968	1.630	1.991	1.947	2.280	1.704	1.407	1.547	1.695
8月	2.658	3.030	2.669	3.385	2.370	1.909	1.945	2.121	1.631	1.425	1.839
11月	1.383	2.170	–	1.622	2.616	1.229	1.492	1.094	0.404	0.548	1.376
平均值	1.693	2.149	2.319	2.212	2.326	1.695	1.906	1.640	1.147	1.173	1.637

从各采样点三个季节生物膜完整性指数的平均值来看,细砂基质各采样点可排序为S1<S2<S4<S3<S8,即滦河生态系统健康状况好于漳卫新河河口,粉砂基质各采样点可排序为S9<S5<S11<S7<S10<S6,即漳卫新河河口各采样点生态系统健康状况好于海河河口。由于S9沉积物粒径小于50μm所占比例为50.71%,可看作处于粉砂基质和细砂基质的过渡状态。利用细砂基质生物膜完整性指数$B\text{-}IBI_f$计算S9的生物膜完整性指数平均值为2.362,大于细砂基质所有采样点的生物膜完整性指数,因此可以推断出三个河口相对的生态系统健康状况为滦河口优于漳卫新河河口,且优于海河河口。根据以上各河口相对的健康关系及等分原则,初步确定$B\text{-}IBI_f$和$B\text{-}IBI_s$的评价标准(表5-12)。

表5-12 生物膜完整性指数评价标准

指标	健康	临界	不健康
$B\text{-}IBI_f$	<2	2~2.5	>2.5
$B\text{-}IBI_s$	<1	1~1.5	>1.5

根据表5-12中的评价标准,细砂基质各采样点在5月均为健康状态;8月仅S8为临界状态,S1~S4均为不健康状态;11月S1和S4为健康状态,S2为临界状态,S8为不健康状态。粉砂基质各采样点在5月仅S9为临界状态,其他各采样点均为不健康状态;8月仅S10为临界状态,其他各采样点均为不健康状态,11月S9、S10处于健康状态,S5、S6、S7、S11处于临界状态。从各采样点生物膜完整性指数的平均值来看,滦河河口为健康–临界状态,漳卫新河河口为临界–不健康状态,海河河口为不健康状态。

5.6 小　　结

天然生物膜群落各指标的分布在时间和空间上均存在显著性差异,各指标可以很好地反映环境中污染物的变化情况。根据各采样点基质的粒径组成,通过聚类分析将所有采样点分为细砂基质和粉砂基质。排除基质类型对生物膜的影响后,各环境污染指数可以解释生物膜群落变化的79.4%和71.6%。

建立了细砂基质和粉砂基质基于生物膜的生物多样性完整性指数,分别为$B\text{-}IBI = 0.801BETA - 0.312Chlc - 3.325Chlc/a + 3.526$和$B\text{-}IBI = -3.586Chlc/a - 0.039Chlc + 2.736$。基于该指数对海河流域典型河口生态系统健康状况进行评价,滦河河口为健康–临界状态,漳卫新河河口为临界–不健康状态,海河河口为不健康状态。时间变化上,滦河河口和漳卫新河河口最下端是春季好于夏季和秋季,海河河口与漳卫新河河口中上采样点则是秋季好于春季和夏季。

第6章 水生态快速监测技术

根据第4章、第5章的结果,生物膜群落对于复合污染与人为干扰具有响应关系,能够指示水生态系统的健康状况。建立流域快速水生态监测技术是水污染防治的基础,该技术与传统水生态监测方法相比,具有监测时间短、效率高的特点。

6.1 生物膜培养基质的筛选

不同的基质被应用于生物膜研究中,如玻璃(Morin et al.,2008a,b)、树脂玻璃(Mages et al.,2004)、石头(Tlili et al.,2008)等人工或天然材料。有不同研究比较了人工和天然基质上生物膜的特点,但得到的结论却不一致。此前的研究表明,天然基质生物膜的物种丰富度高于人工基质生物膜,Danilov 和 Ekelund(2001)对玻璃、塑料和木头三种基质比较的研究表明,玻璃管是附着的最佳基质,而塑料管上基本没有观察到藻类生长。这与 Cattaneo 和 Amireault(1992)认为塑料是生物膜附着的最佳基质的研究结果相矛盾。这些结果的矛盾可能归因于研究目的、研究环境和研究方法的不同,因此生物膜的应用研究首先需要筛选适宜的基质。

6.1.1 采样与实验方法

(1) 不同基质生物膜采集

2009年10月于研究区北京市太平湖(面积10 000m^2,平均水深1.3 m)新街口段,分别以玻璃片、有机玻璃、玻璃纤维布(FME60,孔径2.5mm)、活性碳纤维(江苏同康活性碳纤维面料有限公司,比表面积1500)4种材料作为人工基质进行生物膜培养,通过60d 的暴露对人工基质进行初步筛选。选择开阔水面设置3个样点,每个样点距离约10m,将4种基质通过采样装置(图6-1)垂直水面悬挂放入水下20cm 处,每个样点每种基质各6片,连续培养60d。分别在5d、7d、10d、14d、30d、60d 取样,每种基质每次各样点取1片,刮取生物膜,同时在第60d 采集采样点处石头、水生植物(菹草)、底泥附着的天然生物膜,并记录刮取生物膜的面积。石块和菹草上附着的生物膜采用塑料小刀和牙刷直接刮取,并用塑料勺挖取底泥部分,用塑料刀刮取表面约1mm 厚表层泥样,记录面积。样品用0.2μm 滤膜过滤后,采用采样点水悬浮,采集样品平均分为4份,其中一份加入5%甲醛固定用于观察藻类组成,其余样品用于分析生物量酶活性等指标的变化。所有样品均用冰盒保存带回实验室进行检测。

(2) 生物膜各指标的分析方法

主要选取了生物膜的总生物量、叶绿素浓度、藻类结构组成、胞外酶活性和 EPS 多糖

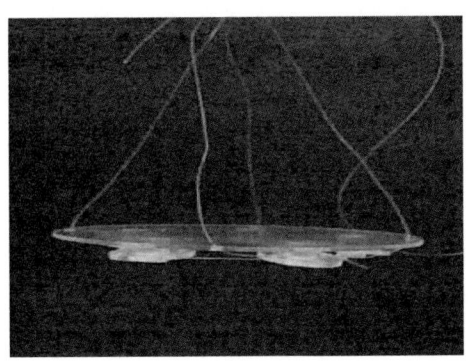

图 6-1 生物膜采样装置

含量等，能表征生物膜的生长、群落结构和功能变化的指标进行分析，各指标的具体分析方法如下，实验结果使用 SPSS 13.0 进行统计分析。

1）总生物量。分别取 3 份生物膜平行样品 2ml 蒸馏水悬浮，然后用孔径为 0.2μm 的玻璃纤维膜过滤，称重，105℃干燥 24 h 后称干重，500℃马弗炉（SX-4-10 fiber muffle，test China）内烘干 1 h 后称量样品灰，计算无灰干重（ash-free dry mass，AFDM）（Morin et al.，2008a，b；Tlili et al.，2008），计算结果单位记为 g/m^2。

2）叶绿素测定。分别取 3 份生物膜样品 2ml 蒸馏水悬浮，加入数滴 1% $MgCO_3$ 悬浮液，用孔径 0.45μm，直径 50mm 的醋酸纤维滤膜进行抽滤；用定性滤纸将滤膜水分吸干，在 -20℃冷冻 20min，后在室温下解冻 5min，如此反复冻融 3~5 次，后将滤膜在 -20℃过夜；将滤膜剪碎放入 5ml 离心管中，加入 5ml 加热至 80℃的 90% 乙醇，在热水浴中加热 2min，然后置于暗处 4℃下提取 4~6h。

采用热乙醇—反复冻融法对叶绿素进行提取后，在 3000r/min 下离心 30min，用 90% 乙醇定容，以 90% 乙醇作参比，用分光光度计（UNIC 2100 spectrophotometer）于 750nm、664nm、647nm、630nm 下测其吸光度，用下列公式计算 Chla、Chlb、Chlc 的浓度（黄廷林等，2005）：

$$Chla = [12.12(D664-D750) - 1.58(D647-D750) - 0.08(D630-D750)]VE/(S \cdot d)$$

$$Chlb = [-5.55(D664-D750) + 21.5(D647-D750) - 2.72(D630-D750)]VE/(S \cdot d)$$

$$Chlc = [-1.71(D664-D750) - 7.77(D647-D750) + 25.08(D630-D750)]VE/(S \cdot d)$$

式中，Chla、Chlb、Chlc 分别为样品中 Chla、Chlb、Chlc 的浓度（$\mu g/cm^2$）；D630、D647、D664、D750 分别为萃取液在 630nm、647nm、664nm、750nm 处的吸光度；VE 为离心管中萃取液的定容体积（ml）；S 为生物膜样品的面积（cm^2）；d 为比色皿光程（cm）。

每个样品做 3 个平行样，Chla、Chlb、Chlc 浓度结果取其平均值。

3）藻类群落特征分析。将甲醛固定的生物膜样品，使用超声破碎仪（Sonics & Materials Inc，VCX105）超声 20s（40W，20 kHz）保证藻类细胞分散，记数时采用血球计数板法计算藻类细胞数目，结果记为每单位面积生物膜所含藻类细胞数。依据《中国淡水藻类》和《中国藻类志》等采用的分类系统在显微镜下进行观察分类。

4）胞外酶活性测定。胞外酶活性分析是基于酶作用物能被各自专性酶水解成含不同发色基团的产物，而这些产物的吸光度可用分光光度计测得，研究中所测定的酶及对应反应条件见表6-1（Terra et al.，1979）。分别取3份生物膜样品1.5ml蒸馏水悬浮，分为3份并加入0.5ml对应反应条件pH的缓冲液和1ml酶作用底物，30℃水浴，加1ml的0.1mol/L NaOH终止反应。磷酸酶（PHOS）和β-葡萄糖苷酶（BETA）反应1h后410nm测其吸光度，亮氨酸氨基肽酶（LEU）反应30min后405nm测其吸光度。设置两组空白分别为底物加去离子水，生物膜悬浮液加去离子水。酶活性表示为单位面积生物膜所包含酶在单位时间内水解产生的对应反应产物的量，即对硝基苯胺 [nmol/（cm^2·h）] 或对硝基苯酚 [nmol/（cm^2·h）] 酶活性的计算公式如下

$$酶活性 = (A/\varepsilon \cdot V)/(S \cdot t)$$

式中，A 为吸光度；ε 为产物的摩尔消光系数 [硝基苯胺为9870L/（mol·cm），硝基苯酚为17 500L/（mol·cm）]；V 为反应体系体积（L）；S 为样品生物膜面积（cm^2）；t 为反应时间（h）。

表6-1 酶对应作用底物及其反应条件

酶	反应条件	酶作用底物	反应产物	终止物
亮氨酸氨基肽酶（LEU）	pH=7.7	L-亮氨酰对硝基苯胺	对硝基苯胺	0.1mol/L NaOH
β-葡萄糖苷酶（BETA）	pH=5.0	对硝基-β-D-吡喃葡萄糖苷	对硝基苯酚	
磷酸酶（PHOS）	pH=8.5	对硝基苯磷酸酯	对硝基苯酚	

5）EPS的多糖含量测定。多糖含量的测定采用的苯酚硫酸法（Dubois et al.，1951）。分别取3份生物膜样品1ml蒸馏水悬浮与玻璃管中，涡旋混匀后加入1ml 5%的苯酚，再次混匀后加入5ml硫酸。待溶液冷却后3000r/min离心10min，用分光光度计在488nm测其吸光度，并绘制葡萄糖标准曲线（0~200μg/ml），曲线方程为 $y=0.623x$（$R^2=0.960$）。多糖含量以葡萄糖当量来表示，即单位面积含有多糖相当于葡萄糖的量（mg/cm^2）。

6.1.2 不同基质的比较筛选结果

对太平湖内培养生物膜的藻类群落分析结果如图6-2所示，人工基质在不同的培养时间内藻类组成存在差异，除了活性碳纤维基质附着藻类在10d后组成相对稳定外，其他人工基质的藻类组成仍然发生着明显的变化。进一步以藻类组成为基础进行聚类分析，样本间距离采用欧式距离，可以看出，菹草附着藻类与活性碳纤维培养时间超过10d，附着藻类组成具有很高的相似度，与石块和表层沉积物附着的藻类也很相似，玻璃纤维上培养时间超过14d和有机玻璃培养60d的附着藻类也与天然生物膜藻类组成相似，而玻璃培养的生物膜藻类组成与天然生物膜藻类组成差异较大，尤其是小于10d培养的生物膜，说明培养时间与生物膜藻类生长密切相关（图6-3）。

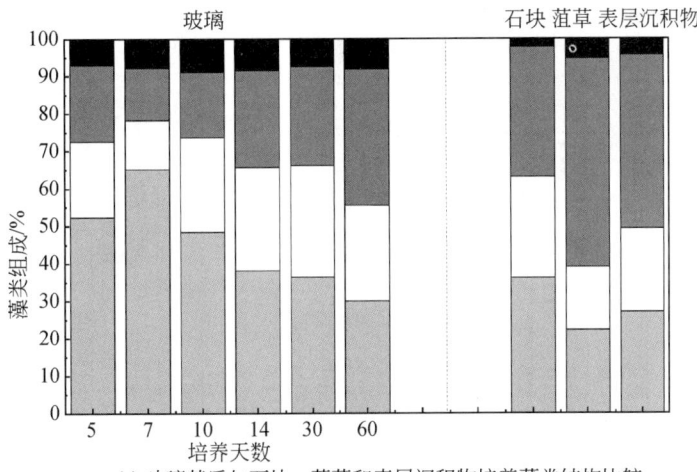

(a) 玻璃基质与石块、菹草和表层沉积物培养藻类结构比较

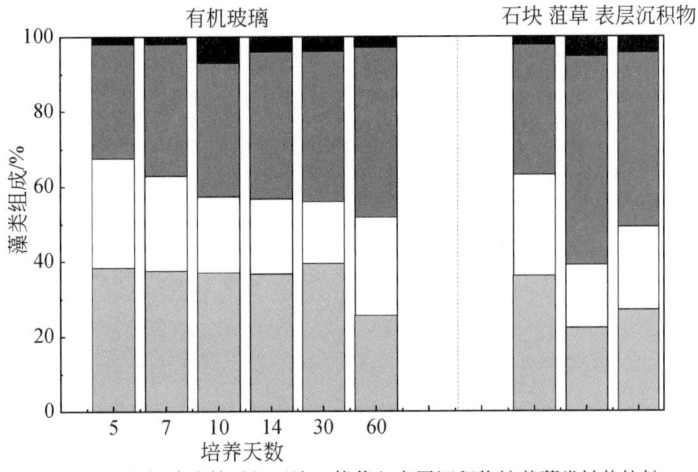

(b) 有机玻璃基质与石块、菹草和表层沉积物培养藻类结构比较

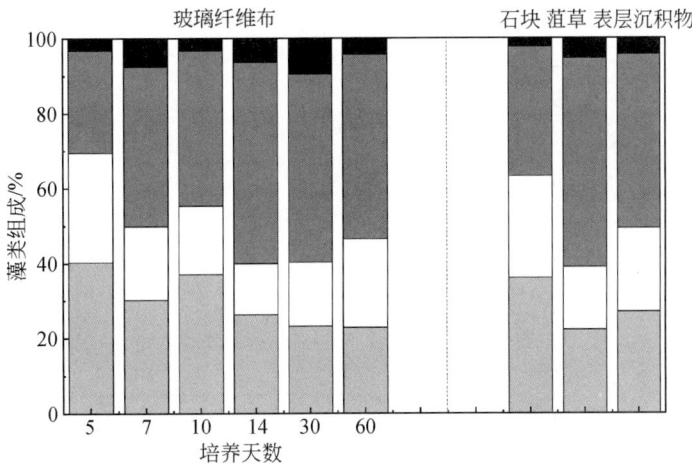

(c) 玻璃纤维布基质与石块、菹草和表层沉积物培养藻类结构比较

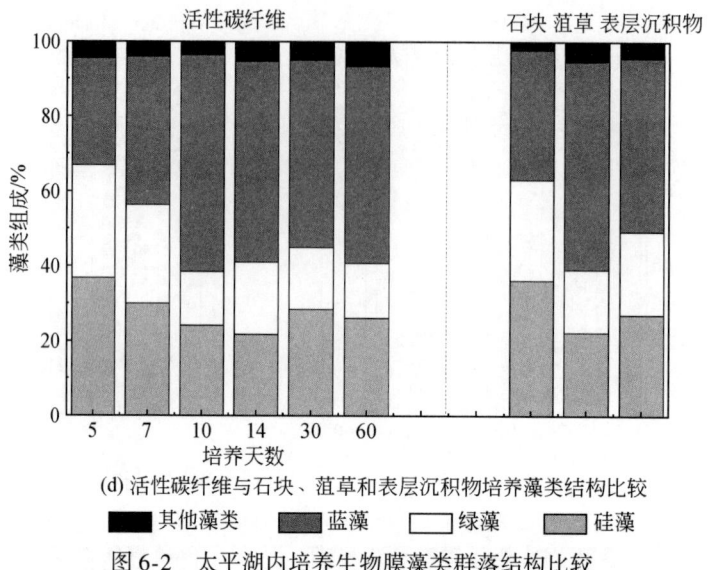

(d) 活性碳纤维与石块、菹草和表层沉积物培养藻类结构比较

图 6-2 太平湖内培养生物膜藻类群落结构比较

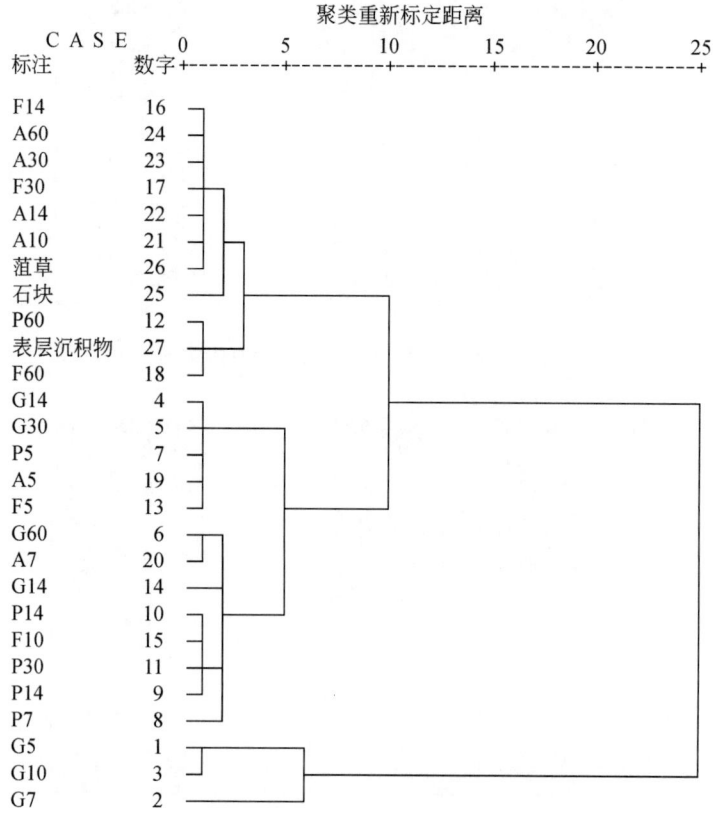

图 6-3 基于藻类结构的层次聚类分析树形图

从生物膜的 Chla 浓度和生物量的结果（图 6-4）来看，活性碳纤维上生物膜的生长速率最快，且在 10d 左右基本达到稳定；有机玻璃在 10d 左右也基本达到稳定，而 30d 后又出现新的增长；其他几种基质的生物膜的生长速率较为缓慢，在 60d 的培养时间里不能确定是否达到稳定，而且所有人工基质的均方差都很低，与天然基质相比具有更好的可重复性。由于天然生物膜经过长期的培养和演替，具有更加成熟的结构组成和更大的生物量，因此以更能反映生物膜结构的指标自养指数 AI 进行比较。

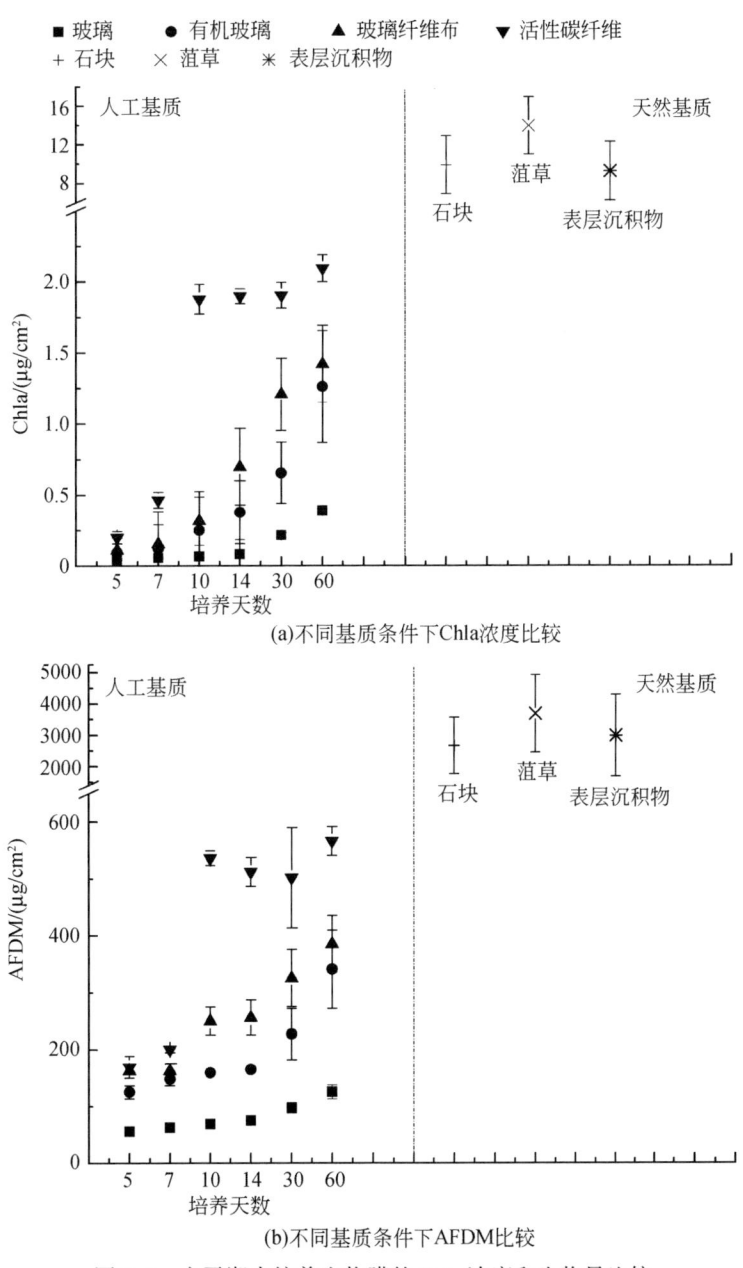

图 6-4 太平湖内培养生物膜的 Chla 浓度和生物量比较

$$AI = \frac{AFDW}{Chla} \tag{6-1}$$

式中，AI 为自养指数；AFDW 为无灰干重（$\mu g/cm^2$）；Chla 的单位为 $\mu g/cm^2$。

通过 ANOVA 分析，可以看出 3 种天然基质间的 AI 没有显著差异（图 6-5，$P = 0.269$）；人工基质中，在玻璃上培养前 30d，在有机玻璃上培养前 14d，玻璃纤维培养前 10d 以及活性碳纤维上培养前 7d 都与天然基质生物膜的自养指数 AI 存在显著差异（$P < 0.05$），说明其与天然生物膜结构上存在较大差异。

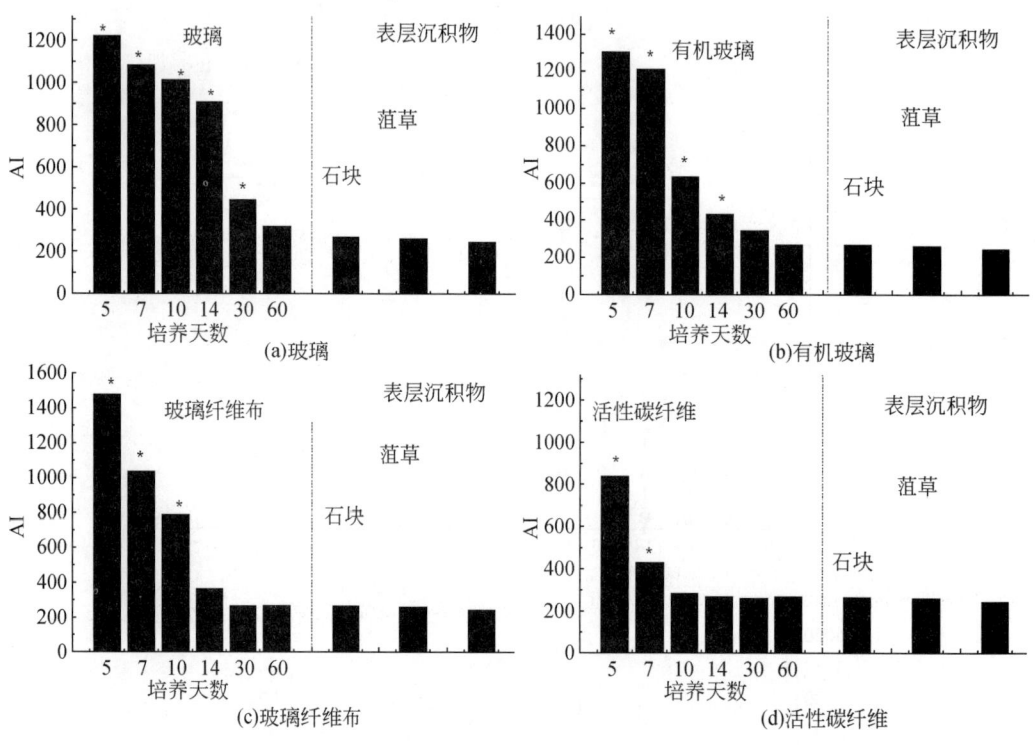

图 6-5 人工基质与天然基质培养生物膜自养指数的比较

4 种人工基质中，生物膜在活性碳纤维上生长速度最快，在培养的 7~10d 迅速增长，10d 后趋于稳定，其 Chla 和无灰干重都显著高于其他基质，与天然基质的生物量更加接近。比较人工基质和天然基质的自养指数，可以看出经过足够长的培养时间，人工基质与天然基质的生物膜群落的自养指数没有显著差异，所需的培养时间活性碳纤维最短，而玻璃最长。而对于附着藻类的比较反映出有机玻璃基质培养 60d，玻璃纤维基质培养 14d 以上，活性碳纤维培养 10d 以上可以与天然基质的藻类组成具有较为相似的结构。与天然基质相比，人工基质生物膜具有很好的可重复性，更适用于生物监测。虽然人工基质与天然基质上附着的生物膜群落结构、功能存在显著差异，但经过较长时间的培养，可以在一定程度上减弱这种差异，4 种人工基质中活性碳纤维经过 10d 左右的培养即可获得与天然基质附着生物膜较为相似的结构和功能属性，是一种较适宜用于监测的生物膜群落培养基质。初步筛选出活性碳纤维作为快速生态监测的基质，因其能快速地富集生物膜并达到稳定状态,且与自然状态的植物上的生物膜结构相似。

6.2 不同生态单元生物膜基质应用的原位验证

湖泊和河流中天然基质上的生物膜由于藻类和微生物结构差异巨大而难以用于量化研究,而人工基质可以在生物膜研究中提供更加标准化和可重复性的结果,解决天然基质在生物膜研究中存在的不足,因此人工基质被广泛地应用到生物研究中。生物膜研究在使用人工基质时,通常要满足两点要求:①使用的人工基质能够提供可重复结果;②使用的人工基质能支持生物膜的生长,且其群落结构能够反映当地天然基质生物膜的结构(Lamberti and Resh, 1985)。因此本章主要基于此原则对活性碳纤维作为生物膜基质在不同生态单元中的应用进行验证。

6.2.1 验证性原位实验采样方案

2010年4月在白洋淀国家水质监控点王家寨(116°11′E, 39°40′N)进行生物膜的原位培养和采集。采样点水深1.31m,透明度78cm,水质为Ⅳ类,水体清澈,主要超标项目为高锰酸盐指数和五日生化需氧量。将人工基质活性碳纤维膜固定在采集装置上,并用绳子固定于水下20cm处。共布设3套采样装置,间隔10m,每个采集装置上包括10片活性碳纤维膜,每片面积为40cm^2。培养10d后取出,用小刀刮取活性碳纤维膜上的生物膜,每两片活性碳纤维膜上的生物膜为一份样品储存,样品采集以面积为单位,每份样品为80cm^2。用0.2μm滤膜过滤后的样点水悬浮,每套采样装置的样品取1份用于藻类分析加入甲醛溶液固定,其余实验室离心-25℃冻存。同时在收取人工基质生物膜时,在布设采样装置的同一位置选取白洋淀常见的两种天然基质芦苇秆和竹竿,于水下20cm处截取一段,刮取其上的长期生长的生物膜,分别制成3份平行样,并测量其长和半径,计算表面积。所采集的生物膜用0.2μm滤膜过滤后的样点水悬浮,平均分为5份,1份用于藻类分析加入甲醛溶液固定,其余实验室离心后-25℃冻存。

此外,2010年4月分别在王快水库和西大洋水库、北京圆明园、太平湖进行生物膜的原位培养,方法同上。在收取人工生物膜时,同时选取该点常见水生植物刮取天然生物膜,保存方法同上。

2010年8月在府河水质监测点安州、望亭、焦庄使用活性碳纤维进行生物膜的原位培养,方法同上。在收取人工生物膜时,同时在布设采样装置的同一位置用塑料勺挖取底泥,刮取表面约1mm厚表层泥样,记录面积,作为河流天然基质生物膜样品,保存同上。

6.2.2 不同生态单元原位验证结果

6.2.2.1 白洋淀

所采集生物膜的无灰干重经测量在1.5~2.9mg/cm^2(图6-6),人工基质的生物膜的生物量略低于天然基质，天然基质中芦苇秆上的生物膜的生物量最高为 2.9mg/cm²。

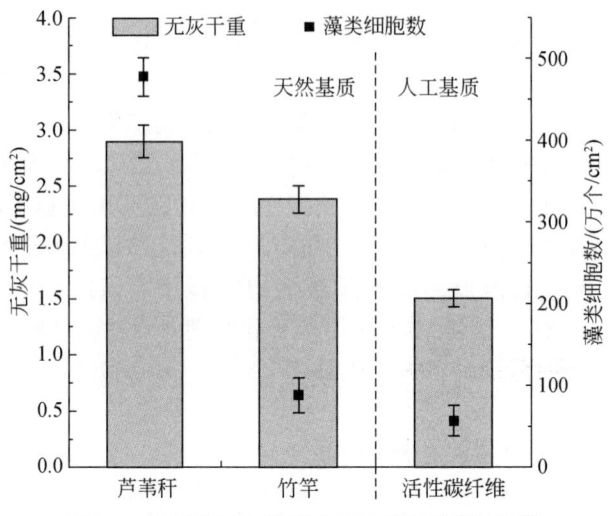

图 6-6　不同基质生物膜的生物量和藻类细胞数

以藻类细胞数表征藻类群落的生物量（图 6-6），可见天然基质中的芦苇秆上的藻类量最高，其他两种基质生物膜中的藻类量相近。而对生物膜 Chla 浓度的结果（图 6-7）也反映出了相同的结果。以 Chlb 和 Chla、Chlc 和 Chla 浓度比对叶绿素的组成进行分析比较，可见芦苇秆生物膜与活性碳纤维生物膜的叶绿素比例相似，Chlb/a 和 Chlc/a 均约为 0.2，且 Chlb 含量均大于 Chlc。而竹竿上的生物膜 Chlb/a 远大于 Chlc/a，与前面有明显不同。由此可见，芦苇秆和活性碳纤维的生物膜藻类结构相似，与竹竿的生物膜藻类结构存在显著差异。进而对其藻类组成的分类研究结果表明，白洋淀自然水体生物膜所含的藻类群落以绿藻为主。采用 SPSS13.0 的相关性分析比较不同基质生物膜藻类群落的相对丰度（图 6-8）显示，芦苇秆和活性碳纤维膜上的生物膜藻类结构近似度最高（$R^2=0.975$），而通过竹竿上的生物膜藻类结构与其他两种存在明显差异（$P<0.05$）。

所测定的胞外酶中，磷酸酶（PHOS）在所有基质的生物膜中都检测到了活性，其中以天然基质中的活性较高。β-葡萄糖苷酶（BETA）与磷酸酶呈现不同的规律，天然基质竹竿上的生物膜检测到的活性最高，而活性碳纤维上生物膜中检测到的活性最低，仅为 0.845nmol/(cm²·h)。而亮氨酸氨基肽酶（GLU）仅在芦苇秆和活性碳纤维的生物膜中检测到活性，这些现象与生物膜的细菌群落结构存在密切关系。多糖是胞外聚合物（EPS）主要成分，所研究生物膜的多糖含量在 0.21~0.65mg/cm² 的范围。单因素的 ANOVA 检验表明不同基质的生物膜多糖含量存在明显差异（$P<0.05$）（图 6-9），其中芦苇秆上的生物膜多糖含量最高（图 6-10）。

生物膜的生物量反映了污染物对群落的长期影响（Sabater et al.，2007），因此需对生物膜的生物量指标进行监测。研究中生物膜的无灰干重、藻类细胞数和 Chla 浓度均为反映生物量的指标。研究中活性碳纤维上生物膜的生长时间较天然基质短，故生物量较低，但从室内实验的结果来看，其在短时间内达到相对稳定，不影响分析。从藻类细胞数上来

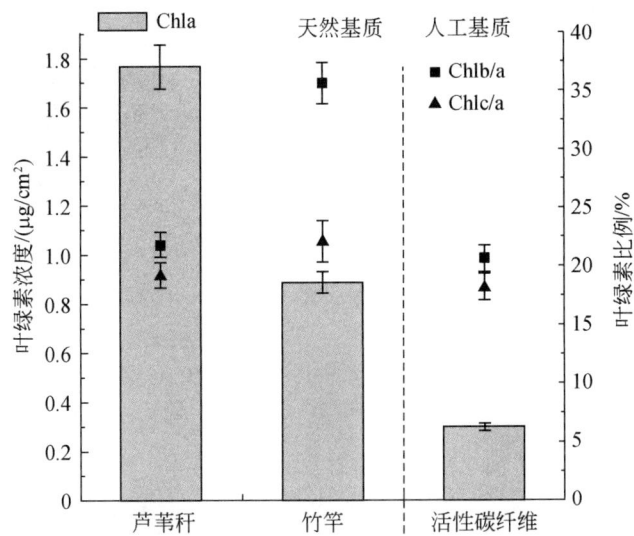

图 6-7 不同基质生物膜的 Chla 浓度及 Chlb、Chlc 与 Chla 的比例

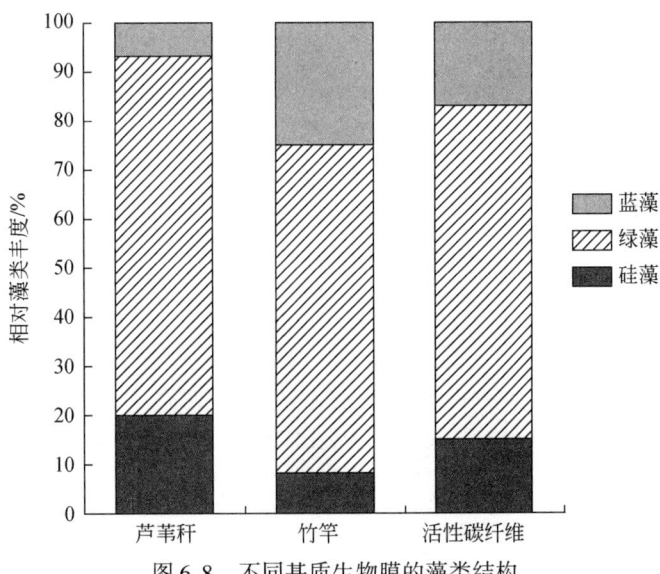

图 6-8 不同基质生物膜的藻类结构

看,天然基质芦苇秆上的藻类含量远远大于其他两者,这与叶绿浓度呈现出的结果相一致。竹竿上生物膜的藻类数量远低于芦苇的,说明竹竿这类天然基质不适宜藻类的附着。

生物群落在污染的影响下组成会发生改变,如对污染物耐受性更强的物种会生长得更多,因而可以从群落结构的变化来反映污染物的效应(Sabater et al.,2007),因此将生物膜用于生物监测,对其群落结构的指标研究十分必要。叶绿素的组成、藻类群落结构、胞外酶活性和多糖含量从不同水平反映生物膜群落结构。不同的藻类含有不同的色素,其中,蓝藻门只含 Chla,不含 Chlb、Chlc;绿藻门含 Chla 和 Chlb;硅藻门、甲藻门、金藻

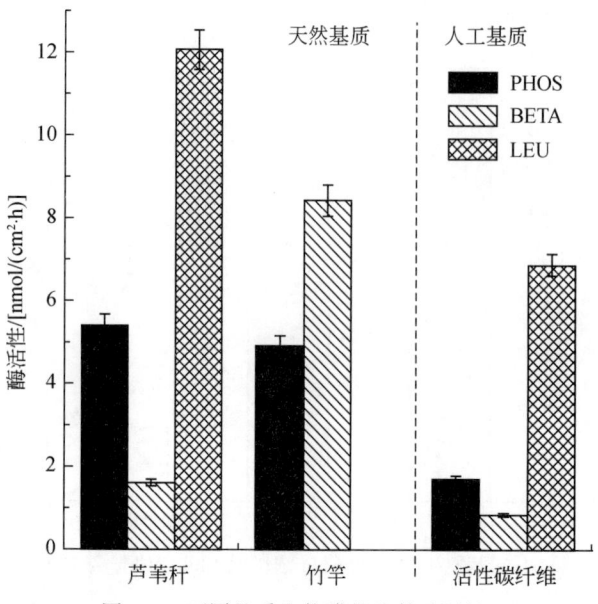

图 6-9 不同基质生物膜的胞外酶活性

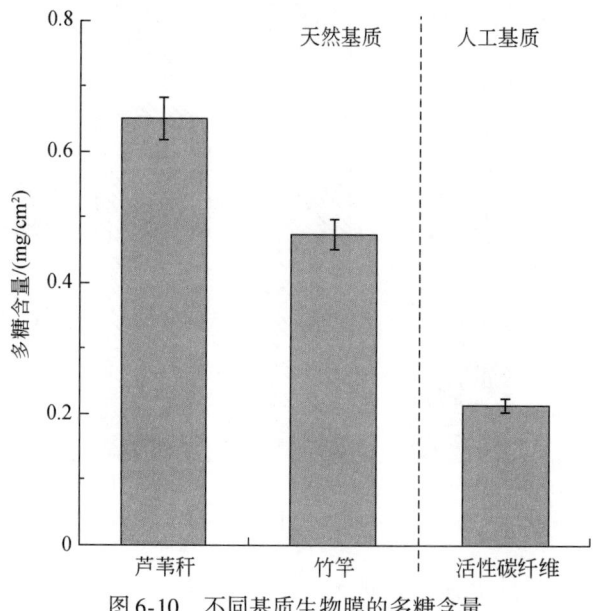

图 6-10 不同基质生物膜的多糖含量

门均含 Chla 和 Chlc，因而通过测定 Chla、Chlb、Chlc 可从色素水平上反映出藻类结构的变化。不同基质生物膜叶绿素的比值和藻类的相对丰度，都反映出芦苇秆和活性碳纤维膜上的生物膜在藻类结构上相似，而竹竿上的生物膜藻类结构与其他两种存在明显差异（$P<0.05$），说明不同基质对生物膜藻类群落结构存在影响。

胞外酶活性和多糖含量都与生物膜的细菌群落有密切关系。胞外酶活性被认为可以反映相应环境中微生物可能进行的聚合物的降级和代谢（Denkhaus et al., 2007）。研究中胞外酶活性的差异反映了不同基质生物膜微生物群落存在显著的差异，其中竹竿对细菌的生长存在影响，亮氨酸氨基肽酶（LEU）活性没有检测到，说明没有相关细菌的生长；而芦苇秆和活性碳纤维上生物膜三种酶活性均检测到，天然基质上的酶活性较高可能是由于生物膜生长时间更长所含细菌量更多。生物膜的微生物会分泌形成复杂的胞外聚合物（EPS），这与浮游微生物明显不同，其中多糖占生物膜有机成分的50%~90%，因此多糖被认为是胞外聚合物的标志性成分（Sutherland, 2001）。结果表明，天然基质生物膜的多糖含量明显大于人工基质生物膜，这主要是由于生长时间不同产生的。

基于生物膜的各指标对不同基质进行层次聚类分析（图6-11），结果显示，芦苇秆和活性碳纤维上所形成的生物膜相似度最高，差异度小于5%。竹竿上形成的生物膜与前两者的差异度大于10%，属于不同的类型。由此说明，不同的基质对生物膜的结构存在明显的影响，而短期培养的活性碳纤维上的生物膜可以用于反映天然基质芦苇秆上长期生长生物膜的情况。

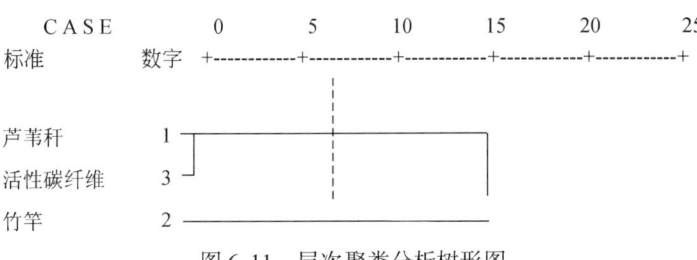

图6-11 层次聚类分析树形图

天然基质中芦苇受到季节和地域的限制，不能保证生物膜的采集；竹竿虽不受以上限制可人为控制，但其生物膜结构上明显与芦苇不同，而芦苇是白洋淀的主要水生植被，因此竹竿不适用于白洋淀这类草型湖泊的生态监测。活性碳纤维在10d左右的生物量和藻类结果达到相当稳定，能够保证结果的可重复性，且活性碳纤维能够表征天然基质生物膜的状态，因此建议可应用于白洋淀这类草型湖泊的不同时空条件下的生态监测。

6.2.2.2 城市河湖

城市河湖选取了北京市圆明园内湖泊和北京市太平湖新街口段。圆明园坐落于北京西郊，占地面积为350hm²，其中水面面积为140hm²，主要水源来自于清河中水处理厂的中水补给，院内湖泊种植有大量水生植物。北京市太平湖面积10 000 m²，平均水深1.3m，水主要来源于密云水库，人工种植有大量水生植物。

对所采集的生物膜的叶绿素进行分析可见，天然基质生物膜的Chla浓度明显大于人工基质活性碳纤维（图6-12）。而叶绿素比例两种基质无显著性差异（表6-2）。从藻类结构比较来看（图6-13），也可见两种基质间藻类结构相似（$R^2=0.996$），说明活性碳纤维可以表征天然基质的藻类结果，但由于时间上短藻类生物量低于长期生长的天然基质生物膜的藻类含量。两种基质的生物膜都反映出圆明园和太平湖都是以蓝藻为主，但圆明园的蓝藻比例大于太平湖，但太平湖的藻类含量大于圆明园。

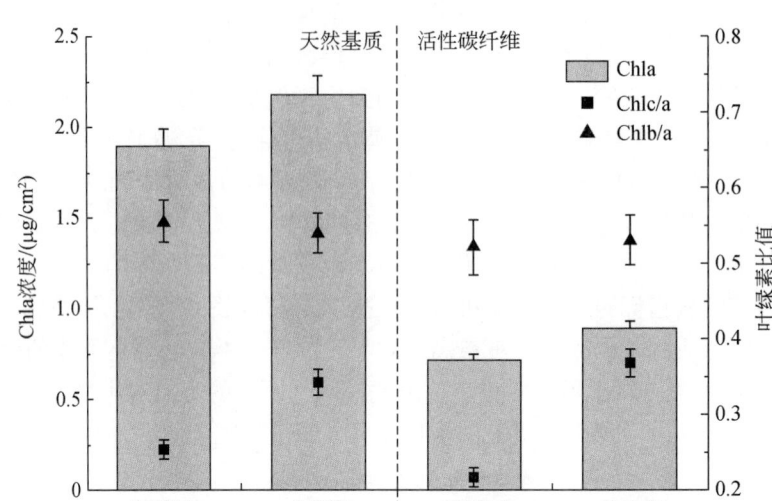

图 6-12　北京市河湖生物膜的 Chla 浓度及 Chlb、Chlc 与 Chla 的比例比较

表 6-2　北京市河湖人工基质和天然基质生物膜各指标统计分析

指标	符号	显著性
相对藻类丰度	RA	0.965
Chla 浓度	Chla	0.017
叶绿素比例（b/a）	Chlb/a	0.951
叶绿素比例（c/a）	Chlc/a	0.142
碱性磷酸酶活性	PHOS	0.074
葡糖糖苷酶活性	BETA	0.135
亮氨酸氨基肽酶	LEU	0.135
多糖含量	POLY	0.086

胞外酶活性的检测结果（图 6-14）可见，磷酸酶（PHOS）、β-葡萄糖苷酶（BETA）和亮氨酸氨基肽酶（LEU）在生物膜中都检测到了活性，其中天然基质中的活性较高，所呈现的规律都是 LEU 活性>PHOS 活性>BETA 活性，两种基质间的胞外酶活性所反映规律无显著性差异。多糖含量的结果（图 6-15）也表明了天然基质生物膜虽然在总量上大于活性碳纤维的生物膜，但反映规律无显著性差异。两种基质生物膜反映出的结果显示，圆明园的胞外酶活性和多糖含量均高于太平湖。

综合各项指标比较天然基质和活性碳纤维（表 6-2），仅在 Chla 上存在显著性差异，这是因为长期培养藻类含量远大于活性碳纤维含量，但结构上无显著性差异，而且两种基质的 Chla 都反映出太平湖大于圆明园。因此验证了活性碳纤维可用于城市河湖的生态监测。

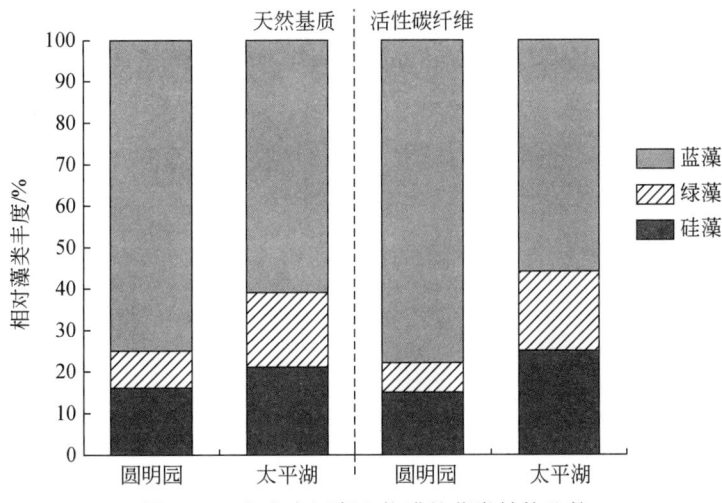

图 6-13 北京市河湖生物膜的藻类结构比较

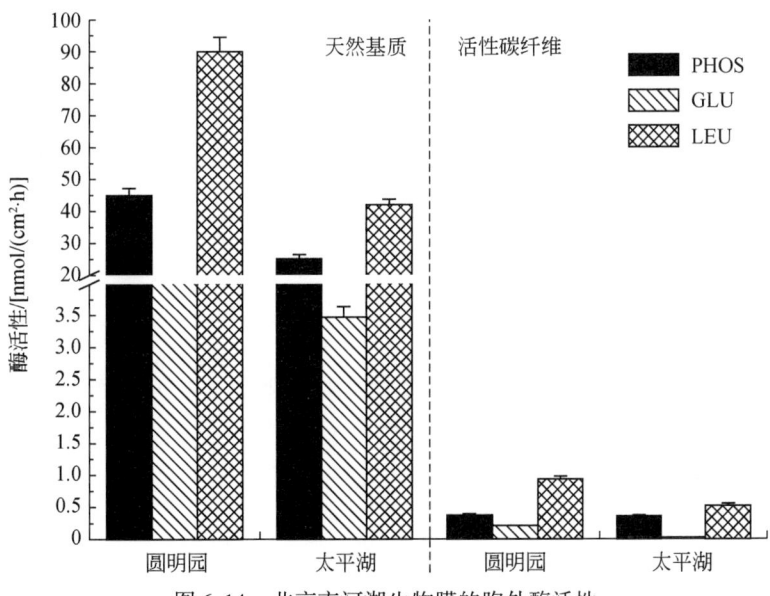

图 6-14 北京市河湖生物膜的胞外酶活性

6.2.2.3 河流

府河地处保定中部平原区，发源于满城县，上游有一亩泉河、候河、败草沟等支流，三河汇流后成为府河。府河全长 62 km，原是保定市主要地表水源和白洋淀淀区的重要源头之一。20 世纪 50 年代，府河常年流水水量丰富，水质清澈，动植物繁茂，是白洋淀经济鱼类的产卵场所。自 60 年代以来，由于保定地区的工业迅速发展，工业废水和生活污水排放逐年增加。现在府河每天携带保定市区约 9 万 t 未经处理的生活污水进入白洋淀，

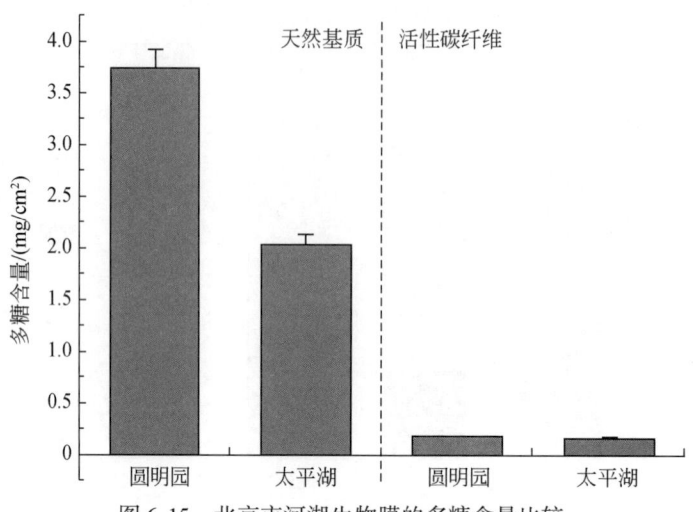

图 6-15　北京市河湖生物膜的多糖含量比较

造成府河淤积严重,河道内主要为淤泥,缺乏水生植物,故采集河流底泥表层生物膜作为天然基质生物膜进行比较。

对所采集的生物膜的叶绿素进行分析可见,活性碳纤维生物膜的 Chla 浓度明显大于天然基质生物膜（图 6-16）。而叶绿素比例两种基质无显著性差异（表 6-3）。从藻类结构比较来看（图 6-17）,也可见两种基质间藻类结构相似（$R^2=0.967$）,说明活性碳纤维可以表征天然基质的藻类结果,但由丁底泥表层藻类生物量低于活性碳纤维基质生物膜的藻类含量。两种基质的生物膜都反映出府河水体以绿藻和蓝藻为主,硅藻从上游的焦庄到下游李庄逐渐增加。

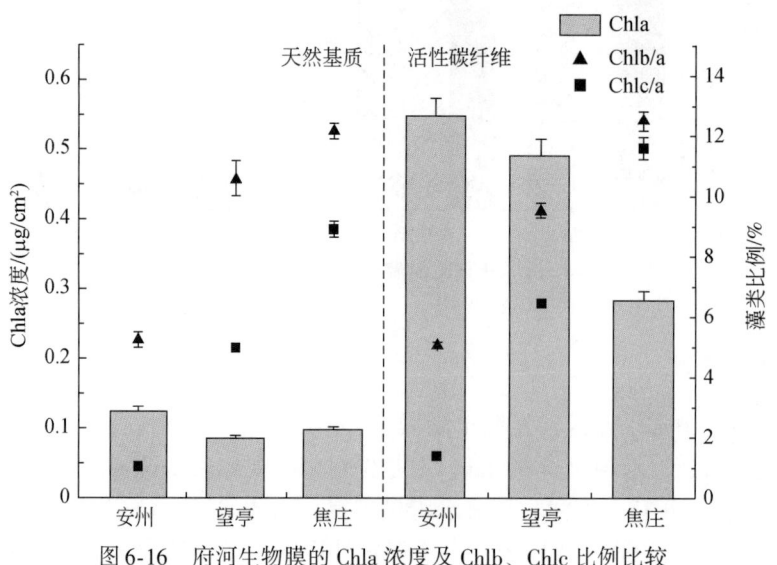

图 6-16　府河生物膜的 Chla 浓度及 Chlb、Chlc 比例比较

表 6-3　府河人工基质和天然基质生物膜各指标统计分析

指标	符号	显著性
相对藻类丰度	RA	0.609
Chla 浓度	Chla	0.045
叶绿素比例（b/a）	Chlb/a	0.776
叶绿素比例（c/a）	Chlc/a	0.785
碱性磷酸酶活性	PHOS	0.058
葡萄糖苷酶活性	BETA	0.166
亮氨酸氨基肽酶	LEU	0.166
多糖含量	POLY	0.474

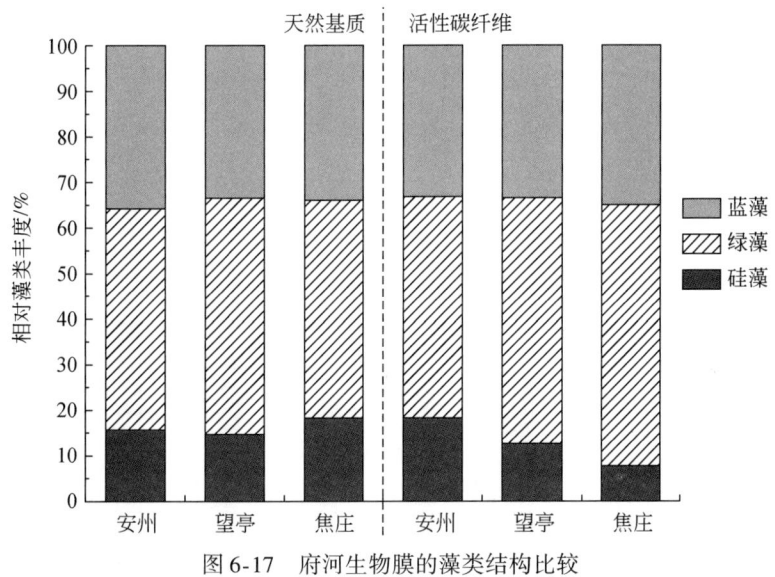

图 6-17　府河生物膜的藻类结构比较

胞外酶活性的检测结果（图 6-18）可见，磷酸酶（PHOS）、β-葡萄糖苷酶（BETA）和亮氨酸氨基肽酶（LEU）在生物膜中都检测到了活性，其中活性碳纤维基质中的活性较高，所呈现的规律都是 LEU 活性>PHOS 活性>BETA 活性，两种基质间的胞外酶活性所反映规律无显著性差异（表 6-3），望亭采样点的生物膜胞外酶活性最高。多糖含量的结果（图 6-19）也表明活性碳纤维的生物膜虽然在总量上大于天然基质生物膜，但反映规律无显著性差异（表 6-3），多糖含量由从上游的焦庄到下游李庄逐渐减少。

综合各项指标比较天然基质和活性碳纤维（表 6-3），人工基质生物膜和天然基质生物膜间无显著性差异，反映出的复合各样点见的变化一致，因此验证了活性碳纤维可用于河流的生态监测。

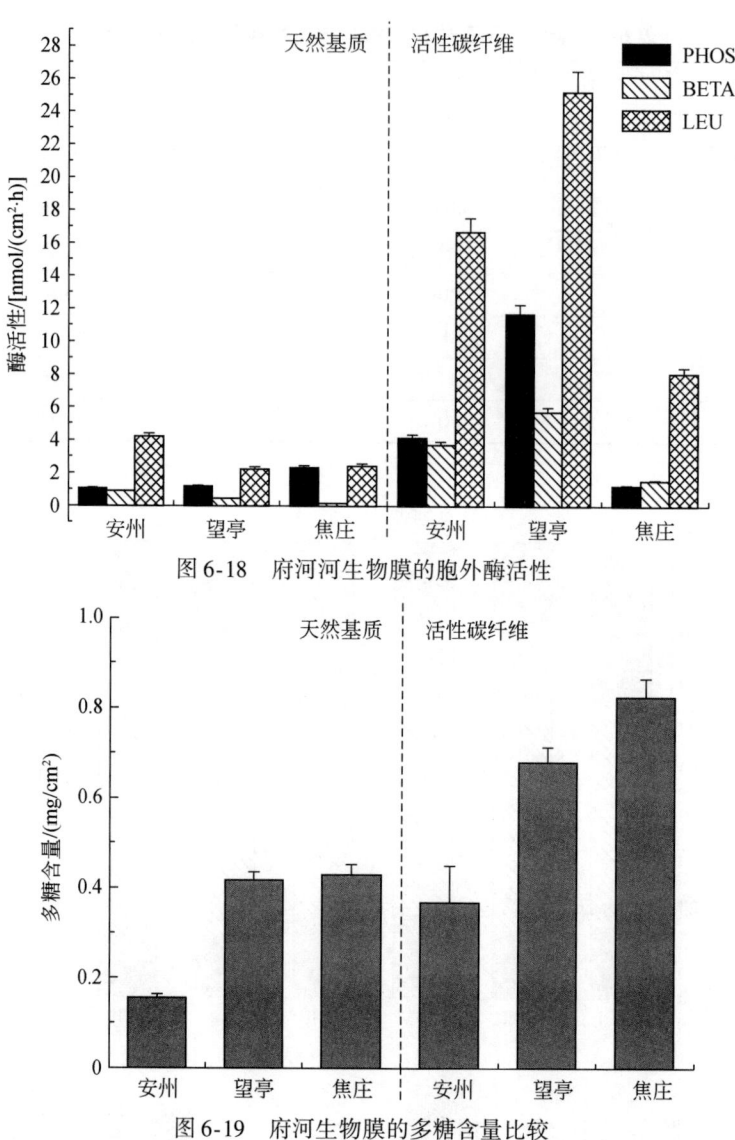

图 6-18 府河河生物膜的胞外酶活性

图 6-19 府河生物膜的多糖含量比较

6.2.2.4 水库

王快水库建于1959年,是沙河上游的一座以防洪为主结合灌溉发电的大型水库,位于河北曲阳郑家庄村西,水库控制流域面积3770km²,设计总库容为13.89亿 m³,多年平均蓄水量3.029亿 m³。

西大洋水库位于大清河系唐河出山口唐县境内的西大洋村下游1km处,水库控制流域面积4420km²,总库容11.37亿 m³,是一座以防洪为主,兼顾城市供水、灌溉、发电等综合利用的大(Ⅰ)型水库。

对所采集的生物膜叶绿素进行分析(图6-20),天然基质生物膜的Chla浓度明显大于人工基质活性碳纤维。而叶绿素比例两种基质无显著性差异（表6-4）。从藻类结构比较来看（图6-21），也可见两种基质间藻类结构相似（$R^2 = 0.993$），说明活性碳纤维可以表征天然基质的藻类结果，但由于时间上短藻类生物量低于长期生长的天然基质生物膜的藻类含量。两种基质的生物膜都反映出王快水库和西大洋水库都是以硅藻为主，王快水库的藻类含量大于西大洋水库，而西大洋水库的硅藻比例大于王快水库。

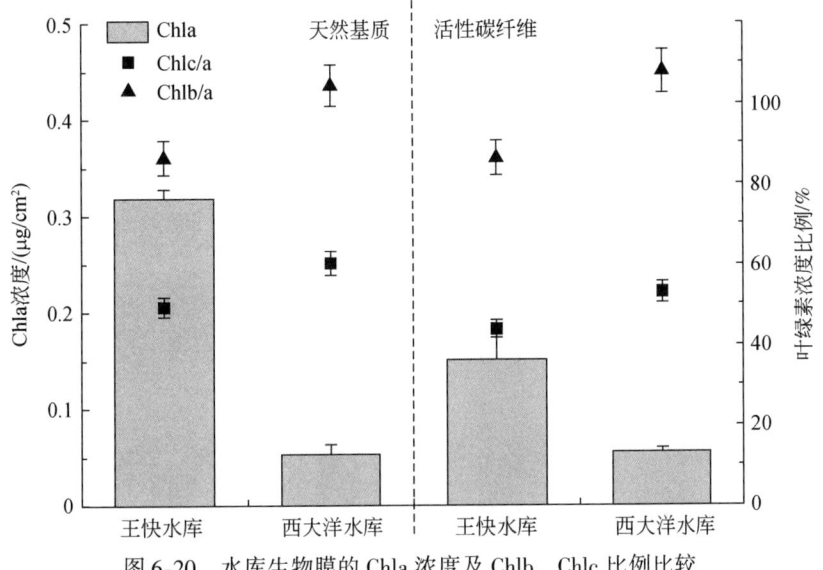

图 6-20　水库生物膜的 Chla 浓度及 Chlb、Chlc 比例比较

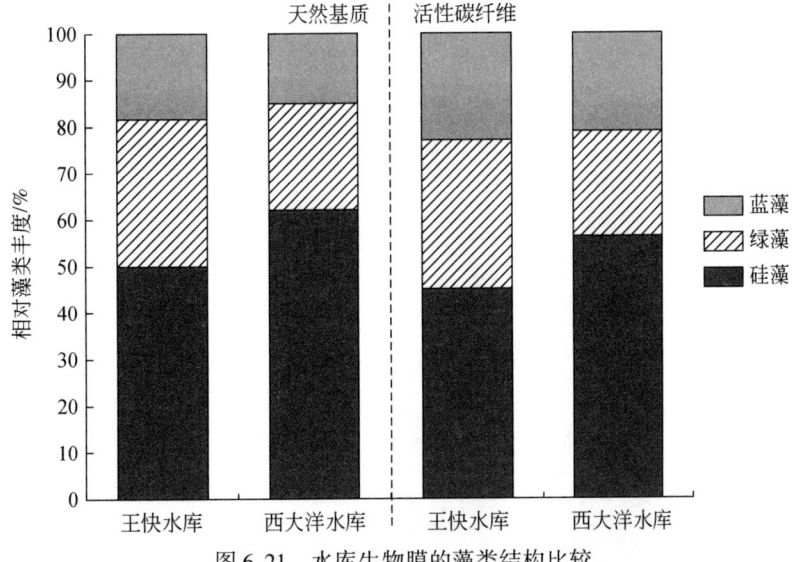

图 6-21　水库生物膜的藻类结构比较

胞外酶活性的检测结果（图 6-22）可见，两种基质生物膜中均检测到了磷酸酶（PHOS）和 β-葡萄糖苷酶（BETA）活性，亮氨酸氨基肽酶（LEU）均未检测到，其中天

然基质中的活性较高，所呈现的规律都是 PHOS 活性>BETA 活性，两种基质间的胞外酶活性所反映规律无显著性差异（表6-4）。多糖含量的结果（图6-23）显示，天然基质生物膜在总量上远大于活性碳纤维的生物膜，两者存在显著性差异（表6-4）。这可能是由于水库水质较好，微生物的生长较缓，活性碳纤维短期内的 EPS 积累较长期生长的天然基质生物膜少很多。但两种基质生物膜反映出的西大洋水库的多糖含量均高于王快水库，反映出规律一致。

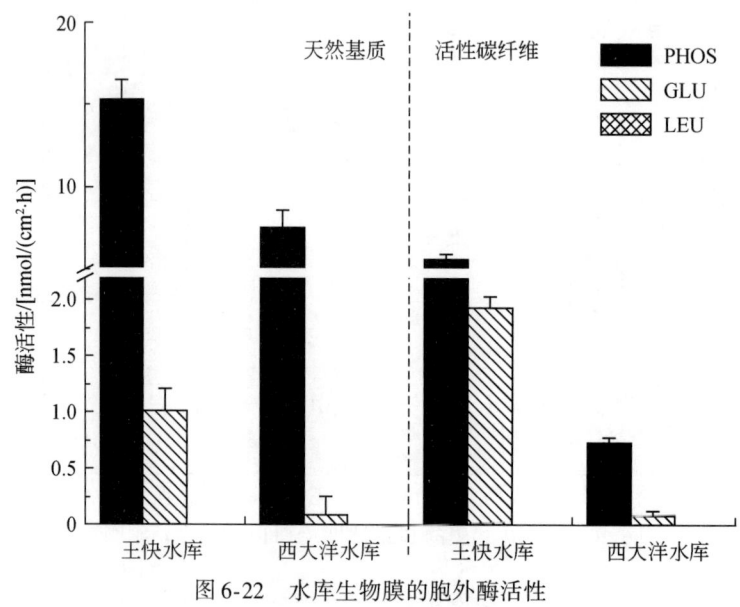

图6-22 水库生物膜的胞外酶活性

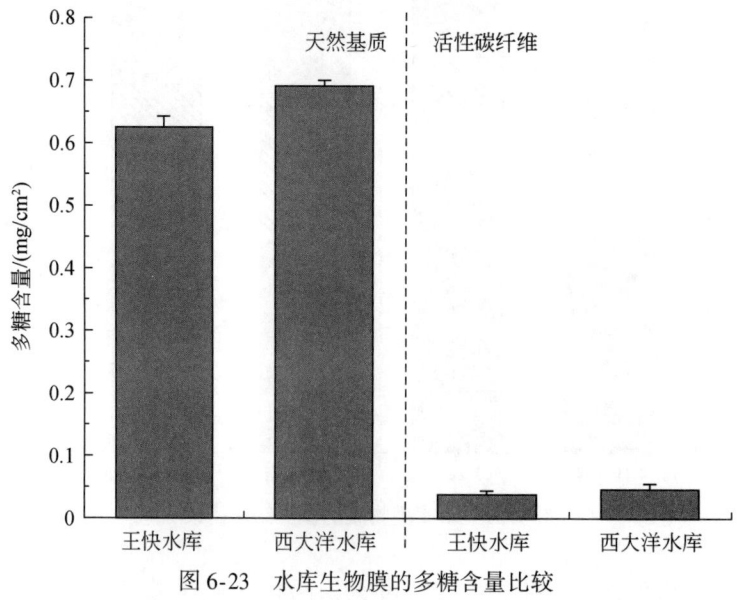

图6-23 水库生物膜的多糖含量比较

综合各项指标比较天然基质和活性碳纤维（表6-4），仅在多糖含量上存在显著性差异，这是因为水库水质较好，微生物生长缓慢，长期生长的天然生物膜多糖含量远大于活性碳纤维含量，但微生物活性上无显著性差异，而且两种基质的多糖含量都反映出西大洋水库大于王快水库。因此验证了活性碳纤维可用于水库的生态监测。

表6-4　水库人工基质和天然基质生物膜各指标统计分析

指标	符号	显著性
相对藻类丰度	RA	0.448
Chla浓度	Chla	0.617
叶绿素比例（b/a）	Chlb/a	0.463
叶绿素比例（c/a）	Chlc/a	0.915
碱性磷酸酶活性	PHOS	0.213
葡糖糖苷酶活性	BETA	0.702
多糖含量	POLY	0.003

通过在海河流域湖泊、河流、水库、城市河湖的不同生态单元的水体进行原位实验，比较分析不同基质的生物膜各指标，满足生物膜研究中在使用人工基质时的两点要求：①能够提供可重复的结果；②能够支持生物膜的生长，其群落结构能够反映当地天然基质生物膜的结构。活性碳纤维较人工基质能够较快的富集生物膜，且其结构与水生物植物生物膜最为相似，可以作为生物膜快速生态监测的基质。由此验证了活性碳纤维生物膜作为人工基质在海河流域不同生态单元水体应用的适宜性，其可以适用于不同水体的水生态监测。

6.3　生物膜快速水生态监测方法的建立

6.3.1　以活性碳纤维为基质的生物膜法的体系优化

6.3.1.1　采样装置及方法的优化

（1）采样装置

由于天然水体中生长的天然生物膜虽然易于获得，但由于基质的差异往往造成生物结构组成的差异，容易造成水质监测与评价中的误差，所以目前的研究以人工基质暴露培养为主，应用最为广泛的基质为普通玻璃板、涂抹了玻璃胶的玻璃板或是有机玻璃等。但这种天然水体中生物膜培养方法所需时间较长，在夏季需要培养20~30d，在冬季需要时间更长，其所富集的生物量可以供实验测定所需，不利于对环境污染变化的快速反映。而且玻璃容易破碎，设置在天然水体中，尤其是人为活动较强烈的区域可能会因破碎而难以实现生物膜的培养采集。另外，现有的生物膜培养采集装置不能同时采集水体中不同深度的生物膜。为了克服上述不足，需构建一套快速的天然水体生物膜培养采集装置。

培养装置由圆盘载体和活性碳固定装置两部分构成（图6-24）。圆盘载体由有机玻璃

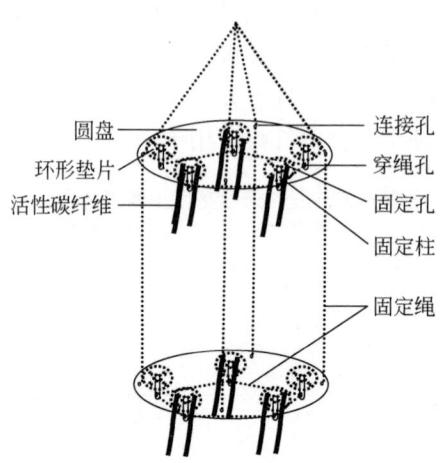

图 6-24 生物膜采集装置图

制成的圆盘和固定柱组成，多个固定柱均匀地粘连在圆盘外围，固定柱由有机玻璃制成，在固定柱上钻出穿绳孔，穿绳孔的高度要比环形垫片厚度略高一点，以便于固定活性碳纤维固定盘，在圆盘外侧钻个连接孔，用来串联多个培养装置。活性碳纤维固定盘由环形垫片和活性碳纤维组成，环形垫片由有机玻璃制成，在其外侧均匀打个固定孔，用以安装活性碳纤维。将活性碳纤维塞入固定孔中，然后将悬挂了活性碳纤维的环形垫片套在固定柱上，将固定绳依次通过穿绳孔将活性碳固定盘固定在圆盘载体上，再用线绳将多个圆盘通过连接孔串联起来，可以用来培养天然水体中不同深度的生物膜。

由于活性碳纤维多孔性及比表面积大的特点，可以快速地吸附天然水体中的附着生物，解决了天然水体中生物膜培养时间长的难题。由于采用的均为透明材质，光线可以自由透过，更接近自然状态，利于生物膜生长。此装置中可以将多个圆盘串联起来，并可以根据需要调节水深度进行生物膜培养。装置结构简单、实用性强，与其他功能类似的装置相比具有成本低廉、方便快捷等特点，可以广泛应用于各种天然水体的生物膜培养。

（2）培养时间

生物膜需要培养一段时间群落达到动态稳定后，才能反映出所处环境的状态，故通过实验确定了生物膜的最适的培养时间。在夏季进行实验如图 6-25 所示，可见活性碳纤维为基质的生物膜在 10d 后，各项指标均趋于稳定，因此夏季的最适培养时间是 10d。而冬季由于气温较低，生物膜附着速度减缓，在培养 15d 左右时（图 6-25），活性碳纤维生长速率减缓，并趋于稳定。综上，使用水生态快速检测技术中，采样活性碳纤维作为基质，生物膜的培养时间为 10d（夏）/15d（冬）。

6.3.1.2 样品收集前处理方法的优化

活性碳纤维培养的生物膜附着在基质上，为更充分地收集生物膜样品，比较了不同的前处理方法，并将处理方法标准化。

（1）超声处理

因为超声波在液体中的空化作用、加速度作用及直进流作用，可以使污物层被分散、

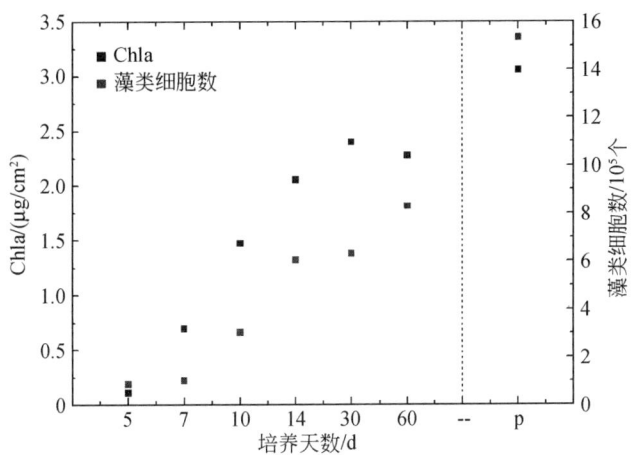

图 6-25　冬季活性碳纤维上生物膜的生物量指标变化

乳化、剥离而达到清洗目的，因此尝试使用超声处理收集活性碳纤维上的生物膜。

将收取的附着有生物膜的活性碳纤维样品完全浸泡在盛有无菌水的烧杯中，使用超声破碎仪（Sonics & Materials Inc，VCX105）超声 1 min（40W，20kHz），每 10s 停顿一次，其中 10s、30s 和 1min 后的活性碳纤维比较见图 6-26，可见超声处理不能将活性碳纤维上的生物膜完全收集，还有残留。每次停顿都取烧杯中的悬浮液进行细胞计数，计数结果见图 6-27，可见超声波可以把生物膜从活性碳纤维上分离下来，但随着时间的增长，超声处理会使细胞破碎，故超声处理不能超过 30 s。

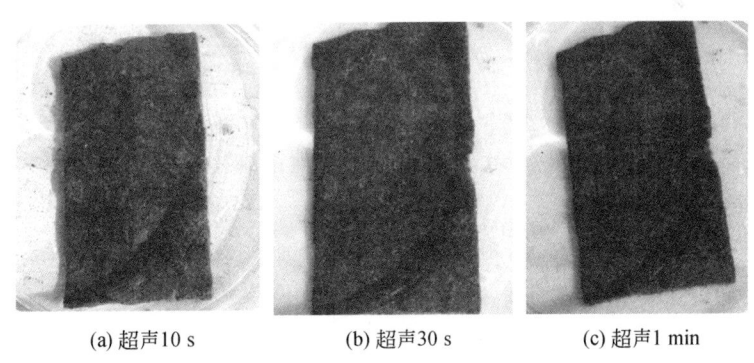

图 6-26　不同超声时间的活性碳纤维比较

（2）人工刮取

采用传统的手工用刀片刮取活性碳纤维上的生物膜，处理完成后的效果见图 6-28，可见经过手工刮取活性碳纤维表面的生物膜基本完全被收集下来。因为活性碳纤维是多孔介质，故其基质间隙内也附着生长了生物膜，在刮取同时需进行冲洗，对冲洗次数和用水进行比较。根据生物膜悬浮液来计算单位面积生物膜细胞数并进行比较，由表 6-5 结果可见冲洗 3 次后生物膜基本能够收集完全。

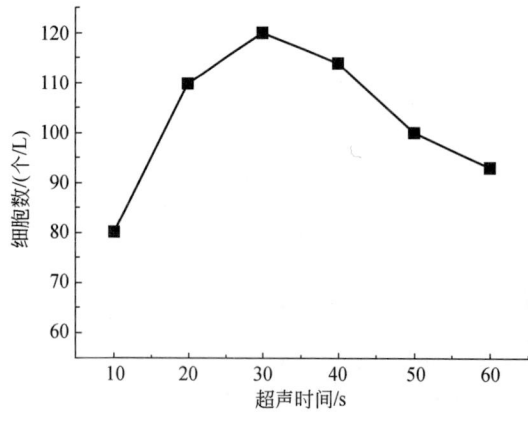

图 6-27 不同超声时间的生物膜悬浮液细胞数　　图 6-28 生物膜刮取后效果图

表 6-5　不同冲洗次数收集生物膜比较

冲洗次数	用水量/ml	单位面积生物膜细胞数/（10^4 个/cm^2）
1	5	112.7236
2	10	143.6744
3	15	151.3953
4	20	150.6081
5	25	151.3772

6.3.1.3　指标优化

在生物膜的研究中，生物膜作为生态毒理测试受体时，应从功能及群落结构两方面进行分析。因此在研究中选取了包括生物膜生物量、群落结构、功能 3 方面共 14 个指标：

1) 生物量：无灰干重（AFDW）、藻类密度（AD）、Chla、Chlb、Chlc、多糖含量（POLY）；

2) 群落结构：Chlb/a、Chlc/a、蓝藻数量百分比（CYAN）、绿藻数量百分比（CHOL）、硅藻数量百分比（DIAT）；

3) 功能：碱性磷酸酶活性（PHOS）、β-葡萄糖苷酶（GLU）活性、亮氨酸氨基肽酶（LEU）活性。

为了提高监测指标的敏感性，对 14 个监测指标进行优化，主要基于以下两点：①不同水体采样点存在差异；②各指标间相关性小，无冗余。

对现有数据进行分析，所有 14 个指标在不同水体采样点间均存在差异（$P<0.05$）。通过对生物膜各指标的相关性分析（表 6-6），选出相关性小的指标，排除冗余指标，用较为精简的指标代表较多的信息。为避免排除过多信息，仅排除显著相关的指标，优化后的指标为：AD、Chla、POLY、Chlb/a、Chlc/a、CYAN、CHOL、DIAT、PHOS。

第6章 | 水生态快速监测技术

表 6-6 生物膜各指标间相关性分析

指标	AFDW	AD	Chla	Chlb	Chlc	POLY	Chlb/a	Chlc/a	CYAN	CHOL	DIAT	PHOS	GLU	LEU
AFDW	1	—	0.850**	—	—	0.694**	—	—	—	—	—	—	0.538**	0.573**
AD	0.822**	1	0.485*	0.659**	0.513*	0.445*	−0.444*	−0.477*	—	—	—	—	—	0.834**
Chla	—	—	1	0.850**	0.896**	—	—	—	—	—	0.451*	—	—	0.708**
Chlb	—	—	—	1	0.953**	0.805**	—	—	—	—	0.631**	0.501*	—	0.842**
Chlc	—	—	—	—	1	—	—	—	—	−0.423*	0.668**	0.562**	—	0.773**
POLY	—	—	—	—	—	1	—	0.912**	—	—	—	—	—	—
Chlb/a	—	—	—	—	—	—	1	—	—	—	—	—	—	—
Chlc/a	—	—	—	—	—	—	—	1	—	—	—	—	—	—
CYAN	—	—	—	—	—	—	—	—	1	—	—	—	—	—
CHOL	—	—	—	—	—	—	—	—	—	1	—	−0.504*	−0.456*	−0.521*
DIAT	—	—	—	—	—	—	—	—	—	—	1	—	—	0.785**
PHOS	—	—	—	—	—	—	—	—	—	—	—	1	0.858**	0.620**
GLU	—	—	—	—	—	—	—	—	—	—	—	—	1	—
LEU	—	—	—	—	—	—	—	—	—	—	—	—	—	1

* 显著水平在 0.05（双尾）；** 显著水平在 0.01（双尾）；—表示不显著。后同

表 6-7 生物膜各指标间相关性分析

取样区域	指标	AD	Chla	POLY	Chlb/a	Chlc/a	CYAN	CHOL	DIAT	PHOS
湖泊	DO	—	0.554*	0.700**	0.596*	—	—	—	—	—
	氨氮	—	—	—	—	—	—	—	-0.546*	0.505*
	COD	—	—	—	—	—	—	—	—	—
	BOD	—	—	0.645**	0.596*	-0.547*	—	—	-0.659**	—
	TN	—	—	—	0.743**	—	—	—	-0.584*	—
	TP	—	—	—	0.799**	—	—	—	0.537*	—
	氟化物	—	—	—	-0.539*	—	—	-0.669**	0.537*	—
河流	DO	—	—	-0.601*	—	—	0.569*	—	0.820**	—
	氨氮	—	—	—	—	—	—	—	—	—
	COD	—	—	—	—	—	—	—	—	—
	BOD	—	—	-0.760*	0.786*	0.884*	0.786*	-0.972**	—	—
	TN	0.565*	0.659*	-0.555*	—	—	—	—	—	—
	TP	0.843*	—	0.700*	—	—	0.671*	—	—	0.565*
	氟化物	—	—	—	—	—	—	—	—	—
水库	DO	—	—	—	—	—	—	—	—	—
	氨氮	—	—	-0.856**	—	—	—	-0.872**	—	—
	COD	—	—	—	—	—	—	—	—	—
	BOD	—	—	—	—	—	—	—	—	—
	TN	—	-0.614*	-0.862**	—	—	—	-0.957**	—	0.599*
	TP	—	0.641*	0.703*	—	—	—	0.784**	—	—
	氟化物	—	—	0.880**	—	—	—	—	—	—

人为干扰和自然因素都会影响到生物膜的结构和生态毒理学响应，生物膜的结构和功能指标对外界胁迫的敏感性也不同，在使用时应根据监测和评价目标选择使用的敏感指标或进一步整合建立综合的评价指标。以白洋淀流域的水质为例，筛选不同水体单位对水质参数敏感的生物膜指标，湖泊为 Chlb/a 和 DIAT（硅藻数量百分比），河流为 CYAN（蓝藻数量百分比）和 POLY（多糖含量），水库为 CHOL（绿藻数量百分比）和 POLY（多糖含量）（表6-7）。

6.3.2 生物膜法技术体系建立及应用

6.3.2.1 基于生物膜的水生态快速监测方法

基于以上研究，筛选出了适合海河流域不同水体的生物膜基质，并对活性碳纤维这种新的生物膜基质的采集处理方法进行了优化，建立了基于生物膜的快速水生态监测技术，可适用于不同水体的生物监测，具体流程如图6-29所示。

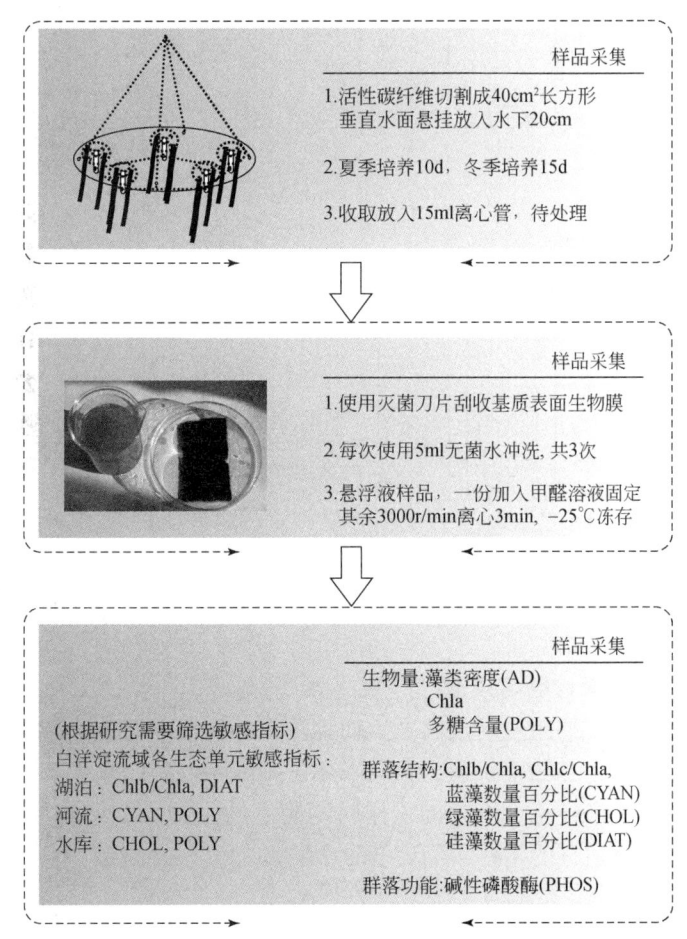

图6-29 基于生物膜的快速水生态监测技术流程

6.3.2.2 应用实例

(1) 白洋淀在线监测补充

现有的在线监测技术中,水生态指标一般为 Chla,通过浮游植物叶绿素荧光仪测定。主要监测的是浮游藻类,而仅对浮游藻类的监测不能代表整个水生态的指标,图 6-30 是白洋淀 8 个监测点浮游藻类 Chla 与生物膜藻类 Chla 的比较,通过 ANOVA 统计检验可知两者之间存在显著性差异($P<0.05$),所以仅监测浮游藻类 Chla 是不充分的。在水体污染控制与治理科技重大专项"白洋淀流域生态需水保障及水生态系统综合调控技术与集成示范"中,为了更全面监测和诊断白洋淀的水生态健康,采用基于生物膜的水生态快速监测技术作为在线监测的补充。

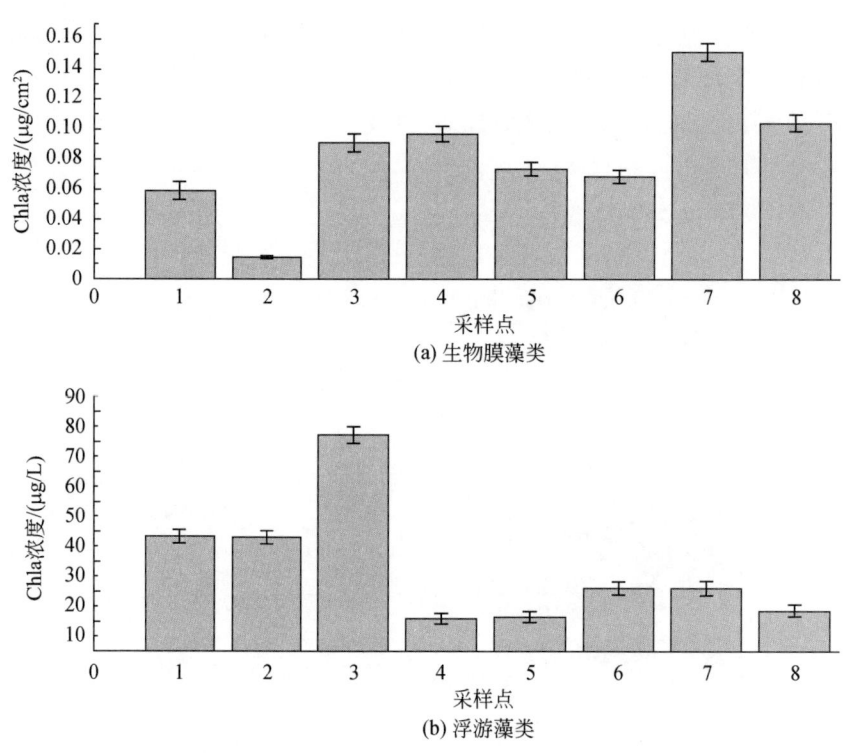

图 6-30 白洋淀浮游藻类和生物膜藻类 Chla 比较

(2) 水生态系统健康诊断与预警

生物膜整合了藻类、细菌、真菌和原生动物等多种群落,对人为干扰敏感,且反应快速,可以很好地反映水生态健康状态。我们采用了基于生物膜的水生态快速监测技术,对白洋淀区内选定的 8 个采样点、不同的采样时间附着的生物膜的结构和功能的 14 个指标进行监测,筛选出敏感适宜的指标,确定基于生物膜的完整性指数(B-IBI),并对白洋淀区内的健康状态进行评价。

6.4 生物膜法应用的灵敏性和可信度验证

指示生物或生物类群的多样性指数、相似性指数等常被运用到水体污染程度的评价中,如硅藻指数。微生物群落是生物膜中最重要和主要的生物成分之一,且细菌是水体生物膜形成中最早的定居者,2d 细胞密度即可达到 2 亿个/cm²,对环境因子的变化最早做出反应,在群落结构上产生变化(Pohlon et al.,2007)。本章中比较了硅藻指数和生物膜微生物群落的多样性指数,用以验证生物膜法应用的灵敏度与准确性。

6.4.1 实验方法

6.4.1.1 采样方案

于 2010 年 8 月在海河流域分别选择湖泊、城市河湖、河流和水库 4 种类型的水体单元进行生物膜的原位培养和采集。湖泊为白洋淀,采样点包括:王家寨、枣林庄、烧车淀、府河入口、南刘庄、圈头、采蒲台、端村(图 6-31);城市河湖为北京市的圆明园、玉渊潭、后海、太平湖;河流为府河,采样点包括:安州、望亭、黄花沟、焦庄;水库为王快水库和西大洋水库。

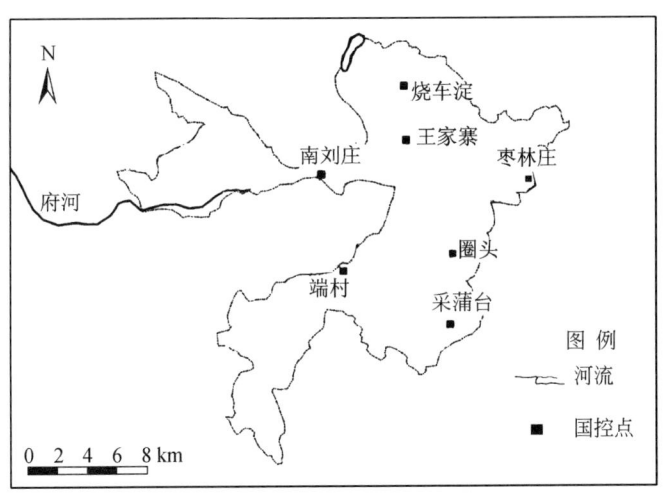

图 6-31 白洋淀采样点分布

生物膜的采样方法按照基于生物膜的水生态快速监测技术完成,采集的生物膜用 0.2μm 滤膜过滤后的样点水悬浮,实验室离心-25℃冻存。

在收取人工基质生物膜时,在布设采样装置的同一位置采集 1L 水样,加入鲁各氏液 15ml,沉淀浓缩后,再加入甲醛调整浓度到 3%,保存待分析。

6.4.1.2 生物膜微生物多样性指数的测定

研究中采用了PCR-DGGE的方法对样品生物膜中的细菌16s rDNA进行分析，通过扩增提取生物膜总DNA中的16s rDNA可以得到代表生物膜中所有微生物种类的DNA混合物，利用DGGE指纹图谱获得细菌群落的遗传多样性信息（物种多样性指数、丰富度指数、均一度指数）。

(1) 生物膜总DNA的提取

DNA提取使用Fermentas公司的基因组DNA提取试剂盒（genomic DNA purification kit，#K0512，pure extreme®，fermentas，EU）。取冻存样品，每个样品加200μl无菌水悬浮在小指管内，并在65℃水浴孵育10min。加入400μl溶液，颠倒混匀后，于65℃水浴5min，然后迅速加入600μl氯仿，充分混匀，10 000r/min离心2min，小心将上步所得上层水相转入一个新的离心管中，加入800μl事先稀释好的缓冲液，充分混匀1～2min后10 000r/rim离心2min，弃掉废液。加入100μl 1.2mol/L NaCl溶液，涡旋震荡充分溶解DNA，待DNA完全溶解后加入300μl冷乙醇，后置于-20℃冷冻10min，10 000r/min离心4min，弃掉废液。用70%乙醇漂洗一次，干燥后加入20μl TE溶解DNA，1.5%凝胶电泳检测。

(2) 总DNA中16s rDNA的扩增

使用细菌通用引物对341f-GC和907rM（Schfer and Muyzer，2001）扩增生物膜微生物群落基因组中16S rDNA的一段保守区域，片段长度为590bp。在Hybaid Omni Gene Temperature Cycler热循环仪（hybaid，teddington，英国）上PCR扩增。正向引物341f（5'-CCT ACG GGA GGC AGC AG-3'），5'加有长40bp的GC夹子（5'-CGCCCGCCGCGC-CCCGCGCCCGTCCCGCCGCCCCGCCCG-3'）；反向引物907rM（5'-CCG TCA ATT CMT TTG AGT TT-3'）。

PCR扩增反应体系（50L）：2×GC buffer（5mmol/L Mg+ plus）25μl，dNTP 4μl，引物（25μmol/L）各2μl，DNA模板1μl（10～20ng），TaqDNA聚合酶0.25U，ddH$_2$O 16μl。

反应循环参数：94℃ 5min→80℃ 1min→65℃ 1min→72℃ 3min→（94℃ 20圈 30s→64℃ 30s→72℃ 90s）→（94℃ 20圈 30s→56℃ 1min→72℃ 90s）→72℃ 10min→4℃保存。

PCR产物均进行1%琼脂糖凝胶电泳，凝胶成像仪（INFINITY-3026，X-PRESS，EU）上观察电泳结果（图6-32）。

(3) 变性梯度凝胶电泳（denaturing gradient gel electrophoresis，DGGE）

DGGE电泳使用Bio-Rad Dcode™ Universal Mutation Detection System，制备16cm×16cm×1mm大小，变性范围为30%～60%，浓度为8%的平行变性梯度胶，胶储备液体系见表6-8。灌胶前分别将30%和60%的胶储备液量出16ml，分装到50ml离心管中，每管加入18μl四甲基乙二胺（TEMED）和80μl 10%过硫酸铵（APS），迅速旋紧帽后摇匀，吸入对应的注射器，排除气泡后连接Y形管，固定进行灌胶（表6-8）。

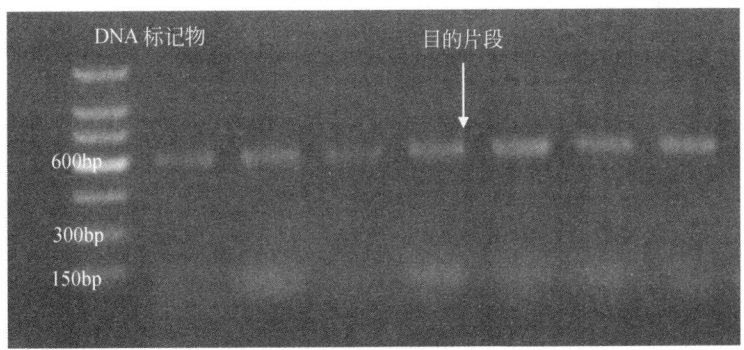

图 6-32 PCR 产物电泳图

表 6-8 变性梯度胶储备液体系

胶储备液变性浓度/%	去离子甲酰胺/ml	尿素/g	40%丙烯酰胺溶液/ml	50×TAE/ml	ddH$_2$O/ml
30	12	12.6	15	2	加至 100ml
60	24	25.2	15	2	加至 100ml

上样 15μl PCR 产物,于 1×TAE 电泳缓冲液中 60℃ 120V 恒压电泳 10h。电泳结束后立即使用 SYBR Green I 染色 0.5h,结果用凝胶成像系统(INFINITY-3026)拍照记录。

(4)数据处理及分析方法

DGGE 图谱采用图像分析软件 Gelquest 2.7.3 进行分析,记录峰条带的峰密度(peak density)和相对峰高度(relative peak high),以峰密度表征样品中的物种数 S,相对峰高度表征对应种的个体数,相对峰高度总合和表征全部个体,按照表 6-9 中公式计算样品微生物的群落多样性指数。所有数据处理与统计使用 Microsoft Excel 和 SPSS 13.0 完成。

表 6-9 生物多样性指数计算公式

名称	符号	公式
多样性指数	Shannon 多样性指数(H')	$H'=-\sum p_i \ln p_i$
丰富度指数	Margalef 丰富度指数(D_{Mg})	$D_{Mg}=\dfrac{(S-1)}{\ln N}$
均匀度与优势度指数	Shannon 均匀度指数(E)	$E=\dfrac{H'}{\ln S}$
	Berger-Parker 优势度指数(d)	$d=\dfrac{n_{i\max}}{N}$

注:S 代表样品中的物种数目,N 代表全部个体,n_i 代表属于种 i 的个体数目,P_i 代表属于种 i 的个体在全部个体中的比例。

资料来源:Hill et al.,2003

6.4.1.3 硅藻指数测定

(1) 藻类的鉴定

依据《中国淡水藻类》和《中国藻类志》等采用的分类系统在显微镜下进行观察分类。

在 18 个水样中所发现的硅藻有 2 纲，共 35 种（含变种），其中中心硅藻纲 7 种（含变种），羽纹硅藻纲 28 种（含变种）（表6-10）。

表 6-10　水样中的硅藻种类

中心硅藻纲（Centricae）	羽纹硅藻纲（Pennatae）
1. 颗粒直链藻，2. 颗粒直链藻最窄变种，3. 颗粒直链藻最窄变种螺旋变型，4. 梅尼小环藻，5. 小环藻，6. 变异直链藻，7. 冠盘藻	1. 双头针杆藻，2. 肘状针杆藻，3. 针杆藻，4. 辐节藻，5. 罗泰舟形藻，6. 隐头舟形藻，7. 舟形藻，8. 微绿羽纹藻，9. 间断羽纹藻，10. 微细异极藻，11. 尖异极藻，12. 纤细异极藻，13. 异极藻，14. 窄异极藻延伸变种，15. 尖布纹藻，16. 纤细桥弯藻，17. 新月形桥弯藻，18. 偏肿桥弯藻，19. 桥弯藻，20. 谷皮菱形藻，21. 长菱形藻，22. 弯端菱形藻，23. 近线形菱形藻，24. 菱形藻，25. 短小曲壳藻，26. 披针曲壳藻，27. 曲壳藻，28. 卵圆双眉藻

(2) 硅藻指数 (BDI) 的计算

BDI 是目前最稳定的指数之一，在法国被当作定期监测水体质量的标准方法。最新版本 BDI-2006 由 Coste 等提出，从 1063 种硅藻中筛选出了 838 种污染敏感度不同的关键种，通过计算各关键种类的丰度及其在 7 级水质梯度中出现的概率，推导指数值 (Coste et al., 2009)。BDI 指数需将硅藻鉴定到种，工作繁琐，难度大，对操作人员素质要求高。

$$BDI = 1 \times F_{(1)} + 2 \times F_{(2)} + 3 \times F_{(3)} + 4 \times F_{(4)} + 5 \times F_{(5)} + 6 \times F_{(6)} + 7 \times F_{(7)}$$

式中，$F_{(i)}$ 为给定种 x 在 i 级水质中出现的概率，可由式（6-2）计算：

$$F_{(i)} = \frac{\sum_{x=1}^{n} A_x P_{x(i)} V_x}{\sum_{x=1}^{n} A_x V_x} \tag{6-2}$$

式中，A_x 为种 x 的丰度；$P_{x(i)}$ 为 i 级水体中种 x 的存在概率；V_x 为种 x 的生态幅大小；n 为丰度 $>7.5‰$ 的属种数量。

$P_{x(i)}$ 可由式（6-2）计算：

$$P_{\text{class}(i)} = \frac{N_{(i)} \times A_{(i)}}{N_{\text{sites}} \times S_{\text{om}}} \tag{6-3}$$

$$S_{\text{om}} = \sum_{i=1}^{n} \frac{N_{(i)} \times A_{(i)}}{N_{\text{sites}(i)}} \tag{6-4}$$

式中，$P_{\text{class}(i)}$ 为各种在 i 级水质中的存在概率；$N_{(i)}$ 为 i 级水之中各种出现的数量；$A_{(i)}$ 为各种的丰度；$N_{\text{sites}(i)}$ 为 i 级水质中采样点的数目。研究中涉及关键种的各参数见表 6-11。

表 6-11 涉及关键种列表及其生态幅（V_x）在 7 种（C1～C7）水质中出现的概率

名称	代码	C1	C2	C3	C4	C5	C6	C7	V_x
短小曲壳藻	AEEL	0	0	0.055	0.695	0.122	0.128	0	1.214
披针曲壳藻	ALTG	0.846	0.110	0.022	0.018	0.003	0	0	1.436
卵圆双眉藻	AOVA	0	0.002	0.029	0.230	0.637	0.101	0.001	1.156
新月形桥弯藻	CCYM	0	0	0.020	0.036	0.055	0.709	0.179	1.241
小环藻	CYSP	0.003	0.006	0.020	0.227	0.381	0.361	0.004	1.081
梅尼小环藻	CMEN	0.025	0.137	0.402	0.238	0.182	0.015	0	0.849
桥弯藻	CSP	0	0.002	0.030	0.169	0.335	0.198	0.267	1.172
尖异极藻	GACU	0.013	0	0.065	0.096	0.394	0.277	0.154	0.845
窄异极藻延伸变种	GANG	0	0.001	0.040	0.547	0.293	0.116	0.002	1.064
异极藻	GSP	0.003	0.019	0.045	0.357	0.357	0.150	0.069	0.979
纤细异极藻	GGRA	0.008	0.068	0.099	0.113	0.175	0.189	0.348	0.720
微细异极藻	GPAR	0.181	0.281	0.223	0.181	0.064	0.063	0.006	0.685
尖布纹藻	GYAC	0.001	0.013	0.054	0.408	0.449	0.075	0	1.030
变异直链藻	MVAR	0.002	0.015	0.080	0.283	0.487	0.129	0.003	0.974
舟形藻	NASP	0.087	0.074	0.127	0.186	0.330	0.173	0.024	1.130
隐头舟形藻	NCTE	0	0.003	0.024	0.148	0.474	0.336	0.016	1.004
菱形藻	NSSP	0.264	0.148	0.070	0.162	0.239	0.104	0.014	1.060
弯端菱形藻	NLIN	0.002	0.051	0.114	0.349	0.405	0.077	0.002	0.918
谷皮菱形藻	NPAL	0.239	0.215	0.195	0.191	0.134	0.024	0.001	0.667
近线形菱形藻	NSBL	0	0.008	0.003	0.023	0.116	0.187	0.663	1.180
微绿羽纹藻	PVIR	0.004	0.008	0.042	0.156	0.550	0.195	0.045	1.018
冠盘藻	STSP	0.029	0.123	0.227	0.420	0.176	0.022	0.005	0.893
辐节藻	STFP	0.005	0.003	0.021	0.132	0.311	0.373	0.150	0.982
桥弯藻	CEHR	0	0.005	0.013	0.440	0.494	0.044	0.003	1.119

6.4.2 不同生态单元两种方法的比较

6.4.2.1 湖泊

在白洋淀 8 个采样点共发现硅藻有 2 个纲，28 个种（含变种），其中各个采样点种类分布及优势种见表 6-12，其中以王家寨的硅藻种类最多 13 种，枣林庄最少，仅有 5 种。

表 6-12 白洋淀采样点硅藻种类

采样点	种类	优势种
王家寨	谷皮菱形藻（*Nitzschia palea*） 梅尼小环藻（*Cyclotella meneghiniana*） 长菱形藻（*Nitzschia longissima*） 颗粒直链藻（*Melosira granulata*） 弯端菱形藻（*Nitzschia longissima* var. *reversa*） 双头针杆藻（*Synedra amphicephala*） 颗粒直链藻极狭变种螺旋变型（*Melosira granulata* var. *angustissima* f. *spiralis*） 尖布纹藻（*Gyrosigma acuminatum*） 微细异极藻（*Gomphonema parvulum*） 肘状针杆藻（*Synedra ulna*） 针杆藻（*Synedra* sp.） 近线形菱形藻（*Nitzschia sublinearis*） 舟形藻（*Navicula* sp.）	颗粒直链藻 梅尼小环藻
枣林庄	肘状针杆藻（*Synedra ulna*） 微细异极藻（*Gomphonema parvulum*） 尖异极藻（*Gomphonema acuminatum*） 偏肿桥弯藻（*Cymbella ventricosa*） 舟形藻（*Navicula* sp.）	肘状针杆藻
烧车淀	小环藻（*Cyclotella* sp.） 针杆藻（*Synedra* sp.） 颗粒直链藻（*Melosira granulata*） 窄异极藻延长变种（*Gomphonema angustatum* var. *prodacta*） 变异直链藻（*Melosira varians*） 纤细异极藻（*Parvulum parvulum*） 长菱形藻（*Nitzschia longissima*） 冠盘藻（*Stephanodiscus* sp.）	小环藻
府河入口	颗粒直链藻（*Melosira granulata*） 小环藻（*Cyclotella* sp.） 披针曲壳藻（*Achnanthes lanceolata*） 微细异极藻（*Parvulum parvulum*） 异极藻（*Gomphonema* sp.） 间断羽纹藻（*Pinnularia interrupta*） 菱形藻（*Nitzschia* sp.）	异极藻

续表

采样点	种类	优势种
南刘庄	微细异极藻（*Gomphonema parvulum*） 梅尼小环藻（*Cyclotella meneghiniana*） 舟形藻（*Navicula* sp.） 间断羽纹藻（*Pinnularia interrupta*） 桥弯藻（*Cymbella* sp.） 谷皮菱形藻（*Nitzschia palea*）	菱形藻
圈头	双头针杆藻（*Synedra amphicephala*） 谷皮菱形藻（*Nitzschia palea*） 长菱形藻（*Nitzschia longissima*） 纤细桥弯藻（*Cymbella gracile*） 隐头舟形藻（*Navicula cryptocephala*） 肘状针杆藻（*Synedra ulna*） 梅尼小环藻（*Cyclotella meneghiniana*） 颗粒直链藻（*Melosira granulata*）	长菱形藻
采蒲台	颗粒直链藻（*Melosira granulata*） 小环藻（*Cyclotella* sp.） 菱形藻（*Palea*） 肘状针杆藻（*Synedra ulna*） 弯端菱形藻（*Nitzschia longissima* var. *reversa*） 长菱形藻（*Nitzschia longissima*） 针杆藻（*Synedra* sp.）	小环藻
端村	弯端菱形藻（*Nitzschia longissima* var. *reversa*） 针杆藻（*Synedra* sp.） 谷皮菱形藻（*Nitzschia palea*） 双头针杆藻（*Synedra amphicephala*） 舟形藻（*Navicula* sp.） 桥弯藻（*Cymbella* sp.）	菱形藻

分别计算各采样点的硅藻指数和生物膜微生物的多样性指数，如表 6-13 所示，按照硅藻指数对各采样点的水质状况进行排序为：烧车淀>采蒲台>枣林庄>端村>圈头>王家寨>南刘庄>府河入口；按照生物膜多样性指数进行排序为：烧车淀>枣林庄>采蒲台>端村>圈头>王家寨>南刘庄>府河入口。两者仅在对枣林庄和采蒲台的评价上存在差异，这可能是由于硅藻是浮游藻类，而采蒲台处于白洋淀的补水入水口，新进补水会对浮游植物产生影响，因为对硅藻指数的评价有影响。由此可见，从生物多样性的角度反映水质状况，使用生物膜微生物的多样性指数和传统的硅藻指数无显著性差异，生物膜用在湖泊的生态监测中结果可信。

表 6-13 白洋淀硅藻指数与生物膜微生物多样性指数

采样点	藻类种类数	BDI	细菌种类数	H'	Dmg	E	d
王家寨	13	3.687	10	1.933	0.861	0.889	0.362
枣林庄	5	4.216	12	2.281	1.026	0.901	0.198
烧车淀	8	5.063	14	2.375	1.192	0.919	0.236
府河入口	6	1.802	8	1.479	0.673	0.823	0.304
南刘庄	7	2.878	9	1.597	0.740	0.831	0.390
圈头	8	3.737	10	2.074	0.843	0.889	0.275
采蒲台	7	4.549	12	2.209	0.992	0.900	0.215
端村	6	3.890	11	1.992	0.919	0.839	0.326

6.4.2.2 城市河湖

在北京市河湖4个采样点共发现硅藻有2个纲，17个种（含变种），其中各个采样点种类分布及优势种见表6-14，其中太平湖的硅藻种类最多，为9种，后海的最少，为6种。

表 6-14 北京市河湖采样点硅藻种类

采样点	种类	优势种
圆明园	谷皮菱形藻（*Nitzschia palea*） 短小曲壳藻（*Achnanthes erigua*） 舟形藻（*Navicula* sp.） 针杆藻（*Synedra* sp.） 微细异极藻（*Gomphonema parvulum*） 肘状针杆藻（*Synedra ulna*） 双头针杆藻（*Synedra amphicephala*） 卵圆双眉藻（*Amphora ovalis*）	舟形藻
玉渊潭	小环藻（*Cyclotella* sp.） 颗粒直链藻（*Melosira granulata*） 颗粒直链藻最窄变种（*Melosira granulata* var. *angustissima*） 针杆藻（*Synedra* sp.） 菱形藻（*Nitzschia* sp.） 变异直链藻（*Melosira varians*） 舟形藻（*Navicula* sp.）	变异直链藻 小环藻

续表

采样点	种类	优势种
后海	变异直链藻（*Melosira varians*） 偏肿桥弯藻（*Cymbella ventricosa*） 舟形藻（*Navicula* sp.） 梅尼小环藻（*Cyclotella meneghiniana*） 谷皮菱形藻（*Nitzschia palea*） 卵圆双眉藻（*Amphora ovalis*）	变异直链藻
太平湖	梅尼小环藻（*Cyclotella meneghiniana*） 颗粒直链藻（*Melosira granulata*） 颗粒直链藻最窄变种（*Melosira granulata* var. *angustissima*） 谷皮菱形藻（*Nitzschia palea*） 变异直链藻（*Melosira varians*） 针杆藻（*Synedra* sp.） 偏肿桥弯藻（*Cymbella ventricosa*） 舟形藻（*Navicula* sp.） 弯端菱形藻（*Nitzschia longissima* var. *reversa*）	颗粒直链藻

分别计算各采样点的硅藻指数和生物膜微生物的多样性指数，如表6-15所示，按照硅藻指数对各采样点的水质状况进行排序为：后海>圆明园>玉渊潭>太平湖；按照生物膜多样性指数进行排序为：后海>圆明园>玉渊潭>太平湖。由此可见，从生物多样性的角度反映水质状况，使用生物膜微生物的多样性指数和传统的硅藻指数无显著性差异，生物膜用在城市河湖的生态监测中结果可信。

表6-15　北京市河湖硅藻指数与生物膜微生物多样性指数

采样点	藻类种类数	BDI	细菌种类数	H'	Dmg	E	d
圆明园	8	4.529	10	2.077	0.869	0.902	0.219
玉渊潭	7	3.827	9	2.050	0.764	0.928	0.265
后海	6	4.593	9	2.154	0.791	0.930	0.177
太平湖	9	3.396	8	1.860	0.711	0.895	0.257

6.4.2.3　河流

在府河4个采样点共发现硅藻有2个纲，13个种，其中各个采样点种类分布及优势种见表6-16，其中焦庄的种类最少3种，而望亭和黄花沟都为7种。

表 6-16 府河采样点硅藻种类

采样点	种类	优势种
安州	梅尼小环藻（*Cyclotella meneghiniana*）* 辐节藻（*Stauroneis* sp.） 谷皮菱形藻（*Nitzschia palea*） 罗泰舟形藻（*Navicula rotaeana*） 微绿羽纹藻（*Pinnularia viridis*） 微细异极藻（*Gomphonema parvulum*）	梅尼小环藻
望亭	间断羽纹藻（*Pinnularia interrupta*） 小环藻（*Cyclotella* sp.） 微细异极藻（*Gomphonema parvulum*） 针杆藻（*Synedra* sp.） 谷皮菱形藻（*Nitzschia palea*） 舟形藻（*Navicula* sp.） 曲壳藻（*Achnanthes* sp.）	谷皮菱形藻
黄花沟	谷皮菱形藻（*Nitzschia palea*） 微细异极藻（*Parvulum parvulum*） 长针杆藻（*Nitzschia longissima*） 肘状针杆藻（*Synedra ulna*） 间断羽纹藻（*Pinnularia interrupta*） 舟形藻（*Navicula* sp.） 小环藻（*Cyclotella* sp.）	谷皮菱形藻
焦庄	谷皮菱形藻（*Nitzschia palea*） 微细异极藻（*Parvulum parvulum*） 间断羽纹藻（*Pinnularia interrupta*）	同上

分别计算各采样点的硅藻指数和生物膜微生物的多样性指数，如表 6-17 所示，按照硅藻指数对各采样点的水质状况进行排序为：安州>黄花沟>望亭>焦庄；按照生物膜多样性指数进行排序为：安州>黄花沟>望亭>焦庄。焦庄为府河上游，容纳了保定市排出的污水，故水质最差，经过沿途的环境的净化作用，到安州市有所改善。由此可见，从生物多样性的角度反映水质状况，使用生物膜微生物的多样性指数和传统的硅藻指数无显著性差异，生物膜用在河流的生态监测中结果可信。

表 6-17 府河硅藻指数与生物膜微生物多样性指数

采样点	藻类种类数	BDI	细菌种类数	H'	Dmg	E	d
安州	6	3.497	7	1.748	0.629	0.983	0.276
望亭	7	2.848	6	1.583	0.541	0.968	0.355
黄花沟	7	3.054	5	1.685	0.467	0.940	0.257
焦庄	3	2.840	4	1.342	0.367	0.898	0.373

6.4.2.4 水库

在王快水库和西大洋水库共发现硅藻有 2 个纲，9 个种，种类分布及优势种见表 6-18，其中，王快水库发现 4 种，西大洋水库为 7 种。

表 6-18 水库采样点硅藻种类

采样点	种类	优势种
王快水库	小环藻（*Cyclotella* sp.） 新月形桥弯藻（*Cymbella cymbiformis*） 隐头舟形藻（*Navicula cryptocephala*） 桥弯藻（*Cymbella* sp.）	隐头舟形藻
西大洋水库	小环藻（*Cyclotella* sp.） 偏肿桥弯藻（*Cymbella ventricosa*） 针杆藻（*Synedra* sp）． 舟形藻（*Navicula* sp.） 埃伦桥弯藻（*Cymbella ehrenbergii*） 澳大利亚桥弯藻（*Cymbella austriaca*） 桥弯藻（*Cymbella* sp.）	小环藻

分别计算各样点的硅藻指数和生物膜微生物的多样性指数，如表 6-19 所示，按照硅藻指数对各样点的水质状况进行排序为：王快水库>西大洋水库；按照生物膜多样性指数进行排序为：王快水库>西大洋水库。由此可见，从生物多样性的角度反映水质状况，使用生物膜微生物的多样性指数和传统的硅藻指数无显著性差异，生物膜用在水库的生态监测中结果可信。

表 6-19 水库硅藻指数与生物膜微生物多样性指数

采样点	藻类种类数	BDI	细菌种类数	H'	Dmg	E	d
王快水库	4	5.407	11	2.048	0.693	0.982	0.185
西大洋水库	7	5.050	6	2.040	0.637	0.911	0.289

通过对实验比较湖泊、城市河湖、河流、水库的硅藻指数和生物膜微生物多样性指数可见，从生物多样性的角度验证了生物膜用于生态监测，可反映水质状况，与传统的方法结果一致。硅藻指数 BDI 和生物膜微生物多样性指数 H' 与水质参数的相关性分析见表 6-20，两个指数与水质参数包括 COD、BOD_5、氨氮、TP、TN、Ecoli（大肠杆菌数）呈负相关，与 DO 呈正向相关。与综合各个生态单元水体的 BDI 和 H' 进行回归分析（图 6-33），可见

两者呈正相关性（$R^2=0.713$），表明了生物膜的微生物多样性指数的可信度较高，可用于生态监测。

表 6-20　硅藻指数 DBI 和生物膜微生物多样性指数 H' 与水质参数的相关性分析

指数	BDI	H'	DO	COD	BOD_5	氨氮	TP	TN	Ecoli
BDI	1	0.835	0.633	−0.437	−0.866	−0.418	−0.557	−0.321	−0.371
H'	0.835	1	0.280	−0.118	−0.619	−0.469	−0.624	−0.427	−0.393

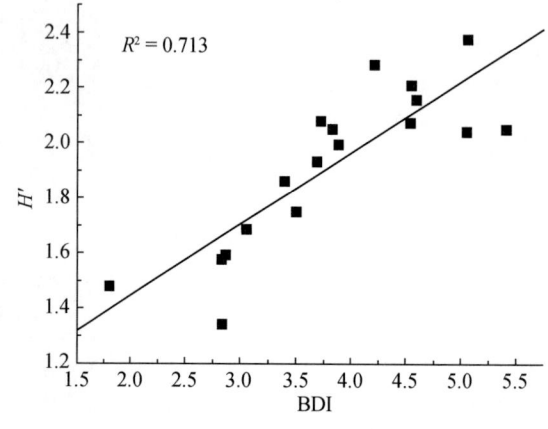

图 6-33　BDI 和 H' 的回归分析

此外，生物膜较传统的硅藻指数的操作简单、易掌握，克服了硅藻指数中藻类鉴定工作繁琐、对专业人员要求高的困难，且生物膜不受到外来调水带来的浮游植物的干扰，能够更准确地反映当地水环境状况，标准化基质的操作可用于流域不同水体的监测，可推广应用到流域的生态监测中。

6.5　小　　结

本章研究了海河流域不同生态单元中生物膜对水质的敏感差异，湖泊为 Chlb/a 和 DIAT（硅藻数量百分比），河流为 CYAN（蓝藻数量百分比）和 POLY（多糖含量），水库为 CHOL（绿藻数量百分比）和 POLY（多糖含量），综合样品采集、前处理和指标测定三大步骤，建立了适合于海河流域不同水体的生物膜快速水生态监测方法体系，为流域尺度的生物监测和健康评价提供技术基础。对生物膜方法的灵敏性和可信度进行验证，该方法不受外来调水带了浮游植物的干扰，能够更准确地反映当地水环境状况，标准化基质的操作可用于流域不同水体的监测，可推广应用到流域的生态监测中。

第 7 章　海河流域水生态调控技术

第 6 章建立了水生态监测技术，诊断了生态系统的健康状况，"十一五"期间点源污染的处理效率有了较大提高，水环境恶化趋势有所缓解，本章以流域水生态系统恢复为目标，构建典型生态单元的水生态系统模型，明晰水生态系统中受损的关键因子，针对受损关键因子提出适用于海河流域水生态修复的关键技术，包括生态监测技术、生态基流保障技术、闸坝调控技术和联合调度技术，并进行案例研究。

7.1　基于生态系统模型的水生态风险评价

生态风险评价是量化有毒污染物生态危害的重要手段，最终目的是得出一个浓度阈值或风险值，为环境决策或与其相关的标准或基准的制订提供参考依据。在生态风险中，比较常用的指标是预测环境浓度（PEC）和预测无效应浓度（PNEC）。PNEC 需要根据无观察效应浓度来获得，由于缺乏大多数化合物的最大无影响浓度（NOEC），目前生态风险评价中所用到的 NOEC 需要从急性毒性数据（LC_{50} 和 EC_{50}）来外推。围绕着无效应浓度 PNEC 的评估，生态风险评价方法主要有以下三种：①以单物种测试为基础的外推法；②以多物种测试为基础的微、中宇宙法；③以种群或生态系统为基础的生态风险模型法。

广泛认可的三种用于评价生态风险的生态系统模型，本质上是从实验室毒性试验结果外推来预测复杂水生态系统的效应。由于强调水环境毒性的检测，评论中并没有提及陆地生态系统模型。下面将逐一简要地介绍每一个模型。

7.1.1　AQUATOX 模型

AQUATOX（Park and Clough，2004）模拟有毒化学物质、营养物及各种水生系统中沉积物的归趋与效应，水生态系统包括湖泊、池塘、小溪及水库。该模型通过水环境中生产者种群（例如，浮游植物、固着生物、沉水植物）和消费者（例如，浮游动物、底栖无脊椎动物及几种生态功能已知的鱼类）的模拟，估算化学物质风险。AQUATOX 主要研究生态过程中致死及半致死效应，包括光合作用、消费、生产及死亡率。这些毒性效应被综合在一起，估算化学物质对模拟水生种群每日数量的影响。毒性效应建模的依据是化学物质的生物可利用性，是通过对化学物质转移和归趋过程模拟得到的（例如，吸收、水解、蒸发及光解）。模型开发了用户友好界面，以方便特定地点的应用。必须输入的数据包括：营养、沉积物及所研究系统中有毒化学物质的负荷，该区域湖泊的特征，模拟种群的生长特征，种群对所研究化学物质的敏感性等。

7.1.2 CASM 模型

综合水生态系统模型（comprehensive aquatic systems model，CASM）是以生物能学为基础的房室模型，它描述水生植物与动物种群每年生物量（碳）的日生产量。CASM 能够说明特定地点食物链结构，并且可以描绘表面光密度值、水温、营养物（N、P、Si）等决定模拟植物种群光合作用的日常值。这一模型可用于浮游植物、附着生物、大型植物等多达 30 个种群，可以详细描述浮游动物、底栖无脊椎动物、分解者及鱼类等超过 40 个种群。模式种群可以根据分类学或功能做出定义。模型最初是计划研究食物链结构、营养循环及生态系统稳定性之间的理论关系。自用于风险评价以来，CASM 已经是加拿大评价河流、湖泊及水库的常用模型（Bartell et al.，1999）。它还应用于评价日本 Biwa 湖和 Suwa 湖由化学物质引起特定区域的生态风险。CASM 也借蒙特卡罗模型用于概率风险评价，以诸如每个被模拟的种群年繁殖量出现降低的概率为多少的方式对风险进行界定。CASM 同样用于评价杀虫剂引起的湖滨地区特定区域风险，例如，湖滨地区生态风险评价模型（LERAM）。

7.1.3 归趋与效应整合模型

IFEM 由毒性效应标准水柱模型（SWACOM）（Bartell et al.，1999）及多环芳烃（PAHs）归趋模型中的海洋同化预测模型（FOAM）整合而来。它综合环境归趋过程，生物累积、个体生长生物能学描述及毒性数据来估计 PAHs 对流水生态系统种群动态变化（Bartell et al.，1988）的可能效应。同时模拟了 PAHs 对 11 种水生植物与动物代表种群半致死毒性效应。毒性效应与风险用机体耐受量函数来估值。机体耐受量可以反映 PAHs 摄入、代谢与净化的差异。PAHs 含量是由负载率及环境归趋过程（溶解度、光解、吸收与挥发）决定的。归趋过程速率可用为 PAHs 开发的定量结构关系估算。因而，IFEM 对数据的要求量远高于评价耐风险数据量（Bartell et al.，1988）。

7.1.4 运用 AQUATOX 模型评价白洋淀生态系统风险

7.1.4.1 研究背景

有效的污染物环境管理策略取决于清楚地掌握化学物质的环境行为和准确地计算化学物质的生态风险（Lei et al.，2008）。在此前的研究中，运用传统主要依靠化学分析和生物毒性测试，例如仪器检测、单一物种毒性测试、多物种毒性测试以及微宇宙测试（Smith and Cairns，1993；Kennedy et al.，1995）的方法和技术来评价化学物质的环境行为和准确地计算化学物质的生态风险。尽管这种传统方法可靠，但是这些方法需要耗费大量的人力、物力以及时间。此外，由于自然生态系统中化学物质的复合效应及其与生态系统之间的相互作用使其存在一定程度的不确定性（Lampert et al., 1989; Ferson et al., 1996; Fleeger et al., 2003）。为此，与个体水平的评价相比，种群水平的评价能够更好地建立生物对化学物质的响应关系。种群水平的评价一般需要运用生态模型来整合生物生命史过程中复杂的化学效应，并提供评估生态影响的相关方法。因此在掌握化学物质的环境行为和评估生态影响方面，生态模型是一种极具优势的方法（Bartell et al., 1999; Ray et al., 2001; Kumblad et al., 2003; Chow et al., 2005; Sibly et al., 2005; Larocque et al., 2006; Lei et al., 2008; Park et al., 2008）。

生态模型可以被定义为一种简化的典型生态系统。在野外试验不能开展的情况下，生态模型是评估化学效应的唯一方法（Ang et al., 2001）。这些生态模型主要有 IFEM（integrated fate and effect），模型（Bartell et al., 1988），LERAM（littoral ecosystem risk assessment），模型（Hanratty and Liber, 1996），CASM（comprehensive aquatic systems model），模型（Bartell et al., 1999），CATS-5 模型（Traas et al., 2001），CASM_SUWA 模型（Naito et al., 2002）和 AQUATOX 模型（Park et al., 2004; Park and Clough, 2004）。这其中，AQUATOX 模型是目前应用最为普遍的生态风险评价模型。该模型能够评估有毒化学物质的环境行为和化学物质对水生态系统的影响。该模型在世界范围内已经被广泛运用，例如已经被应用于 Iowa 水库农药对水生态系统的影响（Mauriello and Park, 2002），北卡罗来纳州河流的鱼类动态（Rashleigh, 2003），Minnesota 河流营养物质和悬浮沉积物（Carleton et al., 2005; Park et al., 2005），Georgia 水库 PCB 污染（Rashleigh et al., 2005; Rashleigh, 2007），法国河流底栖藻类和底栖动物动态过程（Sourisseau et al., 2008），松花江硝基苯污染（Lei et al., 2008; Wang et al., 2012），Hartwell 湖 PCB 污染（Rashleigh et al., 2009），丹麦 Lille Skensved 河流 TCE 风险（McKnight et al., 2010），洱海营养物质（Chen et al., 2012）。AQUATOX 模型已经应用到河流、池塘、湖泊、河口、水库以及其他实验水体。尽管该模型旨在促进新的应用，大多数研究是基于不完整食物网计算化学物质生态风险，尤其是缺乏底栖藻类群落。底栖藻类群落在淡水生态系统中分布广泛，在食物网中作为最主要的初级生产者（Steinberg and Schiefele, 1988; van Dam et al., 1994），在营养循环中起着极其重要的作用，并且它们对于水环境中污染物的变化较为敏感（Gold et al., 2002; Morin et al., 2008a, b; Kröncke and Reiss, 2010）。

由于在白洋淀已经开展了大量的研究工作（Hu et al., 2010a, b; Dai et al., 2011; Xu et al., 2011; Zhang et al., 2013），因此选取了白洋淀作为研究区。白洋淀作为华北平原地区典型的水生态系统，其营养状况处于中营养-富营养状态，硅藻在秋季出现峰值，蓝藻在夏季出现峰值，并发生水华现象。研究的目的是构建 AQUATOX-白洋淀模型，准确地模拟湖泊中水生物生物量的季节变化，并验证该模型评估自然生态系统处于 PCB 和富营养化复合污染条件下的生态风险的准确性。具体的目的主要有：①基于白洋淀的野外调查数据建立 AQUATOX-白洋淀模型；②确定一系列适于白洋淀种群季节变化的模型参数，并进行参数敏感性分析；③计算白洋生态系统由于 PCB 污染造成的潜在生态风险。就目前的研究情况来说，研究首次将 AQUATOX 模型涵盖了底栖-浮游耦合食物网，同时也是首次将富营养化与有机污染结合来评估水生态系统不同种群的潜在生态风险。

7.1.4.2 模型与方法

(1) AQUATOX 模型

AQUATOX 模型是一个综合的水生态系统模型，它可以预测化学物质的环境行为和评估其生态风险，例如水生态系统中的营养物质和有机物质。AQUATOX 模型可以预测化学物质在水体、沉积物、颗粒以及生物体中的环境行为。该模型不仅可以预测直接毒性效应，即由化学物质对单一物种的急性和慢性毒性数据（LC_{50} 或 EC_{50}）计算水生态系统生物量的变化，还可以预测由食物网引起的间接生态效应，例如碎屑量的增加将导致碎屑在营养循环中作用的增加，以及分解过程中溶解氧的消耗。

为了描述白洋淀水环境条件和食物网的特征，建立了 AQUATOX-白洋淀食物网模型。图 7-1 展示了 AQUATOX-白洋淀底栖−浮游耦合食物网结构模型。每个方块或者圆形表述模型中的一个种群或者是无生命的生态系统成分，箭头表示能量或者生物量的流动方向。

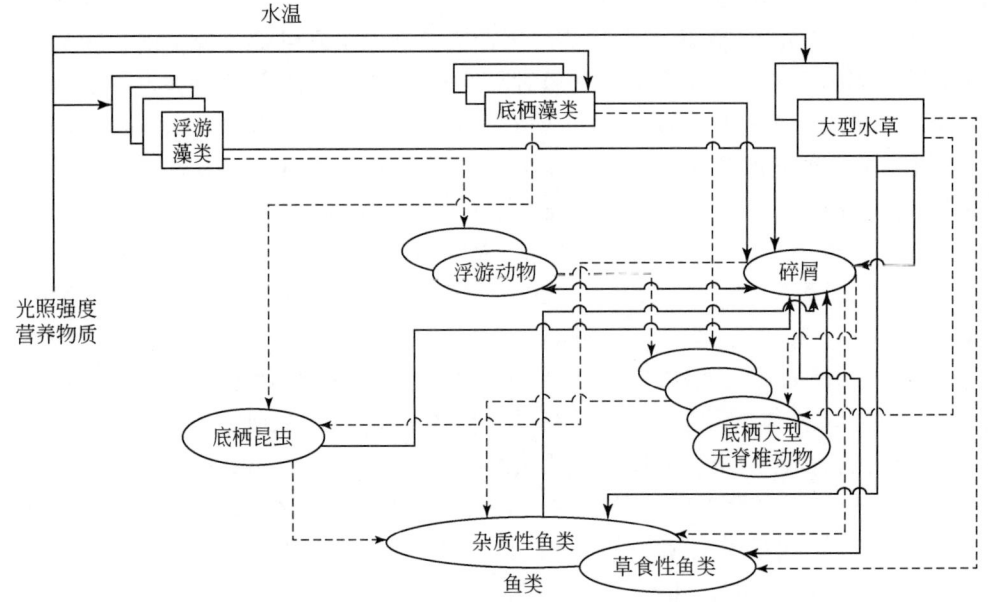

图 7-1 AQUATOX-白洋淀底栖−浮游耦合食物网结构模型

(2) 模型参数设置

1) 生物体生物量和生理参数设置。白洋淀的典型种群在模型中已经进行了描述，它们包含 4 种浮游藻类、3 种底栖藻类、2 种大型水草、2 种浮游动物、1 种底栖昆虫、4 种大型无脊椎动物，以及 2 种鱼类种群。每种种群的生长取决于环境条件、种群生物量，以及每个种群特定的生理参数（表 7-1 和表 7-2）。

表 7-1 生产者各个种群参数设置

	种群	B_0	L_S/(Ly/d)	K_P/(mg/L)	K_N/(mg/L)	T_0/℃	P_m/d^{-1}	R_{resp}/d^{-1}	M_c/d^{-1}	L_e/m^{-1}	R_{sink}/(m/d)	W/D
浮游藻类	Diatoms	0.16	18	0.055	0.117	20	1.87	0.08	0.001	0.140	0.005	5
	Greens	0.14	50	0.01	0.800	26	1.50	0.100	0.010	0.240	0.01	5
	Blue-greens	0.71	60	0.03	0.40	27	2.20	0.200	0.002	0.090	0.01	5
	Cryptomonas	0.16	96	0.004	0.03	24	0.95	0.05	0.001	0.144	0.31	5
底栖藻类	Bacillariophyta	145.8	22.5	0.055	0.200	20	2.3	0.08	0.001	0.03	—	5
	Chlorophyta	135.13	70	0.100	0.800	25	1.7	0.10	0.010	0.03	—	5
	Cyanophyta	37.31	45	0.030	0.400	30	1.4	0.20	0.02	0.03	—	—
大型水草	Myriophyllum	122.2	235	0	0	35	1.20	0.024	0.001	0.050	—	5
	Duckweed	12.45	235	0	0	22	0.15	0.024	0.001	0.050	—	5

注:B_0:初始生物量,浮游藻类和鱼类为 mg/L,底栖藻类和大型水草为 g/m^2;L_S:光合作用的饱和光强;K_P:磷半饱和常数;K_N:氮半饱和常数;T_0:最适温度;P_m:最大光合速率;R_{resp}:呼吸速率;M_c:死亡率系数;L_e:光消减系数;R_{sink}:沉降速率;W/D:湿重/干重比,1 Ly:兰勒,1 Ly = 10×4.1868 kJ/m^2。

表 7-2 消费者各个种群参数设置

	种群	B_0	H_s	C_m/[g/(g·d)]	P_{min}/(mg/L)	T_0/℃	R_{resp}/d^{-1}	C_c	M_c/d^{-1}	L_f(湿重)	W/D
浮游动物	Rotifer	0.06	0.50	5.00	0.10	18	0.340	4	0.080	0.03	5
	Copepoda	0.16	1.00	1.80	0.25	26	0.010	8	0.027	0.05	5
底栖昆虫	Chironomidae	0.14	0.25	0.50	0.20	25	0.035	25	0.010	0.05	5
底栖大型无脊椎动物	Mussel	5.40	1.00	0.05	0.00	22	0.001	500	0.00005	0.05	5
	Crab	0.62	0.50	0.098	0.10	34	0.008	10	0.001	0.05	5
	Shrimp	0.01	0.05	0.177	0.05	28	0.019	20	0.002	0.05	5
	Asian mud snail	3.7	0.1	0.17	0.7	20	0.009	174	0.0038	0.05	5
鱼类	Carp	10.1	0.5	0.05	0.25	22	0.005	16.7	0.0005	0.1	5
	Catfish	2.5	1	0.05	0.05	25	0.05	4.2	0.001	0.06	5

注:B_0:初始生物量,浮游动物和鱼类为 mg/L,底栖动物和鱼类为 g/m^2;H_s:摄食半饱和常数,浮游动物和鱼类为 mg/L,底栖动物为 g/m^2;C_m:最大消费率;P_{min}:摄食最小捕获常数;T_0:最适温度;R_{resp}:内部呼吸速率;C_c:承载力;M_c:死亡率系数,浮游动物和鱼类为 mg/L,底栖动物为 g/m^2;L_f:初始脂类系数;W/D:湿重分数;W/D:湿重/干重比。

相关生理参数的设置参考了 AQUATOX 模型数据库或生物学和生态学文献（Bartell et al.，1999；USEPA，2004a，b，c）。模型种群的初始生物量来源于文献，观测数据以及历史资料。生产者和消费者种群分别列于表 7-1 和表 7-2 中。

AQUATOX 模型中模拟各个种群生物量变化的基本方程详见相关网站①。

2）白洋淀湖泊特点。白洋淀地处华北平原中部，113°39′E～116°11′E，39°4′N～40°4′N，白洋淀流域南部属海河流域的海河北系，总面积 366km²。白洋淀多年平均降水量为 510.1mm，是华北地区最大的浅水草型湖泊，白洋淀原有 9 条入淀河流，现除府河外，其余 8 条河流季节性断流，依靠流域内调水和黄河补水。近年来，由于自然因素和人为干扰的影响，复合污染状况严重，淀内富营养化非常严重，水质从Ⅲ类下降到Ⅳ类或Ⅴ类水。生态环境恶化，频繁出现干淀、水质污染、鱼类等生物多样性减少、生态结构缺失等生态环境问题。淀内以沼泽为主，土壤营养物质丰富，生物种类繁多，是芦苇的理想产地。芦苇（*Phragmites australis*）在白洋淀的分布广泛，是白洋淀分布面积最大、最典型的水生植被。

湖泊面积变化与水文条件有关，主要水文和水质参数主要通过野外采样和历史记录获取。初始模型输入的湖泊水环境特征值根据此前的研究结果（表 7-3）（Zhang et al.，2013）。通过表 7-3 中的数据可知，白洋淀已经属于中营养–富营养状态。

表 7-3　2009 年 8 月至 2010 年 03 月白洋淀中主要物理和化学变量

参数	均值	范围
pH	8.10	8.70～7.70
温度(T)/℃	20.90	9.50～29.50
溶解氧(DO)/(mg/L)	7.00	1.50～17.60
COD_{Mn}/(mg/L)	8.50	4.80～16.90
BOD_5/(mg/L)	6.10	1.20～19.80
透明度（Trans）/cm	93.10	34.00～185.00
最大水深(MD)/cm	160.40	85.00～310.00
NO_3^- 浓度/(mg/L)	1.37	0.00～4.61
NH_3 浓度和 NH_4^+ 浓度/(mg/L)	4.00	0.10～24.70
TP（TP）/(mg/L)	0.14	0.00～0.46
TN（TN）/(mg/L)	4.29	0.25～14.80
Chla/(μg/L)	14.50	11.40～16.70

---

① http://water.epa.gov/scitech/datait/models/aquatox/data.cfm.

续表

参数	均值	范围
PO_4^{3-}浓度/(mg/L)	0.095	0.022~1.199
水溶性CO_2/(mg/L)	0.72	0.70~0.72
纬度/(°)	38.50	38.50
平均光强/(Ly/d)	357.476	357.476
平均蒸发速率/(mm/a)	1366	1366

3) PCB 模型参数。PCB 参数包含了初始浓度、物理化学性质以及毒性数据。白洋淀所测得的 PCB 浓度的最大值和最小值作为模型中化学物质的初始浓度。这些浓度主要是通过野外观测和文献中获取（Dai et al., 2011）。表 7-4 和表 7-5 分别列出了主要的物理化学属性和单一种群的毒性数据，这些毒性数据主要来源于相关文献和数据库（US EPA, 2006）。在实验中对单一种群运用相同的测试时间，使用 EC_{50} 和 LC_{50} 的几何学的平均数（USEPA, 2004b）。

表 7-4 PCBs 的主要理化特征

化学性质	值	化学性质	值
CAS 登记号	1336-36-3	辛醇-水分配系数, $\log K_{ow}$	6.5
相对分子量/(g/mol)	328	有机碳分配系数, K_{oc} (L/kg)	无数据
溶解度/(mg/L, 24℃)	0.057	蒸汽压/(mm Hg, 25℃)	7.71×10^{-5}
Henry's law constant/[(Pa·m³)/mol]	2.0×10^{-3}	沸点/℃	365~390
微生物厌氧降解速率常数/d⁻¹	0.015	Photolysis coefficient/d⁻¹	0

表 7-5 PCB 的毒性数据

种群	测试时间/h	毒性终点	毒性值/(mg/L)
Diatoms	8	EC_{50}	0.065
Greens	8	EC_{50}	0.065
Bluegreens	8	EC_{50}	0.650
Cryptomonas	8	EC_{50}	0.065
Bacillariophyta	10	EC_{50}	0.065
Chlorophyta	10	EC_{50}	0.065
Cyanophyta	10	EC_{50}	0.065
Myriophyllum	24	EC_{50}	10.000
Duckweed	24	EC_{50}	10.000
Rotifer	96	LC_{50}	0.05

续表

种群	测试时间	毒性终点	毒性值/（mg/L）
Copepoda	96	LC$_{50}$	0.048
Chironomidae	96	LC$_{50}$	0.038
Asian snail	96	LC$_{50}$	0.292
Mussel	96	LC$_{50}$	0.170
Crab	96	LC$_{50}$	0.758
Shrimp	96	LC$_{50}$	0.134
Catfish	360	LC$_{50}$	0.286
Carp	360	LC$_{50}$	0.304

4）确定水体中 PCB 的浓度。研究采用 PCBs 的总浓度，这种方法对于环境管理者来说是最有效的模型评价终点，将白洋淀水体中 PCB 浓度来源于监测数据。2008 年 7 月测得白洋淀水体中 PCB 的浓度范围为 19.46～131.62ng/L（Dai et al., 2011）。沉积物中初始的 PCB 浓度为 5.96～29.61ng/g（DW），这是根据 Dai 等（2011）测定的结果。AQUATOX 模型假设沉积物中的 PCBs 与碎屑有关，而在 AQUATOX 模型中碎屑作为有机质进行模型。

白洋淀中 PCBs 在藻类和底栖动物中的初始值设置为初始模型运行中的平衡值。大型水草的消除速率的根据 Gobas 等（1999）进行计算：

$$k_{2(\text{Macrophyte})} = \frac{1}{1.58 + 0.000\,015 k_{\text{ow}} \times \text{Nondissoc}} \tag{7-1}$$

式中，k_{ow} 为辛醇-水分配系数；Nondissoc 是未电离有毒物质的百分比。

藻类的消除速率的计算根据 Skoglund 等（1996）：

$$k_{2(\text{Algae})} = \frac{2.4E+5}{k_{\text{ow}} \times \text{LipidFrac} \times \text{WetToDry}} \tag{7-2}$$

式中，LipidFrac 是化学物质中导致"化学毒性"的脂质（湿重）部分，WetToDry 是将湿重转化为干重的转换系数。

鱼类和大型无脊椎动物的消除速率根据 Barber（2003）计算：

$$k_{2(\text{Fish/Invertebrates})} = \frac{C \times \text{WetWt}^{-0.197}}{\text{LipidFrac} \times k_{\text{ow}}} \tag{7-3}$$

式中，鱼类 C 为 445，大型无脊椎动物 C 为 890；WetWt 为生物体的湿重（g）；LipidFrac 为生物体中的脂类分数（g 脂质/g 生物体湿重）；k_{ow} 为辛醇-水分配系数。一般生物体中的脂类分数都设置为系统默认值（表 7-2）。

5）敏感性分析。为了估计输入数据的可能变化或不确定性以减少输出数据的误差，必须识别模型中最敏感的参数。AQUATOX 模型提供了概率模型方法以允许使用者列举特定的分布类别和主要输入统计变量。通过使用拉丁超立方体抽样方法达到有效的抽样（LHS）（USEPA，2004b）。敏感性（S_{li}^2）可以运用输入和输出标准差的比值来计算：

$$S_{I_i}^2 = \frac{\sigma_{0,\,I_i}^2}{\sigma_{I_i}^2} \tag{7-4}$$

式中，$S_{I_i}^2$ 为输入变化时输出值变化的敏感性；$\sigma_{0,\,I_i}^2$ 为输出变量对于 i_{th}（i_1，i_2，i_3，…）输入参数的不确定性；$\sigma_{I_i}^2$ 为 i_{th} 输入参数的对数正态分布变量。

7.1.4.3 结果

(1) 模型校正

在确定模型种群和水环境变量后，进行白洋淀生态系统的真实模拟。为了准确地表达生物量的季节变化，AQUATOX 模型中的生理学参数进行了校正。模型参数不断进行校正直到模型模拟值符合白洋淀中生物量的季节变化规律。

AQUATOX 模型模拟的情况如图 7-2 所示。浮游藻类的生物量变化显示蓝藻的生物量在夏季达到峰值，硅藻的生物量在秋季达到峰值。在夏季，由于蓝藻具有较高的最适宜温度以及较长的光照导致蓝藻快速增加 [图 7-2（a）]。在秋季，由于硅藻具有较低的最适宜温度和较短的光照导致硅藻快速增加。浮游藻类生物量的增加导致浮游动物生物量的增加 [图 7-2（d）]。底栖动物生物量在春季达到峰值 [图 7-2（b）]；大型水草生物量在秋季达到峰值 [图 7-2（c）]；底栖昆虫生物量在秋季达到峰值 [图 7-2（e）]；底栖大型无脊椎动物生物量在夏季达到峰值 [图 7-2（f）]；鱼类种群生物量在秋季达到峰值 [图 7-2（g）]。

与生产者生物量相比，底栖昆虫和底栖大型无脊椎动物的生物量较小，消费者种群生物量的峰值在生产者种群峰值之后出现（鱼类种群食物供给）。在这方面，该模型显示出它能描述生物种群间的生态相互作用，生物种群生物量的季节变化与其在真实生态系统中的季节变化规律吻合较好。

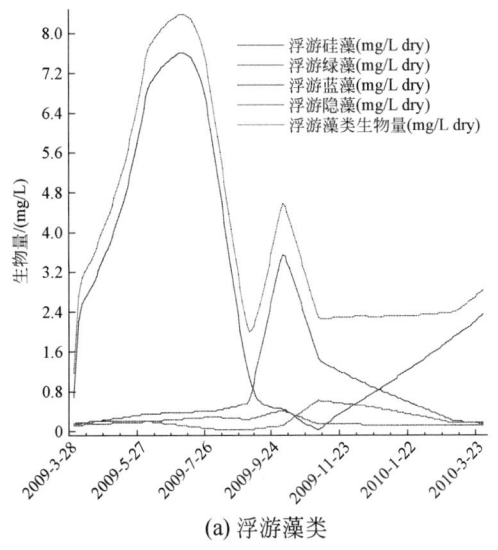

(a) 浮游藻类

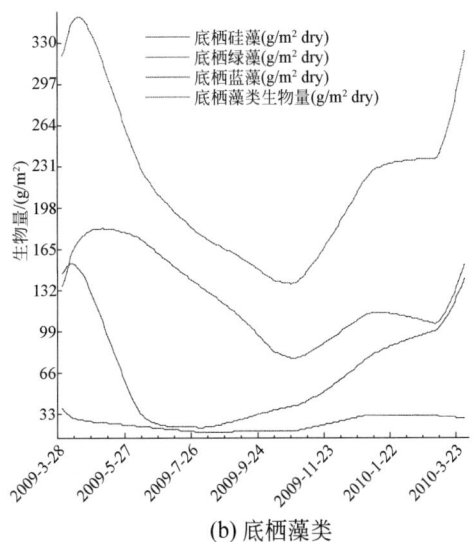

(b) 底栖藻类

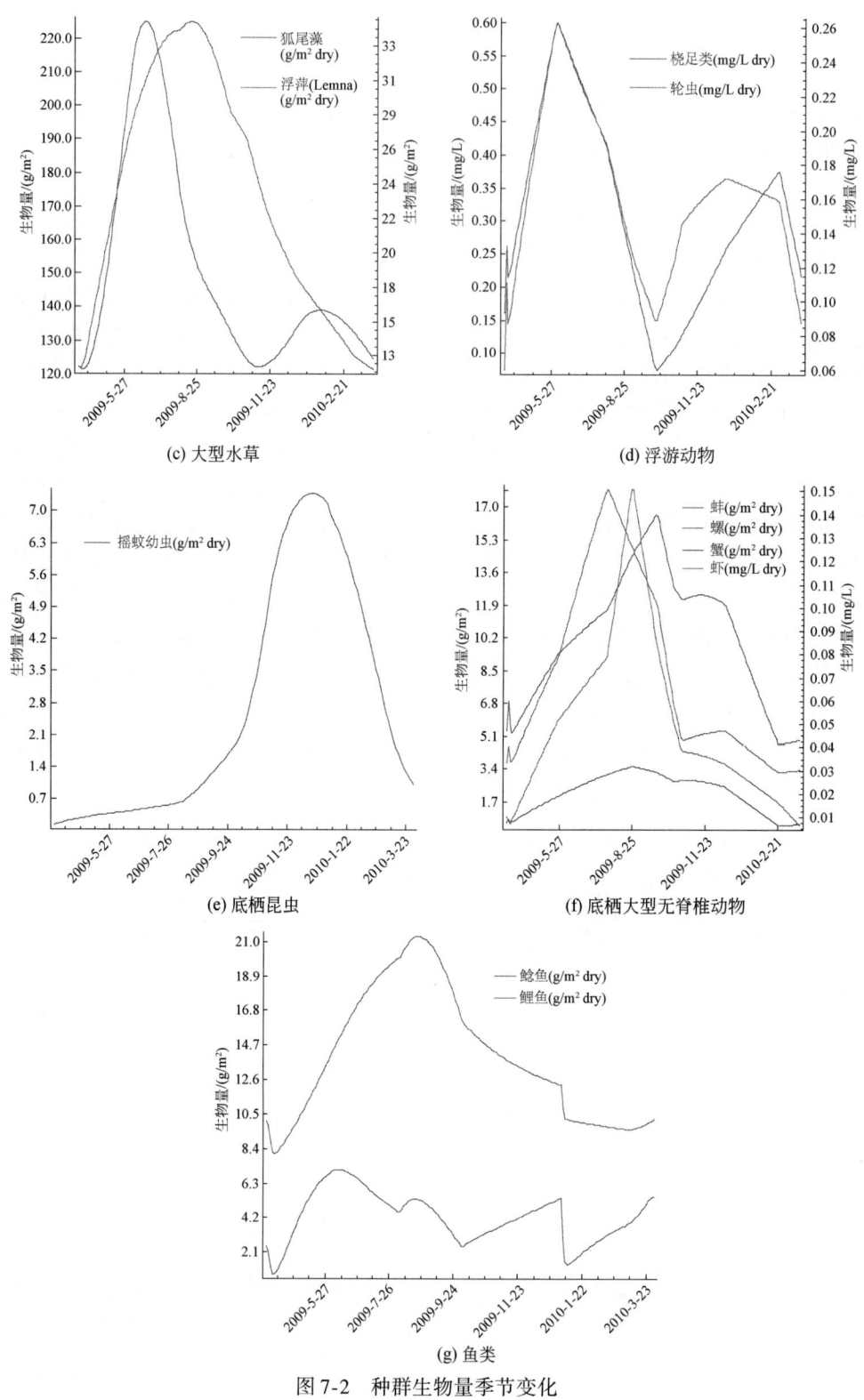

图 7-2 种群生物量季节变化

图 7-3 提供了浮游藻类生物量的模拟值与实测值的比较，模型模拟的效果较为适应野外观测的数据。选取的浮游藻类种群生物量预测值与实测值在同一数量级。整体上，AQUATOX 模型提供了白洋淀浮游藻类种群较为合理的季节变化规律。

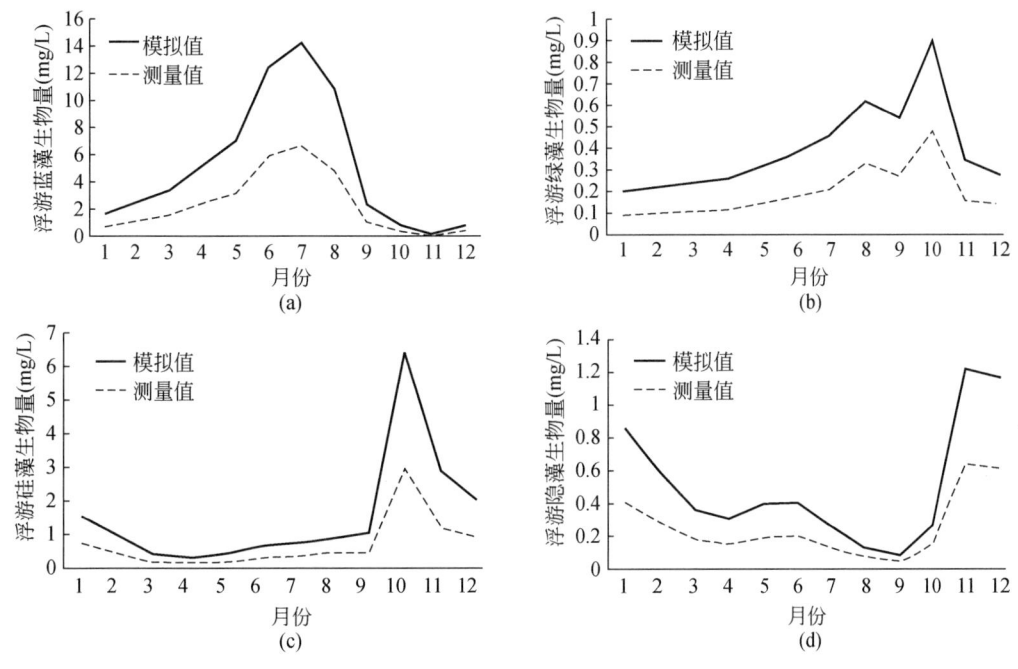

图 7-3　浮游藻类模拟值与实测值比较

（2）敏感性分析

AQUATOX 模型通过敏感性分析来校验每个模型种群参数在直接毒性影响和间接生态效应的相对贡献参数。通过敏感性分析识别的敏感参数然后用于该模型参数的模拟效果或者评价模型结构。敏感性分析的结果可以为改善模型风险评价。表 7-6 列出了模型中每个种群主要的影响因子。第一栏列出了 AQUATOX-白洋淀中选取的种群，后面三列列举了各个种群最敏感的两个或三个因子。模型的敏感性指数越大，模型参数对年生物量的变化贡献越大。

表 7-6　AQUATOX 模型明感性分析结果（输入参数变化 10% 的范围内）

种群		控制生理参数因子的排序（敏感性指数）		
		1	2	3
浮游藻类	Diatoms	硅藻种群 R（17.15）	硅藻种群 T_0（13.16）	硅藻种群 P_m（12.65）
	Greens	绿藻种群 R（17.67）	绿藻种群 P_m（16.33）	绿藻种群 T_0（12.77）
	Blue-greens	蓝藻种群 T_0（45.0）	蓝藻种群 P_m（35.1）	蓝藻种群 T_0（20.0）
	Cryptomonas	隐藻种群 P_m（23.8）	隐藻种群 R（13.61）	—

续表

种群		控制生理参数因子的排序（敏感性指数）		
		1	2	3
底栖藻类	*Bacillariophyta*	底栖硅藻种群 R（70.3）	轮虫种群 T_0（2.11）	虾种群 R（1.55）
	Chlorophyta	底栖绿藻种群 R（65.5）	底栖绿藻种群 M_c（10.1）	轮虫种群 T_0（2.11）
	Cyanophyta	底栖蓝藻种群 R（83.6）	底栖蓝藻种群 M_c（12.5）	—
大型水草	*Myriophyllum*	狐尾藻种群 R（47.6）	狐尾藻种群 T_0（37.1）	—
	Duckweed	浮萍种群 T_0（51.0）	浮萍种群 P_m（17.3）	浮萍种群 R（6.55）
浮游动物	Rotifer	轮虫 T_0（19.6）	轮虫 R（9.52）	虾种群 R（2.43）
	Copepoda	桡足类种群 T_0（23.32）	虾种群 R（12.32）	虾种群 T_0（1.3）
底栖昆虫	*Chironomidae*	摇蚊幼虫种群 T_0（50.4）	摇蚊幼虫种群 M_c（22.6）	虾种群 R（1.5）
底栖大型无脊椎动物	Mussel	轮虫种群 T_0（23.0）	蚌种群 T_0（12.0）	底栖硅藻种群 R（8.84）
	Crab	蟹种群 T_0（26.4）	轮虫种群 T_0（14.6）	虾种群 T_0（12.03）
	Shrimp	轮虫种群 T_0（16.6）	虾种群 R（14.6）	虾种群 R（13.47）
	Asian mud snail	螺种群 R（18.64）	螺种群 T_0（15.16）	轮虫 T_0（11.5）
鱼类	Carp	草鱼种群 T_0（20.8）	浮萍 T_0（12.79）	底栖硅藻 R（11.6）
	Catfish	鲶鱼种群 T_0（15.6）	底栖绿藻种群 R（9.82）	底栖硅藻种群 R（5.96）

注：参数设置：P_m 为最大光合速率；R 为呼吸速率；T_0 为最适宜温度；L_s 为光饱和强度；M_c 为死亡率。

浮游藻类种群（1、2、3 和 4）年生物量变化主要分别受最大呼吸速率 R（R_1 = 17.15%，R_2 = 17.67%）、最适宜温度（T_0）（T_0 = 45.0%）以及最佳光合速率（P_m = 23.8%）的影响。底栖藻类种群年生物量变化主要受呼吸速率（R_1 = 70.3%，R_2 = 65.5%，R_3 = 83.6%）的影响，其次为底栖藻类种群 1 的 T_0（T_0 = 2.11%）以及种群 2 和种群 3 的死亡率影响（Mc_2 = 10.1%，Mc_3 = 12.5%）。浮游动物种群 1 的 T_0（T_0 = 2.11%），种群 2 的 T_0（T_0 = 2.40%）以及底栖大型无脊椎动物种群 3 的 R（R = 1.55%）都是影响底栖藻类种群 1 变化的主要原因。这个结果意味着捕食关系在确定底栖藻类种群生物量中极其重要。狐藻种群年生物量变化主要受 R（R = 47.6%）和 T_0（T_0 = 37.1%）的影响，浮萍种群主要受 T_0（T_0 = 51.0%）、P_m（P_m = 17.3%）和 R（R = 6.55%）的影响。

浮游动物种群 1 的生物量主要受其 T_0（T_0 = 19.6%）、R（R = 9.52%）和底栖大型无脊椎动物种群 3 R（R = 2.43%）的影响。浮游动物种群 2 生物量主要受其 T_0（T_0 = 23.32%）影响，底栖大型无脊椎动物种群 3 主要受 R（R = 12.32%）和底栖大型无脊椎动物种群 3 T_0（T_0 = 1.30%）的影响。浮游动物种群年生物量变化主要受直接和间接效应的影响，而底栖昆虫种群主要受 T_0（T_0 = 50.4%）、Mc（Mc = 22.6%）以及底栖大型无脊椎动物种群 3 的 R（R = 1.50%）影响。底栖昆虫的结果表明，直接效应是决定其生物量变化的主要影响因素。底栖大型无脊椎动物种群 1 的年生物量变化主要受底栖动物种群 $1T_0$（$T_0=23.0\%$）的影响，底栖大型无脊椎动物种群 $2T_0$（$T_0=12.0\%$）的影响，以及底栖大型无脊椎东区种群 $4R$（$R=8.84\%$）的影响。底栖大型无脊椎动物种群 2、种群 3 和种群 4 主要受底栖大型无脊椎动物种群 $2T_0$（$T_0=26.4\%$），种群 $1T_0$（$T_0=16.6\%$）和底栖大型无脊椎动物种群 $4R$（$R=18.64\%$）的影响。底栖大型无脊椎动物敏感性分析的结果表明间接效应在确定底栖生物量年变化过程中是主要的影响因素。鱼类种群 1 年生物量变化主要受鱼类种群 1 T_0（$T_0=20.8\%$）水草种群 2 T_0（$T_0=20.8\%$）和底栖藻类种群 1 R（$R=11.6\%$）的影响。鱼类种群 2 主要受 T_0（$T_0=15.6\%$），底栖藻类种群 2 R（$R=9.82\%$）和群 1 底栖藻类 R（$R=5.96\%$）的影响。

这些敏感性分析结果表明，间接的营养关系主要决定底栖大型无脊椎动物种群的年生物量。结果强调了间接营养关系，表明确定很多营养级的参数值在 AQUATOX-白洋淀模型中确定各个种群生物量的变化是十分重要的。这些分析结果表明，AQUATOX 模型结果主要取决于温度限制（表7-6）。敏感性分析强调通过个体水平的毒性测试结果来推断预测化学物质在复杂的自然生态系统中效应的困难。

（3）PCB 风险估计

计算了不同的暴露浓度条件下 PCBs 对每个生物种群生物量下降的风险，运用此前建立的 AQUATOX-白洋淀模型进行分析。表 7-7 概括了浮游藻类、底栖藻类、大型水草、浮游动物、底栖昆虫、底栖大型无脊椎动物、鱼类种群暴露在不同浓度条件下 PCB 的生态风险，这些浓度是根据此前文献中报道的白洋淀水环境中的 PCB 浓度确定的。

在最小暴露浓度条件下（19.46 ng/L），浮游藻类种群 1 和群 2、底栖藻类种群 1 和种群 3、水草种群生物量降低 10% 的生态风险分别为 0.010、0.065、0.048、0.206、0.119 和 0.073。浮游藻类种群、底栖藻类、底栖藻类、浮游动物种群、底栖昆虫、鱼类种群 2 存在生物量增加的可能性。在暴露浓度为 38.92 ng/L 的暴露水平下，浮游藻类种群 1 和种群 2、底栖藻类 1 和种群 3 及水草种群生物量降低 10% 的生态风险分别为 0.007、0.065、0.049、0.206、0.121 和 0.073。浮游藻类 2 和种群 4、底栖藻类种群 2、浮游动物种群 1 和种群 2、底栖昆虫种群和鱼类种群 2 存在生物量增加的可能性，其中底栖昆虫种群存在生物量增加的可能性最大。底栖大型无脊椎动物种群 1、种群 2、种群 3 和种群 4 生物量下降 10% 的风险分别为 0.089、0.109、0.334 和 0.097。这些种群生物量增加可能与底栖大型无脊椎动物和鱼类生物量的下降有关，因为这些种群生物量的下降将造成浮游藻类、底栖藻类、浮游动物、底栖昆虫和鱼类种群 2 的捕食和竞争压力减少。在 PCB 暴露浓度为 77.84 ng/L 时，尽管 PCB 的暴露浓度有所增加，但是所有生产者生物量下降 10% 的风险为 0。这种变化可能是由于 PCB 的直接毒性效应与减少的消费者捕食压力相互抵消，同时消费者种群生物量的风险迅速增加。消费者种群生物量风险增加的原因可能与 PCB 的直接毒性效应和生物放大效应有关。在 PCB 暴露浓度为 131.62 ng/L 条件下，所有生产者生物量下降 10% 的生态风险仍为 0。浮游动物、底栖昆虫和鱼类种群 2 的生物量下降的风险略有增加，而底栖大型无脊椎动物种群生物量下降 10% 的风险没有发生变化。尽管如此，鱼类种群 1 的生物量下降 10% 的风险略有减少。

表 7-7 AQUATOX-白洋淀模型计算不同浓度条件下各个种群生物量下降风险

暴露浓度/(ng/L)	种群类别		生物量变化范围/%								
			−10	−20	−30	−40	−50	−60	−70	−80	−90	+10
19.46	浮游藻类	1	0.010	0.005	0.001	—	—	—	—	—	—	—
		2	0.065	0.065	0.065	0.065	0.065	0.065	0.065	0.065	0.065	—
		3	—	—	—	—	—	—	—	—	—	1.892
		4	—	—	—	—	—	—	—	—	—	0.202
	底栖藻类	1	0.048	0.044	0.042	0.040	0.038	0.037	0.035	0.032	0.030	0.126
		2	—	—	—	—	—	—	—	—	—	—
		3	0.206	0.206	0.206	0.206	0.206	0.206	0.206	0.206	0.206	—
	大型水草	1	0.119	0.119	0.119	0.108	0.108	0.108	0.108	0.108	0.107	—
		2	0.073	0.073	0.073	0.073	0.073	0.073	0.073	0.073	0.073	—
	浮游动物	1	—	—	—	—	—	—	—	—	—	0.459
		2	—	—	—	—	—	—	—	—	—	0.351
	底栖昆虫	1	—	—	—	—	—	—	—	—	—	5.081
	底栖大型无脊椎动物	1	0.089	0.089	0.089	0.089	0.089	0.089	0.089	0.089	0.089	—
		2	0.109	0.109	0.109	0.109	0.109	0.109	0.109	0.109	0.109	—
		3	0.334	0.334	0.334	0.334	0.334	0.334	0.334	0.334	0.334	—
		4	0.097	0.097	0.097	0.097	0.097	0.097	0.097	0.097	0.097	—
	鱼类	1	0.585	0.585	0.585	0.540	0.540	0.540	0.540	0.539	0.533	—
		2	—	—	—	—	—	—	—	—	—	1.131

续表

暴露浓度/(ng/L)	种群类别		生物量变化范围/%									
			-10	-20	-30	-40	-50	-60	-70	-80	-90	+10
38.92	浮游藻类	1	—	—	0.001	—	—	—	—	—	—	—
		2	0.065	0.065	0.065	0.065	0.065	0.065	0.065	0.065	0.065	—
		3	—	—	—	—	—	—	—	—	—	1.887
		4	—	—	—	—	—	—	—	—	—	0.202
	底栖藻类	1	0.049	0.045	0.042	0.041	0.038	0.035	0.033	0.029	0.027	—
		2	—	—	—	—	—	—	—	—	—	0.126
		3	0.206	0.206	0.206	0.206	0.206	0.206	0.206	0.206	0.206	—
	大型水草	1	0.121	0.121	0.121	0.121	0.121	0.121	0.120	0.115	0.115	—
		2	0.074	0.074	0.074	0.074	0.074	0.074	0.074	0.074	0.074	—
	浮游动物	1	—	—	—	—	—	—	—	—	—	0.459
		2	—	—	—	—	—	—	—	—	—	0.351
	底栖昆虫	1	—	—	—	—	—	—	—	—	—	5.062
	底栖大型无脊椎动物	1	0.089	0.089	0.089	0.089	0.089	0.089	0.089	0.089	0.089	—
		2	0.109	0.109	0.109	0.109	0.109	0.109	0.109	0.109	0.109	—
		3	0.334	0.334	0.334	0.334	0.334	0.333	0.333	0.333	0.333	—
		4	0.097	0.097	0.097	0.097	0.097	0.097	0.097	0.097	0.097	—
	鱼类	1	0.591	0.591	0.591	0.591	0.591	0.590	0.589	0.570	0.570	—
		2	—	—	—	—	—	—	—	—	—	1.129

续表

暴露浓度/(ng/L)	种群类别		生物量变化范围/%										
			−10	−20	−30	−40	−50	−60	−70	−80	−90	+10
77.84	浮游藻类	1	—	—	—	—	—	—	—	—	—	—
		2	—	—	—	—	—	—	—	—	—	—
		3	—	—	—	—	—	—	—	—	—	—
		4	—	—	—	—	—	—	—	—	—	—
	底栖藻类	1	—	—	—	—	—	—	—	—	—	—
		2	—	—	—	—	—	—	—	—	—	—
		3	—	—	—	—	—	—	—	—	—	—
	大型水草	1	—	—	—	—	—	—	—	—	—	—
		2	—	—	—	—	—	—	—	—	—	—
	底栖动物	1	84.53	84.48	84.48	84.48	84.48	84.48	84.48	84.42	84.42	—
		2	1.158	1.158	1.158	1.158	1.158	1.158	1.158	1.158	1.158	—
	底栖昆虫	1	4.804	4.801	4.801	4.801	4.801	4.801	4.801	4.799	4.799	—
	底栖大型无脊椎动物	1	—	—	—	—	—	—	—	—	—	—
		1	1.351	1.351	1.350	1.350	1.350	1.350	1.350	1.350	1.350	—
		2	—	—	—	—	—	—	—	—	—	—
		3	—	—	—	—	—	—	—	—	—	—
		4	—	—	—	—	—	—	—	—	—	—
	鱼类	1	77.85	77.85	77.78	77.78	77.77	77.65	76.50	76.49	74.84	—
		2	30.30	30.25	30.25	30.25	30.25	30.18	30.14	30.14	29.89	—

第7章 海河流域水生态调控技术

续表

暴露浓度/(ng/L)	种群类别		-10	-20	-30	-40	-50	-60	-70	-80	-90	+10
131.62	浮游藻类	1	—	—	—	—	—	—	—	—	—	—
		2	—	—	—	—	—	—	—	—	—	—
		3	—	—	—	—	—	—	—	—	—	—
		4	—	—	—	—	—	—	—	—	—	—
	底栖藻类	1	—	—	—	—	—	—	—	—	—	—
		2	—	—	—	—	—	—	—	—	—	—
		3	—	—	—	—	—	—	—	—	—	—
	大型水草	1	—	—	—	—	—	—	—	—	—	—
		2	—	—	—	—	—	—	—	—	—	—
	浮游动物	1	92.65	92.58	91.65	92.58	92.70	92.64	92.64	92.64	92.65	—
		2	1.159	1.159	1.159	1.159	1.159	1.159	1.159	1.159	1.159	—
	底栖昆虫	1	4.851	4.849	4.851	4.849	4.853	4.851	4.851	4.851	4.851	—
	底栖大型无脊椎动物	1	1.350	1.351	1.351	1.351	1.350	1.351	1.351	1.351	1.350	—
		2	—	—	—	—	—	—	—	—	—	—
		3	—	—	—	—	—	—	—	—	—	—
		4	—	—	—	—	—	—	—	—	—	—
	鱼类	1	77.53	75.63	75.54	74.48	74.25	77.68	77.68	77.68	77.53	—
		2	31.03	30.68	30.66	30.45	30.38	31.10	31.10	31.10	31.03	—

生物量变化范围/%

AQUATOX-白洋淀模型不仅估计了各个种群的直接毒性效应，还估测了各个种群通过底栖-浮游耦合食物网的间接生态影响。模型预测的结果表明，不同生物体对于有毒物质和捕食压力具有不同的敏感性。PCB风险估计结果阐明有毒化学物质在自然生态系统中的效应与实验室中单一种群测试的毒性效应存在差异。这表明毒性物质对生态系统的生态风险不能通过单一种群的毒性数据进行完全解释（Naito et al.，2002）。

7.1.4.4 讨论

就目前的模型精确度来说，研究中的模型模拟结果可以为改善化学物质的生态风险评价和管理提供足够充分的信息。根据Naito等（2002）的研究成果，生物种群生物量的变化可能意味着生态系统中多重压力的影响。尽管通过模型模拟值和实测值的比较，可以证实模型可以同时模拟直接和间接效应（图7-3）。模型模拟结果整体上要高于实测值。这可能与湖泊中存在较多不同类型的污染物有关，导致水生生物种群生物量的减少。风险值的计算是通过修改参考模拟，模型风险估计应该考虑与其他污染物的相对效应。在不同浓度条件下PCB的生态风险并不完全取决于暴露浓度，因此不能根据暴露浓度来预测水生生物种群生物量的变化。

敏感性分析结果表明由底栖-浮游耦合食物网造成的间接效应会改变生态风险值。在PCB暴露浓度为19.46 ng/L和38.92 ng/L时，模型结果显示浮游藻类种群3和种群4、底栖藻类种群2、浮游动物种群1和种群2、底栖昆虫、鱼类种群2存在生物量增加的可能性，这是由底栖大型无脊椎动物和鱼类种群1捕食压力和竞争压力减小造成的。食物网的效应表明，底栖和浮游种群存在耦合关系。需要指出的是，在PCB暴露浓度为77.85 ng/L和131.62 ng/L时，所有生产者种群生物量下降的风险都为0，而消费者生物量下降的风险快速增大。对于生产者来说，可能解释为这种分布特征主要由于消费者捕食压力的减少导致生产者PCB的直接毒性效应减少。对于消费者来说，生物量下降风险的迅速增大主要与PCB的直接毒性效应和生物放大作用有关。尽管在水生食物网中生物放大过程仍然存在争议，Bruner等（1994）、Losser和Ballschmiter（1998）、Gobas等（1999）的研究证明，生物放大作用在食物网中的关键地位，而且根据Borga等（2001）的研究成果，食物吸收存在于食物网的低营养级种群中。Hu等（2010a，b）最新研究结果考虑了食物网的生物放大作用，他们运用同位素示踪方法来评价有机污染物在白洋淀食物网中的累积效应。他们的研究结果表明，生物放大系数（BAF）表示白洋淀不同生物种群生物浓缩速率存在差异。此外，Rashleigh等（2009）应用AQUATOX模型更好地表征了食物网动态，造成Hartwell湖泊中PCB的生物放大效应。他们的研究结果表明，在食物网中PCB的放大途径为：碎屑—水蚤—鲱鱼—鲈鱼，而且，敏感性分析确定了该模型最敏感的参数为温度限制和呼吸速率，这与Sourisseau等（2008）的研究结果一致。这表明，在运用AQUATOX模型评价化学物质生态风险过程中需要注意这些参数的设置。

尽管模型结构较复杂，但仍有很多方法可以简化生境条件。因此，在模型中不可能重现真实的生态系统。例如，考虑种群规模和性别的种内差异（研究中未考虑），都可以影响PCB在鱼类中的吸收（Bremle and Larsson，1998）。而且，不同类型的风险评价需要不同复杂程度的模型。为了检验模型在生态系统中评价生态风险中的实用性,AQUATOX-白洋淀风险评估的结果与不同野外试验中的最大无影响效应浓度(NOEC)进行比较。

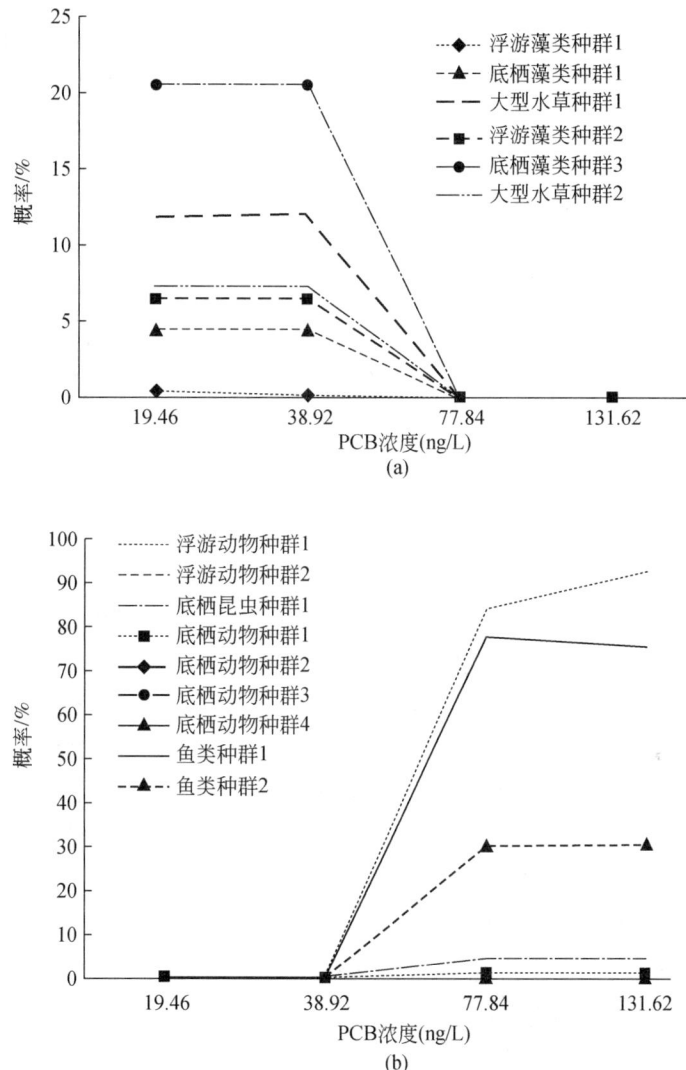

图 7-4 模型中生物种群生物量下降 20% 时可能的 PCB 暴露浓度

注:Exp-NOEC 范围根据 USEPA(2006)(90~1562.5 ng/L)确定。Hansen-NOEC 表示 NOEC 由 Hansen 等(1973)提出的水生生物暴露浓度范围(90~1100 ng/L)确定。Fisher-NOEC 表示由 Fisher 等(1994)提出的 NOEC(1562.5 ng/L)确定。

将模型中种群生物量减少 20% 时污染物的浓度与实验室和其他原则条件下获得的NOEC 值进行比较,我们假设在保护生态系统中,生物量下降 20% 为"可以接收的风险"水平,其概率为 0.5。Suter 和 Mabrey(1994)运用种群生物量下降 20% 作为评价终点,来建立水生生物毒理学标注。这是因为生物量下降 20% 是在野外监测中可以监测到的最小差异(Suter,1993)。实验室中的最大无影响效应浓度(Exp-NOEC)值范围为 90~

1562.5 ng/L（几何平均数为 826.25 ng/L）。图 7-4 阐明所有模型种群除了浮游藻类种群 3 和种群 4、底栖藻类种群 2 显示生物量下降 20% 的风险比实验室中的最大无影响效应浓度（Exp-NOEC）要低。对于最敏感的种群（浮游动物种群 1），在 50% 概率条件下生物量下降 20% 的浓度低于 77.84 ng/L。当暴露水平达到 77.84 ng/L 时，生产者种群生物量下降 20% 的风险减少。通过这些比较结果确定在模型中大多数生物种群生物量下降 20% 的浓度小于实验室中的最大无影响效应浓度（Exp-NOEC）。这意味着模型方法在建立化学有毒物质的保护基准中是一个较好的方法。

AQUATOX-白洋淀模型还能够应用于设计微宇宙或者野外的毒性测试，尽管这些测试可以用来确定化学物质的生态效应，大尺度的毒理学测试需要耗费大量的人力、物力和财力。出于这些考虑，生态模型如 AQUATOX-白洋淀可以成为设计大尺度毒理学测试的潜在工具之一。Lei 等（2008）阐明了 AQUATOX 模型在确定硝基苯测试浓度野外毒性试验中的可靠性。研究结果表明，野外试验中如果同时考虑 PCB 的直接毒性效应和食物网的间接生态影响，如白洋淀，微型生态系统和野外测试的浓度范围应该为 19.46～131.62 ng/L。在 19.46 ng/L PCB 浓度条件下，模型中某些种群也观测到存在风险，但是大多数营养级较高的生物种群在 PCB 浓度大于 131.62 ng/L 时，处于相对较高的风险。

7.2 生态基流保障技术

对河流生态基流进行科学评估，是流域水资源管理对退化河流进行生态恢复的有效手段。河流生态基流评估结果必须满足两个基本原则：①科学性原则。河流生态基流评估必须基于对被评估河流生态系统各组分之间生态过程和生态功能的科学界定和定量表征，其结果可反映河流生态系统维持健康的生态功能所需要的最小水量。②可操作性原则。流域尺度下，河流生态基流评估结果必须反映生态基流在时间和空间上分布的差异。以月为时间尺度，生态基流评估结果也可作为用于河流生态恢复的水资源配置方案，对退化河流进行生态恢复。基于该方案，依托河段控制水文站点，计算河段现状丰、平、枯水期水量并兼顾河流上、中、下游来水量关系，进行水资源调度和配置。流域尺度下，现有的生态基流评估方法通常基于 Tennant 法和河段水文情势，未考虑流域内河流在主导生态功能上的差异、河段上、中、下游河流形态，河流功能上的差异和在不同生态功能区的分布。因此，计算结果往往较大，在流域水资源开发强度极高的前提下，以其评估结果作为河流生态恢复的水资源配置方案，在流域水资源管理中难以有效实施，退化河流生态系统的健康程度也未能得到有效提高。该技术基于河流生态退化特征和生态恢复目标，通过识别河流的空间连通关系，基于河流生态基流整合计算模型，计算河段、湿地、河口及流域尺度下的河流生态基流量，并分析其时空分布特征，从而为流域管理提供科学依据。

7.2.1 技术简介

针对现有基于 Tennant 法的流域河流生态基流计算方法计算结果偏大、无法体现河流主导生态功能，在流域管理中难以有效实施的不足，该技术要解决的问题是建立一种新的生态基流评估方法，按照源头、上中下游和河口的空间结构对河流生态用水进行评估，同时能提供优化的河流生态基流时空配置方案。该技术解决这些问题所采用的技术方案如下：首先，明确不同生态单元的生态退化现状和生态恢复目标、分析河段、湿地及河口的空间分布格局。其次，明确河段、湿地及河口三类子生态系统各组分维持正常的生态过程需水，并计算这三类子生态系统生态基流量。最后，根据河段、湿地及河口三类子生态系统空间连通关系，对三类子生态系统生态基流量进行整合计算，确定流域尺度下河流的生态基流时空配置方案，并根据河流实际恢复效果，对结果进行"适应性管理"，验证和校正评估结果。

7.2.2 关键技术参数计算

（1）流域水资源开发利用格局及水生态恢复目标

明确流域水资源开发利用格局，包括流域多年平均水资源量；"三生用水"比例和水资源开发利用强度、水资源使用效率；流域内自产水资源配置、流域外调水及配置；根据流域社会经济发展目标和生态环境现状，确定水生态恢复目标。

（2）河流生态基流恢复等级和恢复模式

按照优、中、差三个等级相应地提出生态基流恢复的高方案、中方案和低方案。同时，基于河流的主导功能和生态恢复目标，提出不同保障率下子系统的生态基流配置目标。

（3）河段、湿地及河口空间连通关系

明确水系尺度下，河流、湿地及河口三类子生态系统的空间连通关系，扣除子系统间重复计算生态基流量。

（4）河段、湿地及河口生态基流时空分布

河段、湿地及河口生态基流量只保证维持其基本生态功能的最小水量，具体的确定方法如下：

1）生态基流保障系数。基于河流主导生态功能和恢复目标，确定不同恢复等级生态基流保障系数取值区间（表7-8）和不同保障率下子系统生态基流保障系数（表7-9）。

表7-8 不同恢复等级生态基流保障系数（α）取值

恢复等级	生态基流配置方案	α 非汛期（10月至次年3月）	汛期（4月~9月）
优	高	0.60	0.60
中	中	0.25	0.67~0.83
差	低	0.10	0.33~0.67

2）河段、湿地及河口生态基流保障系数。参照Tennant法确定的河流多年平均径流量不同百分比与河流生态状况的对应关系，根据子生态系统（河段、湿地和河口）控制水文站点的多年平均径流量，按照式（7-5）和式（7-6）确定生态基流保障系数 ξ。

$$\xi = \text{Max}(a_i) \times 0.1, \quad (7\text{-}5)$$

$$a_i = \frac{Q_{ki}}{Q_n} \quad (7\text{-}6)$$

式中，a_i 为在 i 保障率（25%，50%，75%）下的校正因子；Q_{ki} 为 k 子生态系统（河段、湿地和河口）在 i 保障率（25%，50%，75%）下的年天然径流量（$10^8 \text{m}^3/\text{a}$）；Q_n 为年平均径流量（$10^8 \text{m}^3/\text{a}$）。

表 7-9　不同保障率下的生态基流保障系数（ξ）参照取值

子生态系统	生态基流保障系数（ξ）					
	汛期（6月~9月）			非汛期（10月至次年3月）		
	差（75% 保障率）	中（50% 保障率）	好（25% 保障率）	差（75% 保障率）	中（50% 保障率）	好（25% 保障率）
河段	0.25	0.50	0.70	0.20	0.30	0.45
湿地	0.20	0.45	0.65	0.15	0.25	0.40
河口	0.15	0.40	0.60	0.10	0.20	0.35

按照河段、湿地和河口三类子系统的生态过程所需要消耗的水量计算子系统的生态基流：

A. 河段生态基流量确定。中国北方大多数区域处于干旱和半干旱地区、水资源时空分布差异显著，水资源开发利用强度高，水体普遍污染严重，季节性河流分布广泛。

$$Q_L = Q_E + Q_F + Q_V + Q_B + Q_H \quad (7\text{-}7)$$

式中，Q_E 为河道蒸散发耗水量；Q_F 为河道渗漏补给地下水耗水量；Q_V 为河道内挺水植物蒸散发耗水量；Q_B 为河岸带植被蒸散发耗水量；Q_H 为维持生物栖息地所需要消耗的水量。

B. 湿地生态基流量。水系内与河道具有水文联系的湿地生态基流量按下式确定：

$$W_w = \{W_p + W_b + \xi_2 \times [Q_s + \text{Max}(W_q, Q_e) + W_n + W_y]\}/T \quad (7\text{-}8)$$

式中，W_p 为湿地植被生态基流量（亿 m^3/月）；W_b 为地下水补给湿地的生态基流量（亿 m^3/月）；ξ_2 为湿地基流保障系数；Q_s 为湿地土壤生态基流量（亿 m^3/月）；W_q 为维持湿地动物生存的栖息地所需的生态基流量（亿 m^3/月）；Q_e 为人类维持适宜的湿地景观和娱乐生态基流量（亿 m^3/月）；W_n 为防止海岸侵蚀的生态基流量（亿 m^3/月）；W_y 为溶盐、洗盐生态基流量（亿 m^3/月）；W_n 和 W_y 为滨海湿地的特征参数，对于内陆湿地，W_n 和 W_y 值为 0；T 为湿地的换水系数（d）。

C. 河口生态基流量。水系末端河口的生态基流量按下式确定：

$$F = F_a + \xi_3 \times (F_b + F_c) \quad (7\text{-}9)$$

式中，ξ_3 为河口生态基流保障系数；F_a 为河口维持淡水、咸水交换平衡生态基流量（亿 m^3/月）；F_b 为维持河口动物正常代谢生态基流量（亿 m^3/月）；F_c 为维持河口动物适宜栖息地生态基流量（亿 m^3/月）。

D. 流域尺度下，河流生态基流量整合。将河段、湿地及河口三类子生态系统生态基流进行整合，得到流域尺度下河流水生态系统生态基流量。该技术首先进行同一水系不同河段生态基流量整合，再进行同一水系河段、湿地和河口三类子生态系统生态基流量整合，最后将不同水系生态基流量进行整合得到流域尺度下河流水生态系统生态基流量。

7.2.3 技术应用

以我国海河流域为例，用上述方法对流域河流生态基流量进行估算，依据《海河流域生态环境恢复水资源保障规划》（水利部海河水利委员会，2005）分析海河流域水资源开发利用现状及生态环境恢复目标。

1）流域水资源及开发利用现状。海河流域多年平均水资源量 370 亿 m^3，其中地表水资源量 216 亿 m^3，地下水资源量 235 亿 m^3。人均占有水资源量仅有 293 m^3，不足全国平均水平的 1/7 和世界平均水平的 1/24，远低于国际公认的人均 1000 m^3 水资源紧缺标准，属于资源性严重缺水地区。海河流域以不足全国 1.3% 的水资源量，承担着 11% 的耕地面积和 10% 的人口用水任务，水资源供需矛盾十分突出。

2）流域水生态恢复目标（2010 年）。河流：重点对北运河干流进行综合治理，达到常年蓄水或不断流。尽可能维持其他现有一定水量河流的生态，使河道干涸长度降至 2115 km。湿地：重点做好白洋淀、七里海的生态治理和修复，通过水资源配置，保证生态水量。结合南水北调中、东线一期工程实施，保持和恢复大浪淀、衡水湖、恩县洼湿地。湿地水面面积达到 578 km^2。河口：平水年入海水量达到 30 亿 m^3。

3）河段、湿地及河口生态基流时空分布。按照式（7-6）~式（7-8）分别计算平原区 21 个河段、12 块湿地及 3 个主要河口的月生态基流量，从而可确定河段、湿地及河口三类子生态系统在不同月份的生态基流量（图 7-5）及不同水系的年生态基流量（图 7-6）。

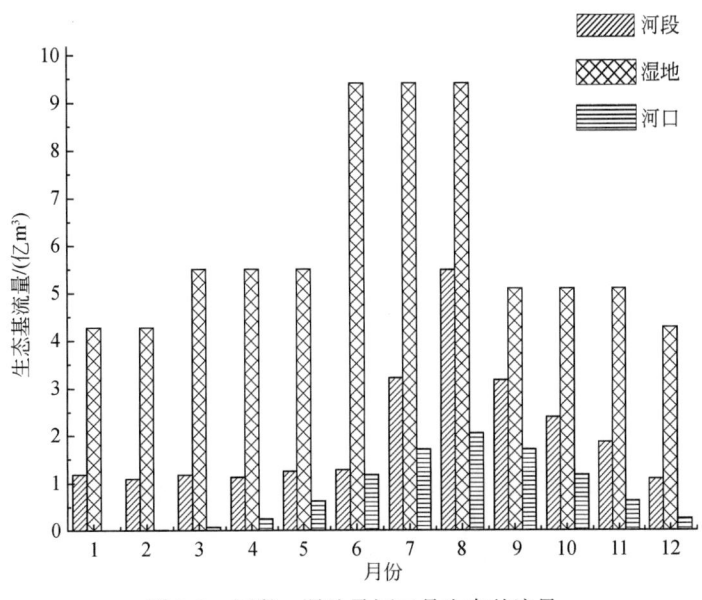

图 7-5 河段、湿地及河口月生态基流量

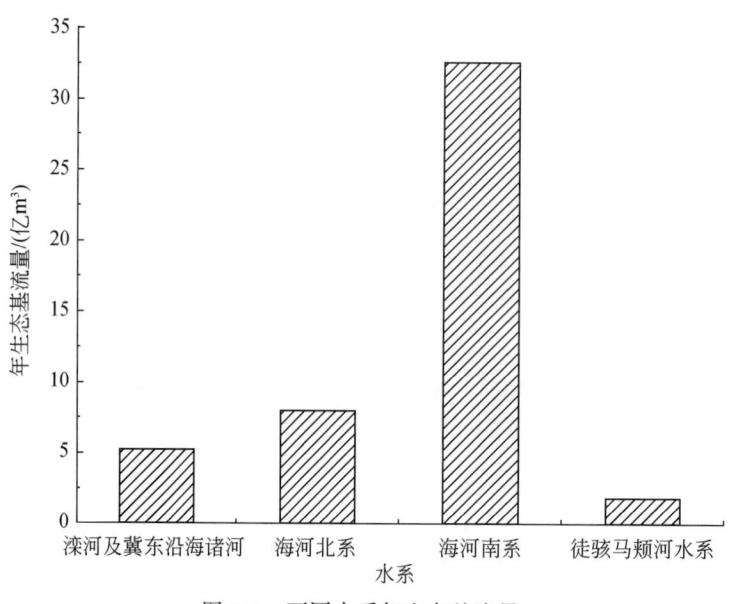

图 7-6 不同水系年生态基流量

7.3 闸门调控技术

北京是一个缺水的城市，而且随着经济、社会的不断发展，用水规模逐渐扩大，加之近年来气候影响，上游来水减少，所以仅凭官厅和密云水库补给城市河湖水系已经远远不能满足要求。据计算，"六海"最小生态需水量约为 1100 万 m^3/a，铁灵闸年均总来水仅为 862 万 m^3，而且呈逐年减少的趋势，就当前的用水状况分析，根本无法满足"六海"生态需水要求，必须开源节流，充分调节和利用各种水资源，特别是再生水资源。据统计，永引渠道、南长河、双紫支渠、北护城河及筒子河共有排污口 378 个，年污水排放量约为 1063.89 万 t，按照当前北京市中水回用率 20% 计算，可提供再生水资源 220 万 m^3/a，再加上每年的降水量及周边地区的地表径流量，只要能够合理进行配置，可获得增加可用水资源、减少汛期径流以及改善水生态环境的三重效果，这样就完全可以满足"六海"水系的最小生态需水要求。

长期以来，城市河湖上修建了很多闸坝等水工建筑，当然对于拦蓄保护水资源，起到了一定作用。但是，以往的闸坝调度主要是从蓄水排洪，调节水量的角度出发，而对于水环境的影响考虑甚少。随着当前北京城市水资源的不断短缺和水环境的严重恶化，我们对于水工建筑的管理已经不能仅仅限于水量的调节，还必须重视水质的调度，通过科学的闸门调度，为改善城市河湖水环境创造条件。城市河湖的一个突出特点就是水动力性能较差，流量小，流速低，水体更新缓慢，这是导致城市河湖发生水华污染的一个主要因素。所以，我们认为可以利用闸门的调度改善水体的水动力性能，增加水体的净化能力。就城市河湖而言，内城河湖水面比较宽阔，而闸门又大多较矮小，因此闸门调度难以改变水体的动力学特征,所以对于"六海"而言,闸门调度对于"六海"水环境改善影响较小,可不考虑。但就城市河道而言,城市河道一般较窄,所以闸门的调节对于河道水力学性能的改变影响较明显。因此,对于研究区内的河道,可以通过科学的调度闸门,改变水体的动力学特征,主要是改变水体的流动性能,提高水体的自净化能力,改善水环境。

7.3.1 技术简介

研究区共有各种闸门40个,形成了多闸门、人工控制的水利格局(表7-10)。现状的闸门调度方式还存在一些不足:①现状闸门调度以蓄水排洪,水量调节为主要目标,而兼顾生态健康的目标管理则考虑不足;②现状的闸门调度一定程度上割裂了城市河湖系统;③现行的闸门调度主要采用均匀供水的单一调控模式,对河湖生态需水量的时空变化要求考虑甚少。

表7-10 研究区闸门技术指标

河段	闸门名称	工程目的	闸孔 孔数	闸孔 孔宽/m	闸门结构 宽×高/(m×m)	闸门结构 结构型式
南长河	长河闸	为内城河湖供水	1	20.22	20.22×3.8	翻板式水闸
南长河	紫御湾船闸		1	6.0	3.9×3.28	平板人字钢门
南长河	北展节制闸		2	5.0	5.2×3.1	平板钢门
南长河	北洼闸	双紫支渠进水	2	$D=1.4$	$\Phi1.5$	铸铁门
北护城河	西护城河暗沟进水闸	控制南长河水位 控制西护雨水位	1	2.5	2.5×2.5	平板钢门
北护城河	西土城沟引水闸		1	1.5	1.5×1.5	平板钢门
北护城河	北郊四湖进水闸		1	$D=0.8$	1.08×1.30	平板木门
北护城河	松林闸	控制水位 引水、排洪	1	7.0	7.0×5.0	平板舌瓣钢门
北护城河	安定闸	壅高水位 美化河道	3	5.0	5.0×2.2	平板舌瓣钢门
北护城河	坝河进水闸		1	6.0	6.0×3.5	平板钢门
北护城河	东直门拦河闸	灌溉、供水、分洪	1	7.0	7.0×3.0	平板舌瓣钢门
北护城河	东直门进水闸		1	3.0	3.0×2.6	平板舌瓣钢门
内城河湖	铁灵闸	向城河湖供水	1	3.5	3.5×2.0	平板钢门
内城河湖	德胜闸	控制水位、输水	2	1.87	2.05×2.0	平板木闸门
内城河湖	地安闸	泄洪	2	0.6	0.6×0.5	钢板叠梁
内城河湖	西压闸		1	4.0	4.0	
内城河湖	三海闸	控制水位、补水	2	2.0	2.25×1.40	叠梁木闸门

续表

河段	闸门名称	工程目的	闸孔 孔数	闸孔 孔宽/m	闸门结构 宽×高/(m×m)	闸门结构 结构型式
内城河湖	濠濮涧闸	补水、换水	1	1.36	1.78×2.20	平板木门
	连通管闸		2	$D=1.2$	$\Phi1.2$	铸铁门
	中山公园退水闸	玉带河输水 筒子河泄水	1		$\Phi1.0$	蝶阀闸门
	文化宫退水闸	筒子河泄水	1		$\Phi1.0$	蝶阀闸门
	玉带河进口闸	玉带河输水	2	3.15	2×2	平面铸铁闸门
	玉带河出口闸	控制水位 满足景观要求	2	1.3	1.30×2.14	平板钢门
	菖蒲河退水闸		1	3.0	3.36×1.95	叠梁木门
	大红闸	控制水位、输水	4	8	8×3.8	平板钢闸门
	新华闸	换水、泄洪	1			平板钢闸门

7.3.2 关键技术参数确定

考虑到当前的水资源状况和水利现状，对研究区的 17 个主要闸门进行了研究。根据城市水系的功能分区，结合各闸门的功能和规模，将研究区的主要控制闸门分成三个类别（表 7-11）。一类闸门主要包括污染控制区的节制闸。严格控制污染排放，为下游水体环境质量的改善创造条件。二类闸门主要包括生态恢复区的各种节制闸、进水闸和分水闸等。通过水生植被的重建恢复水体的生态系统和结构，同时还发挥向下游引水，控制水位，改善水体流动性的作用。三类闸门主要包括综合改善区的各类节制闸和退水闸等。利用现有闸坝，将河段建设成为若干个稳定塘处理系统或人工湿地系统，通过建造近自然的河流形态和生态型的水滨结构，改善河流的自净化能力，净化水质。通过闸门控制，改善水体系统的水动力特点，为防止水华的产生创造有利条件。

表 7-11 闸门分类及划分

闸门分类	功能区	闸门	划分依据	改善措施
一类	污染控制区	—	点源污染源较多	严格控制污染排放
二类	生态恢复区	长河闸 北洼闸 紫玉湾船闸 北展后湖闸	污染源较少；水滨带建设比较好；连接源水和下游示范区的重要通道	控制面源污染；建造人工湿地系统；建造近自然的河流形态；生态修复工程
		大红闸 新华闸 日知阁闸	水质较好；生态系统不完整	生态修复；水生植被重建

续表

闸门分类	功能区	闸门	划分依据	改善措施
三类	综合改善区	松林闸	点源污染源较多；生态系统不完整；连接上下游重要河道；城市主要的排洪渠道	严格控制污染排放；生态修复工程；改善水滨带结构
		安定闸		
		东直门闸		
		铁灵闸	城市中心重要景观水域，休闲场所；城市历史文化的重要组成部分；建设城市水生态文化的重要载体	生态修复工程；增加水体循环；改善水体动力性能
		德胜闸		
		西压闸		
		三海闸		
		连通管闸		
		地安闸		
		菖蒲河退水闸		

为了能够更有效地调控闸门，提出了闸门的分级管理。根据闸门的规模和功能，研究了闸门分级的指标体系（表 7-12）。

表 7-12 闸门分级指标体系

指标＼闸门级别	一级	二级	三级
功能 ($\omega=0.4$)	重要 (0.7, 1.0]	一般 (0.3, 0.7]	非重要 (0, 0.3]
孔宽 ($\omega=0.4$)	$5 \leq b$ (0.7, 1.0]	$2 \leq b < 5$ (0.3, 0.7]	$b < 2$ (0, 0.3]
闸孔数 ($\omega=0.2$)	≥2 (0.5, 1.0]	1 0.5	1 —
等级区间	(0.66, 1.0]	(0.24, 0.66]	(0, 0.24]

根据闸门分级指标，对研究区的主要闸门进行了分级，见表 7-13。

表 7-13 研究区主要闸门等级划分

功能分区	闸门	分级指标 功能	分级指标 孔宽	分级指标 孔数	分数	级别
污染控制区	—	—	—	—	—	—
生态恢复区	长河闸	0.7	0.9	0.5	0.74	一级
	紫玉湾船闸	0.4	0.8	0.5	0.58	二级
	北展后湖闸	0.6	0.75	0.7	0.68	一级
	北洼闸	0.3	0.2	0.7	0.34	二级
	大红闸	0.5	0.8	0.9	0.7	一级
	新华闸	0.3	0.3	0.5	0.3	二级
	日知阁闸	0.2	0.2	0.5	0.26	二级

续表

功能分区	闸门	分级指标			分数	级别
		功能	孔宽	孔数		
综合改善区	松林闸	0.9	0.85	0.5	0.8	一级
	安定闸	0.6	0.75	0.8	0.7	一级
	东直门闸	0.7	0.85	0.5	0.72	一级
	铁灵闸	0.8	0.6	0.5	0.66	一级
	德胜闸	0.4	0.3	0.6	0.4	二级
	西压闸	0.5	0.65	0.5	0.56	二级
	三海闸	0.5	0.4	0.7	0.5	二级
	连通管闸	0.4	0.2	0.7	0.38	二级
	地安闸	0.4	0.1	0.7	0.34	二级
	菖蒲河退水闸	0.3	0.5	0.7	0.42	二级

通过研究，把研究区的主要闸门分为两级。一级闸门规模相对较大，主要分布在干流河道，是城市水系防洪排涝、输水供水、连接不同功能区的重要水工建筑。二级闸门一般较小，过闸流量相对较小，是连接城市各河湖的重要通道。通过闸门的分级，便于制定相应的管理措施和调度方案，对于有效的利用水资源和改善城市水系动力性能，发挥了重要作用（表 7-14）。

表 7-14　研究区闸门分级管理

闸门类型	功能区	闸门级别	调度原则
一类	污染控制区	—	严格控制污染排放，控制下泄流量
二类	生态修复区	一级	长河闸日常开启，为北环水系引水；北展后湖闸日常控制流量，分时段向下游非均匀供水，延长河道水力停留时间，增强水质净化能力；大红闸日常关闭，控制中海水位，由万字闸和丰泽闸向南海输水
		二级	控制水位，充分利用河道空间
三类	综合改善区	一级	松林闸控制下泄流量，保证为内城河湖供水，改造转河为湿地系统；安定闸和东直门闸日常关闭，充分利用河道空间，拦蓄雨洪；各闸泄洪后，恢复雨前水位；铁棂闸日常根据西海藻类的生长规律，分时段向内城河湖集中输水，提高瞬时过闸流量，以改善西海的水体流动性
		二级	德胜闸、西压闸、三海闸日常控制闸上水位，分期阶梯式向下游供水，充分利用湖库的库容，增加可调控水量，提高瞬时过闸流量；修建引水管道，将前海和后海的水引入西海，通过闸门控制，实现库间循环，改善水体的流动性；充分利用河道空间，改造河道为稳定塘系统，利用生态修复功能，净化水质

7.3.3 技术应用

研究区湖泊间的控制闸门一般都比较窄小，在来水量有限的情况下，闸门调控对于改善湖泊水体的流动性作用并不明显。因此，湖泊间的闸门调控主要考虑水量的控制。水量调控以满足湖泊的生态需水为目标。

考虑到河道闸门的调控，研究闸门的开启度和调度历时的变化对水体水质的影响。通过闸门调控，提高水体的流动性，改善水体的自净能力。

闸门将河道分为若干单元系统（图7-7），计算节点上的水位和流量，它们反映了河道的水流状态，并受闸门运行方式的影响。

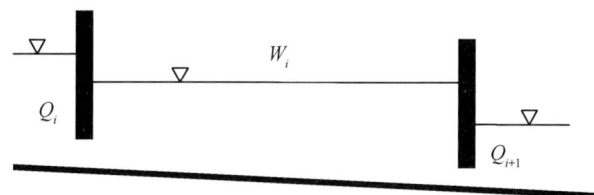

图7-7 城市河道系统简化图

$$\Delta W(i, j) = [Q(i, j) - Q(i+1, j)] \times \Delta t(j) \tag{7-10}$$

式中，$\Delta W(i, j)$ 为第 i 河段的水量增量（m^3）；$Q(i)$ 为第 i 个闸门的过闸流量（m^3/s）；$\Delta t(j)$ 为第 j 次的调水时间（s）。

调度水量以满足系统的生态需水要求为目标，即满足 $\Delta W(i, j) \geq Q_{st}$。

调度水质以满足下游湖泊的水华控制要求为目标。对城市河道，采取河流一维水质模型进行研究，模型如下

$$C(x) = C_0 \exp\left(-k\frac{x}{86.4u}\right) \tag{7-11}$$

式中，$C(x)$ 为预测断面污染物浓度（mg/L）；C_0 为上游起始断面污染物浓度（mg/L）；k 为污染物降解系数（d^{-1}）；x 为上下断面之间的距离（km）；u 为平均流速（m/s）。

闸门的过闸流量 Q_i 可以用圣·维南方程进行描述：

$$Q_i = \delta_s C_i B_i U_i \sqrt{2g(Z_{iu} - Z_{id})} \tag{7-12}$$

式中，C_i 为第 i 个闸门的流量系数，$C = f(H, U)$，取 $C_i = 0.62$；B_i 为第 i 个闸门的宽度；U_i 为第 i 个闸门的开启度；g 为重力加速度；δ_s 为淹没系数，$\delta_s = f(Z_u, Z_d, U)$，本研究取 $\delta_s = 1.0$；Z_{iu}，Z_{id} 为第 i 个闸门的上游和下游水深，取 $\Delta Z = 0.2$m。

7.4 联合调度技术

7.4.1 技术简介

对城市水系联合调度进行情景分析。首先，就调度对象而言，考虑水质和水量两个方

面（图 7-8）。水量调度要考虑基于现状和基于生态需水要求两种情景，特别是对现状的调度，合理有效地配置现有水资源更有现实意义。水质和水量互为前提和目标，必须综合考虑，才能有效促进水环境质量的改善。

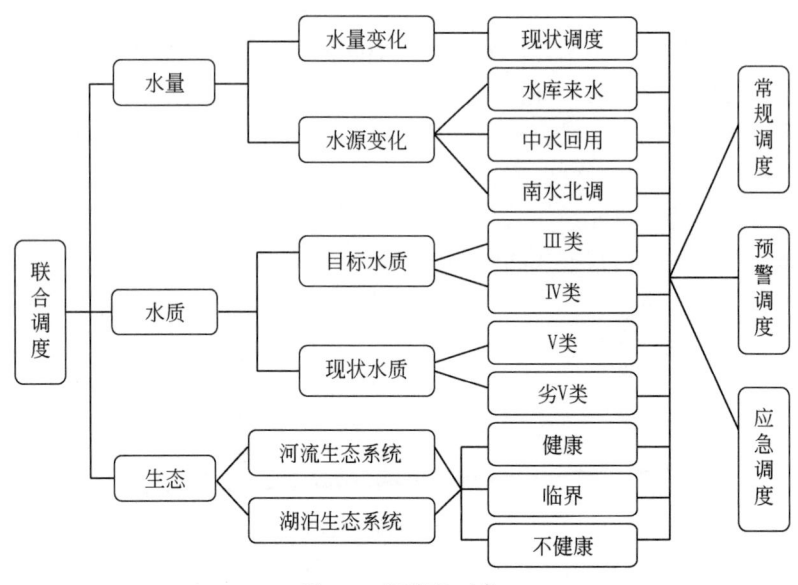

图 7-8　调度的对象

基于北京市当前的水资源和水环境现状和已经形成的一定的城市水利格局，现状情景调度更有现实意义。针对城市水系主要存在的环境问题和防治水华污染的环境目标，提出了常规调度、预警调度和应急调度的情景调度模式，为有效防止和控制水华，改善水环境质量，创造有利条件。

联合调度要考虑空间层次和时间层次两个维度。

调度的空间层次，要考虑城市水系的结构空间、生态系统空间和功能空间的变化，研究宏观调度和微观调度两个层次（图 7-9）。宏观调度着眼于整个水系，按水系功能分区进行调度。微观调度，以城市河湖为具体的研究对象，将城市水系概化为河道和湖泊。

湖泊环境质量改善以实现"控制水华—改善水质—生态恢复—城市水系生态健康"阶梯型的控制目标。

城市河道，以满足下游湖泊水质、水量要求为目标。提高来水质量，控制入湖水质，特别是控制入湖 TP、TN 的浓度。同时，利用闸门的调控，改善城市河道水体的流动，为抑制藻类，控制水华创造条件。

调度的时间层次，要考虑年际变化和年内变化两个层次。年际变化研究近期、中长期和远期三种情景。

7.4.2　关键技术参数

当前北京水资源短缺，根本无法满足城市水系的需水要求。因此，有效利用现有水资

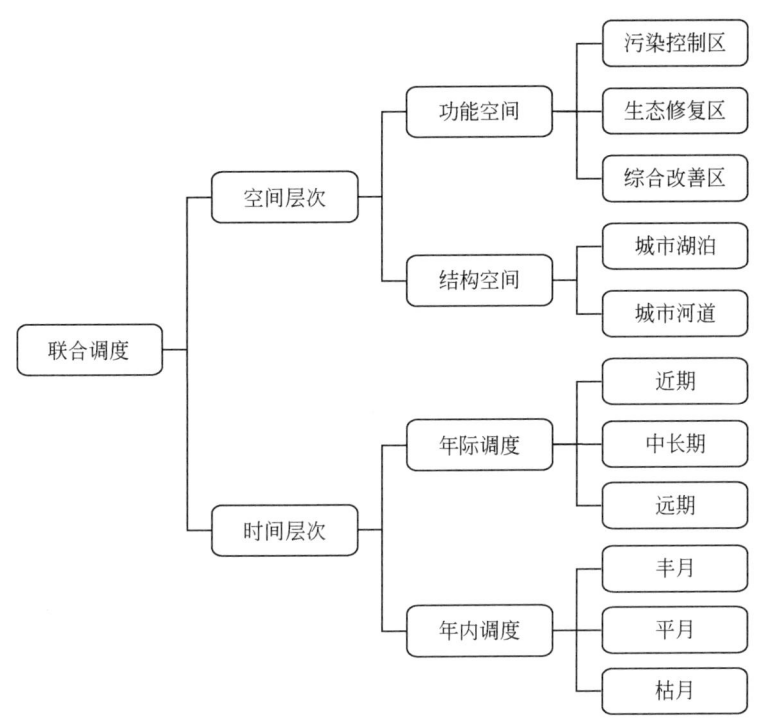

图 7-9 联合调度的时空层次

源，进行合理的配置和调度，促进北环水系水环境质量的改善，更有现实意义。

根据各河、湖所处的功能区、功能、环境现状、健康水平、需水要求以及环境目标等要素，建立指标体系，确定研究区的空间分配系数。指标体系的建立，考虑了水量和水质多个目标，同时也将水系功能分区和生态系统健康评价等研究与水资源配置进行了有机的联系，不仅促进了理论的整合，也体现了城市水资源的科学配置。

空间分配系数 φ 的确定方法：

$$\varepsilon_i = \sum W_{ij} \tag{7-13}$$

式中，ε_i 为第 i 个区段的综合评价指数；W 为评价指标；i 为是区段数，$i=1, 2, \cdots, n$；j 是评价指标数，$j=1, 2, 3, 4, 5$。

$$\varphi_i = \frac{\varepsilon_i}{\sum \varepsilon_i} \tag{7-14}$$

各功能区空间分配系数 φ 见表 7-15。

表 7-15 空间分配系数（φ）

区段	功能分区 (0~30)	类型（河/湖） (0~10)	功能（重要性） (0~15)	健康水平 (0~30)	水质目标 (0~15)	综合评价 指数 ε	分配系数（φ）
南长河	20	5	10	10	13	58	0.18
转河	20	5	10	15	8	58	0.18

续表

区段	功能分区 （0~30）	类型（河/湖） （0~10）	功能（重要性） （0~15）	健康水平 （0~30）	水质目标 （0~15）	综合评价指数（ε）	分配系数（φ）
北护城河	25	5	8	20	8	66	0.20
内城河系	10	5	8	20	8	51	0.15
六海	28	10	15	28	15	96	0.29

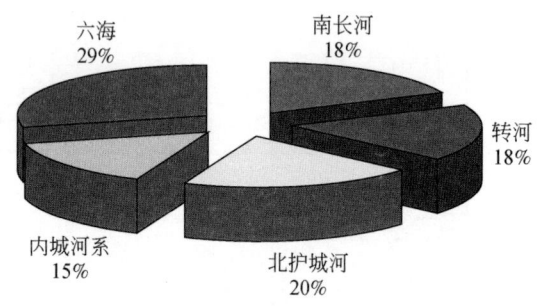

图7-10 各功能区空间分配系数

在空间分配的基础上，还必须考虑水资源的时间配置。无论是现状调度，还是基于生态需水要求的调度，都必须考虑水量的年内分配。根据研究区降水量、蒸散发、植物生长、藻类生长以及水质状况的季节性变化，建立指标体系，计算研究区的时间分配系数。指标体系的建立，考虑了水质和水量等多重要素，为水质水量的联合调度，提供了支持。

时间分配系数（σ）的确定，方法同空间分配系数，研究区各月份的分配系数见表7-16。

表7-16 时间分配系数（σ）计算指标体系

月份	降水量 （0~20）	蒸散发 （0~20）	藻类生长 （0~30）	水质状况 （0~10）	植物耗水 （0~20）	综合评价指数（ε）	分配系数（σ）
3	20	14	10	4	0	48	0.08
4	16	16	15	5	5	57	0.10
5	15	20	20	6	10	71	0.12
6	12	18	25	8	16	79	0.13
7	10	18	30	10	18	86	0.15
8	10	14	25	8	20	77	0.13
9	15	12	18	7	14	66	0.11
10	15	10	15	6	12	58	0.10
11	18	8	10	5	10	51	0.09

7.4.3 技术应用

以研究区 2001~2004 年的多年平均来水量（表 7-17），作为现状调度水量进行研究。

表 7-17 研究区 2001~2004 年来水量　　　　　　　　（单位：万 m³）

年份	2001	2002	2003	2004
来水量	1438.47	1211.38	942.11	717.3

研究区现状年平均来水量为 1077.32 万 m³，利用空间分配系数进行分配，见表 7-18。

表 7-18 研究区基于现状的空间水量分配

区段	分配系数 φ	调水量/（万 m³）
南长河	0.18	193.9
转河	0.18	193.9
北护城河	0.20	215.5
内城河系	0.15	161.6
六海	0.29	312.4

利用时间分配系数，对研究区进行年内调度，见表 7-19。

表 7-19 研究区基于现状的年内水量分配　　　　　　　（单位：万 m³）

区段＼月份	3	4	5	6	7	8	9	10	11
南长河	15.5	19.4	23.3	25.2	29.1	25.2	21.3	19.4	17.5
转河	15.5	19.4	23.3	25.2	29.1	25.2	21.3	19.4	17.5
北护城河	17.2	21.6	25.9	28.0	32.3	28.0	23.7	21.6	19.4
内城河系	12.9	16.2	19.4	21.00	24.2	21.0	17.8	16.2	14.5
六海	25.0	31.2	37.5	40.6	46.9	40.6	34.4	31.2	28.1

7.5 小　　结

本章探讨了可应用于流域不同尺度下水污染防治的生态修复技术，提出了依据生态系统结构与功能完整性理论的生态系统模型是水环境问题诊断的理论基础，明晰不同尺度下水环境时空分异规律是进行技术集成与优化的前提条件，凝练出适用于海河流域水环境质量改善与生态修复的关键技术，包括生态监测技术、生态基流保障技术和水生态调度技术，并通过案例示范技术的使用。

第 8 章　结论与展望

8.1　主要结论

1) 海河流域水污染水平时空差异显著，流域内各水系间、行政省际水污染水平差异显著，水库优于河系，由北向南水系水质逐渐变差，北京河系水质最好，山东河系水质最差。水库具有富营养化加剧趋势，劣Ⅴ类河系比例在50%以上，重污染河长呈逐年递减趋势。

在流域尺度上，有机污染严重，河系污染比例在50%以上，劣Ⅴ类水主导河系的污染水平。Ⅳ类水、Ⅴ类水比例呈上升趋势，而劣Ⅴ类水以及Ⅰ类水、Ⅱ类水、Ⅲ类水河长总数则呈下降趋势。

时间分布上，劣Ⅲ类水质河长比例在丰水期高于平水期和枯水期，而优于Ⅲ类水河长在丰水期整体上也低于非汛期。

空间分布上，各水系之间的污染特征存在显著差异。由北向南水系水质逐渐变差，徒骇马颊河水系中几乎100%处于劣Ⅲ类。流域北部水质相对较好，海河北系及滦河和冀东沿海诸河有40%~60%的评价河长水质达到Ⅲ类。

海河流域水库水质以Ⅱ类~Ⅲ类水为主，其中优于Ⅲ类水的比例高于80%，水库整体水质优于河系。水库的营养状态为中营养、轻度富营养和中度富营养三个级别。

2) 海河流域复合污染严重，在流域尺度下，PAHs是典型的有机污染物，重金属为典型无机污染物。在子流域尺度下，Hg是滦河水系主要污染物质。PAHs含量中下游高于上游，这与流域城市的分布特征一致；在典型生态单元——河口中，重金属无明显的空间差异，PAHs的含量普遍高于其他流域。

在流域尺度上，海河流域重金属的平均含量在Ⅰ类~Ⅲ类，其中Zn和Cd属于Ⅰ类，说明它们不会对水环境产生毒性；Pb除西大洋水库外，均属Ⅰ类；Cu的平均含量在Ⅰ类~Ⅱ类，即为无污染至中度污染。对于PAHs含量（1390.9 ng/g）在不同生态单元存在差异显著；作为流域汇水系统的水库（平均值1048.9 ng/g）和湿地（592.5 ng/g）沉积物中PAHs含量高于河流。

在子流域尺度——滦河水系中，Hg是滦河水系主要污染物质，Pb是潘家口水库库区的主要污染物质，应作为优先控制目标。沉积物中PAHs的含量略高于岸边土壤，污染比较严重的样点主要集中在中下游地区，这个分布特征与滦河流域城市的分布特征一致。

在典型生态单元—河口中，重金属并无明显的空间差异，海河流域各河口沉积物中重金属污染水平稍低于珠江口，高于长江口；PAHs的含量漳卫新河河口>滦河河口>海河河口，与国内其他河口相比，滦河河口、海河河口、漳卫新河河口均普遍高于国内外河口水体中多环芳烃的浓度，仅低于大亚湾的污染水平。

3）人工基质与天然基质生物膜的群落结构均能够反映不同生态单元的水环境现状及生态风险，人工生物膜能够快速定量地表征不同生态单元的水环境胁迫的生态学响应，可以适用于不同生态单元的水生态监测。

生物膜群落的结构、组成和功能不仅受环境的理化属性的影响，而且也受到基质性质的影响。通过比较4种人工基质（玻璃、有机玻璃、玻璃纤维和活性碳纤维）和3种天然基质（表层沉积物、菹草、石块）附着生物膜的生物量、结构和功能特性，发现活性碳纤维基质与天然基质相比，不仅样品具有可重复性（SE<5%），且只需10 d 的培养即可获得与天然生物膜相似的结构和功能，这种快速、稳定的特性使得活性碳纤维成为适宜的生物膜研究的人工基质。通过在海河流域湖泊、河流、水库、城市河湖的不同生态单元的水体进行原位实验，比较分析不同基质的生物膜的生物量、藻类结构、Chla、胞外酶活性、多糖含量等指标。结果显示，活性碳纤维能够支持生物膜的生长，且采集的生物膜样品具有可重复性（SE<5%），与当地天然基质生物膜的各指标比较无显著性差异（$P>0.05$）。

4）在强人为干扰区建立了基于生物膜的快速水生态监测方法，通过方法的灵敏性和可信度验证，该方法能够更准确地反映当地水环境状况，标准化基质的操作可用于流域不同生态单元的水生态—水文—水环境的一体化监测。

通过对不同基质的比较筛选和不同生态单元水体的原位实验验证，筛选出活性碳纤维为生物膜人工基质，构建了相应的天然水体生物膜培养采集装置，适用于不同天然水体和不同深度要求的生物膜培养采集，并研究确定了生物膜的培养时间为10d（夏）/15d（冬）。以海河流域生物膜对水质敏感指标为例，湖泊为 Chlb/a 和 BAC（硅藻数量百分比），河流为 CYA（蓝藻数量百分比）和 POLY（多糖含量），水库为 CHOL（绿藻数量百分比）和 POLY（多糖含量），综合样品采集、前处理和指标测定三大步骤，建立了适合于海河流域不同水体的生物膜快速水生态监测方法体系，与在线水环境和水文监测系统进行集成与优化构建水质—水量—水生态一体化监测平台，为流域尺度的生态监测和风险评价提供技术基础。

5）依据生态系统结构与功能完整性理论，建立了基于底栖-浮游耦合食物网的生态风险评价模型，AQUATOX 模型得到的最大无影响效应浓度（NOEC）要比实验室中的 NOEC 低1~2个数量级，表明在自然生态系统中污染物的生态风险难以根据实验室环境模拟获得的单一物种毒性数据进行外推，通过 AQUATOX 模型能够确定自然生态系统中污染物"可接受风险"水平的浓度，为化学污染物的早期预警和风险管理提供技术支撑。

构建了基于底栖-浮游耦合食物网的水生态系统风险评价模型，建立了污染物浓度与生态效应的量化关系。考虑种群竞争和通过食物网相互作用而产生的间接效应，通过选取关键节点、暴露-响应监测、模型模拟等手段辅助生态风险计算，揭示生态系统尺度下污染物生态风险的时空分异特征。

在生态系统尺度下，通过构建的生态风险模型，测定不同暴露水平下各种群生物量变化的概率，明晰各种群生物量突变的浓度范围，判定典型污染物的关键浓度阈值和种群生态风险值，减少了以往熵值法缺乏考虑种群内各个体的差异、暴露物种慢性效应、物种间敏感性差异等引起的不确定性，进一步为湖泊生态系统和有机污染物管理和控制提供支撑。

6）针对海河流域河流生态退化的现状，以河流生态恢复为目标，建立了流域生态修复的关键技术——生态基流保障技术、闸门调控技术以及水生态调度技术。

对河流生态基流进行科学评估，是流域水资源管理对退化河流进行生态恢复的有效手段。本书基于河流生态退化特征和生态恢复目标，通过识别河流的空间连通关系，基于河流生态基流整合计算模型，计算河段、湿地、河口及流域尺度下的河流生态基流量，并分析其时空分布特征，从而为流域管理提供科学依据。

随着当前北京城市水资源的不断短缺和水环境的严重恶化，我们对于水工建筑的管理已经不能仅仅限于水量的调节，还必须重视水质的调度，通过科学的闸门调度，为改善城市河湖水环境创造条件。本书认为可以利用闸门的调度，改善水体的水动力性能，增加水体的净化能力。

8.2 展 望

海河流域是我国的政治、经济和文化中心，具有中国七大流域中面积最小、人口密度大、人均水资源量最低的特点，这决定了流域水环境的复杂性和特殊性，高强度人为干扰下水环境风险加剧。流域尺度的水生态监测理论与方法既是亟待解决的科学问题，也是流域水环境管理急需的决策依据和理论支持。

然而，由于海河流域不同时空尺度下水环境演化与生态风险评价缺乏全面系统的水环境和水生态监测数据，风险评价和安全阈值确定缺少流域层面的标准；同时受资料时间限制，仅以海河流域典型子流域/生态单元为例开展了研究，有待于在流域尺度和长时间序列下的验证，希望通过多学科和多管理部门的共同攻关，面向水资源管理与优化配置，解决如下科学难题。

1）海河流域的典型特征是水系、河系、主河、支流众多，交叉污染现象突出。传统点源污染防治模式难以扭转海河流域的水质恶化趋势，最可行做法是实现上下游统一、支流与干流统一、不同河系间统一、点源与非点源污染治理与河道内水环境修复统一，从流域尺度上进行水环境污染防治。

2）如同国内外其他流域，海河流域水环境污染防治关注重点也经历了从常规污染物到重金属到持久性有机污染物到近年来比较关注的新型微污染物，但是迄今为止，尚未对水环境中的任何一种污染物实现很好的控制。复合型污染现状加剧了水环境治理的成本、难度，也势必会成为今后相当一段时间内海河流域以及我国其他流域水污染防治的重点和难点。目前，海河流域常规污染指标依然普遍超标，劣Ⅴ水依然占据较大比例，属于典型的重污染流域。海河流域未来水体水环境污染防治势必要在重点加强常规污染防治的基础上，强化对重金属等其他污染指标的治理工作。

3）海河流域另一典型特征是水源主要以城市污水处理厂出水为主。流域内大小不同的城市污水处理水平在一定程度上决定海河流域水系的污染水平。南水北调水进入海河流域后，受供水成本的限制，调水势必会在城镇生活、工业利用后处理排放。为此，海河流域今后相当一段时间内，会保持非常规水源补给为主的状况。加强城镇污水处理厂的常规污染物、新型污染的防治，对海河流域各种污染的防治意义重大。通常，水环境污染伴生社会经济的发展。包括海河流域在内的国内不同流域，在近 30 多年的社会发展历程中基本上经历了经济发展为主、忽视水污染防治，到经济发展与水污染防治、环境治理并重。随着人们生活生活水平的提高，环境保护意识增加，海河流域水环境保护工作势必将逐渐成为流域内经济社会的重点工作。海河流域处于京津经济带，未来经济的快速发展势必会增加污水治理资本、技术的投入，预期会加速流域内水环境改善速度。

4）进一步开展对生物膜的长时间序列的监测研究，扩大实际应用的范围，积累相关数据，以期能够在实践中不断优化完善方法，从流域管理的需求筛选建立最适指标体系或综合指标，并制定相关标准。

参 考 文 献

毕春娟.2004.长江口滨岸潮滩重金属环境生物地球化学研究.上海：华东师范大学博士学位论文.
曹志国,刘静玲,栾云,等.2010a.滦河流域多环芳烃的污染特征、风险评价与来源辨析.环境科学学报,30（2）：246-253.
曹志国,刘静玲,王雪梅,等.2010b.漳卫新运河地表水中溶解态多环芳烃的污染特征、风险评价与源辨析.环境科学学报,30（2）：254-260.
曹治国,徐杰,刘静玲,等.2010.淡水湖泊营养状态监测新方法——叶绿素比值模型.环境科学学报,30（2）：275-280.
陈琪.2007.环境激素在水生动物和土壤动物中生物标志物研究.上海：东华大学硕士学位论文.
陈荣,刘辉,李东晓,等.2006.水生动物谷胱甘肽硫转移酶研究进展.厦门大学学报（自然科学版）,45（增刊2）：176-184.
程远梅,祝凌燕,田胜艳,等.2009.海河及渤海表层沉积物中多环芳烃的分布来源.环境科学学报,29（11）：2420-2426.
丁运华,吴晓敏,方俊彬,等.2012.罗非鱼肌肉乙酰胆碱酯酶的纯化、性质及农药敏感性研究.水生态学杂志,33（1）：120-126.
丁运华,严松溪,谢汝朋,等.2011.几种淡水鱼肌肉乙酰胆碱酯酶的盐析提取及农药敏感性研究.热带农业科学,31（6）：21-23.
何东海,王晓波,朱志清,等.2011.三唑磷对中华乌塘鳢的急性毒性及乙酰胆碱酯酶毒性效应.海洋环境科学,30（3）：385-388.
胡国成,李凤超,戴家银,等.2009.府河和白洋淀沉积物中DDTs的分布特征和风险评估.环境科学研究,22（8）：891-896.
黄长江,胡晓蓉,董巧香,等.2006.苯并［a］芘对罗非鱼肝脏抗氧化防御系统的影响.汕头大学学报（自然科学版）,2（4）：51-56.
黄廷林,丛海兵,何文杰.2005.水生藻类叶绿素测定方法.CN200410073542.8.
黄翔飞,陈伟民,周万平.2005.湖泊生态系统观测方法.北京：中国环境科学出版社.
李少南,谢显传,等.2005.三唑磷对麦穗鱼脑组织中乙酰胆碱酯酶的诱导.农药学学报,7（1）：59-62.
李江玲.2010.酚类内分泌干扰物的雌激素受体结合能力及其对相关生物酶活性的影响研究.青岛：中国海洋大学硕士学位论文.
刘海芳,王凡.2009.重金属对水产动物污染的生物标志物的研究进展.水产科学,28（5）：299-302.
刘丰,刘静玲,张婷,等.2010.白洋淀近20年土地利用变化及其对水质的影响.农业环境科学学报,29（10）：1868-1875.
刘立华.2005.白洋淀湿地水资源承载力及水环境研究.保定：河北农业大学硕士学位论文.
刘灵芝,钟广蓉,熊莲,等.2009.过氧化氢酶的研究与应用新进展.化学与生物工程,26（3）：15-18.
刘伟成,李明云,黄福勇,等.2006.镉胁迫对大弹涂鱼肝脏黄嘌呤氧化酶和抗氧化酶活性的影响.应用生态学报,17（7）：1310-1314.
刘修业,王良臣,杨竹舫,等.1981.海河水系鱼类资源调查.淡水渔业,（2）：36-43.
刘宗峰.2008.黄河口及莱州湾表层沉积物中多环芳烃来源解析研究.青岛：中国海洋大学硕士学位论文.
卢斌,柯才焕,王文雄,等.2012.低浓度镉,锌暴露对白氏文昌鱼的毒性累积及其几种重要酶活性的影响．厦门大学学报（自然科学版），4：25．

罗先香，张蕊，张建强，等．2010．莱州湾表层沉积物重金属分布特征及污染评价．生态环境学报，19（2）：262-269．

罗孝俊，陈社军，麦碧娴，等．2006．珠江三角洲地区水体表层沉积物中多环芳烃的来源、迁移及生态风险评价．生态毒理学报，1（1）：17-24．

聂大刚，王亮，尹澄清，等．2009．白洋淀湿地磷酸酶活性及其影响因素．生态学杂志，28（4）：698-703．

聂立红，王声湧，胡毅玲．2000．谷胱甘肽硫-转移酶研究进展．中国病理生理杂志，16（11）：1240-1243．

欧冬妮，刘敏，许世远，等．2009．长江口滨岸水和沉积物中多环芳烃分布特征与生态风险评价．环境科学，30（10）：3043-3049．

邱耀文，周俊良，Maskaoui，K，等．2004．大亚湾海域水体和沉积物中多环芳烃分布及其生态危害评价．热带海洋学报，23（4）：72-79．

舒波．2006．粤东汕头湾和大规模养殖区柘林湾胞外酶活性的生态学研究．汕头：汕头大学硕士学位论文．

王滨滨，刘静玲，张婷，等．2010．白洋淀湿地景观斑块时空变化研究．农业环境科学学报，29（10）：1857-1867．

王骥，王建．1984．浮游植物的叶绿素含量、生物量、生产量相互换算中的若干问题．武汉植物学研究，2：249-258．

王晶，周启星，张倩茹，等．2007．沙蚕暴露于石油烃，Cu^{2+}和Cd^{2+}毒性效应及乙酰胆碱酯酶活性的响应．环境科学，28（8）：1796-1801．

王京，卢善龙，吴炳方，等．2010．近40年来白洋淀湿地土地覆被变化分析．地球信息科学学报，12（2）：292-300．

王军锋，侯超波，闫勇．2011．政府主导型流域生态补偿机制研究——对子牙河流域生态补偿机制的思考．中国人口资源与环境，21（7）：101-106．

王妤，庄平，章龙珍，等．2011．盐度对点篮子鱼的存活，生长及抗氧化防御系统的影响．水产学报，35（1）：66-73．

吴伟，瞿建宏，陈家长，等．2006．多氯联苯（PCBs）胁迫下鲫鱼肝脏EROD酶活性与血清性激素含量的相关性研究．生态与农村环境学报，4（22）：52-56．

吴晓蕾．2011．渤海深陷绝境．资源与人居环境，11：58-60．

徐争启，倪师军，庹先国，等．2008．潜在生态危害指数法评价中重金属毒性系数计算．环境科学与技术，31（2）：112-115．

杨海灵，聂力嘉，等．2006．谷胱甘肽硫转移酶结构与功能研究进展．成都大学学报：自然科学版，25（1）：19-23．

杨永强．2007．珠江口及近海沉积物中重金属元素的分布、赋存形态及其潜在生态风险评价．广州：中国科学院广州地球化学研究所博士学位论文．

杨卓，李贵宝，王殿武，等．2005a．白洋淀底泥化学性质在芦苇生境下的变化．中国环境科学，25（4）：450-454．

杨卓，王殿武，李贵宝，等．2005b．白洋淀底泥重金属污染现状调查及评价研究．河北农业大学学报，28（5）：20-25．

伊雄海．2008．农药类环境激素低剂量暴露对鲫鱼内分泌干扰效应及生物标志物研究．上海：上海交通大学博士学位论文.

岳维忠,黄小平,孙翠慈. 2007. 珠江口表层沉积物中氮、磷的形态分布特征及污染评价. 海洋与湖沼,38(2):111-117.

战玉柱,姜霞,陈春宵,等. 2011. 太湖西南部沉积物重金属的空间分布特征和污染评价. 环境科学研究,24(4):363-370.

张娇. 2008. 黄河及河口烃类有机物的分布特征及源解析. 青岛:中国海洋大学博士学位论文.

张坤生,田荟琳. 2007. 过氧化氢酶的功能及研究. 食品科技,1(8):11.

赵永志,刘玲. 2009. 子牙河进洪闸-西河闸段水环境现状分析及治理对策. 甘肃水利水电技术,45(2):53-55.

郑榕辉,张玉生,陈清福. 2010. 原油 WSF 对三种海洋鱼类肝微粒体 EROD 活性的诱导和恢复的比较. 海洋学报,32(5):60-66.

郑天凌,王斐,徐美珠,等. 2001. 台湾海峡水域的 β-葡萄糖苷酶活性. 应用于环境生物学报,7(2):175-182.

中国科学研究院地理科学与资源研究所. 2012. 中国生态足迹报告. 北京:环境保护与循环经济,12:1-33.

钟美明. 2010. 胶州湾海域生态系统健康评估. 青岛:中国海洋大学硕士学位论文.

周俊丽,刘征涛,孟伟,等. 2009. 长江河口表层沉积物中 PAHs 的生态风险评价. 环境科学研究,22(7):778-783.

Aiken L S, West S G, Reno R R. 1991. Multiple regression: Testing and interpreting interactions. Sage Publications, Inc.

Allan J D. 2004. Landscapes and Riverscapes: The Influence of Land Use on Stream Ecosystems. Annual Review of Ecology, Evolution and Systmatics, 257-284.

Ang M L, Peers K, Kersting E, et al. 2001. The development and demonstration of integrated models for the evaluation of severe accident management strategies – SAMEM. Nuclear Engineering and Design, 209 (1-3): 223-231.

Arnon S, Peterson C G, Gray K A, et al. 2007. Influence of flow conditions and system geometry on nitrate use by benthic biofilms: Implications for nutrient mitigation. Environmental Science & Technology, 41 (23): 8142-8148.

Bartell S M, Gardner R H, O'Neill R V. 1988. An integrated fate and effect model for estimation of risk in aquatic systems//Adams W J, Chapman G A, Landis W G. Aquatic Toxicology and Hazard Assessment. American Society for Testing and Materials, Special Technical Publication 971. vol. 10. American Society for Testing and Materials, Philadelphia, PA.

Bartell S M, Lefebvre G, Kaminski G, et al. 1999. An ecosystem model for assessing ecological risks in Québec rivers, lakes, and reservoirs. Ecol. Model. 124: 43-67.

Biggs B J F. 2000. Eutrophication of streams and rivers: Dissolved nutrient-chlorophyll relationships for benthic algae. Journal of the North American Benthological Society, 19 (1): 17-31.

Bilaletdin Ä, Frisk T, Podsechin V, et al. 2011. A general water protection plan of lake Onega in Russia. Water Resour. Manag. 25: 2919-2930.

Borga K, Gabrielsen G W, Skaree J U. 2001. Biomagnification of organochlorines along a Barents sea food chain. Environ. Pollut. 113: 187-198.

Bremle G, Larsson P. 1998. PCB concentration in fish in a river system after remediation of contaminated sediment. Environ. Sci. Technol. 32: 3491-3495.

Bruner K A, Fisher S W, Landrum P F. 1994. The role of the zebra mussel, *Dreissena polymorpha*, in contaminant cycling. J. Great Lakes Res. 20: 735-750.

Budzinski H, Jones I, Bellocq J, et al. 1997. Evaluation of sediment contamination by polycyclic aromatic hydrocarbons in the Gironde estuary. Marine Chemistry, 58 (1): 85-97.

Burns A, Ryder D S. 2001. Potential for biofilms as biological indicators in Australian riverine systems. Ecological Management & Restoration, 2 (1): 53-64.

Campbell K R, Bartell S M, Shaw J L. 2000. Characterizing aquatic ecological risks from pesticides using a diquat dibromide case study. II. Approaches using quotients and distributions. Environ. Toxicol. Chem. 19: 760-774.

Carleton J N, Wellman M C, Cocca P A, et al. 2005. Nutrient criteria development with a linked modeling system: Methodology development and demonstration. 2005 TMDL Conference, Water Environment Federation, Philadelphia, PA.

Cattanea A, Amireault M C. 1992. How artificial are artifical substrata for periphyton? Journal of the North Amenican Benthological Society, 11 (2): 244-256.

Chen Q Y, Liu J L, Ho K C, et al. 2012. Development of a relative risk model for evaluating ecological risk of water environment in the Haihe River Basin estuary area. Science of the Total Environment, 420: 79-89.

Chen W, Li X, Chen X, Wang F. 2012b. Simulation of the response of eutrophic state to nutrient input in Lake Erhai using Aquatox model. J. Lake Sci. 24 (3): 362-370.

Chow T E, Gaines K F, Hodgson M E, et al. 2005. Habitat and exposure modelling for ecological risk assessment: A case study for the raccoon on the Savannah River Site. Ecol. Model. 189 (1-2): 151-167.

Costa P M, Miguel C, Caeiro S, et al. 2011. Transcriptomic analyses in a benthic fish exposed to contaminated estuarine sediments through laboratory and in situ bioassays. Ecotoxicology, 12: 1-16.

Coste M, Boutry S, Tison-Rosebery J, et al. 2009. Improvements of the biological diatom index (BDI): Description and efficiency of the new version (BDI-2006). Ecological Indicators, 9: 621-650.

Cude C G. 2001. Oregon water quality index a tool for evaluating water quality management effectiveness. Journal of the American Water Resources Association, 37 (1): 125-137.

Dai G H, Liu X H, Liang G, et al. 2011. Distribution of organochlorine pesticides (OCPs) and poly chlorinated biphenyls (PCBs) in surface water and sediments from Baiyangdian Lake in North China. J. Environ. Sci. 23 (10): 1640-2649.

Danilov R A, Ekelund N. 2001. Comparison of usefulness of three types of artificial substrata (glass, wood and plastic) when studying settlement patterns of periphyton in lakes of different trophic status. Journal of Microbiological Methods, 45 (3): 167-170.

Debels P, Figueroa R, Urrutia R, et al. 2005. Evaluation of water quality in the Chillán River (central Chile) using physicochemical parameters and a modified water quality index. Environmental Monitoring and Assessment, 110 (1): 301-322.

Denkhaus E, Meisen S, Telgheder U, et al. 2007. Chemical and physical methods for characterisation of biofilms. Microchimica Acta, 158: 1-27.

Dorn P B, Rodgers J H, Dubey S T, et al. 1997. An assessment of the ecological effects of a C9-11 linear alcohol ethoxylate surfactant in stream mesocosm experiments. Ecotoxicology, 6 (5): 275-292.

Dubois M, Gilles K, Hamilton J K, et al. 1951. A colorimetric method for the determination of sugars. Nature, 167.

Duong T T, Feurtet-Mazel A, Coste M, et al. 2007. Dynamics of diatom colonization process in some rivers influenced by urban pollution (Hanoi, Vietnam). Ecological Indicators, 7 (4): 839-851.

Fernandes M B, Sicre M A, Boireau A, et al. 1997. Polyaromatic hydrocarbon (PAH) distributions in the Seine River and its estuary. Marine Pollution Bulletin, 34 (11): 857-867.

Ferson S, Ginzburg L R, Goldstein R A. 1996. Inferring ecological risk from toxicity bioassays. Water Air Soil Pollut. 90 (1-2): 71-82.

Findlay S, Quinn J M, Hickey CW, et al. 2001. Effects of land use and riparian flowpath on delivery of dissolved organic carbon to streams. Limnology and Oceanography, 46 (2): 345-355.

Fisher J P, Spitsbergen J M, Bush B, et al. 1994. Effect of embryonic PCB exposure on hatching success, survival, growth and developmental behavior in landlocked Atlantic salmon, Salmo salar//Gorsuch J W, Dwyer F J, Ingersoll C G, La Point T W. Environmental Toxicology and Risk Assessment: 2nd volume, ASTM STP 1216. American Society for Testing and Materials: Philadelphia, 298-314.

Fleeger J W, Carman K R, Nisbet R M. 2003. Indirect effects of contaminants in aquatic ecosystems. Sci. Tot. Environ. 317 (1-3): 207-233.

Giberto D A, Bremec C S, Acha E M, et al. 2004. Large-scale spatial patterns of benthic assemblages in the SW Atlantic: The Rio dela Plata estuary and adjacent shelf water. Estuarine, Coastal and Shelf Science, 61: 1-13.

Gobas F A P C, Wilcockson J B, Russel R W, et al. 1999. Mechanism of biomagnification in fish under laboratory and field conditions. Environ. Sci. Technol. 33: 133-141.

Gold C, Feurtet-Mazel A, Coste M, et al. 2002. Field transfer of periphytic diatom communities to assess short-term structural effects of metals (Cd, Zn) in rivers. Water Res. 36 (14): 3654-3664.

Gómez N, Licursi M, Cochero J. 2009. Seasonal and spatial distribution of the microbenthic communities of the Rio dela Plata estuary (Argentina) and possible environmental controls. Marine Pollution Bulletin, 58: 878-887.

Gravato C, Santos M A. 2002. Juvenile sea bass liver P450, EROD induction, and erythrocytic genotoxic responses to PAH and PAH-like compounds. Ecotoxicology and Environmental Safety, 51 (2): 115-127.

Guasch H, Martí E, Sabater S. 1995. Nutrient enrichment effects on biofilm metabolism in a Mediterranean stream. Freshwater Biology, 33 (3): 373-383.

Gücker B, BoËChat I G, Giani A. 2009. Impacts of agricultural land use on ecosystem structure and whole-stream metabolism of tropical Cerrado streams. Freshwater Biology, 54 (10): 2069-2085.

Hanbasha B, Jeffrey P O, Hian K L. 2003. Persistent organic pollutants in Singapore's Costal Marine Environment. Water, Air and Soil Pollution, 149: 315-325.

Hanratty M P, Liber K. 1996. Evaluation of model predictions of the persistence and ecological Effects of diflubenzuron in a littoral ecosystem. Ecol. Model. 90 (1): 79-95

Hansen D J, Schimmel S C, Forester J. 1973. Aroclor1254 in eggs of sheepshead minnows: Effect on fertilization success and survival of embryos and fry. Proc. 27th Annual Conference Southeast association Game Fish Comm. 27: 420-426.

Häubner N, Schumann R, Karsten U. 2006. Aeroterrestrial Microalgae Growing in Biofilms on Facades—Response to Temperature and Water Stress. Microbial Ecology, 51 (3): 285-293.

Hinfray N, Palluel O, Piccini B, et al. 2010. Endocrine disruption in wild populations of chub (<i>Leuciscus cephalus</i>) in contaminated French streams. Science of the Total Environment, 408 (9): 2146-2154.

Hu G C, Dai J Y, Mai B X, et al. 2010a. Concentrations and accumulation features of organochlorine pesticides in the Baiyangdian Lake freshwater food web of North China. Arch. Environ. Con. Tox. 58 (3): 700-710.

Hu G C, Dai J Y, Xu Z C, et al. 2010b. Bioaccumulation behavior of polybrominated diphenyl ethers (PBDEs) in the freshwater food chain of Baiyangdian Lake, North China. Environ. Int. 36: 309-315.

Isabella C A C Bordon, Jorge E S Sarkis, Gustavo M Gobbato, et al. 2011. Metal concentration in sediments from the Santos estuarine system: A recent assessment. Journal of the Brazilian Chemical Society, 22 (10): 1858-1865.

Ivorra N, Hettelaar J, Kraak M H S, et al. 2002. Responses of biofilms to combined nutrient and metal exposure. Environmental Toxicology and Chemistry, 21 (3): 626-632.

Jansson M, Olsson H, Pettersson K. 1988. Phosphatases, origin, characteristics and function in lakes. Hydrobiologia, 170 (1): 157-175.

Kannel P, Lee S, Lee Y S, et al. 2007. Application of water quality indices and dissolved oxygen as indicators for river water classification and urban impact assessment. Environmental Monitoring and Assessment, 132 (1): 93-110.

Karla P, Guido P, Valentina M, et al. 2011. Levels and spatial distribution of polycyclic aromatic hydrocarbons (PAHs) in sediments from Lenga Estuary, central Chile. Marine Pollution Bulletin, 62: 1572-1576.

Kennedy J H, Johnson Z B, Wise P D, et al. 1995. Model aquatic ecosystems in ecotoxicological research: consideration of design, implementation, and analysis//Hoffman D J, Rattner B A, Burton Jr G A, et al. Handbook of Ecotoxicology. Florida: CRC Press. 117-162.

Kröncke I, Reiss H. 2010. Influence of macrofauna long-term natural variability on benthic indices used in ecological quality assessment. Mar. Pollut. Bull. 60: 58-68.

Kumblad L, Gilek M, Naelund B, et al. 2003. An ecosystem model of the environmental transport and fate of carbon-14 in a bay of the Baltic Sea, Sweden. Ecol. Model. 166 (3): 193-210.

Lamberti G A, Resh V H. 1985. Comparability of introduced tiles and natural substrates for sampling lotic bacteria, algae and macroinvertebrates. Freshwater biology, 15: 21-30.

Lampert W, Fleckner W, Pott E, et al. 1989. Herbicide effects on planktonic systems of different complexity. Hydrobiologia, 188-189 (1): 415-429.

Larocque G R, Mauriello D A, Park R A, et al. 2006. Ecological models as decision tools in the 21st century. Proceedings of a conference organized by the International Society for Ecological Modelling (ISEM) in Québec, Canada, August 22-24, 2004. Ecol. Model., 199 (3): 217-218.

Lear G, Lewis G D. 2009. Impact of catchment land use on bacterial communities within stream biofilms. Ecological Indicators, 9 (5): 848-855.

Lei B L, Huang S B, Qiao M, et al. 2008. Prediction of the environmental fate and aquatic ecological impact of nitrobenzene in the Songhua River using the modified AQUATOX model. J. Environ. Sci. 20: 769-777.

Li Y, Li M, Shi J, et al. 2012. Hepatic antioxidative responses to PCDPSs and estimated short-term biotoxicity in freshwater fish. Aquatic Toxicology, 120-121: 90-98.

Liu X J, Luo Z, Zheng J L, et al. 2013. Effects of waterborne acephate exposure on antioxidant responses and acetylcholinesterase activities in Synechogobius hasta. Environmental Toxicology, 28 (1): 42-50.

Looser R, Ballschmiter K. 1998. Biomagnification of PCBs in freshwater fish. Fresen. J. Anal. Chem. 360 (7/8): 816-819.

Long E R, Maedonald D D, Smith S L, et al. 1995. Incidence of adverse biological effects within ranges of chemical concentrations in marine and estuarine sediments. Environmental Management, 19: 18-97.

Luo X, Mai B, Yang Q, et al. 2004. Polycyclic aromatic hydrocarbons (PAHs) and organochlorine pesticides in water columns from the Pearl River Delta in South China. Marine Pollution Bulletin, 48 (11): 1102-1115.

Luo X, Chen S J, Mai B X et al. 2008. Distribution, source apportionment, and transport of PAHs in sediments from the Pearl River Delta and the northern South China Sea. Archives of Environmental Contamination and Toxicology, 55 (1): 11-20.

Mages M, Ovari M, Tümpling W, et al. 2004. Biofilms as bio-indicator for polluted waters? Analytical and bioanalytical chemistry, 378: 1095-1101.

Marcarelli A, Bechtold H A, Rugenski A T, et al. 2009. Nutrient limitation of biofilm biomass and metabolism in the Upper Snake River basin, southeast Idaho, USA. Hydrobiologia, 620 (1): 63-76.

Mauriello D A, Park R A. 2002. An adaptive framework for ecological assessment and management//Rizzoli A E, Jakeman, A J. Integrated Assessment and Decision Support. International Environmental Modeling and Software Society, Manno, Switzerland.

Mdegela R, Myburgh J, Correia D, et al. 2006. Evaluation of the gill filament-based EROD assay in African sharptooth catfish (Clarias gariepinus) as a monitoring tool for waterborne PAH-type contaminants. Ecotoxicology, 15 (1): 51-59.

McKnight U S, Funder S G, Rasmussen J J, et al. 2010. An integrated model for assessing the risk of TCE groundwater contamination to human receptors and surface water ecosystems. Ecol. Eng. 36: 1126-1137.

Mela M, Guiloski I C, Doria H B, et al. 2012. Risks of waterborne copper exposure to a cultivated freshwater Neotropical catfish (Rhamdia quelen). Ecotoxicology and environmental safety, 88: 108-116.

Montuelle B, Dorigo U, Bérard A, et al. 2010. The periphyton as a multimetric bioindicator for assessing the impact of land use on rivers: An overview of the Ardières-Morcille experimental watershed (France). Hydrobiologia, 657 (1): 123-141.

Morin S, Duong T T, Dabrin A, et al. 2008a. Long-term survey of heavy-metal pollution, biofilm contamination and diatom community structure in the Riou Mort watershed, South-West France. Environmental Pollution, 151 (3): 532-542.

Morin S, Duong T T, Herlory O, et al. 2008b. Cadmium toxicity and bioaccumulation in freshwater biofilms. Archives of environmental contamination and toxicology, 54 (2): 173-186.

Moss J A, Nocker A, Lepo J E, et al. 2006. Stability and change in estuarine biofilm bacterial community diversity. Applied and environmental microbiology, 72 (9): 56-79.

Naito W, Miyamoto K, Nakanishi J, et al. 2002. Application of an ecosystem model for aquatic ecological risk assessment of chemicals for a Japanese lake. Water Res. 36: 1-14.

Najera I, Lin C C, Konbodi G A, et al. 2005. Effect of Chemical Speciation on Toxicity of Mercury to Escherichia coli Biofilms and Planktonic Cells. Environmental Science & Technology, 39 (9): 3116-3120.

Nobi E P, Dilipan E, Thangaradjou T, et al. 2010. Geochemical and geo-statistical assessment of heavy metal concentration in the sediments of different coastal ecosystems of Andaman Islands, India. Estuarine, Coastal and Shelf Science, 87: 253-264.

Ogdahl M E, Lougheed V L, Stevenson R J, et al. 2010. Influences of multi-scale habitat on metabolism in a coastal great lakes watershed. Ecosystems, 13 (2): 222-238.

Park R A. 1990. AQUATOX, A modular toxic effects model for aquatic ecosystems. Final Report, EPA-026-87, U. S. Environmental Protection Agency, Corvallis, Oregon.

Park R A, Clough J S. 2004. Aquatox (Release 2). Modeling environmental fate and ecological effects in aquatic ecosystems, vol. 2. Technical documentation. US Environmental Protection Agency, Washington, DC.

Park R A, Clough J S. 2012. AQUATOX (Release 3.1). Modeling environmental fate and ecological effects in aquatic ecosystems, vol. 2. Technical documentation. EPA-820-R-12-015, U. S. Environmental Protection Agency, Washington D. C.

Park R A, Clough J S, Wellman M C. 2004. Aquatox (Release 2). Modeling environmental fate and ecological effects in aquatic ecosystems, vol. 1, User's manual. US Environmental Protection Agency, Washington DC.

Park R A, Clough J S, Wellman M C, et al. 2005. Nutrient criteria development with a linked modeling system: Calibration of AQUATOX across a nutrient gradient, TMDL 2005. Water Environment Federation, Philadelphia, PA.

Park R A, Clough J S, Wellman M C. 2008. AQUATOX: Modeling environmental fate and ecological effects in aquatic ecosystems. Ecol. Model. 213: 1-15.

Penton C, Newman S. 2007. Enzyme activity responses to nutrient loading in subtropical wetlands. Biogeochemistry, 84 (1): 83-98.

Pesce S F, Wunderlin D A. 2000. Use of water quality indices to verify the impact of Córdoba City (Argentina) on Suquía River. Water Research, 34 (11): 2915-2926.

Pohlon E, Marxsen J, Küsel K. 2010. Pioneering bacterial and algal communities and potential extracellular enzyme activities of stream biofilms. FEMS microbiology ecology, 71: 364-373.

Rashleigh B. 2003. Application of AQUATOX, a process-based model for ecological assessment, to Contentnea Creek in North Carolina. J. Freshwater Ecol. 18: 515-522.

Rashleigh B. 2007. Assessment of lake ecosystem response to toxic events with the AQUATOX model//Gonenc I E, Koutitonsky V, Rashleigh B, et al. Assessment of the Fate and Effects of Toxic Agents on Water Resources. Dordrecht, The Netherlands: Springer.

Rashleigh B, Barber M C, Walters D M. 2005. Foodweb modeling for PCBs in the Twelvemile Creek Arm of Lake Hartwell//Hatcher K J. Georgia Water Resources Conference. Athens, GA.

Rashleigh B, Barber M C, Walters D M. 2009. Foodweb modeling for polychlorinated biphenyls (PCBs) in the Twelvemile Creek Arm of Lake Hartwell, South Carolina, USA. Ecol Model. 220: 254-264.

Ray S, Berec L, Straškraba M, et al. 2001. Optimization of exergy and implications of body sizes of phytoplankton and zooplankton in an aquatic ecosystem model. Ecol. Model. 140 (3): 219-234.

Sabater S, Guasch H, Ricart M, et al. 2007. Monitoring the effect of chemicals on biological communities. The biofilm as an interface. Analytical and bioanalytical chemistry, 387: 1425-1434.

Schfer H, Muyzer G. 2001. Denaturing gradient gel electrophoresis in marine microbial ecology. Methods in microbiology, 30: 425-468.

Schiller D V, Marti E, Riera J L, et al. 2007. Effects of nutrients and light on periphyton biomass and nitrogen uptake in Mediterranean streams with contrasting land uses. Freshwater Biology, 52 (5): 891-906.

Schmitt-Jansen M, Altenburger R. 2005. Predicting and observing responses of algal communities to photosystem ii-herbicide exposure using pollution-induced community tolerance and species-sensitivity distributions. Environmental Toxicology and Chemistry, 24 (2): 304-312.

Sibly R M, Akcakaya H R, Topping C J, et al. 2005. Population-level assessment of risks of pesticides to birds and mammals in the UK. Ecotoxicology, 14: 863-876.

Sierra M V, Gomez N. 2007. Structural characteristics and oxygen consumption of the Epipelic Biofilm in three lowland streams exposed to different land uses. Water, Air & Soil Pollution, 186 (1): 115-127.

Skoglund R S, Stange K, Swackhamer D L. 1996. A kinetics model for predicting the auumulation of PCBs in Phytoplankton. Environmental Science Technology, 30 (7): 2113-2120.

Smith E P, Cairns Jr J. 1993. Extrapolation methods for setting ecological standards for water quality: Statistical and ecological concerns. Ecotoxicology, 2: 203-219.

Souid G, Souayed N, Yaktiti F, et al. 2013. Effect of acute cadmium exposure on metal accumulation and oxidative stress biomarkers of Sparus aurata. Ecotoxicology and Environmental Safety, 89: 1-7.

Sourisseau S, Bassères A, Périé F, et al. 2008. Calibration, validation and sensitivity analysis of an ecosystem model applied to artificial streams. Water Res. 42: 1167-1181.

Štambuk-Giljanović N. 2003. Comparison of dalmatian water evaluation indices. Water Environment Research, 75 (5): 388-405.

Steinberg C, Schiefele S. 1988. Biological indication of trophy and pollution of running waters. Z. Wasser Abwasser Forsch, 21: 227-234.

Steven M B, Campbell K R, Lovelock C M, et al. 2000. Characterizing aquatic ecological risks from pesticides using a diguat dibromide case study III. Ecological process models. Environ. l Tox. Chem. 19 (5): 1441-1453.

Stevenson R J, Hill B H, Herlihy A T, et al. 2008. Algae-P relationships, thresholds, and frequency distributions guide nutrient criterion development. Journal of the North American Benthological Society, 27 (3):783-799.

Sun Y, Yu H, Zhang J, et al. 2006. Bioaccumulation, depuration and oxidative stress in fish Carassius auratus under phenanthrene exposure. Chemosphere, 63 (8): 1319-1327.

Suter G W. 1993. Ecological risk assessment. Boca Raton, FL: Lewis Publishers.

Suter G W, Mabrey J B. 1994. Toxicological benchmarks for screening potential contaminants of concern for effects on aquatic biota: 1994 revision. ES/ER/TM-96/R1.

Sutherland I W. 2001. Biofilm exopolysaccharides: a strong and sticky framework. Microbiology, 147: 3.

Terra W R, Ferreira C, De Bianchi A G. 1979. Distribution of digestive enzymes among the endo-and ectoperitrophic spaces and midgut cells of Rhynchosciara and its physiological significance. Journal of Insect Physiology, 25: 487-494

Tlili A, Dorigo U, Montuelle B, et al. 2008. Responses of chronically contaminated biofilms to short pulses of diuron: An experimental study simulating flooding events in a small river. Aquatic Toxicology, 87: 252-263.

Traas T P, Janse J H, Van den Brink P J, et al. 2001. A Food Web Model for Fate and Effects of Toxicants and Nutrients in Aquatic Mesocosms. Model Description. RIVM, Bilthoven, The Netherlands.

USEPA (U. S. Environmental Protection Agency). 2004a. AQUATOX for Windows: Amodular fate and effects model for aquatic ecosystems-volume 1: User's Mannual. EPA-823-R-04-001.

USEPA (U. S. Environmental Protection Agenc). 2004b. AQUATOX for Windows: Amodual fate and effects model for aquatic elosystems-volume 2: Technical Documentation. EPA-823-R-04-002.

USEPA (U. S. Environmental Protection Agency). 2004c. AQUATOX for Windows: Amodular fate and effects model for aquatic ecosystems-volume 3: Model Validation Reports. EPA-823-R-04-003.

USEPA (U. S. Environmental Protection Agency). 2006. The PCB Residue Effects (PCBRes) Database. U. S. EPA Mid-Continent Ecology Division, Duluth, MN (MED-Duluth).

van Dam H, Mertens A, Sinkeldam J. 1994. A coded checklist and ecological indicator values of freshwater diatoms from the Netherlands. Netherlands J. Aquatic Ecol. 28: 117-133

Vane C H, Harrison I, Kim A W. 2007. Polycyclic aromatic hydrocarbons (PAHs) and polychlorinated biphenyls (PCBs) in sediments from the Mersey Estuary, U. K. Science of Total Environment, 374: 112-126.

Wang C, Feng Y J, Zhao S S, et al. 2012. A dynamic contaminant fate model of organic compound: A case study of Nitrobenzene pollution in Songhua River, China. Chemosphere, 88 (1): 69-76.

Wilfred E P, Frances D H, John B R. 1996. Distributions and fate of chlorinated pesticides, biomarkers and polycyclic aromatic hydrocarbons in sediments along a contamination gradient from a point-source in San Francisco, California. Marine Environmental Research, 41 (3): 299-314.

Wolfstein K, Stal L J. 2002. Production of extracellular polymeric substances (EPS) by benthic diatoms: Effect of irradiance and temperature. Marine Ecology Progress Series, 236: 13-22.

Xu F, Yang Z F, Chen B, et al. 2011. Ecosystem health assessment of the plant-dominated Baiyangdian Lake based on eco-exergy. Ecol. Model. 222: 201-209.

Xu L, Chen J, Zhang Y, et al. 2001. Biomarker studies on gold-lined sea bream (Rhabdosargus sarba) exposed to benzo [a] pyrene. Water science and technology, 43 (2): 155-160.

Yunker M B, Macdonald R W, Ving arzan R, et al. 2002. PAHs in the Fraser River basin: A critical appraisal of PAH ratios as indicators of PAH source and composition. Organic Geochemistry, 33 (4): 489-515.

Zhang L L, Liu J L, Yang Z F, et al. 2013. Integrated ecosystem health assessment of a macrophyte-dominated lake. Ecological Modelling, 252: 141-152.

Zhang L L, Liu J L, Li Y, et al. 2013. Application the AQUATOX model for ecological risk assessment of polychlorinated biphenyls (PCBs) for Baiyangdian Lake, North China. Ecological Modelling, 265: 239-249.